Klausurentrainer zur Festigkeitslehre für Wirtschaftsingenieure

Klausurentrainer zur Festigkeitslehre
für Wirtschaftsingenieure

Klaus-Dieter Arndt · Joachim Ihme · Heinrich Turk

Klausurentrainer zur Festigkeitslehre für Wirtschaftsingenieure

Mit Formelsammlung

2., überarbeitete und erweiterte Auflage

Klaus-Dieter Arndt
Ostfalia HAW
Wolfenbüttel, Deutschland

Heinrich Turk
Ostfalia HAW
Wolfenbüttel, Deutschland

Joachim Ihme
Ostfalia HAW
Wolfenbüttel, Deutschland

ISBN 978-3-658-28901-0   ISBN 978-3-658-28902-7 (eBook)
https://doi.org/10.1007/978-3-658-28902-7

Die Deutsche Nationalbibliothek verzeichnet diese Publikation in der Deutschen Nationalbibliografie; detaillierte bibliografische Daten sind im Internet über http://dnb.d-nb.de abrufbar.

Springer Vieweg
© Springer Fachmedien Wiesbaden GmbH, ein Teil von Springer Nature 2016, 2020

Lektorat: Thomas Zipsner

Gedruckt auf säurefreiem und chlorfrei gebleichtem Papier

Springer Vieweg ist ein Imprint der eingetragenen Gesellschaft Springer Fachmedien Wiesbaden GmbH und ist ein Teil von Springer Nature.
Die Anschrift der Gesellschaft ist: Abraham-Lincoln-Str. 46, 65189 Wiesbaden, Germany

Vorwort

In den Grundlagenfächern technischer Disziplinen ist es zum Verstehen der Theorie unabdingbar, Aufgaben selbst zu rechnen. Das sichert auch den Erfolg in Klausuren und Prüfungen. Für das Fach Festigkeitslehre im Maschinenbau und für Wirtschaftsingenieure soll der vorliegende Klausurentrainer dies unterstützen. Angepasst an das im selben Verlag erschienene Lehrbuch „Festigkeitslehre für Wirtschaftsingenieure" bietet er eine Vielzahl von Übungsaufgaben, soweit sinnvoll mit wirtschaftlichen Aspekten. Die 2. Auflage dieses Klausurentrainers wurde an die 4. Auflage des genannten Lehrbuchs angepasst. Vor jedem Aufgabenteil sind die zum Lösen der Aufgaben benötigten Formeln und Tabellen aufgeführt, die dem Lehrbuch entnommen wurden.

Die Einteilung des Stoffes bringt kapitelweise zunächst die Aufgaben. Die (numerischen) Ergebnisse findet man in einem separaten Abschnitt zu jedem Kapitel. Gelingt einmal die Lösung einer Aufgabe nicht, gibt es in einem weiteren Abschnitt jedes Kapitels Hinweise zum Lösungsweg mit Zwischenergebnissen. Der Schwierigkeitsgrad der Aufgaben ist jeweils gekennzeichnet: * steht für leichte, ** für mittelschwierige und *** für schwierige oder umfangreiche Aufgaben. Zusätzlich zu den oft aus Klausuren stammenden Aufgaben wurden sechs komplette Klausuren aufgenommen. Daran kann das Lösen der Aufgaben innerhalb eines vorgegebenen Zeitrahmens (hier: 90 Minuten) geübt werden.

Die Verfasser danken Herrn Dipl.-Ing. Thomas Zipsner vom Springer Vieweg Verlag für die wiederum problemlose und angenehme Zusammenarbeit. Für Anregungen aus dem Leserkreis und Hinweise auf Fehler sind die Autoren dankbar.

Wolfenbüttel
im März 2020
Klaus-Dieter Arndt
Joachim Ihme
Heinrich Turk

Inhaltsverzeichnis

Einführung

Das Lösen von Aufgaben bereitet dem Anfänger oftmals Schwierigkeiten, es wird die folgende Vorgehensweise empfohlen.

1.1 Vorgehensweise zum Lösen von Aufgaben der Festigkeitslehre

- Aufgabenstellung genau durchlesen und verstehen (nachdenken!)
- Welche Beanspruchungsarten bzw. Spannungsarten treten auf?
- Lösungsweg überlegen. Welche Gesetze bzw. Formeln wende ich an?
- Skizzen anfertigen, eventuell Teilsysteme betrachten
- Freimachen bzw. Freischneiden (Kräfte und Momente antragen, Richtungssinn beachten)
- Beanspruchungen ermitteln (z. B. Auflagerkräfte, Momenten- und Kraftverläufe)
- Formeln einsetzen
- Beim Einsetzen von Zahlenwerten in Formeln auf Einheiten achten
- Rechengang übersichtlich und nachvollziehbar durchführen
- Ergebnisse überprüfen, eventuell korrigieren und nachrechnen

Der in der folgenden Abb. 1.1 dargestellte Ablauf für eine Festigkeitsberechnung ist dabei zu beachten.

Je nach Aufgabenstellung und gegebenen Werten lassen sich

- die **zulässige Belastung** [Tragfähigkeits-Rechnung (Lastbegrenzung)], z. B.:
  $F = A \cdot \sigma_{\mathrm{zul}},$
- die **erforderlichen Abmessungen** [Bemessungs-Rechnung (Dimensionierung)], z. B.:
  $A = \frac{F}{\sigma_{\mathrm{zul}}}$
- der **erforderliche Werkstoffkennwert** (Werkstoffwahl), z. B.: $R_{\mathrm{m}} = S_{\mathrm{B}} \cdot \sigma_{\mathrm{v}},$
- die **vorhandene Sicherheit** $S_{\mathrm{F}} = \frac{R_{\mathrm{e}}}{\sigma_{\mathrm{zul}}}; \; S_{\mathrm{B}} = \frac{R_{\mathrm{m}}}{\sigma_{\mathrm{zul}}}$

© Springer Fachmedien Wiesbaden GmbH, ein Teil von Springer Nature 2020 1
K.-D. Arndt et al., *Klausurentrainer zur Festigkeitslehre für Wirtschaftsingenieure*,
https://doi.org/10.1007/978-3-658-28902-7_1

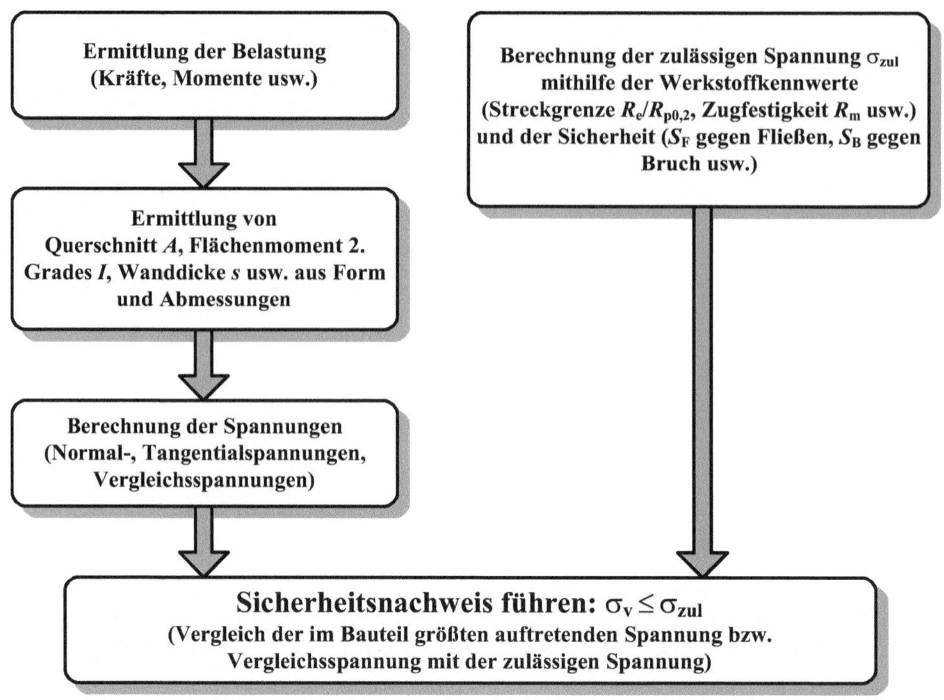

Abb. 1.1 Ablauf für die Festigkeitsberechnung

berechnen. Darüber hinaus können je nach Erfordernis (z. B. Betriebs-/Dauerfestigkeit) noch andere technische Berechnungsverfahren oder Normen herangezogen werden.

Die notwendigen Gleichungen und Tabellen aus dem Lehrbuch zum Lösen der Aufgaben für Kap. 1 sind im Folgenden aufgeführt.

Definition der Spannung:

$$\text{Normalspannung } \sigma = \frac{F_n}{A} \quad \text{mit } F_n \perp A \tag{1.4}$$

$$\text{Tangentialspannung } \tau = \frac{F_t}{A} \quad \text{mit } F_t \| A \tag{1.5}$$

$$\text{Dehnung } \varepsilon = \frac{\Delta l}{l_0} = \frac{l - l_0}{l_0} \tag{1.6}$$

HOOKE'sches Gesetz:

$$\sigma = E \cdot \varepsilon = E \cdot \frac{\Delta l}{l_0} \tag{1.7}$$

Zusammenhang zwischen Längenänderung und Kraft:

$$\Delta l = \frac{F \cdot l_0}{E \cdot A} \tag{1.8}$$

Tab. 1.1 Anhaltswerte ausgewählter Werkstoffgruppen (R_e bzw. $R_{\mathrm{p}0,2}/R_{\mathrm{p}0,1}$)

Werkstoff	R_m in N/mm²	R_e in N/mm²	E in kN/mm²	ρ in kg/dm³
unlegierte Stähle	290–830	185–360	210	7,85
rostfreie Stähle	400–1100	210–660	210	7,85
Einsatzstähle	500–1200	310–850	210	8,10
Gusseisen GJL	100–450	100–285	78–143	7,10–7,30
Gusseisen GJS	350–900	250–600	169–176	7,25
Stahlguss	380–970	200–650	210	7,85
Messing	400	200	100	8,50
Kupfer	220	100	120	8,74
Aluminiumlegierung	140–540	80–470	60–80	2,75
Titanlegierung	900–1100	800–1000	110	4,43
PP	30	15	1	1,10
PVC	60	50	3	1,40
GFK	90	–	75	1,45
CFK	750	–	140	1,45
Holz	40–240	–	10	0,50
Beton	50 (nur für Druck)	–	30	2,38
Glas	80	–	80	3,00

Tab. 1.2 Querkontraktionszahlen ausgewählter Werkstoffgruppen

Werkstoff	Querkontraktionszahl μ
Beton	≈ 0
Stähle und Stahlguss	0,30
Gusseisen mit Lamellengrafit	0,25 … 0,27
Al und Al-Legierungen	0,33
Mg und Mg-Legierungen	0,30
Kupfer	0,34
Zink	0,29
Elastomere	$\approx 0,5$

Querkürzung:

$$\varepsilon_\mathrm{q} = \frac{\Delta d}{d_0} = \frac{d_0 - d}{d_0} \tag{1.9}$$

Spezifische oder **bezogene Formänderungsarbeit:**

$$w_\mathrm{f} = \frac{W_\mathrm{f}}{V} = \frac{1}{2} \cdot \sigma \cdot \varepsilon \tag{1.10}$$

Formänderungsarbeit:

$$W_\mathrm{f} = \frac{1}{2} \cdot \frac{F^2}{A} \cdot \frac{l}{E} \tag{1.11}$$

Tab. 1.3 Mindestsicherheit in Abhängigkeit des Lastfalls

Lastfall	I		II, III
Werkstoff	zäh mit Streckgrenze	spröde ohne Streckgrenze	für alle Werkstoffe
Zweckmäßige Grenzspannung	**Streckgrenze** R_e	**Bruchfestigkeit** R_m	**Dauerfestigkeit** σ_D
Sicherheit S_{min}	**1,5 … 3**	**2 … 4**	**2 … 4**

Zulässige Spannung und **Sicherheit:**

$$\text{Mindestsicherheit } S_{min} = \frac{\sigma_{Grenz}}{\sigma_{zulässig}} \tag{1.12}$$

$$\sigma_{zul} = \frac{\sigma_{Grenz}}{S_{min}} \tag{1.13}$$

σ_{zul} bei **dynamischer Beanspruchung:**

$$\sigma_{zul} = \frac{\sigma_D}{S_{min}} \tag{1.14}$$

Zugbeanspruchung:

- Versagen durch Fließen:

$$S_{F_{vorh}} = \frac{\sigma_F}{\sigma_{vorh}}; \quad \sigma_{zul} = \frac{\sigma_F}{S_{F_{erf}}} \quad \text{mit} \quad \sigma_F = R_e \quad \text{oder} \quad R_{p0,2} \tag{1.15}$$

- Versagen durch Bruch:

$$S_{B_{vorh}} = \frac{\sigma_B}{\sigma_{vorh}}; \quad \sigma_{zul} = \frac{R_m}{S_{B_{erf}}} \tag{1.16}$$

Druckbeanspruchung:

- Versagen durch Fließen:

$$S_{F_{vorh}} = \frac{\sigma_F}{\sigma_{vorh}}; \quad \sigma_{zul} = \frac{\sigma_F}{S_{F_{erf}}} \quad \text{mit} \quad \sigma_F = \sigma_{dF} \quad \text{oder} \quad \sigma_{d0,01} \tag{1.17}$$

- Versagen durch Bruch:

$$S_{B_{vorh}} = \frac{\sigma_{dB}}{\sigma_{vorh}}; \quad \sigma_{zul} = \frac{\sigma_{dB}}{S_{B_{erf}}} \tag{1.18}$$

Tab. 1.4 Statische Festigkeitswerte für Überschlagsrechnungen [2]

| | | Werkstoff | | | | | |
| | | Duktil (zäh) | | | Spröde | | |
Beanspruchungsart		Stahl, GS, Cu-Leg.	Al-Knet-Leg.	Al-Guss-Leg.	GJL	GJM	GJS
Zug		R_e ($R_{p0,2}$)			R_m		
Druck	$R_{ed} \approx$	R_e	R_e	$1,5 \cdot R_e$	$2,5 \cdot R_m$	$1,5 \cdot R_m$	$1,3 \cdot R_m$
Biegung	$\sigma_{bF} \approx$	$1,1 \cdot R_e$	R_e	R_e	R_m	R_m	R_m
Schub	$\tau_{sF} \approx$	$0,6 \cdot R_e$	$0,6 \cdot R_e$	$0,75 \cdot R_e$	$0,85 \cdot R_m$	$0,75 \cdot R_m$	$0,65 \cdot R_m$
Torsion	$\tau_{tF} \approx$	$0,65 \cdot R_e$	$0,6 \cdot R_e$	–	–	–	–

- Versagen durch Knicken:

$$S_{K_{vorh}} = \frac{\sigma_K}{\sigma_{vorh}}; \quad \sigma_{zul} = \frac{\sigma_K}{S_{K_{erf}}} \tag{1.19}$$

1.2 Aufgaben zu Kapitel 1

Aufgabe 1.1 (**)
Der geschweißte Trägerverband (Abb. 1.2) wird über die Endplatten durch Zugkräfte ($F = 3,5$ MN) beansprucht.

a) Wie groß sind die in den Schnitten A–A und B–B auftretenden Zugspannungen?
b) Welchen Werkstoff wählen Sie, damit eine Sicherheit gegen Fließen $S_F = 1,5$ bei schwellender Belastung gewährleistet ist (s. Tab. 1.5)?
c) Welche Masse m besitzt der Gitterverband und welche Materialkosten K_M fallen an?

Hinweis: Die Schweißnähte und die beiden Endplatten sind bei der geforderten Berechnung zu vernachlässigen.

Gegeben: L EN 10056-1-130×130×12; Querschnitt $A = 30\,\text{cm}^2$; bezogene Masse $m' = 23,6\,\text{kg/m}$; $k_{Flach} = 1,60\,\text{€/kg}$; $k_L = 1,80\,\text{€/kg}$.

Aufgabe 1.2 (**)
Ein Stab der Länge $l = 0,8$ m wird konstant gedehnt.

a) Wie groß ist die Dehnung ε, wenn die Längenänderung $\Delta l = 6$ mm beträgt?
b) Wie groß ist die Längenänderung Δl bei einer gegebenen Dehnung $\varepsilon = 0,15\,\%$?

Tab. 1.5 Tabelle zur Werkstoffwahl

Werkstoff	Werkst. Nr.	R_m N/mm^2	R_e/R_p N/mm^2	Fließgrenze N/mm^2			Schwellfestigkeit N/mm^2			Wechselfestigkeit N/mm^2		
				Zug/Druck	Biegung	Torsion	Zug/Druck	Biegung	Torsion	Zug/Druck	Biegung	Torsion
S185	1.0035	310	190	190	230	130	200	220	150	130	150	90
S235JRG1	1.0036	360	235	235	280	165	225	270	160	140	180	105
S235JR	1.0037	360	235	235	280	165	225	270	160	140	180	105
S275JR	1.0044	430	275	275	330	190	270	320	190	170	215	125
S335JR	1.0045	510	355	355	425	245	325	380	245	205	255	150
E295	1.0050	490	295	295	355	205	295	355	205	195	245	145
E335	1.0060	590	335	335	400	230	335	400	230	325	290	180
E360	1.0070	690	360	360	430	250	360	430	250	275	345	205
S235JO	1.0114	360	235	235	280	165	225	270	160	140	180	105
S275JO	1.0143	430	275	330	190	190	270	320	190	170	215	125
E295 GC	1.0533	590	420	420	505	290	410	440	300	260	300	180
E335 GC	1.0543	690	490	490	590	340	470	520	350	300	350	210
S335JO	1.0553	510	355	355	425	245	325	380	245	205	255	150
S355J2G3	1.0570	510	355	355	425	245	325	380	245	205	255	150
E360 GC	1.0633	780	560	560	670	390	540	590	400	340	390	230

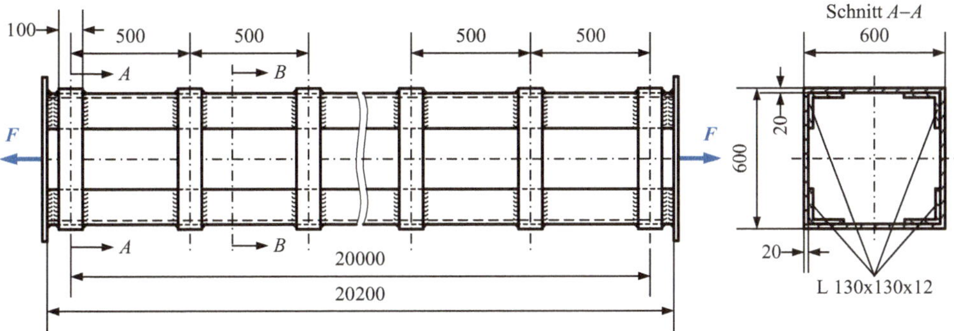

Abb. 1.2 Geschweißter Trägerverband

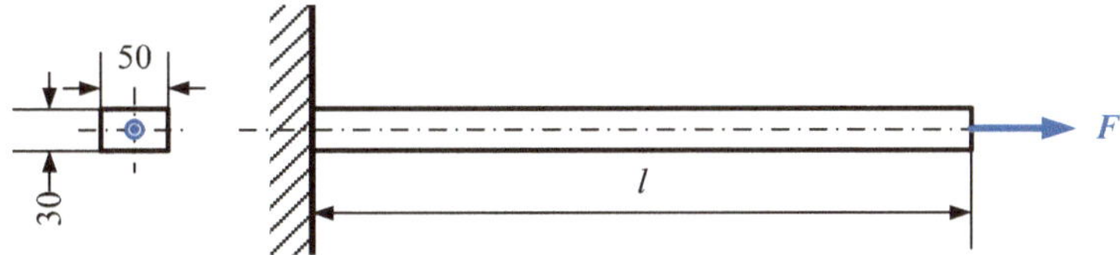

Abb. 1.3 Eingespannter Stab

Aufgabe 1.3 (*)

Ein Stab der Länge l mit konstantem Querschnitt A (Abb. 1.3) wird durch eine Zugkraft F belastet. Wie groß ist die Längenänderung Δl?

Gegeben: $l = 3\,\mathrm{m}$; $F = 40\,\mathrm{kN}$; $E = 210.000\,\mathrm{N/mm^2}$

Aufgabe 1.4 (**)

Ein Stahlzylinder 1 und ein GJS-Rohr 2 werden zwischen den starren Druckplatten (Abb. 1.4) einer Presse gemeinsam um den Betrag $\Delta h = 0{,}05\,\mathrm{mm}$ elastisch verformt.

Gegeben: $E_1 = 2{,}1 \cdot 10^5\,\mathrm{N/mm^2}$; $E_2 = 1{,}7 \cdot 10^5\,\mathrm{N/mm^2}$

Zu ermitteln sind:

a) die Spannungen in den Bauteilen,
b) die Presskraft.

Aufgabe 1.5 (**)

Eine Hülse aus Stahl mit 3 mm Wanddicke wird mit geringem Spiel über eine Schraube M20 × 2,5 geschoben (Abb. 1.5). Die aufgeschraubte Mutter wird nach beginnendem Anschlag um ¼ Umdrehungen angezogen. Die Hülsen- und Schraubenlänge beträgt 200 mm. Wie groß sind die Spannungen in der Hülse und im Schraubenschaft (Schraubenschaft ohne Gewinde, Durchmesser 20 mm, $E = 2{,}1 \cdot 10^5\,\mathrm{N/mm^2}$)?

Abb. 1.4 Stahlzylinder und Hülse

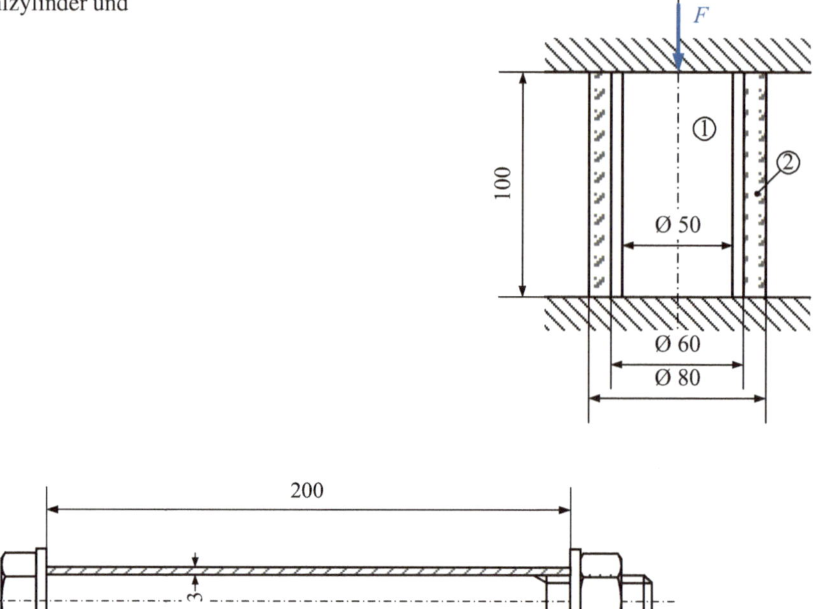

Abb. 1.5 Schraube M 20 × 2,5 mit Hülse

Hinweis: Betrachten Sie die Schraube als Zugstab (das Gewinde wird nicht berücksichtigt).

Aufgabe 1.6 (**)
Der geschweißte Profilträgerverband wird über die Endplatten (Abb. 1.6) durch Zugkräfte ($F = 8,5$ MN) beansprucht.

a) Wie groß ist die auftretende Zugspannung im Schnitt A–A?
b) Welchen Werkstoff wählen Sie, damit eine Sicherheit gegen Fließen $S_F = 2$ bei wechselnder Belastung gewährleistet ist (Tab. 1.5)?
c) Welche Formänderungsarbeit kann der Verband aufnehmen?
d) Welche Masse m besitzt der Gitterverband und welche Materialkosten K_M fallen an?

Gegeben: L EN 10056-1-150×150×15: Querschnitt $A = 43\,\mathrm{cm}^2$; bezogene Masse $m' = 33,8\,\mathrm{kg/m}$; $E = 2,1 \cdot 10^5\,\mathrm{N/mm}^2$; $k_{\mathrm{Flachst}} = 1,60\,\text{€/kg}$; $k_{\mathrm{L\text{-}St}} = 1,80\,\text{€/kg}$

Hinweis: Die Schweißnähte und die beiden Endplatten sind bei der geforderten Berechnung zu vernachlässigen.

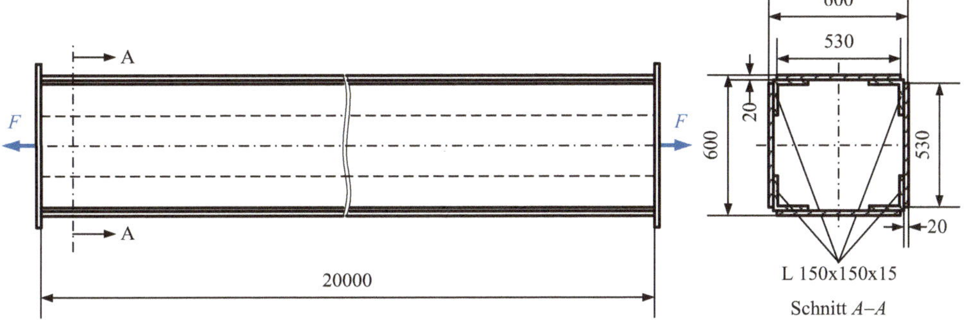

Abb. 1.6 Geschweißter Profilträgerverband

Abb. 1.7 Stab mit wechselnder
Belastung

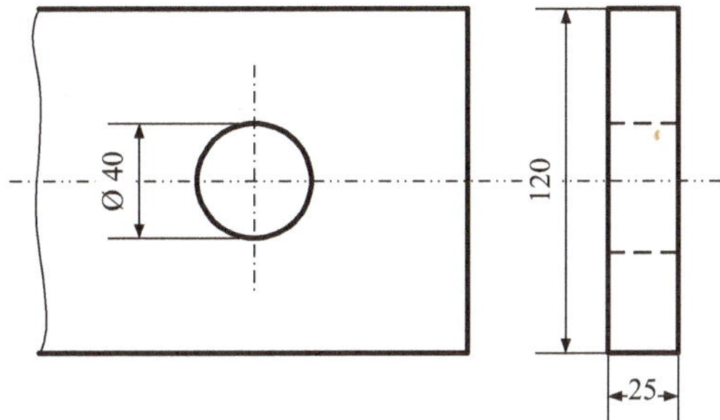

Aufgabe 1.7 (**)

Konstruieren Sie ein Dauerfestigkeitsschaubild (DFS) nach Smith für Stahl, wenn folgende Daten bekannt sind: $R_{p0,2} = 570\,\text{N/mm}^2$; $\sigma_W = 330\,\text{N/mm}^2$ und $\sigma_{Sch} = 520\,\text{N/mm}^2$

Aufgabe 1.8 (**)

Konstruieren Sie ein Dauerfestigkeitsschaubild (DFS) nach Smith für folgende Werte: Streckgrenze $R_{eH} = 900\,\text{N/mm}^2$; Zugfestigkeit $R_m = 1000\,\text{N/mm}^2$; Wechselfestigkeit $\sigma_W = 500\,\text{N/mm}^2$.

Wie groß ist die Schwellfestigkeit σ_{Sch}, die zulässige Ausschlagspannung σ_{azul} bei einer Mittelspannung $\sigma_m = 650\,\text{N/mm}^2$ und einer Sicherheit von 2 gegen Dauerbruch?

Aufgabe 1.9 (**)

Ein Stab 120×30 DIN EN 10058 aus S275JR (Abb. 1.7) ist in einer Maschine einer Stoßbelastung durch Zugkräfte wechselnder Höhe ausgesetzt. Diese schwankt zwischen den Werten $F_o = 210\,\text{kN}$ und $F_u = 90\,\text{kN}$. Wie groß ist die vorhandene Sicherheit $S_{D\,vorh}$?

Gegeben: $R_m = 430\,\text{N/mm}^2$; $R_e = 275\,\text{N/mm}^2$; $\sigma_{zW} = 170\,\text{N/mm}^2$; $\sigma_{zSch} = 270\,\text{N/mm}^2$

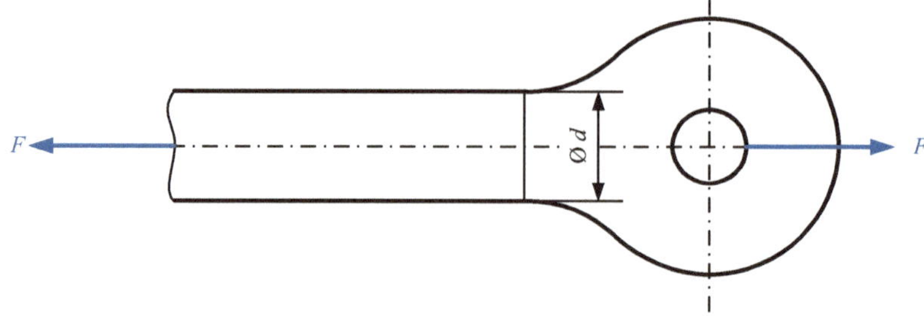

Abb. 1.8　Gelenkstange

Aufgabe 1.10 (***)
Eine Gelenkstange (Abb. 1.8) überträgt 100 kN wechselnd als Zug- und Druckkraft.

a) Die maximal auftretende Zug- und Druckspannung darf einen Wert von $125\,\text{N/mm}^2$ nicht überschreiten. Für welchen Durchmesser ist die Gelenkstange auszulegen?
b) Wie groß ist die Sicherheit gegen Dauerbruch für diesen Belastungsfall?
c) Der wechselnden Belastung wird noch eine konstante Zugkraft von 120 kN überlagert. Stellen Sie den zeitlichen Spannungsverlauf dar, der sich in der Gelenkstange ergibt. Wie groß ist die maximal ertragbare Spannungsamplitude σ_a für diesen Lastfall? Wie groß ist nun die Sicherheit gegen Dauerbruch und gegen Fließen?

Gegeben: Materialkennwerte: $\sigma_W = 400\,\text{N/mm}^2$; $\sigma_{Sch} = 640\,\text{N/mm}^2$; $R_{p0,2} = 680\,\text{N/mm}^2$; $R_m = 1000\,\text{N/mm}^2$

2.1 Zug- und Druckbeanspruchung

Die notwendigen Gleichungen und Tabellen aus dem Lehrbuch werden im Folgenden für den Abschn. 2.1 aufgeführt:

Zugspannung:

$$\sigma_{(z)} = \frac{F}{A} = \text{konstant} \tag{2.1}$$

Bei **leicht veränderlichem Querschnitt** (für Zug und Druck):

$$\sigma_{\max} = \frac{F}{A_{\min}} \tag{2.2}$$

Druckspannung:

$$\sigma_{(d)} = \frac{F}{A} \quad \text{bzw.}\ \sigma = -\frac{F}{A} \tag{2.3}$$

Festigkeitsbedingung:

$$|\sigma| = \frac{F}{A} \leq \sigma_{\text{zul}} \tag{2.4}$$

Tragfähigkeits-Rechnung (Lastbegrenzung):

$$F \leq F_{\text{zul}} = A \cdot \sigma_{\text{zul}} \tag{2.5}$$

Bemessungs-Rechnung (Dimensionierung):

$$A \geq A_{\text{erf}} = F/\sigma_{\text{zul}} \tag{2.6}$$

Spannungen in beliebigen Schnitten:

$$\sigma = \sigma_0 \cdot \cos^2 \alpha \tag{2.7}$$

© Springer Fachmedien Wiesbaden GmbH, ein Teil von Springer Nature 2020

K.-D. Arndt et al., *Klausurentrainer zur Festigkeitslehre für Wirtschaftsingenieure*,

https://doi.org/10.1007/978-3-658-28902-7_2

Tab. 2.1 Längenausdehnungskoeffizienten ausgewählter Werkstoffe

Werkstoff	α in $10^{-6}\,\mathrm{K}^{-1}$
unlegierter Stahl	12
Edelstahl	16
Aluminium	24
Kupfer	17
Messing	20
PP	180
PVC	70
Glas	5
Quarzglas	0,5
Beton	10
Holz	4

$$\tau = \frac{1}{2}\sigma_0 \cdot \sin 2\alpha \tag{2.8}$$

$$\tau_{45^\circ} = \frac{1}{2}\sigma_0 = \tau_{\max} \tag{2.9}$$

Spannungen durch **Eigengewicht:**

$$\text{Traglänge}\quad l_\mathrm{T} = \frac{\sigma_{\mathrm{zul}}}{\rho \cdot g} = \frac{\sigma_{\mathrm{zul}}}{\gamma} \tag{2.10}$$

$$\text{Reißlänge}\quad l_\mathrm{R} = \frac{R_\mathrm{m}}{\rho \cdot g} = \frac{R_\mathrm{m}}{\gamma} \tag{2.11}$$

Wärmespannungen:

$$\Delta l = l_0 \cdot \alpha \cdot \Delta\vartheta \quad \text{mit} \quad \Delta\vartheta = \vartheta_1 - \vartheta_0 \quad \text{in K (Kelvin)} \tag{2.12}$$

$$l_1 = l_0 + \Delta l = l_0 + l_0 \cdot \alpha \cdot \Delta\vartheta = l_0\,(1 + \alpha \cdot \Delta\vartheta) \tag{2.13}$$

$$\varepsilon_{\mathrm{therm}} = \varepsilon_\vartheta = \frac{\Delta l}{l_0} = \frac{l_0 \cdot \alpha \cdot \Delta\vartheta}{l_0} = \alpha \cdot \Delta\vartheta \tag{2.14}$$

$$\sigma = -\alpha \cdot \Delta\vartheta \cdot E \tag{2.15}$$

Flächenpressung ebener und **gekrümmter Flächen:**

$$\text{Flächenpressung}\;\; p = \frac{F}{A} \quad \text{mit} \quad F \perp A \tag{2.16}$$

$$p = \frac{F_\mathrm{N}}{A} = \frac{F}{A \cdot \cos\alpha} = \frac{F}{b \cdot l \cdot \cos\alpha} \tag{2.17}$$

Tab. 2.2 Anhaltswerte für die zulässige Flächenpressung p_{zul} (σ_{dF} = Quetschgrenze; σ_{dB} = Druckfestigkeit)

Werkstoff	Zulässige Flächenpressung p_{zul}	Belastung
Zähe Werkstoffe	$p_{zul} \approx \frac{\sigma_{dF}}{1{,}2}$	bei ruhender Belastung
	$p_{zul} \approx \frac{\sigma_{dF}}{2}$	bei schwellender Belastung
Spröde Werkstoffe	$p_{zul} \approx \frac{\sigma_{dB}}{2}$	bei ruhender Belastung
	$p_{zul} \approx \frac{\sigma_{dB}}{3}$	bei schwellender Belastung

$$p_m = \bar{p} = \frac{F}{A_{proj}} = \frac{F}{d \cdot b} \leq \bar{p}_{zul} \tag{2.18}$$

$$\text{Lochleibungsdruck oder Lochleibung } p_l = \frac{F}{d \cdot s} \tag{2.19}$$

$$p_l = \frac{F}{d \cdot l} \quad \text{mit} \quad A_{proj} = d \cdot l \text{ oder } d \cdot s \tag{2.20}$$

Spannungen in **zylindrischen Hohlkörpern:**

$$\sigma_t = \frac{p \cdot d}{2 \cdot s} = \frac{p \cdot r}{s} \tag{2.21}$$

$$\sigma_a = \frac{p \cdot d}{4 \cdot s} = \frac{p \cdot r}{2 \cdot s} \tag{2.22}$$

Spannungen durch **Fliehkräfte:**

$$\sigma = \rho \cdot r^2 \cdot \omega^2 \tag{2.23}$$

$$\sigma = \rho \cdot v^2 \tag{2.24}$$

$$v_{Grenz} = \sqrt{\frac{\sigma_{zul}}{\rho}} = \sqrt{\frac{R_m}{\rho \cdot S_B}} \tag{2.25}$$

$$n_{Grenz} = \frac{v_{Grenz}}{2 \cdot \pi \cdot r} = \frac{\sqrt{\frac{R_m}{\rho \cdot S_B}}}{2 \cdot \pi \cdot r} \tag{2.26}$$

Für den **Fall** des **Reißens** gilt $S_B = 1$, dann wird Gl. (2.26):

$$n_R = \frac{\sqrt{\frac{R_m}{\rho}}}{2 \cdot \pi \cdot r} \tag{2.27}$$

2.1.1 Aufgaben zu Abschnitt 2.1

Aufgabe 2.1.1 (*)
Ein Vierkantstab (Abb. 2.1) ist links fest eingespannt und wird am rechten Ende durch eine Kraft $F = 125\,\text{kN}$ belastet.

a) Wie groß sind die Normalspannungen im Schnitt $A\text{–}A$ und im Schnitt $B\text{–}B$?
b) Wie groß darf die Kraft F für den Stab höchstens sein, wenn die zulässige Spannung von $180\,\text{N/mm}^2$ für den Stab nicht überschritten werden darf?

Aufgabe 2.1.2 (**)
Ein Stahlseil ($R_{\text{p0,2}} = 950\,\text{N/mm}^2$, $E_\text{K} = 210.000\,\text{N/mm}^2$) mit einem Durchmesser von 60 mm und einer Länge von 100 m wurde zum Zweck des Korrosionsschutzes mit einer thermoplastischen Schicht ($E_{\text{Um}} = 12.000\,\text{N/mm}^2$) von 2,5 mm Dicke umhüllt (Abb. 2.2). Stahlkern und Kunststoffummantelung können als fest miteinander verbunden angesehen werden.

Für eine Zugkraft von $F = 1500\,\text{kN}$ ist die Verlängerung der Stahlseils sowie die Spannungen im Stahlkern und der Kunststoffummantelung zu berechnen. Das Verhalten der Kunststoffumhüllung kann als linear-elastisch angesehen werden.

Aufgabe 2.1.3 (**)
Ein Stab mit einer Querschnittsfläche $30 \times 40\,\text{mm}$ wurde unter dem Winkel $\beta = 35°$ verschweißt (Abb. 2.3). Der Stab wird durch eine Kraft $F = 180\,\text{kN}$ auf Zug beansprucht.

Wie groß sind die Spannungen in der Schweißnaht?

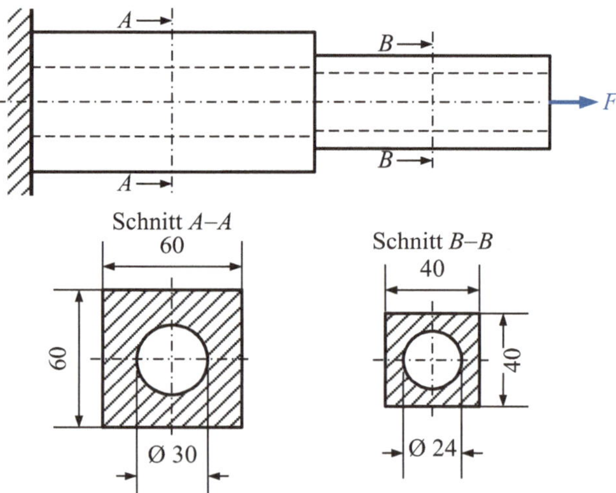

Abb. 2.1 Abgesetzter Vierkantstab

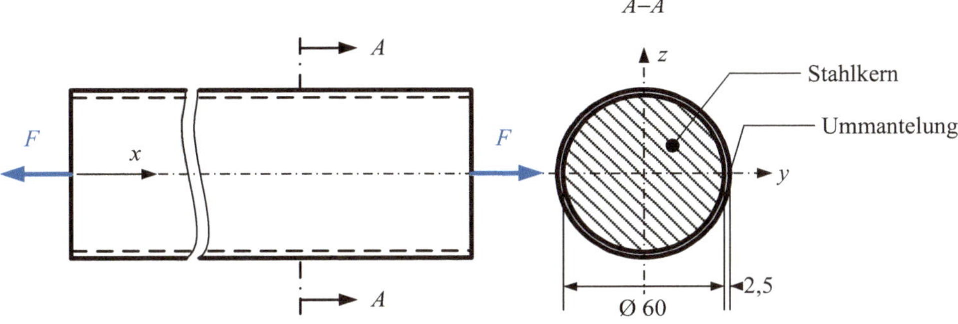

Abb. 2.2 Kunststoffummanteltes Stahlseil

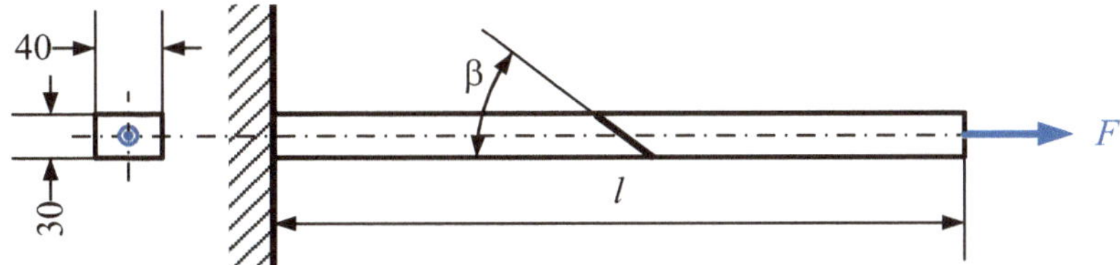

Abb. 2.3 Verschweißter Stab

Aufgabe 2.1.4 (***)

Ein Wandkran, der aus einem Tragarm und einem Zugstab besteht, wird durch eine an-gehängte Masse m beansprucht (Abb. 2.4). Als Werkstoff für den Zugstab soll Baustahl S275JR verwendet werden.

Gegeben: $R_e = 275 \, \text{N/mm}^2$; $\quad R_m = 510 \, \text{N/mm}^2$; $\quad E = 210.000 \, \text{N/mm}^2$; $\quad d_a = 60 \, \text{mm}$; $s = 5 \, \text{mm}$; $g = 9{,}81 \, \text{m/s}^2$

Gesucht:

a) Bestimmen Sie den Zusammenhang zwischen der Kraft F_S im Zugstab und der ange-hängten Masse m mit Hilfe einer Gleichgewichtsbedingung.
b) Wie groß ist die zulässige Masse m, wenn ein Abreißen des Zugstabes mit einer Si-cherheit von $S_B = 2$ ausgeschlossen sein soll?
c) Wie groß ist die zulässige Masse m^*, wenn eine Verlängerung des Zugstabes von $\Delta l = 2 \, \text{mm}$ nicht überschritten werden darf?
d) Ermitteln Sie die Materialkosten K_M für die Masse m, wenn $k_{St} = 1600 \, €/t$ beträgt.

Aufgabe 2.1.5 (***)

Ein Stabstahl mit der Querschnittsfläche A (Abb. 2.5) ist oben fest eingespannt (1) und am unteren Ende (2) durch eine angehängte Masse m belastet.

Abb. 2.4 Wandkran

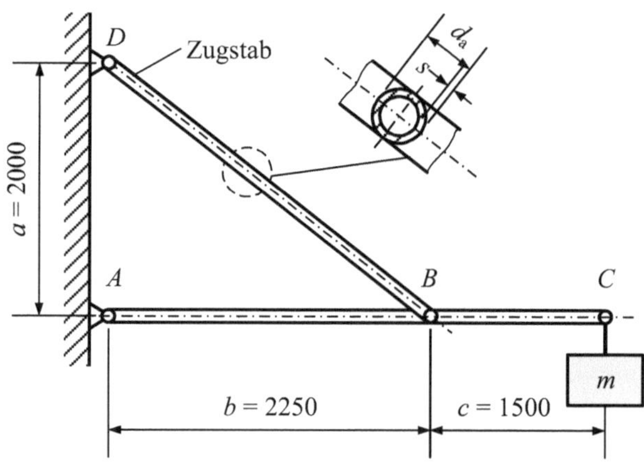

Abb. 2.5 Hängender Stab mit Masse m

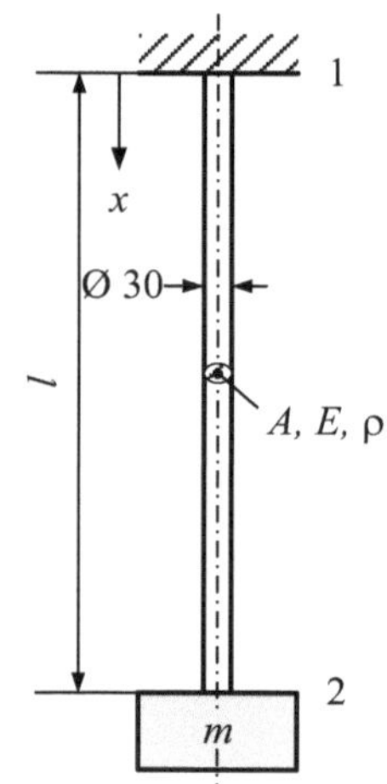

Gegeben: $d = 30\,\text{mm}$; $l = 12.500\,\text{mm}$; $E = 2{,}1 \cdot 10^5\,\text{N/mm}^2$; $\rho = 7850\,\text{kg/m}^3$; $m = 250\,\text{kg}$

a) Ermitteln Sie den Spannungsverlauf $\sigma(x)$ über l.

b) Wie groß ist die Spannung σ_1 an der oberen Einspannstelle (1)?

c) Wie groß ist die Längenänderung Δl des Stabes?

Aufgabe 2.1.6 (**)

Eine Schachtförderanlage wird über ein 1200 m langes Stahldrahtseil befahren. Das Seil hat einen tragenden Metallquerschnitt von 2830 mm^2 und eine Masse von 22,2 kg/m.

a) Wie groß muss die Zugfestigkeit sein, damit das Seil nicht aufgrund seines Eigengewichts reißt?

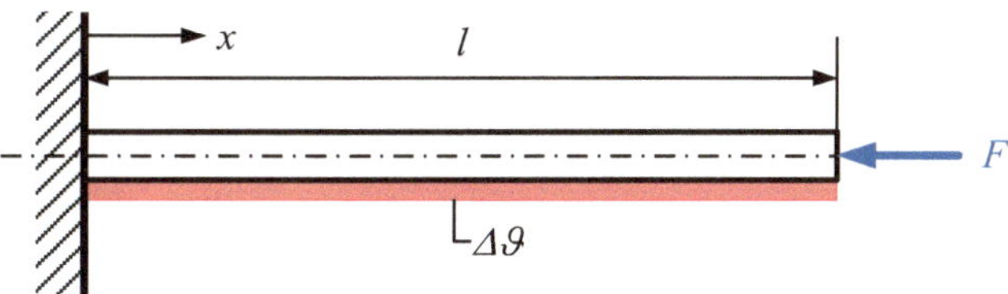

Abb. 2.6 Stab unter Wärmeeinfluss

b) Wie groß ist die Reißlänge des Seils bei einer Zugfestigkeit von $1200\,\text{N/mm}^2$ des Stahls?

c) Wie groß darf die anzuhängende Last des Seiles bezogen auf die Zugfestigkeit von b) bei einer Länge von $750\,\text{m}$ sein, wenn unter Berücksichtigung des Seilgewichts eine 10fache Sicherheit gegen Bruch gefordert ist?

Aufgabe 2.1.7 (*)
Der Stab (Abb. 2.6) mit dem Querschnitt A wird von $20\,°\text{C}$ auf $145\,°\text{C}$ erwärmt. Wie groß muss die aufzubringende Kraft F am rechten Ende sein, damit sich die Länge l nicht ändert?

Gegeben: $l = 1{,}75\,\text{m}$; $A = 60\,\text{mm}^2$; $E = 70.000\,\text{N/mm}^2$; $\alpha = 2{,}4 \cdot 10^{-5}\,\text{K}^{-1}$

Aufgabe 2.1.8 (***)
Rohr 1 und Rohr 2 sind aus Stahl und sollen durch Aufschrumpfen (Abb. 2.7) miteinander verbunden werden. Der Durchmesser von Rohr 1 ist vor dem Aufschrumpfen um den Betrag δ kleiner.

a) Wie groß sind die Spannungen σ_1 und σ_2 in den Rohren und der Pressdruck p im zusammengefügten Zustand bei Raumtemperatur?

b) Welche Temperaturerhöhung $\Delta\vartheta$ von Rohr 1 ist für die Montage nötig?

Gegeben: $d = 160\,\text{mm}$; $d_1 = 140\,\text{mm}$; $d_2 = 120\,\text{mm}$; $\delta = 0{,}15\,\text{mm}$; $E = 210.000\,\text{N/mm}^2$;
$\qquad\quad \alpha = 1{,}2 \cdot 10^{-5}\,\text{K}^{-1}$

Abb. 2.7 Rohrschrumpfverbindung

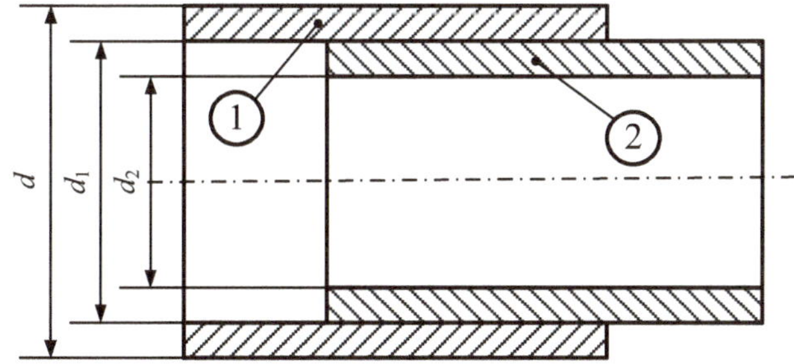

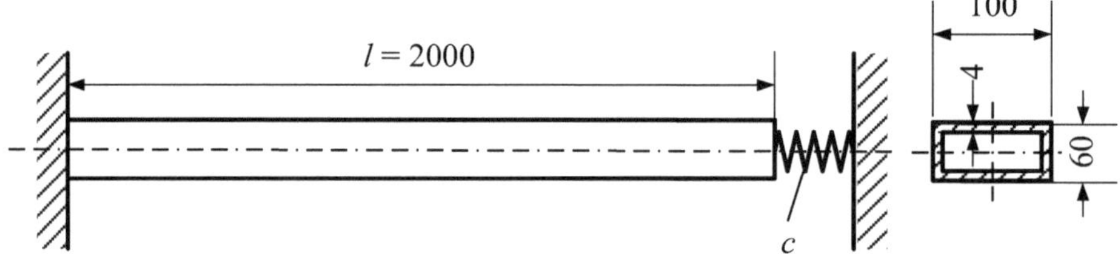

Abb. 2.8 Rechteckrohr-Feder-Verbindung

Aufgabe 2.1.9 (***)

Das Rechteckrohr ($100 \times 60 \times 4$) aus S235 und die Feder sind anfangs entspannt (Abb. 2.8). Dann wird das Rohr erwärmt (nicht die Feder).

a) Bei welcher Temperaturdifferenz $\Delta\vartheta$ würde das Rohr zu fließen beginnen, wenn es nicht vorher ausknickt?

b) Bei welcher Temperaturdifferenz $\Delta\vartheta$ würde das Rohr ausknicken, wenn es nicht vorher zu fließen beginnt?

Gegeben: $E = 2{,}1 \cdot 10^5$ N/mm^2; $c = 125.000$ N/mm; $l = 2000$ mm; $\alpha = 1{,}2 \cdot 10^{-5}$ K^{-1}

Aufgabe 2.1.10 (***)

Das in Abb. 2.9 dargestellte Bauteil aus S235JR ist in A und B gelenkig gelagert. Bei 20 °C treten in A und B keine Lagerkräfte auf, d. h. das Bauteil ist spannungsfrei. Ein Knicken des Systems ist auszuschließen.

a) Wie groß sind die horizontalen Lagerkräfte in A und B wenn das Bauteil auf $\vartheta_1 = 375$ K erwärmt wird?

b) Wie groß ist der Betrag, um den sich der Punkt C bei dieser Erwärmung verschiebt und in welcher Richtung verschiebt er sich?

c) Wie groß ist die Spannung in den Abschnitten 1 und 2?

Gegeben: $E_1 = E_2 = E = 2{,}1 \cdot 10^5$ N/mm^2; $l_1 = 400$ mm; $l_2 = 600$ mm; $A_1 = 25^2$ mm^2; $A_2 = 30^2$ mm^2; $\alpha_1 = \alpha_2 = \alpha$

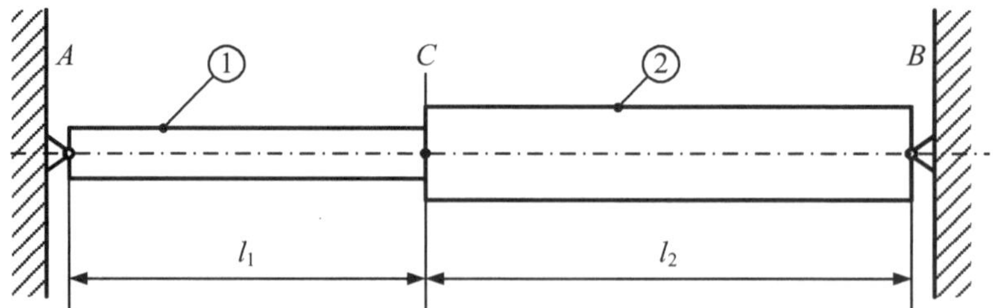

Abb. 2.9 Abgesetztes Bauteil

Abb. 2.10 Laschenverbindung

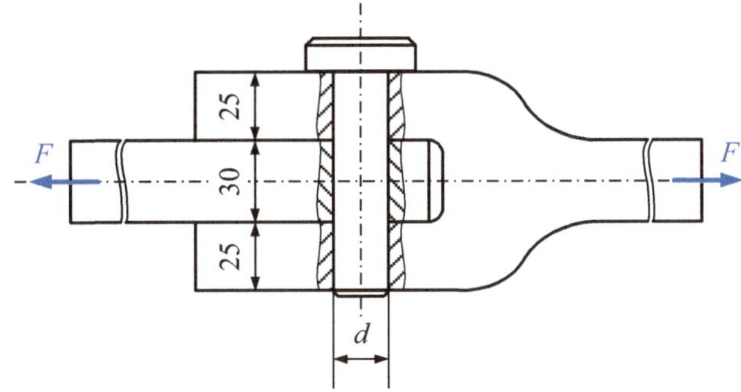

Aufgabe 2.1.11 (**)

Eine Laschenverbindung (Abb. 2.10) aus Baustahl E335 ($R_e = 335\,\text{N/mm}^2$; $R_m = 590\,\text{N/mm}^2$; $\tau_{aB} = 160\,\text{N/mm}^2$) soll eine Kraft von $F = 50\,\text{kN}$ übertragen.

a) Wie groß muss der Durchmesser d des Bolzens sein, damit eine sichere Kraftübertragung möglich ist ($S_B = 2$)?

b) Wie groß ist die maximale Flächenpressung p in der Laschenverbindung?

Aufgabe 2.1.12 (*)

Ein dünnwandiger Behälter mit halbkugelförmigen Böden (Abb. 2.11) wird durch einen konstanten Innendruck p_i belastet.

a) Wie groß sind die Spannungen im zylindrischen Behälterteil und in den Halbkugeln?

b) Wie groß sind die Materialkosten K_M für den Behälter?

Gegeben: $p_i = 0{,}8\,\text{MPa}$; $d = 1500\,\text{mm}$; $l = 2500\,\text{mm}$; $s = 8\,\text{mm}$; $k_{St} = 1600\,€/t$

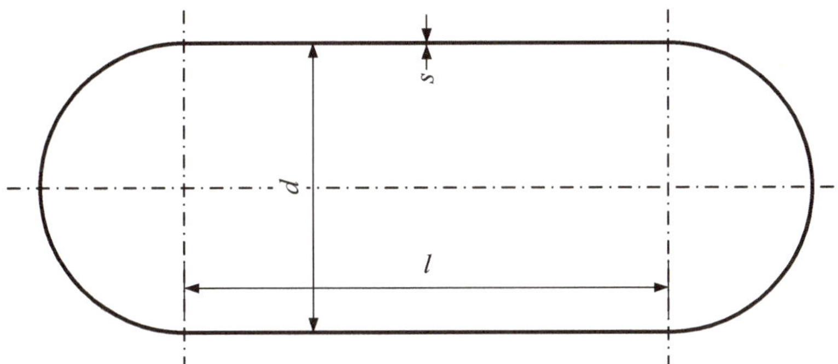

Abb. 2.11 Behälter mit halbkugelförmigen Böden

Abb. 2.12 Druckbehälter

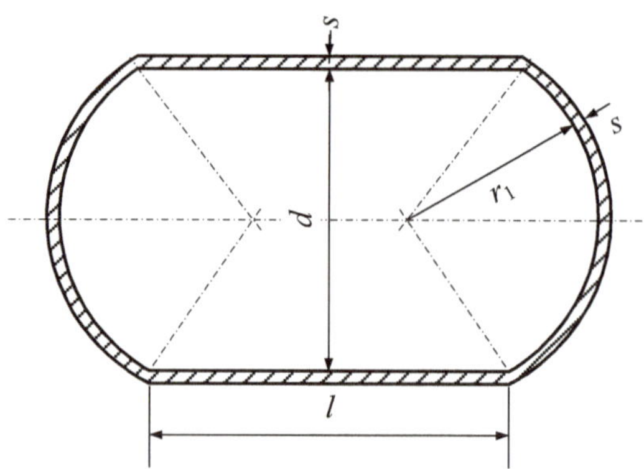

Aufgabe 2.1.13 (**)

Ein Druckbehälter (Abb. 2.12) aus P355GH mit kugelkalottenförmigen Boden ist für einen Innendruck von 35 bar auszulegen.

Gegeben: $d = 2500\,\text{mm}$; $l = 4000\,\text{mm}$; $E = 2{,}1 \cdot 10^5\,\text{N/mm}^2$; $S = 2$; $R_{\text{eH}} = 350\,\text{N/mm}^2$

Zu berechnen sind:

a) die Wanddicke s und der Radius r_1,
b) die Spannungen im zylindrischen und im kugelförmigen Teil.

Aufgabe 2.1.14 (***)

Ein Kupferkugelkessel wird von einer Stahlkugel umschlossen (Abb. 2.13) . Bei einer Temperatur ϑ_0 und unbelastet berühren sich beide Kugeln, ohne Druck aufeinander auszuüben. Durch den Innendruck p_i dehnt sich der Kupferkessel aus. Der Stahlkessel stützt ihn in diesem Fall, wobei ein Druck p_a von außen auf den Kupferkessel ausgeübt wird.

Gegeben: $p_i = 8\,\text{bar}$; $\vartheta_0 = 20\,°\text{C}$; ($r_1$ und r_2 sind mittlere Radien).

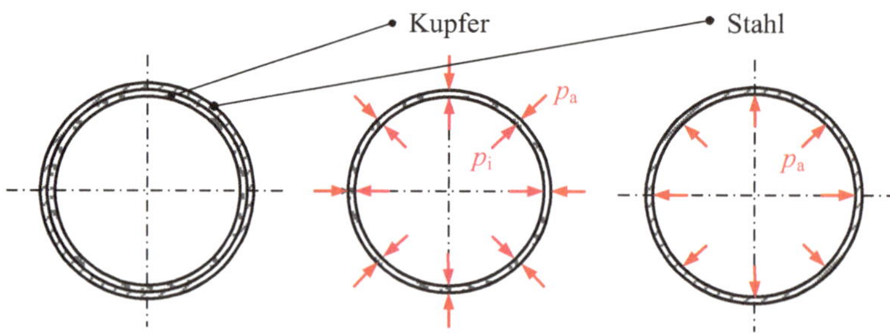

Abb. 2.13 Kugelkessel

Kupfer: $r_1 = 1000\,\text{mm}$; $s_1 = 7\,\text{mm}$; $E_1 = 120\,\text{kN/mm}^2$; $\alpha_1 = 17 \cdot 10^{-6}\,\text{K}^{-1}$;
$\qquad k_{\text{Cu}} = 7050\,\text{€/t}$

Stahl: $r_2 = 1006\,\text{mm}$; $s_2 = 5\,\text{mm}$; $E_2 = 210\,\text{kN/mm}^2$; $\alpha_2 = 12 \cdot 10^{-6}\,\text{K}^{-1}$;
$\qquad k_{\text{St}} = 1600\,\text{€/t}$

a) Stellen Sie eine Beziehung für den Druck p_{a} auf.
b) Es sind die Spannungen in den Kesseln bei einem Druck p_{i} im Kupferkessel für die Temperatur ϑ_0 zu ermitteln.
c) Bei welcher Temperatur ist der Stahlkessel spannungsfrei und wie groß ist die Spannung im Cu-Kessel?
d) Wie groß sind die Materialkosten für den Kupfer- und den Stahlkessel?

Aufgabe 2.1.15 (***)
Das Hubschrauber-Rotorblatt aus CFK (Abb. 2.14) rotiert mit der max. Drehzahl $n = 325\,\text{min}^{-1}$ um den Punkt M. Die Querschnittsfläche A des Rotorblattes ist konstant.

Gegeben: $l = 8{,}1\,\text{m}$; $a = 15\,\text{cm}$; $\rho_{\text{CFK}} = 1{,}6 \cdot 10^{-6}\,\text{kg/mm}^3$; $E\text{-Modul} = 88.000\,\text{N/mm}^2$

a) Geben Sie den Verlauf der Normalspannung $\sigma(x)$ in Abhängigkeit der Koordinate x an.
b) Wie groß ist die Spannung σ an der Stelle A?
c) Wie groß ist die Längenänderung Δl des Rotorblattes?

Hinweis: Für die Belastung gilt: $q(x) = \omega^2 \cdot \rho \cdot A \cdot x$.

Abb. 2.14 Hubschrauber-Rotorblatt

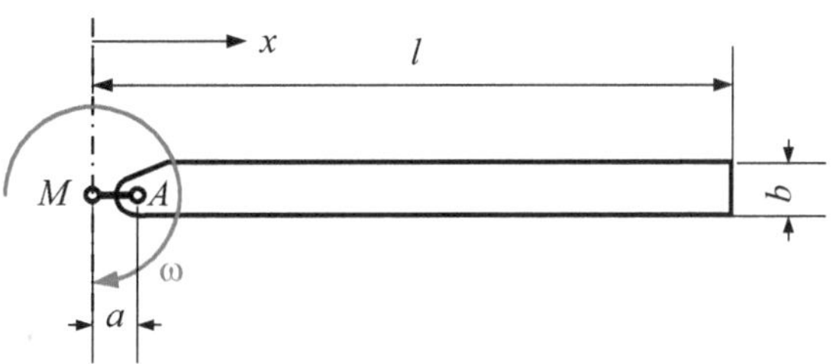

2.2 Biegebeanspruchung

Die notwendigen Gleichungen und Tabellen aus dem Lehrbuch werden im Folgenden für den Abschn. 2.2 aufgeführt:

Zusammenhang zwischen dem äußeren Biegemoment M_b und der maximalen Biegespannung:

$$M_\mathrm{b} = \sigma_\mathrm{max} \left[\frac{\int z^2 dA}{z_\mathrm{max}} \right] \tag{2.33}$$

Widerstandsmomente W eines beliebigen Querschnittes bei Belastung um die y- bzw. z-Achse:

$$W_\mathrm{y} = \frac{\int z^2 dA}{z_\mathrm{max}} \tag{2.34}$$

$$W_\mathrm{z} = \frac{\int y^2 dA}{y_\mathrm{max}} \tag{2.35}$$

$$W_\mathrm{y} = \frac{I_\mathrm{y}}{z_\mathrm{max}} \quad \text{und} \quad W_\mathrm{z} = \frac{I_\mathrm{z}}{y_\mathrm{max}} \tag{2.36}$$

Grundgleichung der **Biegung:**

$$\sigma = \sigma_\mathrm{z} = \frac{M_\mathrm{b}}{I_\mathrm{y}} z \tag{2.37}$$

$$\sigma_\mathrm{max} = \frac{M_\mathrm{b}}{I_\mathrm{y}} z_\mathrm{max} \mathrel{\hat{=}} \frac{M_\mathrm{b}}{W_\mathrm{y}} \tag{2.38}$$

$$\sigma_\mathrm{b} = \frac{M_\mathrm{b}}{W_\mathrm{b}} \tag{2.39}$$

Flächenmoment 1. Grades oder statisches (lineares) **Flächenmoment:**

$$H_\mathrm{y} = \int_A z\, dA \quad \text{und} \quad H_\mathrm{z} = \int_A y\, dA \tag{2.40}$$

Koordinaten des **Schwerpunktes:**

$$y_\mathrm{S} = \frac{1}{A} \int y\, dA \quad \text{und} \quad z_\mathrm{S} = \frac{1}{A} \int z\, dA \tag{2.41}$$

Bestimmung der **Schwerpunkte** für **einfache**, aus **Teilflächen** zusammengesetzte **Flächen:**

$$y_\mathrm{S} = \frac{1}{A_\mathrm{ges}} \sum_{i=1}^{n} (y_\mathrm{i} \cdot A_\mathrm{i}) \quad \text{und} \quad z_\mathrm{S} = \frac{1}{A_\mathrm{ges}} \sum_{i=1}^{n} (z_\mathrm{i} \cdot A_\mathrm{i}) \tag{2.42}$$

Axiale Flächenmomente 2. Grades (auch Flächenträgheitsmomente genannt):

$$I_\text{y} = \int z^2 dA \quad \text{bezogen auf die } y\text{-Achse} \tag{2.43}$$

$$I_\text{z} = \int y^2 dA \quad \text{bezogen auf die } z\text{-Achse} \tag{2.44}$$

Die Integration ist möglich, wenn die Fläche A von einfach erfassbaren mathematischen Funktionen begrenzt ist. Ansonsten erfolgt eine Näherungslösung durch Summation ausgehend von Flächenstreifen parallel zur betrachteten Achse. An Stelle der Integration wird eine Summenbildung vorgenommen:

$$I_\text{y} = \sum_{i=1}^{n} z_\text{i}^2 \cdot A_\text{i} \quad \text{und} \quad I_\text{z} = \sum_{i=1}^{n} y_\text{i}^2 \cdot A_\text{i} \tag{2.45}$$

Für die **Flächenmomente** des **Rechteckquerschnitts** bezogen auf die Achsen gilt:

$$I_\text{y} = \frac{b \cdot h^3}{12} \quad \text{und} \quad I_\text{z} = \frac{b^3 \cdot h}{12} \tag{2.46}$$

und für die **Widerstandsmomente**:

$$W_\text{y} = \frac{I_\text{y}}{\frac{h}{2}} = \frac{b \cdot h^2}{6} \quad \text{und} \quad W_\text{z} = \frac{I_\text{z}}{\frac{b}{2}} = \frac{b^2 \cdot h}{6} \tag{2.47}$$

$$I_\text{y} = \frac{b \cdot h^3}{12} \tag{2.48}$$

$$I_\text{y} = I_\text{z} = \frac{\pi}{64} d^4 \tag{2.49}$$

$$\text{Vollkreis:} \quad I_\text{a} = \frac{\pi}{64} d^4 \tag{2.50}$$

$$\text{Kreisring:} \quad I_\text{a} = \frac{\pi}{64} \left(D^4 - d^4 \right) \tag{2.51}$$

Abhängigkeit der **Flächenmomente** von der **Lage** des **Koordinatensystems** (STEINER'scher Satz):

$$I_\text{y} = I_{\bar{\text{y}}} + z_\text{S}^2 \cdot A \quad \text{und} \quad I_\text{z} = I_{\bar{\text{z}}} + y_\text{S}^2 \cdot A \tag{2.52}$$

$$I = I_\text{S} + s^2 \cdot A \tag{2.53}$$

Flächenmomente zusammengesetzter Querschnitte:

$$I_\text{yges} = \sum_{i=1}^{n} I_{\text{y}_\text{i}} \quad \text{und} \quad I_\text{zges} = \sum_{i=1}^{n} I_{\text{z}_\text{i}} \tag{2.54}$$

Tab. 2.3 Flächenmomente 2. Grades und Widerstandsmomente geometrischer Flächen

	Fläche	Randfaserabstand	Flächenmoment	Widerstandsmoment
1	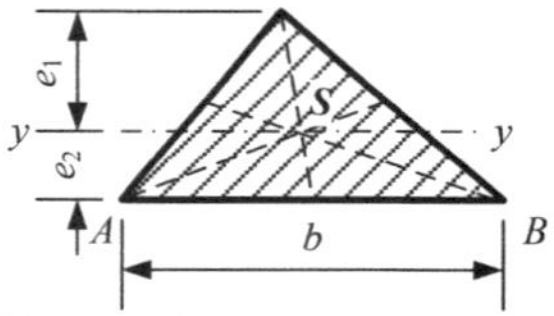	$e_1 = \frac{2}{3}h$ $e_2 = \frac{1}{3}h$	$I_y = \frac{b \cdot h^3}{36}$ $I_{AB} = \frac{b \cdot h^3}{12}$	$W_1 = \frac{b \cdot h^2}{24}$ $W_2 = \frac{b \cdot h^2}{12}$
2	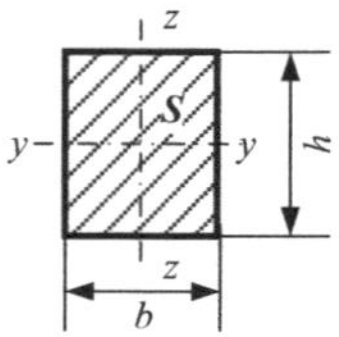	$e = \frac{h}{2}$	$I_y = \frac{b \cdot h^3}{12}$ $I_z = \frac{h \cdot b^3}{12}$	$W_y = \frac{b \cdot h^2}{6}$ $W_z = \frac{h \cdot b^2}{6}$
3	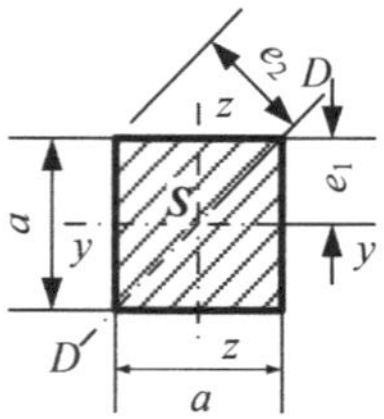	$e_1 = \frac{a}{2}$ $e_2 = \frac{a}{\sqrt{2}}$	$I_y = I_z = I_D = \frac{a^4}{12}$	$W_y = \frac{a^3}{6}$ $W_D = \frac{a^3}{12}\sqrt{2}$
4	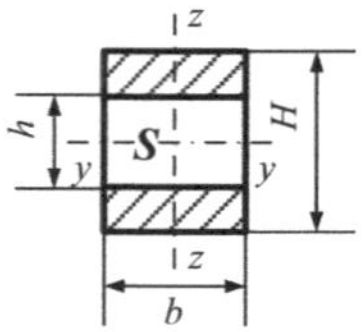	$e_1 = \frac{H}{2}$	$I_y = b\,\frac{H^3 - h^3}{12}$	$W_y = b\,\frac{H^3 - h^3}{6 \cdot H}$

Tab. 2.3 (Fortsetzung)

	Fläche	Randfaserabstand	Flächenmoment	Widerstandsmoment
5		$e = \frac{d}{2}$	$I_\mathrm{y} = I_\mathrm{z} = I_\mathrm{d} = \frac{\pi}{64}d^4$	$W_\mathrm{y} = \frac{\pi}{32}d^3 = 0{,}1 \cdot d^3$
6		$e = \frac{D}{2}$	$I_\mathrm{y} = I_\mathrm{z} = \frac{\pi}{64}\left(D^4 - d^4\right)$ $D - d = 2 \cdot s$, d. h. kleine Wandstärke $I_\mathrm{y} = \frac{\pi}{8}D_\mathrm{m}^3 \cdot s$	$W_\mathrm{y} = W_\mathrm{z} = \frac{\pi}{32}\frac{D^4 - d^4}{D}$ $W_\mathrm{y} = \frac{\pi}{4}D_\mathrm{m}^2 \cdot s$
7		$e_1 = r - e_2$ $= 0{,}288 \cdot d$ $e_2 = \frac{4}{3} \cdot \frac{r}{\pi}$ $= 0{,}212 \cdot d$	$I_\mathrm{y} = 0{,}00686 \cdot d^4$ $I_\mathrm{AB} = I_\mathrm{z} = \frac{\pi}{128}d^4$	$W_\mathrm{y} = \frac{I_\mathrm{y}}{e_1}$
8		$e = \frac{H}{2} = a$	$I_\mathrm{y} = \frac{\pi}{64}B \cdot H^3$ $I_\mathrm{z} = \frac{\pi}{64}H \cdot B^3$	$W_\mathrm{y} = \frac{\pi}{32}B \cdot H^2$ $\approx 0{,}1 \cdot B \cdot H^2$ $W_\mathrm{z} = \frac{\pi}{32}H \cdot B^2$ $\approx 0{,}1 \cdot H \cdot B^2$

Tab. 2.3 (Fortsetzung)

	Fläche	Randfaserabstand	Flächenmoment	Widerstandsmoment
9		$e = \frac{H}{2}$	$I_\mathrm{y} = \frac{\pi}{32} s \cdot H^2\,(3B + H)$ $I_\mathrm{z} = \frac{\pi}{32} s \cdot B^2\,(3H + B)$	$W_\mathrm{y} = \frac{\pi}{16} s \cdot H\,(3B + H)$ $W_\mathrm{z} = \frac{\pi}{16} s \cdot B\,(3H + B)$
10		$e = \frac{1}{2} R \cdot \sqrt{3}$ $= 0{,}866 \cdot R$	$I_\mathrm{y} = \frac{5 \cdot \sqrt{3}}{16} \cdot R^4$ $= 0{,}5413 \cdot R^4$	$W_\mathrm{y} = \frac{5}{8} \cdot R^3$
11		$e_1 = R$	$I_\mathrm{y} = \frac{5 \cdot \sqrt{3}}{16} \cdot R^4$ $= 0{,}5413 \cdot R^4$	$W_\mathrm{y} = \frac{5 \cdot \sqrt{3}}{16} \cdot R^3$ $= 0{,}5413 \cdot R^3$

Tab. 2.3 (Fortsetzung)

	Fläche	Randfaserabstand	Flächenmoment	Widerstandsmoment
12	(Trapezquerschnitt mit Eckpunkten D, C, A, B, Schwerpunkt S; Abmessungen a, b, h, e_1, e_2; Achsen y und z)	$e_1 = \dfrac{h\,(a + 2b)}{3\,(a + b)}$ $e_2 = \dfrac{h\,(2a + b)}{3\,(a + b)}$	$I_y = \dfrac{h^3}{36}\left(a + b + \dfrac{2ab}{a + b}\right)$ $I_{AB} = \dfrac{h^3}{12}\,(3a + b)$ $I_{CD} = \dfrac{h^3}{12}\,(a + 3b)$	$W_1 = \dfrac{I_y}{e_1}$ $W_2 = \dfrac{I_y}{e_2}$

Abb. 2.15 Möglichkeiten zur
Wahl des Koordinatensystems

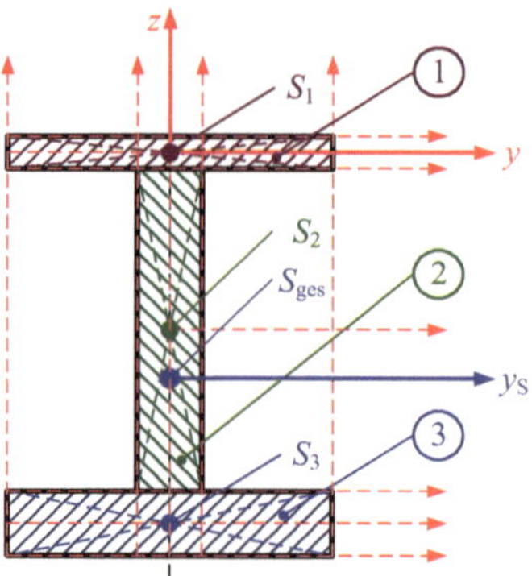

Vorgehensweise zur Bestimmung des Gesamtschwerpunktes und des Gesamtflächenmomentes zusammengesetzter Querschnitte:

1. **Wahl** eines **Bezugskoordinatensystems** (Möglichkeiten s. Abb. 2.15).
    Hier: Schwerpunkt S_1 der Fläche A_1
2. **Aufteilung** der **Gesamtfläche** (Profil; hier $i = 1 \ldots 3$) in **Teilflächen**
3. **Bestimmung** des **Gesamtschwerpunktes** S_{ges}: $y_S = \frac{1}{A_{\text{ges}}} \sum_{i=1}^{n} (y_i \cdot A_i)$;
    $z_S = \frac{1}{A_{\text{ges}}} \sum_{i=1}^{n} (z_i \cdot A_i)$
4. **Ermittlung** des **Gesamtflächenmoments** I_{ges} bezogen auf die **jeweilige Achse**
    (y oder z) mithilfe des STEINER'schen Satzes: $I_{\text{ges}} = \sum_{i=1}^{n} \left(I_{\text{Si}} + s_i^2 \cdot A_i \right)$

Grundsätzlich dürfen bei zusammengesetzten Querschnitten nur die Flächenmomente 2. Grades addiert oder subtrahiert werden, jedoch nie die Widerstandsmomente. Widerstandmomente ergeben sich bei zusammengesetzten Querschnitten aus dem Gesamt-Flächenmoment 2. Grades durch Division durch den größten Randabstand.

2.2.1 Aufgaben zu Abschnitt 2.2

Aufgabe 2.2.1 (**)
Eine Rohrleitung (Ø $406,4 \times 12,5$) mit Dehnungsstück (Abb. 2.16) wird in A durch eine Wand geführt und durch die Kräfte F_1 und F_2 in B belastet. Ermitteln Sie die Biegemomente und Biegespannungen für die Stellen $1 \ldots 9$ und die Materialkosten K_M für das Dehnungsstück (Stelle $1 \ldots 8$).

Gegeben: $F_1 = 12{,}5\,\text{kN}$; $F_2 = 7{,}5\,\text{kN}$; $k_{\text{Rohr}} = 2{,}60\,\text{€/kg}$

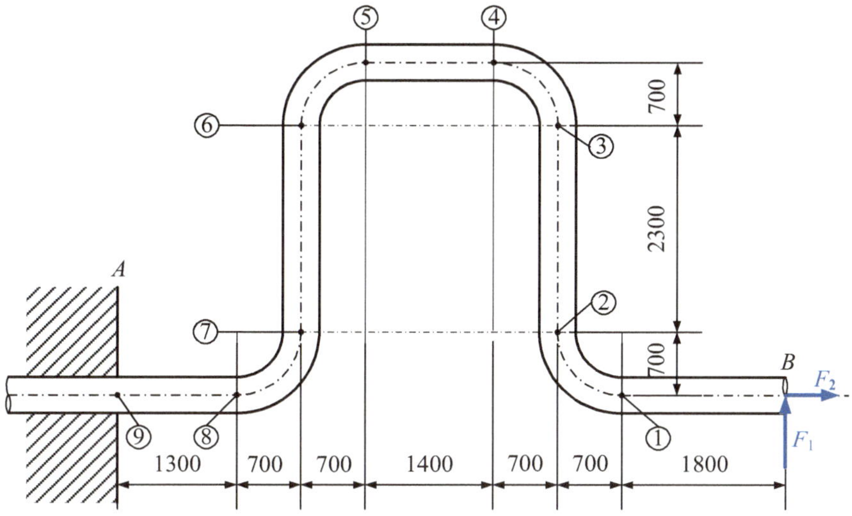

Abb. 2.16 Rohrleitung mit Dehnungsstück

Aufgabe 2.2.2 (**)

Der in Abb. 2.17 dargestellte Träger (I 240 DIN 1025 – S235JR) wird durch das Biegemoment M_{by} belastet.

Gegeben: $M_{by} = 50\,\text{kNm}$; $I_y = 3890\,\text{cm}^4$; $W_y = 324\,\text{cm}^3$; $I_z = 284\,\text{cm}^4$; $W_z = 47{,}3\,\text{cm}^3$;
$\quad\quad\quad R_e = 235\,\text{N/mm}^2$

Abb. 2.17 I-Träger

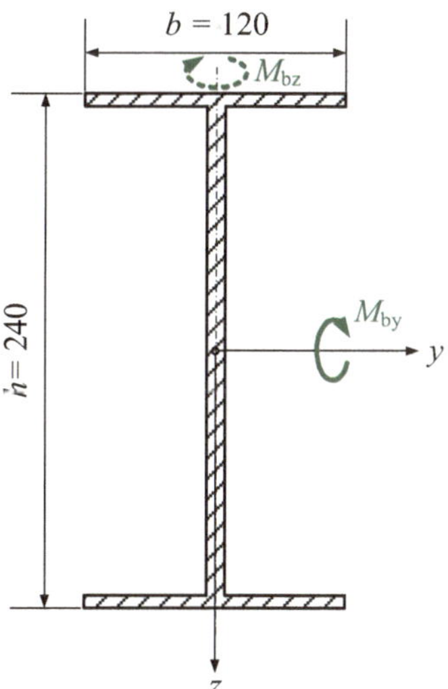

Abb. 2.18 U-Profil

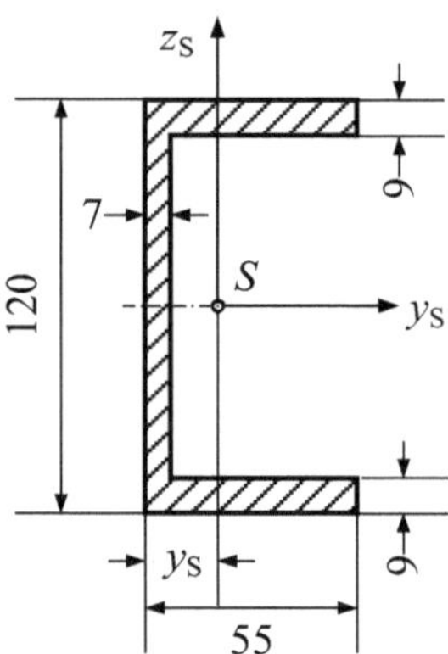

a) Wie groß ist das Biegemoment in der Randfaser?
b) Wie groß ist die Sicherheit S_F gegen Fließen?
c) Wie groß darf für die ermittelten Werte das Biegemoment M_{bz} sein, wenn es allein auftritt?

Aufgabe 2.2.3 (∗)
Berechnen Sie für das U-Profil (Abb. 2.18) den Schwerpunktabstand y_S.

Aufgabe 2.2.4 (∗∗)
Ermitteln Sie für das U-Profil (Abb. 2.19) den Schwerpunktabstand z_S und die Flächenmomente 2. Grades bezüglich der Schwerpunktachsen.

Abb. 2.19 U-Profil

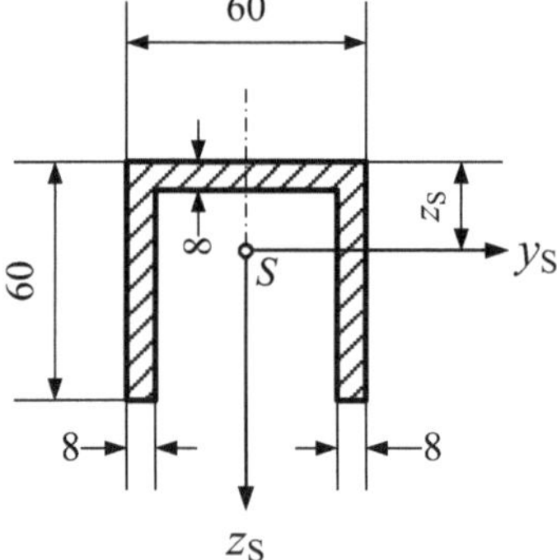

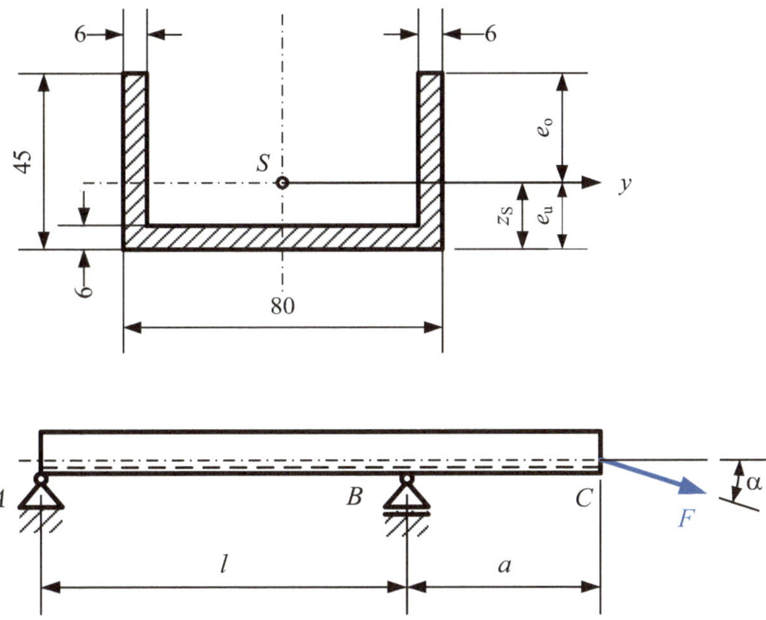

Abb. 2.20 Gelenkig gelagertes U-Profil

Aufgabe 2.2.5 (***)
Ein gelenkig gelagertes U-Profil (Abb. 2.20) wird durch die im Flächenschwerpunkt angreifende Kraft F (Abb. 2.20 unten) beansprucht.

a) Berechnen Sie die Lage des Flächenschwerpunktes (Maß z_S).
b) Berechnen Sie das axiale Flächenmoment 2. Grades des U-Profils bezüglich der y-Achse.
c) Ermitteln Sie die Auflagerkräfte.
d) Skizzieren Sie den Biegemomentenverlauf.
e) Ermitteln Sie das maximale Biegemoment.
f) Berechnen Sie die maximale Normalspannung für den Balkenquerschnitt.

Gegeben: F; α; l; a; I_y; e_o; e_u; A

Hinweis: Die Lösungen zu den c), e) und f) sind nur formelmäßig anzugeben! Die Punkte c) bis f) können unabhängig von a) und b) bearbeitet werden!

Aufgabe 2.2.6 (**)
Ein Heimwerker will in seine Scheunenwand ein Garagentor mit der Breite $b = 2{,}5\,\mathrm{m}$ einbauen (Abb. 2.21). Die Streckenlast aus Wand und Decke über dem Torausschnitt soll

Abb. 2.21 Stützträger

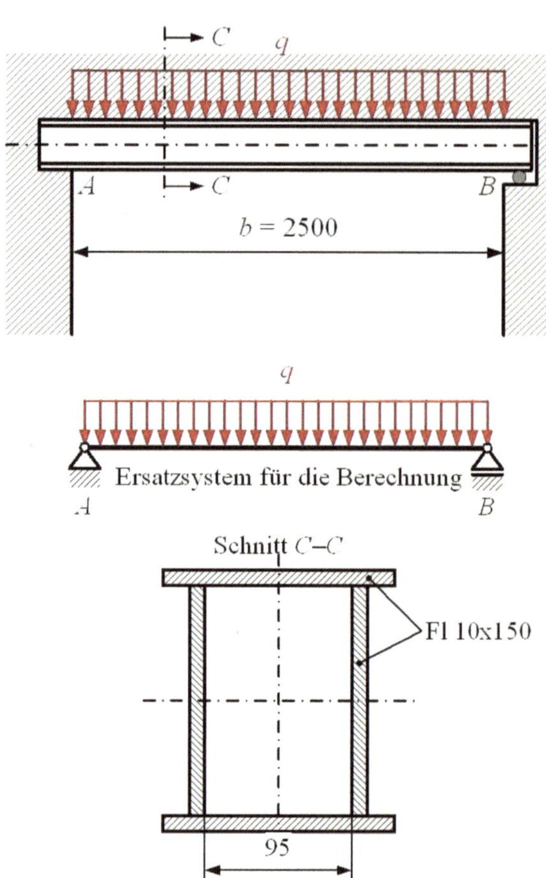

durch einen aus Flachstählen Fl 10×150-S-235JRG-2 geschweißten Träger aufgenommen werden (Abb. 2.21; die Schweiß-Längsnähte sind nicht zu berechnen). Der Träger kann als Balken auf zwei Stützen mit einer Streckenlast $q = 25$ kN/m bei einer Stützweite von 2,5 m aufgefasst werden.

a) Ermitteln Sie das Flächenmoment 2. Grades des zusammengesetzten Biegeträgers!
b) Wie groß ist die maximale Biegespannung im Träger?
c) Ist sie zulässig, wenn eine Sicherheit gegen Fließen von $S_F = 3$ erforderlich ist?

Aufgabe 2.2.7 (***)
Der Brückenkran (Abb. 2.22) mit 6 m Spannweite besitzt eine Brücke aus einem I-Profil I 240-DIN 1025-5. Zur Erhöhung der Biegesteifigkeit sind im mittleren Bereich zwei Blechstreifen von 10 mm Dicke mit Längs-Kehlnähten schubfest auf dem I-Träger verschweißt.

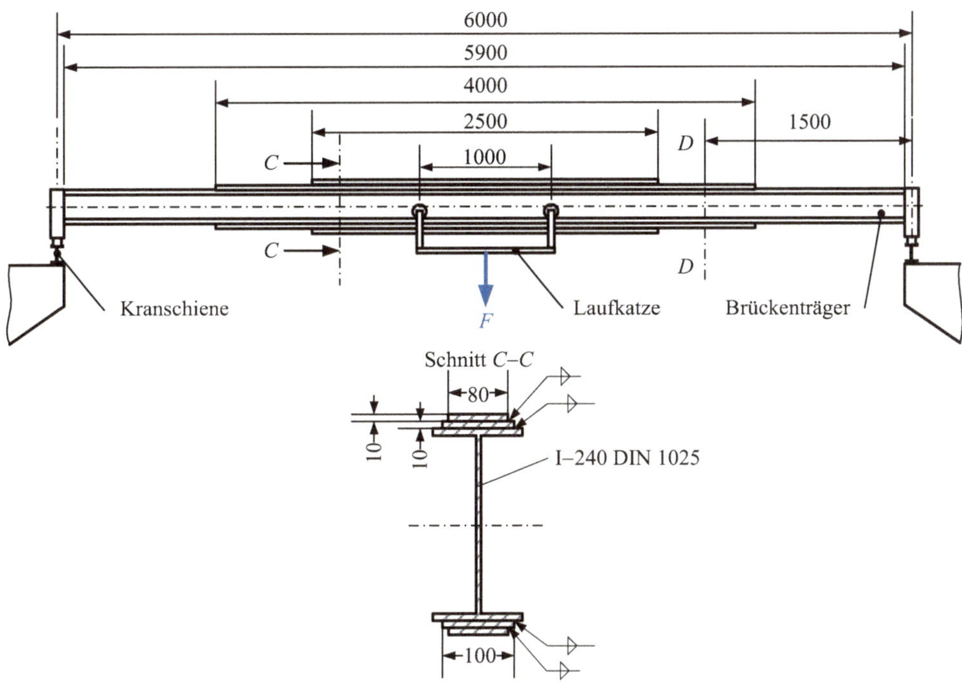

Abb. 2.22 Brückenkran

Gegeben: I-Profil I 240-DIN 1025-5 mit: $h = 240\,\text{mm}$; $b = 120\,\text{mm}$; $A = 39{,}1\,\text{cm}^2$;
  $I_\text{y} = 3890\,\text{cm}^4$; $W_\text{y} = 324\,\text{cm}^3$; $m' = 30{,}7\,\text{kg/m}$; $k_\text{I} = 1{,}85\,\text{€/kg}$;
  $k_\text{Flach} = 1{,}60\,\text{€/kg}$

a) Wie groß darf die Kraft F bei einer zulässigen Biegespannung von $\sigma_{\text{b zul}} = 120\,\text{N/mm}^2$
    in Mittelstellung der Laufkatze sein?
b) Wie groß ist die Biegezugspannung im Querschnitt D–D des Brückenträgers?
c) Welche Materialkosten K_M fallen für den Brückenträger an?

Aufgabe 2.2.8 (**)
Am Ende zweier einseitig eingespannter Doppel-T-Träger (Abb. 2.23) unterschiedlicher
Länge ($l_1 = 1500\,\text{mm}$ und $l_2 = 550\,\text{mm}$), mit gleichem Profil, wirkt eine Kraft F_1 bzw. F_2.

  Ermitteln Sie die maximalen Kräfte F_1 bzw. F_2 für die vorgegebenen zulässigen Spannungen. Für die zulässigen Biegespannungen unter Zug/Druck gelten: $\sigma_{\text{z zul}} = 160\,\text{N/mm}^2$;
$\sigma_{\text{d zul}} = -140\,\text{N/mm}^2$.

  Schubspannungen sind zu vernachlässigen.

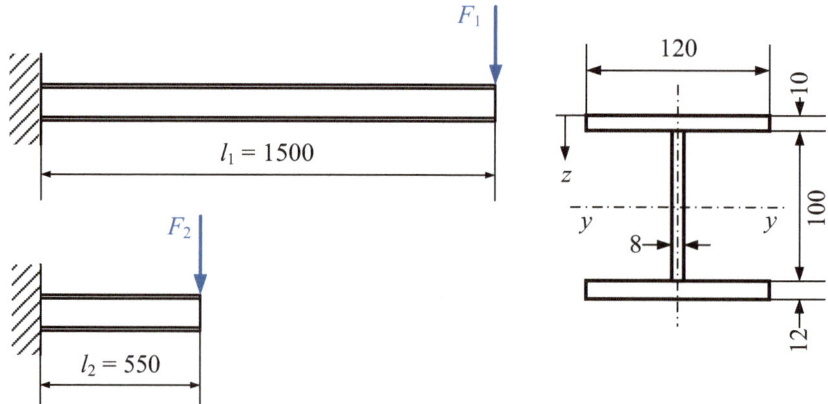

Abb. 2.23 Doppel-T-Träger

Aufgabe 2.2.9 (**)

Der Profilträger (Abb. 2.24) wird durch zwei Massen $m_1 = 450\,\text{kg}$ und $m_2 = 750\,\text{kg}$ belastet. Die Massen sind über Nutensteine mit dem Profil verschraubt.

a) Skizzieren Sie den Biegemomentenverlauf für den Profilträger mit Angabe des größten Biegemoments.
b) Ermitteln Sie die Lage der Schwerpunktachse für das Profil.
c) Wie groß ist das axiale Flächenmoment 2. Grades bezogen auf die y-Achse.
d) Wie groß ist die maximale Biegespannung?

Aufgabe 2.2.10 (***)

In einer Leichtbaukonstruktion wird ein Hutprofil aus S235 (Abb. 2.25) mit einem Deckblech desselben Materials schubfest zu einem geschlossenen Profil verbunden. Für das

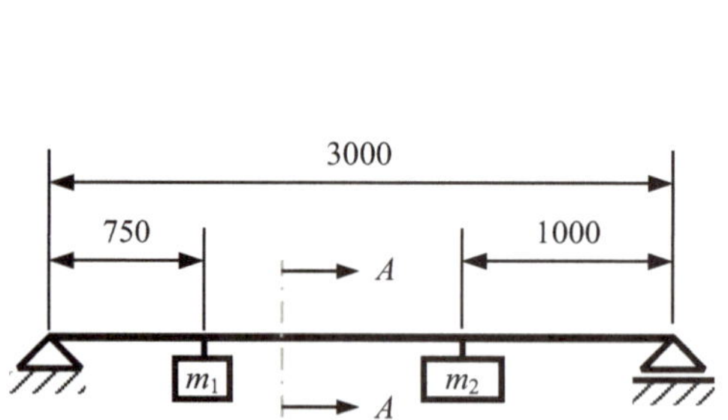

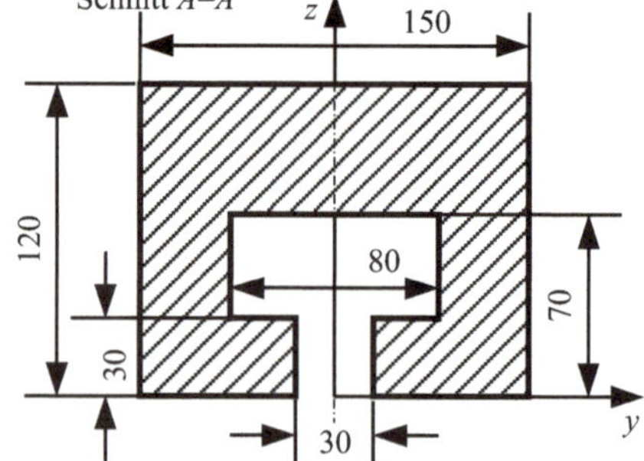

Abb. 2.24 Profilträger

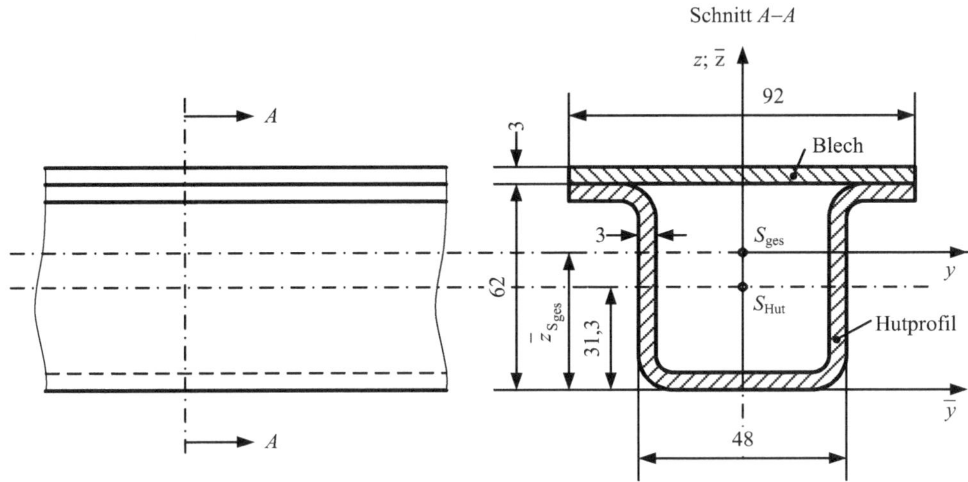

Abb. 2.25 Hutprofil

Hutprofil gibt der Hersteller ein Flächenmoment 2. Grades um die $\bar{y}$-Achse (unterer Rand des Profils) $I_{\bar{y}} = 969.286\,\text{mm}^4$ an. Der Schwerpunkt des Hutprofils liegt bei $\bar{z}_\text{S} = 31,3\,\text{mm}$ (Abb. 2.25). Die Querschnittsfläche des Hutprofils beträgt $A_\text{Hut} = 630\,\text{mm}^2$. Das Profil muss ein Biegemoment $M_\text{y} = 925\,\text{Nm}$ aufnehmen.

a) Berechnen Sie die Lage des Gesamtschwerpunktes $\bar{z}_\text{Sges}$ des geschlossenen Profils.
b) Wie groß ist das Flächenmoment 2. Grades des Hutprofils um seine waagerechte Schwerpunktachse?
c) Ermitteln Sie das Flächenmoment 2. Grades des Gesamtprofils für die y-Achse (Achse des Gesamtschwerpunktes).
d) An welcher Stelle des Profilquerschnitts tritt die max. Biegespannung auf und wie groß ist sie?

Aufgabe 2.2.11 (**)
Das Profil (Abb. 2.26) wird mit der Kraft $F = 30\,\text{kN}$ belastet. Die Masse des Profils ist zu vernachlässigen. Zu ermittelt sind:

a) die Stelle, an der das größte Biegemoment $M_{\text{b max}}$ auftritt und dessen Größe,
b) das Flächenmoment 2. Grades des Profils um die y-Achse,
c) die Spannungen in den Randfasern des Profils und
d) Wahl des Werkstoffes, wenn folgende zul. Biegespannungen nicht überschritten werden dürfen:

Werkstoff	S235	E295	E360
$\sigma_{\text{b zul}}$ N/mm^2	110	150	220

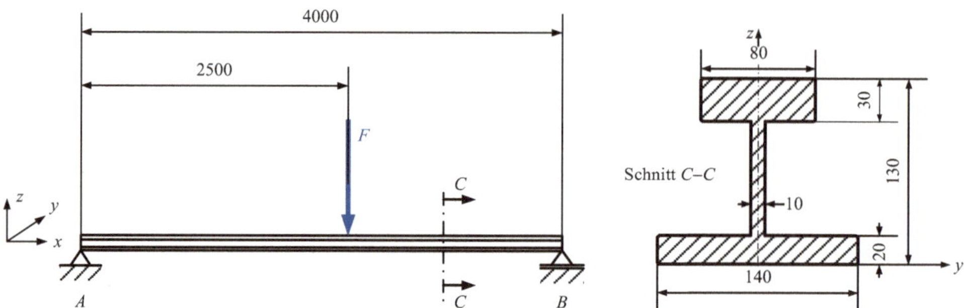

Abb. 2.26 Profilträger

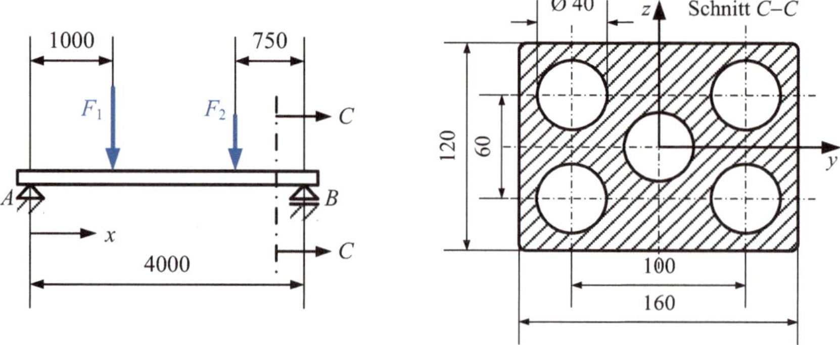

Abb. 2.27 Strangpressprofil

Aufgabe 2.2.12 (**)

Das Strangpressprofil aus EN AW-6082 (Abb. 2.27) wird durch zwei Kräfte, die in der Mitte des Profils angreifen, belastet.

Gegeben: $F_1 = 32\,\text{kN}$; $F_2 = 20\,\text{kN}$; $R_\text{m} = 310\,\text{N/mm}^2$; $R_{\text{p0,2}} = 255\,\text{N/mm}^2$; E-Modul = $70\,\text{kN/mm}^2$; $S = 1,5$.

a) Wie groß ist für den Profilträger das max. Biegemoment?
b) Wie groß ist das axiale Flächenmoment 2. Grades bezogen auf die y-Achse?
c) Wie groß sind die Biegespannungen in den Randfasern?
d) Ist eine ausreichende Sicherheit gegen Fließen und Bruch gegeben?

Aufgabe 2.2.13 (**)

Der geschweißte Kastenträger aus E335 (Abb. 2.28) wird durch zwei Kräfte F_1 und F_2 belastet. Die zul. Biegespannung darf höchstens 40 % der Proportionalitätsgrenze σ_P betragen.

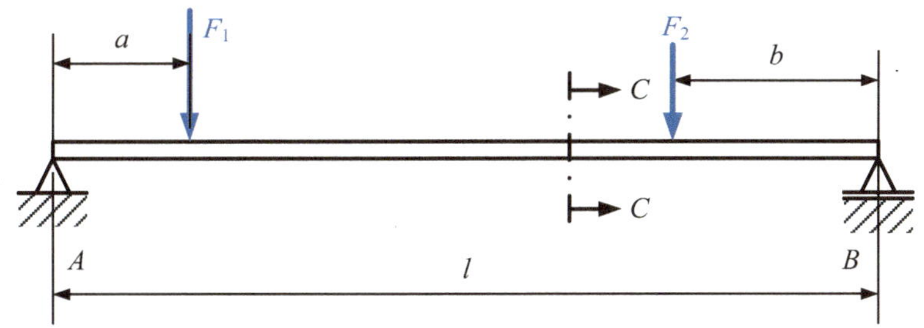

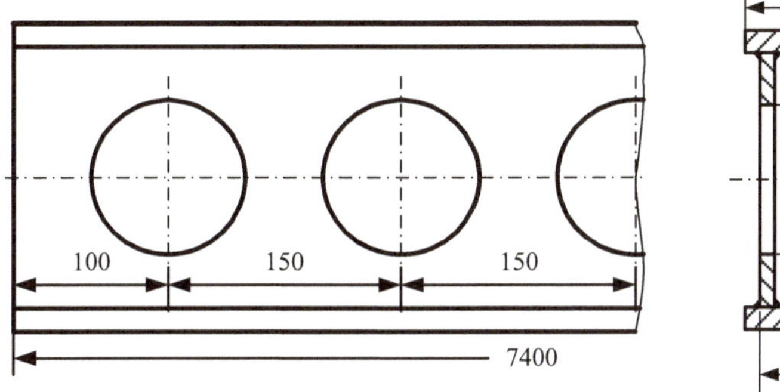

Schnitt $C\text{–}C$

Abb. 2.28 Kastenträger

a) Skizzieren Sie den Biegemomentenverlauf. Wie groß ist das max. Biegemoment?
b) Wie groß ist die Biegespannung in den Randfasern?
c) Bestimmen Sie die Biegespannung in Höhe der Schweißnaht.
d) Wie groß ist die tatsächliche Sicherheit gegen Fließen S_F?
e) Kalkulieren Sie die Materialkosten K_M für den Kastenträger.

Gegeben: $F_1 = 15\,\mathrm{kN}$; $F_2 = 6\,\mathrm{kN}$; $a = 2350\,\mathrm{mm}$; $b = 3100\,\mathrm{mm}$; $l = 7400\,\mathrm{mm}$; $k_{\mathrm{Flach}} = 1{,}70\,\text{€/kg}$

Aufgabe 2.2.14 (**)
Der konische Kastenträger gleicher Wandstärke (Abb. 2.29) wird am rechten freien Ende mit einer Einzelkraft $F = 400\,\mathrm{kN}$ belastet.

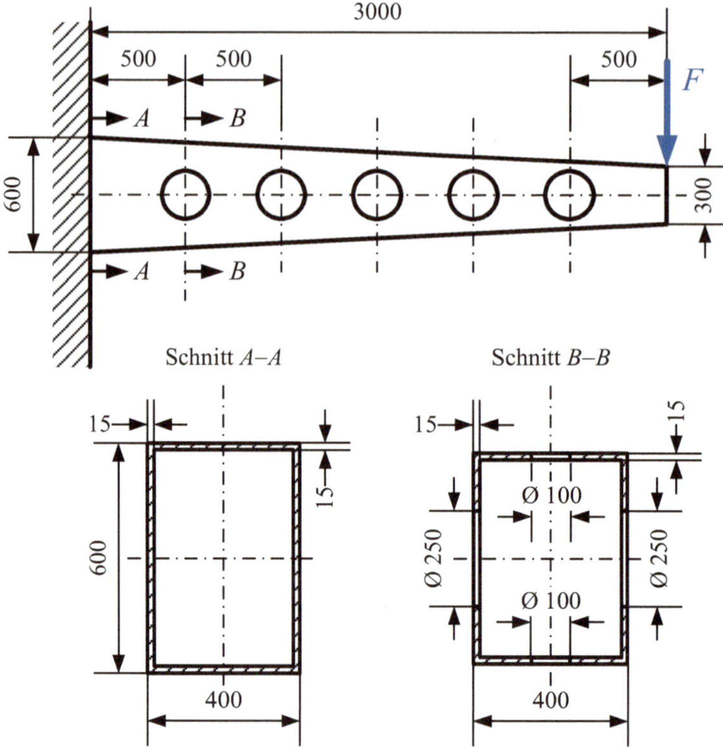

Abb. 2.29 Konischer Kastenträger

a) Wie groß sind die im Schnitt A–A und B–B auftretenden Biegespannungen?
b) Wählen Sie aus Tab. 1.5 einen entsprechenden Werkstoff, der einer schwellenden Be-
     lastung und einer geforderten Sicherheit von 1,5 genügt.

Aufgabe 2.2.15 (**)
Der Träger (Abb. 2.30) wird wie dargestellt durch zwei Kräfte belastet.

Gegeben: $F_1 = 18\,\text{kN}$; $F_2 = 30\,\text{kN}$; $a = 400\,\text{mm}$; $b = 300\,\text{mm}$; $l = 1500\,\text{mm}$

a) Skizzieren Sie den Biegemomentenverlauf für den Profilträger mit Angabe des größten
     Biegemoments.
b) Ermitteln Sie die Lage der Schwerpunktachse für das Profil im vorgegebenen Koordi-
     natensystem.
c) Wie groß ist das axiale Flächenmoment 2. Grades bezogen auf die y-Achse?
d) Wie groß sind die Biegespannungen in den Randfasern?

Abb. 2.30 Träger mit zwei
Einzelkräften

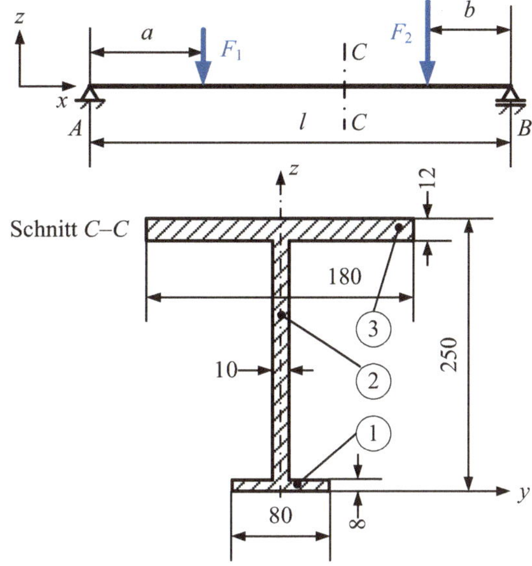

2.3 Schub- oder Scherbeanspruchung

Die notwendigen Gleichungen und Tabellen aus dem Lehrbuch werden im Folgenden für
den Abschn. 2.3 aufgeführt:

$$\tan \gamma \approx \gamma = \frac{\Delta s}{L} \tag{2.55}$$

$$\tau = G \cdot \gamma \quad \text{bzw.} \quad G = \frac{\tau}{\gamma}, \quad [G] = \text{N/mm}^2 \tag{2.56}$$

$$G = \frac{m}{2\,(m+1)} \cdot E \tag{2.57}$$

$$G = 0{,}384 \cdot E \tag{2.58}$$

$$W = \frac{F \cdot \Delta s}{2} = \frac{\tau^2 \cdot V}{2 \cdot G} \tag{2.59}$$

Scherspannung τ_{a} (Index a von „Abscheren"):

$$\tau_{\mathrm{a}} = \frac{F}{A} \tag{2.60}$$

Anhaltswerte für zulässige Scherspannungen im Maschinenbau:

$\tau_{\text{a zul}} \approx R_{\text{e}} / 1{,}5$ bei ruhender Beanspruchung

$\tau_{\text{a zul}} \approx R_{\text{e}} / 2{,}2$ bei schwellender Beanspruchung

$\tau_{\text{a zul}} \approx R_{\text{e}} / 3$ bei wechselnder Beanspruchung

mit R_{e} als Streckgrenze (bzw. $R_{\text{p0,2}}$ als 0,2-%-Dehngrenze).

Allgemeine Beziehung für die **Schubspannungsverteilung:**

$$\tau(x,z) = \frac{F_{\text{q}}(x) \cdot H(z)}{I \cdot b} \tag{2.64}$$

Schubspannungsverteilung Rechteckquerschnitt:

$$\tau(x,z) = \frac{F_{\text{q}} \cdot 6}{b \cdot h^3} \cdot \left(\frac{h^2}{4} - z^2 \right) \tag{2.67}$$

$$\tau_{\text{max}} = \frac{3}{2} \cdot \frac{F_{\text{q}}}{b \cdot h} \tag{2.68}$$

Mittlere Schubspannung:

$$\tau_{\text{m}} = \frac{F_{\text{q}}}{A} = \frac{F_{\text{q}}}{b \cdot h} \tag{2.69}$$

Schubspannungsverteilung Kreisquerschnitt:

$$\tau(z) = \frac{4 \cdot F_{\text{q}}}{3 \cdot \pi \, r^4} \left(r^2 - z^2 \right) \tag{2.71}$$

Größte Schubspannung für $z = 0$:

$$\tau_{\text{max}} = \frac{4}{3} \cdot \frac{F_{\text{q}}}{\pi \, r^2} \tag{2.72}$$

Im **Vergleich** zur **mittleren Schubspannung**:

$$\tau_{\text{m}} = \frac{F_{\text{q}}}{A} = \frac{F_{\text{q}}}{\pi \, r^2} \tag{2.73}$$

Für den **Balken** mit **Kreisquerschnitt** gilt:

$$\tau_{\text{max}} = \frac{4}{3} \tau_{\text{m}} \tag{2.74}$$

Dünnwandiges Kreisrohr:

$$\tau_{\text{max}} = 2 \cdot \tau_{\text{m}} \tag{2.75}$$

Tab. 2.4 Schubspannung für verschiedene Verbindungsarten

Geleimter bzw. geklebter Träger	Genieteter bzw. punktgeschweißter Träger	Geschweißter Träger (schrittgeschweißt)
$\tau_{q_{max}} = \frac{F_q \cdot H_y(z)}{I \cdot b_z}$	$\tau_{q_{max}} = \frac{F_q \cdot H_y(z)}{I \cdot b_z} \cdot \left(\frac{4 \cdot t}{3 \cdot n \cdot \pi \cdot r^2}\right)$	$\tau_{q_{max}} = \frac{F_q \cdot H_y(z)}{I \cdot b_z} \cdot \left(\frac{t}{2 \cdot a \cdot l_S}\right)$
b_z = Breite des Trägers an der Stelle z F_q = Querkraft I = Flächenmoment 2. Grades $H_y(z)$ = Flächenmoment 1. Grades	n = Anzahl der Nietreihen t = Teilung = Abstand von Niet zu Niet $\pi \cdot r^2$ = Querschnitt einer Nietfläche $4/3$ = Formfaktor des Kreisquerschnittes (aus Gl. 2.72)	t = Teilung = Abstand von Schweißnaht zu Schweißnaht a = Schweißnahtbreite an der Wurzel l_S = Länge der Schweißnaht

2.3.1 Aufgaben zu Abschnitt 2.3

Aufgabe 2.3.1 (*)
Zwei Rohre werden wie in Abb. 2.31 dargestellt mit einem Scherstift verbunden.

a) Welche Zugkraft F kann die Rohrverbindung maximal übertragen, wenn die zulässige Schubspannung im Stift $120\,\text{N/mm}^2$ beträgt?
b) Wie groß muss bei gleicher Zugkraft F die Klebelänge l sein, wenn die Rohre miteinander verklebt werden, und die zulässige Schubspannung des Klebstoffes $6\,\text{N/mm}^2$ beträgt?

Aufgabe 2.3.2 (**)
Die dargestellte Konstruktion wird durch vier Schweißnähte (Abb. 2.32) gehalten. Wie groß darf die Zugkraft F maximal sein, damit die zulässige Schubspannung τ_{zul} in der Schweißnaht nicht überschritten wird? Der Kraterabzug ist zu vernachlässigen.

Abb. 2.31 Scherstiftverbindung

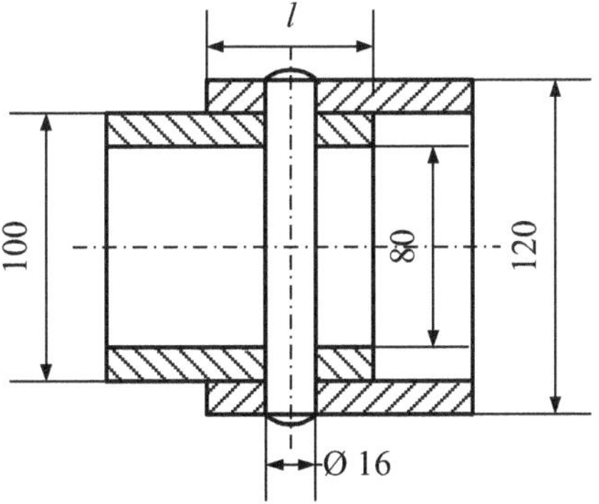

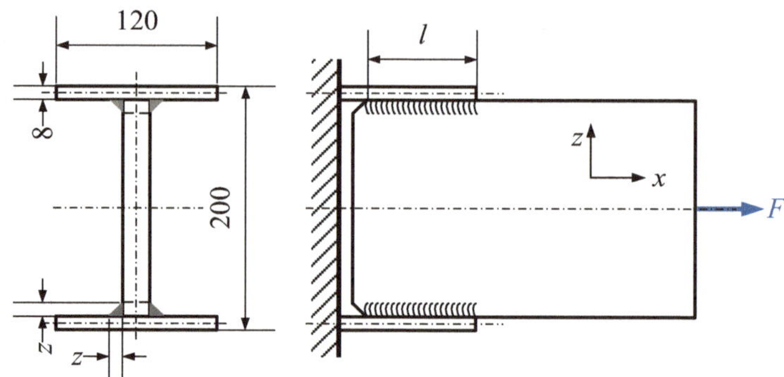

Abb. 2.32 Verschweißter Träger

Hinweis: Die größte Schubspannung tritt in der kleinsten Querschnittsfläche auf, die unter 45° geneigt ist.

Gegeben: $z = 4\,\text{mm}$; $l = 150\,\text{mm}$; $\tau_{\text{zul}} = 120\,\text{N/mm}^2$

Aufgabe 2.3.3 (**)
Das in Abb. 2.33 dargestellte Profil besteht aus einem Stegblech, an das zwei Gurtbleche angeschweißt sind. Gesucht sind die Schubspannungen in den Schweißnähten für eine Querkraft $F_q = 50\,\text{kN}$.

Gegeben: $a = 6\,\text{mm}$; $b = 150\,\text{mm}$; $h = 240\,\text{mm}$; $t = 12\,\text{mm}$; $s = 15\,\text{mm}$

Abb. 2.33 Profilträger

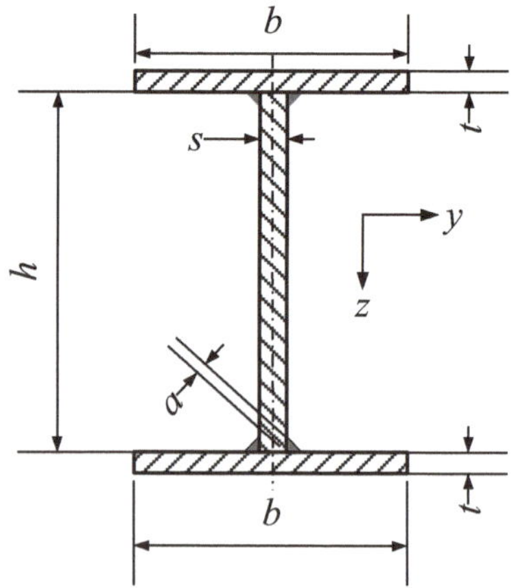

Abb. 2.34   Klebverbindung

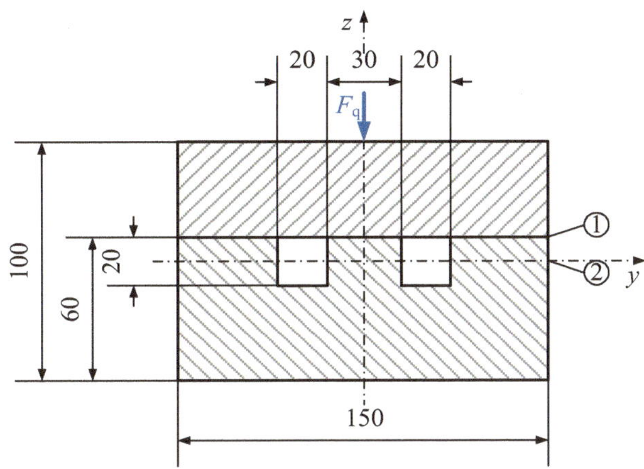

Aufgabe 2.3.4 (**)

Das in Abb. 2.34 dargestellte Profil ist an der Stelle 1 miteinander verklebt und wird durch die Querkraft $F_q = 15\,\text{kN}$ belastet. Wie groß sind die Schubspannungen in der Klebnaht (Stelle 1) und der Stelle 2?

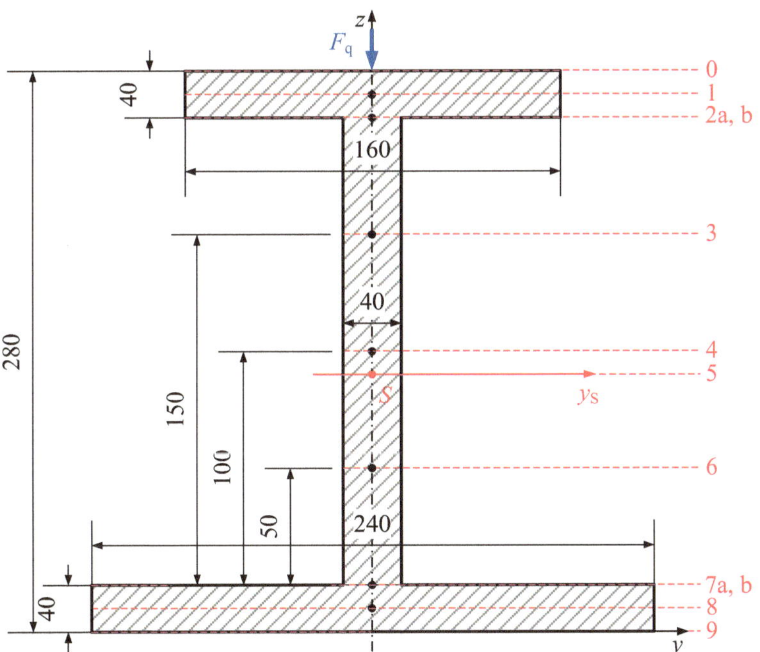

Abb. 2.35   Schubbeanspruchter Träger

Aufgabe 2.3.5 (***)

Der in Abb. 2.35 dargestellte Träger wird mit einer Querkraft $F_q = 150\,\text{kN}$ beansprucht.
Wie groß sind die Schubspannungen an den Stellen 0 bis 9?
Hinweis: Lösung mit Gl. 2.64

2.4　Torsionsbeanspruchung

Die notwendigen Gleichungen und Tabellen aus dem Lehrbuch werden im Folgenden für
den Abschn. 2.4 aufgeführt:

Torsionsmoment:

$$T = \int r \cdot \tau \cdot dA \tag{2.76}$$

$$\tau = \frac{r}{R}\tau_{\text{max}} \tag{2.77}$$

$$T = \frac{\tau_{\text{max}}}{R} \int_0^R r^2 \cdot dA \tag{2.78}$$

Polares Flächenträgheitsmoment oder **polares Flächenmoment 2. Grades:**

$$I_\text{p} = \int_0^R r^2 \cdot dA \tag{2.79}$$

Polares Widerstandsmoment W_p:

$$W_\text{t} = W_\text{p} = \frac{I_\text{p}}{R} \tag{2.80}$$

Grundgleichung der Torsion:

$$\tau_\text{t} = \frac{T}{W_\text{t}} = \frac{T}{W_\text{p}} \quad \text{mit } \tau_\text{t} = \tau_{\text{max}} \text{ als Spannung in der Außenfaser.} \tag{2.81}$$

Polares Flächenmoment für den **Kreisringquerschnitt:**

$$I_\text{p} = \frac{\pi}{32}\left(d_\text{a}^4 - d_\text{i}^4\right) \tag{2.83}$$

Polares Flächenmoment für den **Vollkreisquerschnitt:**

$$I_\text{p} = \frac{\pi}{32}d^4 \tag{2.84}$$

Für die **Torsionswiderstandsmomente** (auch „**polare Widerstandsmomente**" genannt) erhält man aus den **polaren Trägheitsmomenten** für den **Kreisringquerschnitt**:

$$W_\mathrm{p} = \frac{\pi}{16} \cdot \frac{d_\mathrm{a}^4 - d_\mathrm{i}^4}{d_\mathrm{a}} = \frac{\pi}{16} \cdot \frac{D^4 - d^4}{D} \tag{2.85}$$

und für den **Vollkreisquerschnitt**

$$W_\mathrm{p} = \frac{\pi}{16} \cdot d^3 \tag{2.86}$$

Vordimensionierung von **Vollwellen**:

$$d_\mathrm{erf} = \sqrt[3]{\frac{16 \cdot T}{\pi \cdot \tau_\mathrm{t\,zul}}} \tag{2.87}$$

$$s = \varphi \cdot r = \gamma \cdot l \;\Rightarrow\; \gamma = \frac{\varphi \cdot r}{l} \tag{2.88}$$

Das **HOOKE'sche Gesetz** lässt sich für **Schiebung** schreiben:

$$\tau = G \cdot \gamma \;\Rightarrow\; \gamma = \frac{\tau}{G} \tag{2.89}$$

$$\gamma = \frac{T}{W_\mathrm{p} \cdot G} \tag{2.90}$$

$$\frac{\varphi \cdot r}{l} = \frac{T}{W_\mathrm{p} \cdot G} \;\rightarrow\; \varphi = \frac{T \cdot l}{W_\mathrm{p} \cdot r \cdot G} \tag{2.91}$$

Verdrehwinkel φ (im Bogenmaß) am **Endquerschnitt**:

$$\varphi = \frac{T \cdot l}{G \cdot I_\mathrm{p}} \quad \text{bzw.} \quad \varphi = \frac{\tau \cdot l}{r \cdot G} \tag{2.92}$$

Verdreh- bzw. **Torsionssteifigkeit** einer **Welle**:

$$C = \frac{T}{\varphi} = \frac{G \cdot I_\mathrm{p}}{l}; \quad [C] = \frac{\mathrm{Nmm}}{\mathrm{rad}} \tag{2.93}$$

Formänderungsarbeit:

$$W = \int T \cdot d\varphi \tag{2.94}$$

$$W = \int C \cdot \varphi \cdot d\varphi \tag{2.95}$$

$$W = \frac{1}{2} \cdot C \cdot \varphi^2 = \frac{1}{2} \cdot T \cdot \varphi \tag{2.96}$$

$$W = \frac{l}{2 \cdot G \cdot I_\mathrm{p}} \cdot T^2 \;\text{und}\; W = \frac{G \cdot I_\mathrm{p}}{2 \cdot l} \cdot \varphi^2 \;\text{sowie}\; W = \frac{I_\mathrm{p} \cdot l}{2 \cdot G \cdot r^2} \cdot \tau_\mathrm{t}^2 \tag{2.97}$$

Torsion dünnwandiger Querschnitte
Torsionsmoment:

$$T = 2 \cdot \tau \cdot s \cdot A_m \tag{2.98}$$

1. BREDT'sche Formel:

$$\tau = \frac{T}{2 \cdot A_m \cdot s} \tag{2.99}$$

Die **größte Schubspannung** τ_{max} tritt an der Stelle mit der **kleinsten Wandstärke** s_{min} auf:

$$\tau_{max} = \frac{T}{2 \cdot A_m \cdot s_{min}} = \frac{T}{W_t} \leq \tau_{zul} \tag{2.100}$$

Torsionswiderstandsmoment für beliebige **dünnwandige geschlossene Querschnitte**:

$$W_t = 2 \cdot A_m \cdot s_{min} \tag{2.101}$$

Torsion nicht kreisförmiger Querschnitte

$$\tau_t = \frac{T}{W_t} \quad \text{und} \quad \varphi = \frac{T \cdot l}{G \cdot I_t} \tag{2.102}$$

Tab. 2.5 Widerstands- und Flächenmomente bei Verdrehung beliebiger Querschnitte

		W_t	I_t	Bemerkungen
1		$\frac{\pi}{16} d^3 \approx 0{,}2 d^3$	$\frac{\pi}{32} d^4 \approx 0{,}1 d^4$	Größte Spannung am Umfang $W_t = 2W_b$ $I_t = I_p$
2		$\frac{\pi}{16} \frac{d_a^4 - d_i^4}{d_a}$	$\frac{\pi}{32}\left(d_a^4 - d_i^4\right)$	Wie unter 1
3		Für kleine Wanddicken $(A_a + A_i) \cdot s_{min}$ $\approx 2 \cdot A_m \cdot s_{min}$ (Bredt'sche Formeln)	$2\left(A_a + A_i\right) \cdot s \cdot \frac{A_m}{u_m}$ $\approx 4 \cdot A_m^2 \frac{s}{u_m}$	A_a = Inhalt der von der äußeren Umrisslinie begrenzten Fläche A_i = Inhalt der von der inneren Umrisslinie begrenzten Fläche A_m = Inhalt der von der Mittellinie umgrenzten Fläche u_m = Länge der Mittellinie (mittlere Umrisslinie)

Tab. 2.5 (Fortsetzung)

		W_t	I_t	Bemerkungen
4		$0{,}208a^3$	$0{,}141a^4 = \frac{a^4}{7{,}11}$	Größte Spannungen in den Mitten der Seiten. In den Ecken ist $\tau = 0$
5		$a > b;\ \frac{a}{b} = n \geq 1$ $\frac{c_1}{c_2} \cdot a \cdot b^2 = \frac{c_1}{c_2} \cdot n \cdot b^3$ $c_1 =$ $\frac{1}{3}\left(1 - \frac{0{,}630}{n} + \frac{0{,}052}{n^5}\right)$ $c_2 = 1 - \frac{0{,}625}{1+n^3}$	$c_1 \cdot a \cdot b^3 = c_1 \cdot n \cdot b^4$	Größte Spannungen in der Mitte der größten Seiten. In den Ecken ist $\tau = 0$
6	Gleichseitiges Dreieck	$\frac{a^3}{20} \approx \frac{h^3}{13}$	$\frac{a^4}{46{,}19} \approx \frac{h^4}{26}$	Größte Spannungen in der Mitte der Seiten. In den Ecken ist $\tau = 0$
7	Regelmäßiges Sechseck	$1{,}511\rho^3$	$1{,}847\rho^4$	Größte Spannungen in der Mitte der Seiten
8	Regelmäßiges Achteck	$1{,}481\rho^3$	$1{,}726\rho^4$	Größte Spannungen in der Mitte der Seiten

Tab. 2.5 (Fortsetzung)

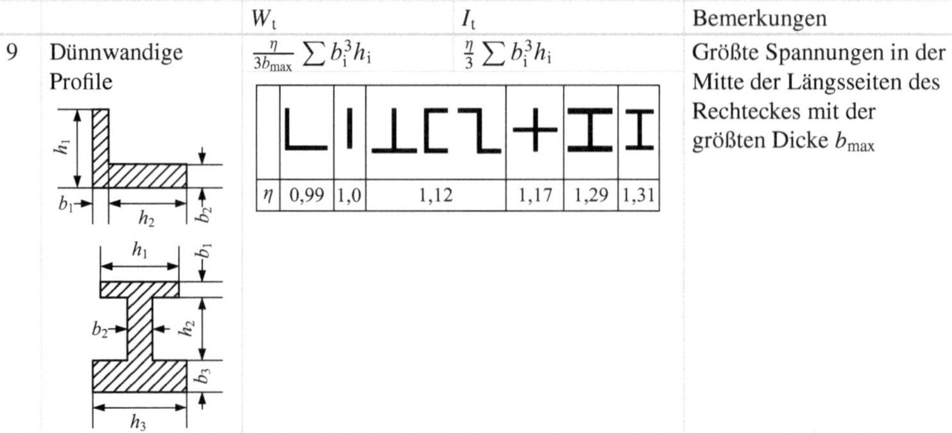

		W_t	I_t	Bemerkungen
9	Dünnwandige Profile	$\frac{\eta}{3b_{max}} \sum b_i^3 h_i$	$\frac{\eta}{3} \sum b_i^3 h_i$	Größte Spannungen in der Mitte der Längsseiten des Rechteckes mit der größten Dicke b_{max}

2.4.1 Aufgaben zu Abschnitt 2.4

Aufgabe 2.4.1 (*)

Eine Vollwelle ist für ein Antriebsmoment $T_A = 80\,\text{Nm}$ auszulegen. Wie groß muss ihr Durchmesser d mindestens sein, damit die zulässige Schubspannung $\tau_{zul} = 35\,\text{N/mm}^2$ nicht überschritten wird? Der Durchmesser d ist auf ganzzahlige Werte aufzurunden.

Aufgabe 2.4.2 (*)

Die in Abb. 2.36 dargestellte Welle wird durch ein Torsionsmoment $T = 12.000\,\text{Nm}$ beansprucht.

Gegeben: $d = 100\,\text{mm}$; $D = 1,2d$; $l = 120\,\text{mm}$; $G = 81.000\,\text{N/mm}^2$; $k_{We} = 2,65$ €/kg

a) Wie groß ist die größte Torsionsspannung und wo tritt sie auf?
b) Wie groß ist der Gesamtverdrehwinkel?
c) Welche Materialkosten K_M fallen für die Welle an, wenn die Welle aus blankgezogenem Material besteht und nur die beiden Zapfen gedreht werden? Für den Zuschnitt und das Plandrehen der Wellenzapfen beträgt die Bearbeitungszugabe 10 mm.

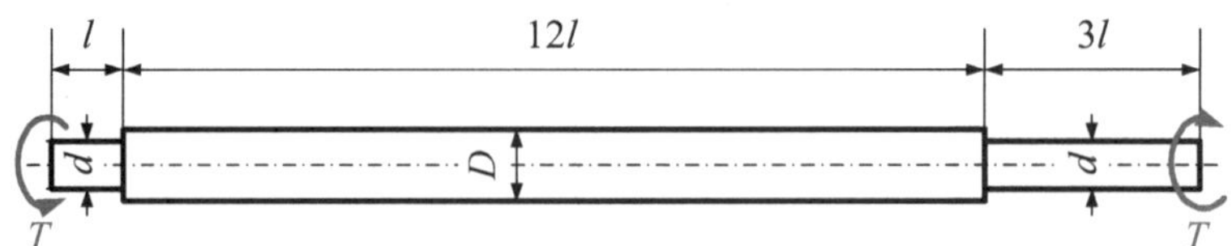

Abb. 2.36 Torsionsbeanspruchte Welle

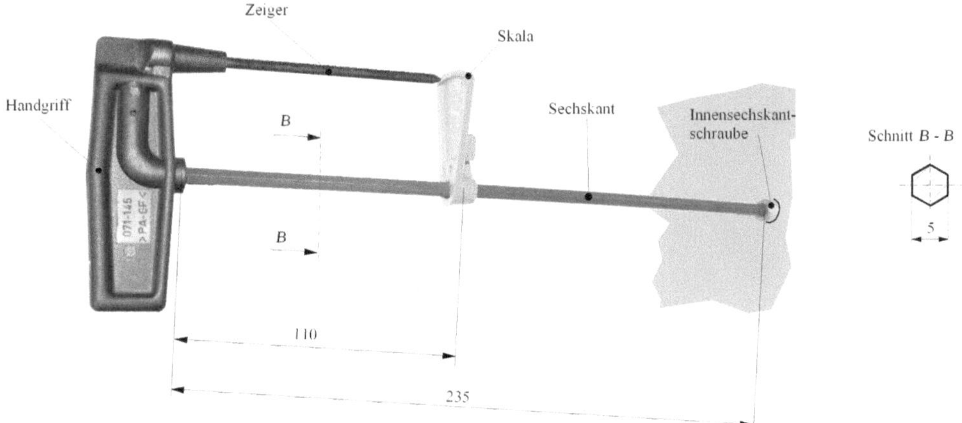

Abb. 2.37 Drehmomentenschlüssel

Aufgabe 2.4.3 (***)
Das geschlossene Profil aus Aufgabe 2.2.10 (Abb. 2.25) muss zusätzlich zur Biegung auch noch ein Torsionsmoment $T = 900\,\mathrm{Nm}$ aufnehmen. Aus Versuchen ist bekannt, dass sich das Torsionswiderstandsmoment W_t und das Flächenmoment 2. Grades für Torsion I_t mit denjenigen eines Vierkantrohrs $65 \times 48 \times 3$ vergleichen lassen.

Gegeben: $G = 80.000\,\mathrm{N/mm^2}$; $R_e = 235\,\mathrm{N/mm^2}$; $\tau_{tF} = 150\,\mathrm{N/mm^2}$; $\sigma_{bSch} = 280\,\mathrm{N/mm^2}$; $\tau_{tSch} = 165\,\mathrm{N/mm^2}$; $S_{min} = 1{,}5$

a) Wie groß ist die Torsionsspannung?
b) Wie groß ist der Verdrehwinkel des Profils bei einer Länge von $3500\,\mathrm{mm}$?
c) Ermitteln Sie, ob das Profil aus S235 für eine Beanspruchung aus Biegung mit $\sigma_b = 80\,\mathrm{N/mm^2}$ und der Torsionsspannung aus a) ausreichend dimensioniert ist, wenn Biegung und Torsion schwellend auftreten.

Aufgabe 2.4.4 (**)
Zur Montage eines Dachgepäckträgers ist dem Teilesatz ein einfacher Drehmomentschlüssel für Innensechskantschrauben SW 5 beigelegt (Abb. 2.37). Ein Sechskantstahl ist (links) mit seinem abgewinkelten Ende in den Kunststoff-Handgriff eingespritzt. Ein angespitzter Rundstab als Zeiger, der ebenfalls fest im Handgriff sitzt, zeigt auf eine in Nm kalibrierte Skala, die drehfest auf dem Sechskant befestigt ist (Zeiger und Skala haben keine Verbindung). Handgriff und Zeiger sowie Skala können als starr angesehen werden.

Gegeben: $G = 80.000\,\mathrm{N/mm^2}$

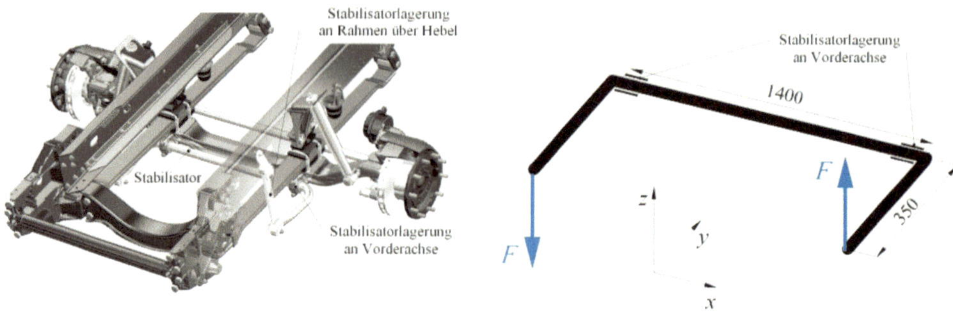

Abb. 2.38 Stabilisator

a) Welcher Drehwinkel der Skala gehört zu einem Drehmoment von 9 Nm?
b) Wie groß ist dabei der Gesamtverdrehwinkel des Sechskants?
c) Wie groß ist die Torsionsspannung im Querschnitt $B\text{–}B$?
d) Schätzen Sie ab, ob die Spannung für E360 zulässig ist.

Aufgabe 2.4.5 (**)

Stabilisatoren sollen bei Kraftfahrzeugen die Aufbauneigung in Kurven vermindern. Abb. 2.38 zeigt links einen Stabilisator an der Vorderachse eines Nutzfahrzeugs und rechts die für die Berechnung idealisierte Geometrie und deren Maße. Der mittlere Teil des Stabilisators wird bei seitlicher Neigung des Aufbaus bzw. des Rahmens verdreht.

Gegeben: $G = 78.000\,\text{N/mm}^2$

a) Legen Sie den Durchmesser des Stabilisators so fest, dass sich bei einer Kraft $F = 10\,\text{kN}$ ein Verdrehwinkel von $10°$ einstellt.
b) Ist die dabei auftretende Torsionsspannung zulässig ($\tau_{t\,\text{zul}} = 750\,\text{N/mm}^2$)?
c) Welche Spannungsart(en) tritt/treten im linken und rechten abgewinkelten Teil des Stabilisators auf und wie groß ist/sind sie?

Aufgabe 2.4.6 (***)

Eine abgesetzte Welle ist an den Enden fest eingespannt. Sie wird gemäß Abb. 2.39 beansprucht.

Zu ermitteln sind:

a) die Torsionsmomente in A und B,
b) die Torsionsspannung τ_t in A und B,
c) der Verdrehwinkel an der Stelle C.

Gegeben: $d_1 = 60\,\text{mm}; d_2 = 50\,\text{mm}; d = 300\,\text{mm}; l_1 = 500\,\text{mm}: l_2 = 300\,\text{mm}; F = 12\,\text{kN};$
$\qquad\qquad G = 81.000\,\text{N/mm}^2.$

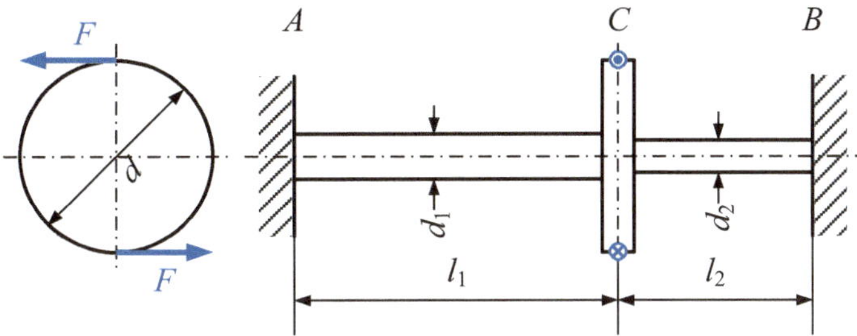

Abb. 2.39 Abgesetzte Welle, links und rechts fest eingespannt

Hinweis: Die Verdrehwinkel für den rechten und den linken Teil der Welle sind im Punkt C gleich!

Aufgabe 2.4.7 (**)
Die Hinterachse eines Kleinwagens wird als Verbundlenkerachse ausgeführt. Dabei werden die Längslenker über eine Torsionsfeder der Länge $l = 900\,\text{mm}$ miteinander verbunden (siehe Abb. 2.40a). Bei unterschiedlichen Federwegen des rechten und linken Rades wird die Torsionsfeder verdreht. Die Torsionsfeder entsteht durch Umformung eines Präzisionsstahlrohres Ø 60×2-S355 (b) zu einem sichelförmigen, dünnwandigen geschlossenen Querschnitt (c). Die Länge der Mittellinie (mittlerer Umfang) und die Querschnittsfläche der Rohrwand bleiben bei der Umformung erhalten. Der sichelförmige Querschnitt besitzt eine von der Außenfaser eingeschlossene Fläche [graue Fläche in (d)] von $A = 430\,\text{mm}^2$.

a) Ermitteln Sie das Verhältnis der Widerstandsmomente $W_{t\,\text{Rohr}} / W_{t\,\text{Torsionsfeder}}$.
b) Welche Spannung tritt in der Torsionsfeder bei einem Verdrehwinkel von 15° auf?

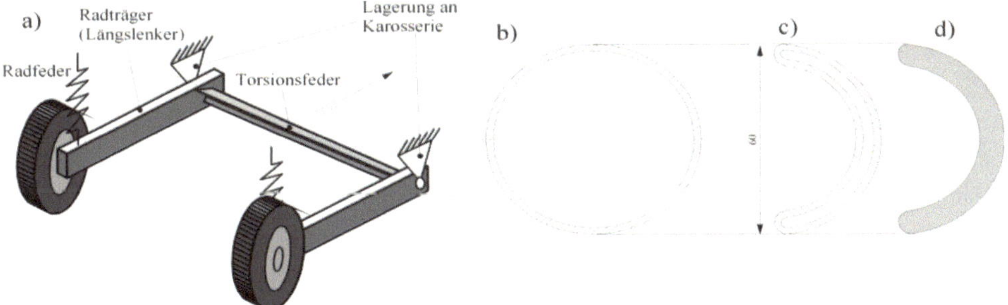

Abb. 2.40 PKW-Hinterachse schematisch

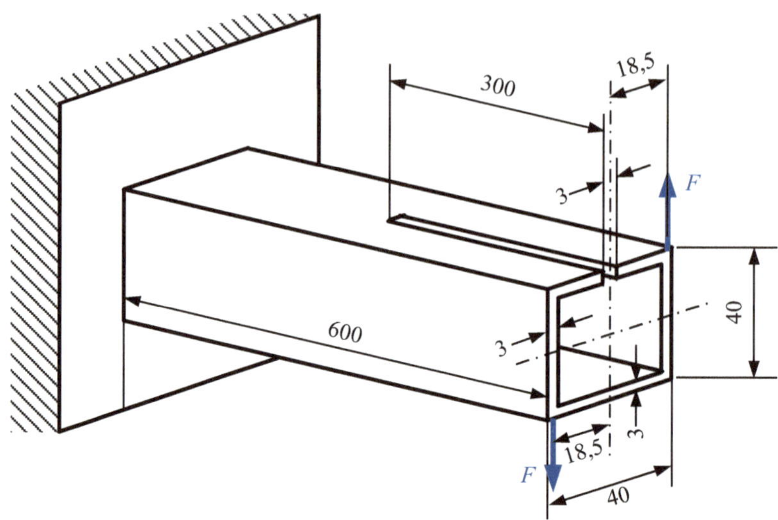

Abb. 2.41　Geschlitztes Profil

Aufgabe 2.4.8 (**)

Das in Abb. 2.41 dargestellte Profil $40 \times 40 \times 3$; 600 mm lang, ist auf halber Länge geschlitzt und wird mit einem Kräftepaar F beansprucht.

Gegeben: $F = 4\,\text{kN}$; $G = 80.000\,\text{N/mm}^2$

a)　Wie groß ist das Torsionsmoment T?
b)　Wie groß sind der Verdrehwinkel φ_{voll} am rechten Ende des geschlossenen Profils und zwischen dessen linkem und rechtem Ende φ_{Schlitz} sowie die Gesamtverdrehung φ_{ges}?
c)　Wie groß ist die Torsionspannung τ im geschlossenen und geschlitzten Profil?

Aufgabe 2.4.9 (**)

Ein dünnwandiges Rechteckprofil (Abb. 2.42) der Länge l wird wie dargestellt belastet.

Gegeben: $F = 5\,\text{kN}$; $l = 2\,\text{m}$; $E = 2,1 \cdot 10^5\,\text{N/mm}^2$; $G = 81.000\,\text{N/mm}^2$

a)　Wie groß ist die maximale Torsionsspannung für das geschlossene Profil?
b)　Wie groß sind die maximale Torsionsspannung und der Torsionswinkel für das offene Profil, wobei wegen der geringeren Torsionssteifigkeit die Belastung F und die Länge l auf ein 1/4 reduziert werden?

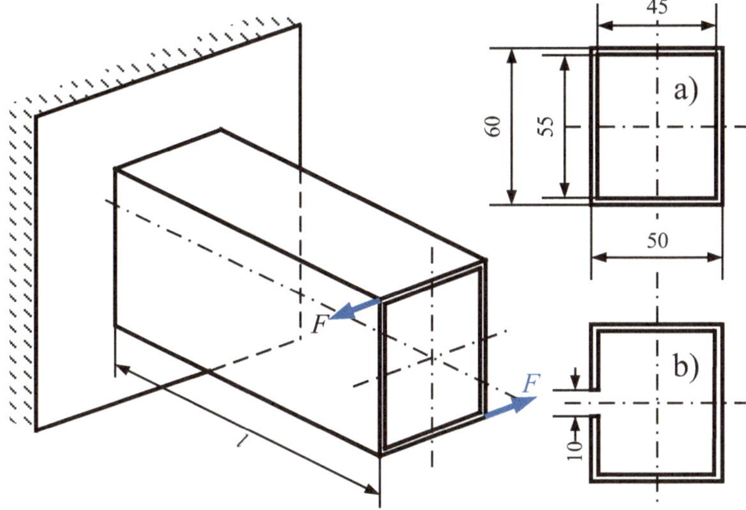

Abb. 2.42 Rechteckprofil

Aufgabe 2.4.10 (***)

Für das in Abb. 2.43 dargestellte U-förmige Profil ist zu ermitteln

a) das Drillflächenmoment I_t und das Drillwiderstandsmoment W_t,
b) das übertragbare Torsionsmoment T, wenn $\tau_{t\,zul} = 35\,\text{N/mm}^2$ nicht überschritten werden darf.

Gegeben: $h_1 = h_3 = 20\,\text{mm}$; $h_2 = 150\,\text{mm}$; $r = 60\,\text{mm}$; $s = 3\,\text{mm}$

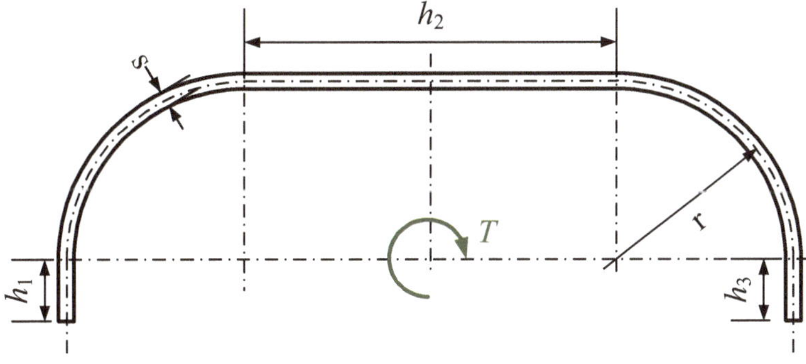

Abb. 2.43 U-Profil

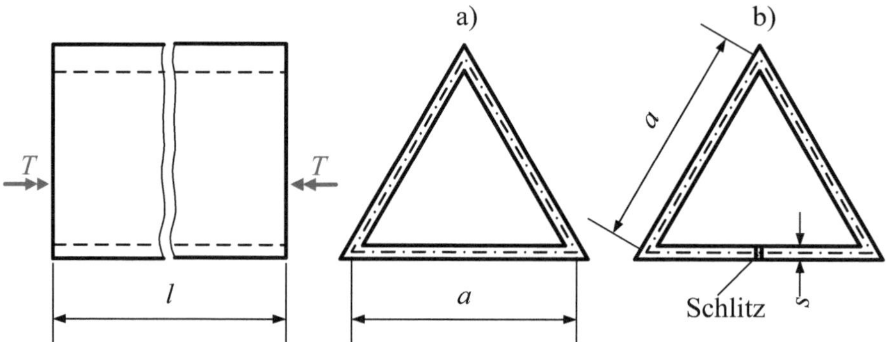

Abb. 2.44 Dreikantrohr

Aufgabe 2.4.11 (∗∗)

Das in Abb. 2.44 dargestellte Dreikantrohr aus Stahl ist mit einem konstanten Torsionsmoment T belastet. Im Fall a) handelt es sich um ein geschlossenes Profil und im Fall b)
um ein in Längsrichtung geschlitztes Profil.

Gegeben: $a = 100\,\text{mm}$; $s = 5\,\text{mm}$; $l = 3000\,\text{mm}$; $\tau_{\text{zul}} = 100\,\text{N/mm}^2$; $G = 81.000\,\text{N/mm}^2$

a) Berechnen Sie das zulässige Torsionsmoment für das geschlossene und das geschlitzte
    Profil.
b) Ermitteln Sie die Verdrehwinkel der Endquerschnitte für die unter a) ermittelten Tor-
    sionsmomente.
c) Wie groß ist das Verhältnis der beiden Drillflächenmomente 2. Grades?

Im Folgenden werden die wichtigsten Gleichungen für dieses Kapitel aus dem Lehrbuch [1] aufgeführt.

Treten in einem Bauteil Zug- bzw. Druckspannungen sowie Biegespannungen gleichzeitig auf, können diese addiert werden:

$$\text{Biegung mit Zug:} \quad \sigma_{\max} = \sigma_{bz} + \sigma_z; \ \sigma_{\min} = -\sigma_{bd} + \sigma_z \tag{3.3}$$

$$\text{Biegung mit Druck:} \quad \sigma_{\max} = |-\sigma_{bd} - \sigma_d|; \ \sigma_{\min} = |\sigma_{bz} - \sigma_d| \tag{3.4}$$

Durch die Überlagerung von Biegespannungen mit Zug- oder Druckspannungen verschiebt sich die Spannungs-Nulllinie um das Maß z_0. Bei Biegung mit Zug wandert die Nulllinie zur Biegedruckseite und z_0 wird negativ. Ein positives z_0 erhalten wir bei Biegung mit Druck; hier verschiebt sich die Nulllinie zur Biegezugseite.

$$z_0 \text{ bei Biegezug:} \quad z_0 = -\frac{\sigma_z}{\sigma_{bz}} \cdot e_z \tag{3.6}$$

$$z_0 \text{ bei Biegedruck:} \quad z_0 = \frac{\sigma_d}{\sigma_{bd}} \cdot e_d \tag{3.7}$$

Für Tangentialspannungen – Schubspannungen aus Querkraft sowie Torsion – gilt dies entsprechend; Schubspannungen müssen allerdings wie Vektoren behandelt werden. Die maximale Schubspannung tritt daher dort auf, wo Schubspannungen aus Querkraft und Torsionsmoment dieselbe Richtung haben:

$$\tau_{\max} = \tau_t + \tau_q$$

Maximal- und Minimalspannungen (Hauptspannungen) können beim zweiachsigen Spannungszustand aus dem MOHR'schen Spannungskreis berechnet werden. Dieser Kreis

© Springer Fachmedien Wiesbaden GmbH, ein Teil von Springer Nature 2020   55
K.-D. Arndt et al., *Klausurentrainer zur Festigkeitslehre für Wirtschaftsingenieure*,
https://doi.org/10.1007/978-3-658-28902-7_3

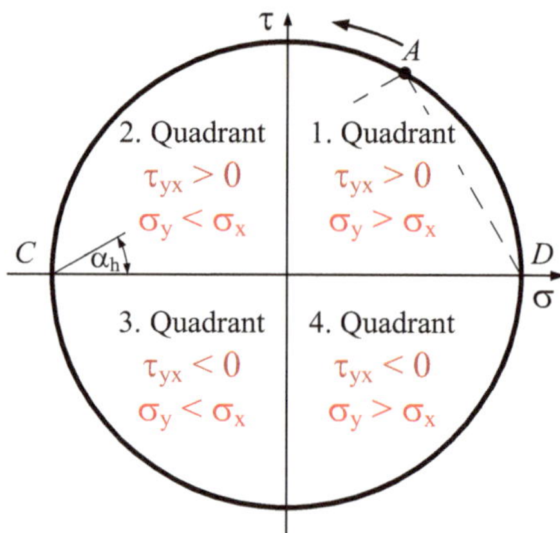

Abb. 3.1 Quadrantenregel für den Mohr'schen Spannungskreis

hat die **Mittelpunktskoordinaten**

$$M \left\langle \frac{\sigma_y + \sigma_x}{2} \middle| 0 \right\rangle \tag{3.17}$$

und den **Radius**

$$r = \sqrt{\left(\frac{\sigma_y - \sigma_x}{2}\right)^2 + \tau_{yx}^2} \tag{3.18}$$

Daraus ergeben sich folgende Beziehungen für die **Hauptspannungen** σ_{max} und σ_{min}:

$$\sigma_{max} = \sigma_M + r = \frac{\sigma_y + \sigma_x}{2} + \sqrt{\left(\frac{\sigma_y - \sigma_x}{2}\right)^2 + \tau_{yx}^2} \tag{3.19}$$

$$\sigma_{min} = \sigma_M - r = \frac{\sigma_y + \sigma_x}{2} - \sqrt{\left(\frac{\sigma_y - \sigma_x}{2}\right)^2 + \tau_{yx}^2} \tag{3.20}$$

Da die tan-Funktion mehrdeutig ist, entstehen bei der Bestimmung der Lage der Hauptachsen leicht Fehler. Bei Betrachtung der Zuordnung von σ_y, τ_{yx} und σ_x, τ_{xy} sind vier Kombinationen möglich. Mithilfe der Quadrantenregel (Abb. 3.1) kann man sehr schnell die Lage des Punktes A auf dem Mohr'schen Spannungskreis und die Richtung der maximalen und minimalen Hauptachse bestimmen.

Wenn Normalspannungen und Tangentialspannungen in einem Bauteil gleichzeitig vorhanden sind, muss für den Spannungsnachweis eine Vergleichsspannung ermittelt werden. Im Folgenden werden die Vergleichsspannungsformeln für den im Maschinenbau häufigen Fall angegeben, dass in einem Bauteil Biegespannungen und Torsionsspannungen auftreten. Je nach Werkstoffeigenschaften werden drei Hypothesen für die Ermittlung der Vergleichsspannung unterschieden.

1. Vergleichsspannung nach der **Hypothese der größten Normalspannung (NH)**:

$$\sigma_{\max} = \frac{\sigma_y + \sigma_x}{2} + \sqrt{\left(\frac{\sigma_y - \sigma_x}{2}\right)^2 + \tau_{yx}^2} = \sigma_v \leq \sigma_{zul} \qquad (3.24)$$

Für den Fall, dass nur Biegung und Torsion auftreten folgt:

$$\sigma_v = \frac{1}{2}\left(\sigma_b + \sqrt{\sigma_b^2 + 4\tau_t^2}\right) \leq \sigma_{zul} \qquad (3.25)$$

Die Hypothese der größten Normalspannung liefert eine brauchbare und gute Übereinstimmung zwischen Versuch und Berechnung bei (überwiegend ruhender) Beanspruchung von **Werkstoffen**, welche mit **Trennbruch** ohne **Fließen** versagen

- spröde Werkstoffe (Grauguss, martensitische Stähle, Schweißnähte)
- spröde oder zähe Werkstoffe bei stoßartiger Beanspruchung
- duktile Werkstoffe infolge Versprödung bei tiefen Temperaturen.

2. Vergleichsspannung nach der **Hypothese der größten Schubspannung (SH)**:

$$\sigma_{zul} \geq \sigma_v = 2 \cdot \sqrt{\left(\frac{\sigma_y - \sigma_x}{2}\right)^2 + \tau_{yx}^2} \qquad (3.26)$$

Bei Biegung und Torsion gilt:

$$\sigma_v = \sqrt{\sigma_b^2 + 4\tau_t^2} \leq \sigma_{zul} \qquad (3.29)$$

Die Hypothese der größten Schubspannung liefert eine brauchbare Übereinstimmung zwischen Versuch und Berechnung bei (überwiegend ruhender) Beanspruchung von **zähen (duktilen) Werkstoffen mit ausgeprägter Streckgrenze** (großer plastischer Verformbarkeit), welche durch **Fließen (Gleitbruch)** versagen sowie auch spröde Werkstoffe unter Druckbeanspruchung. Im Vergleich zur Gestaltänderungsenergiehypothese (GEH) kommen etwas größere Werte und damit eine etwas größere Sicherheit heraus.

3. Vergleichsspannung nach der **Hypothese der größten Gestaltänderungsenergie (GEH)**:

$$\sigma_v = \sqrt{\sigma_b^2 + 3\tau_t^2} \leq \sigma_{zul} \qquad (3.30)$$

Die Hypothese der größten Gestaltänderungsenergie liefert eine gute Übereinstimmung zwischen Versuch und Berechnung bei (überwiegend ruhender) Beanspruchung von **duktilen Werkstoffen ohne ausgeprägte Fließgrenze** (z. B. Tiefziehstähle: hohes Verformungsvermögen ohne ausgeprägte Streckgrenze: DC 06; DC 10) sowie insbesondere **bei dynamischer Beanspruchung.**

Abb. 3.2 Anwendungsbereich der Vergleichsspannungshypothesen

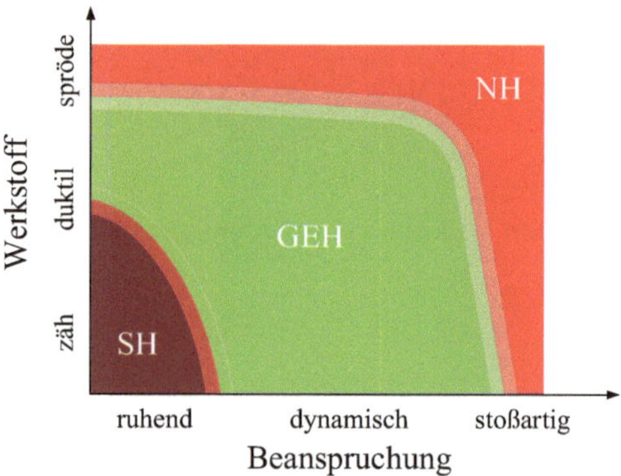

Aus Abb. 3.2 ist der Anwendungsbereich der Vergleichsspannungshypothesen in Abhängigkeit von der Werkstoffart und der Beanspruchung ersichtlich.

Wenn Normalspannungen und Tangentialspannungen nicht im gleichen Belastungsfall nach BACH (statisch, schwellend oder wechselnd; siehe [1], S. 185) auftreten, wird dies durch das Anstrengungsverhältnis α_0 berücksichtigt:

$$\sigma_\mathrm{v} = \frac{1}{2}\left(\sigma + \sqrt{\sigma^2 + 4\,(\alpha_0\tau)^2}\right) \leq \sigma_\mathrm{zul} \quad \text{für NH} \tag{3.32}$$

$$\sigma_\mathrm{v} = \sqrt{\sigma^2 + 4\,(\alpha_0\tau)^2} \leq \sigma_\mathrm{zul} \quad \text{für SH} \tag{3.33}$$

$$\sigma_\mathrm{v} = \sqrt{\sigma^2 + 3\,(\alpha_0\tau)^2} \leq \sigma_\mathrm{zul} \quad \text{für GEH} \tag{3.34}$$

Oft sind bei der Berechnung von Wellen statt Drehmomenten zu übertragende Leistungen sowie Drehzahlen gegeben. Die Umrechnung ist mit folgender Beziehung möglich:

$$P = T \cdot \omega$$

mit $P =$ Leistung, $\omega =$ Drehwinkelgeschwindigkeit, wobei gilt

$$\omega = (2\pi \cdot n)/60$$

mit $n =$ Drehzahl in $\min^{-1}$.

Für die nachfolgenden Beanspruchungskombinationen wird folgende Empfehlung zur Anwendung der Vergleichsspannungshypothesen gegeben:

- **Biegung und Torsion**
  In Wellen tritt diese Beanspruchung vorwiegend auf, wobei durch die Biegung Normalspannungen und durch die Torsion Torsionsspannungen hervorgerufen werden. Die Vergleichsspannung wird nach der Gestaltänderungsenergiehypothese ermittelt, da Wellen oftmals aus zähem Stahl sind.

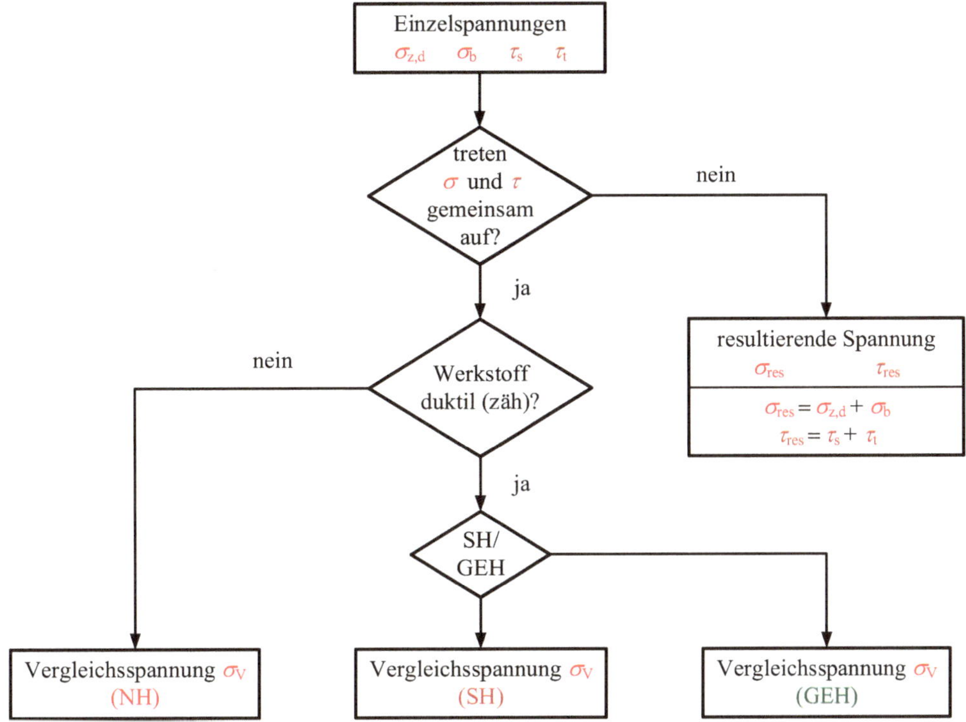

Abb. 3.3 Ablaufschema resultierende Spannung/Vergleichsspannungshypothesen

- **Biegung und Schub**

  In Balken/Trägern tritt diese Beanspruchung vorwiegend auf, indem durch Biegemomente Normalspannungen und durch die Querkräfte Schubspannungen hervorgerufen werden. Bei geschweißten Trägern können durch die Spannungen verformungslose Schweißrisse entstehen. Zur Ermittlung der Vergleichsspannung in Schweißnähten wird die Normalspannungshypothese angewendet. Bei Trägern, die auf Werkstoffen mit ausgeprägter Streckgrenze basieren, wird die Schubspannungshypothese herangezogen.

- **Torsion und Zug**

  Diese Beanspruchung tritt in Schrauben und Spindeln auf. Sie erfolgt aus der durch das Anzugsmoment hervorgerufenen Torsionsspannung und der durch die Längskraft verursachten Zugspannung. Da Schrauben und Spindeln aus zähem Stahl sind, wird zur Ermittlung der Vergleichsspannung die Gestaltänderungsenergiehypothese angewendet.

- **Behälter und Rohre unter Außen- und Innendruck**

  Zylindrische Behälter und Rohre werden durch axiale, radiale und tangentiale Spannungen beansprucht. Da für Behälter-/Rohrmaterialen zähe Werkstoffe zum Einsatz

Tab. 3.1 Vergleichsspannungshypothesen

	Normalspannungshypothese NH	Schubspannungshypothese SH	Gestaltänderungsenergiehypothese GEH
	$\sigma_\mathrm{v} = \frac{\sigma_\mathrm{y}+\sigma_\mathrm{x}}{2} + \sqrt{\left(\frac{\sigma_\mathrm{y}-\sigma_\mathrm{x}}{2}\right)^2 + \tau_\mathrm{yx}^2} \le \sigma_\mathrm{zul}$	$\sigma_\mathrm{v} = \sqrt{(\sigma_\mathrm{y}-\sigma_\mathrm{x})^2 + 4\tau_\mathrm{yx}^2} \le \sigma_\mathrm{zul}$	$\sigma_\mathrm{v} = \sqrt{\sigma_\mathrm{x}^2 + \sigma_\mathrm{y}^2 - \sigma_\mathrm{x}\sigma_\mathrm{y} + 3\tau_\mathrm{yx}^2} \le \sigma_\mathrm{zul}$
Biegung und Torsion	$\sigma_\mathrm{v} = \frac{1}{2}\left(\sigma_\mathrm{b} + \sqrt{\sigma_\mathrm{b}^2 + 4\tau_\mathrm{t}^2}\right) \le \sigma_\mathrm{zul}$	$\sigma_\mathrm{v} = \sqrt{\sigma_\mathrm{b}^2 + 4\tau_\mathrm{t}^2} \le \sigma_\mathrm{zul}$	$\sigma_\mathrm{v} = \sqrt{\sigma_\mathrm{b}^2 + 3\tau_\mathrm{t}^2} \le \sigma_\mathrm{zul}$
Anstrengungs-verhältnis α_0 $\alpha_0 = \frac{\sigma_\mathrm{Grenz}}{\varphi \cdot \tau_\mathrm{Grenz}}$ $\varphi = \frac{\sigma_\mathrm{zul}}{\tau_\mathrm{zul}}$	$\sigma_\mathrm{v} = \frac{1}{2}\left(\sigma_\mathrm{b} + \sqrt{\sigma_\mathrm{b}^2 + 4(\alpha_0\tau_\mathrm{t})^2}\right) \le \sigma_\mathrm{zul}$ 1	$\sigma_\mathrm{v} = \sqrt{\sigma_\mathrm{b}^2 + 4(\alpha_0\tau_\mathrm{t})^2} \le \sigma_\mathrm{zul}$ 2	$\sigma_\mathrm{v} = \sqrt{\sigma_\mathrm{b}^2 + 3(\alpha_0\tau_\mathrm{t})^2} \le \sigma_\mathrm{zul}$ $\sqrt{3} \approx 1{,}73$
Anwendung	Überwiegend ruhende Beanspruchung, spröde Werkstoffe (Grauguss, Stein, Glas) und bei Schweißnähten 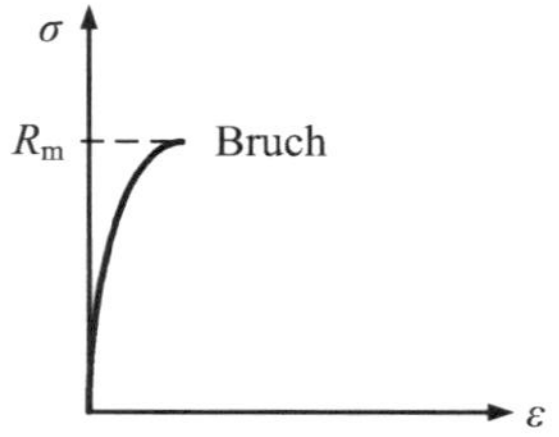	Überwiegend ruhende Beanspruchung, duktile (zähe) Werkstoffe mit ausgeprägter Streckgrenze R_e 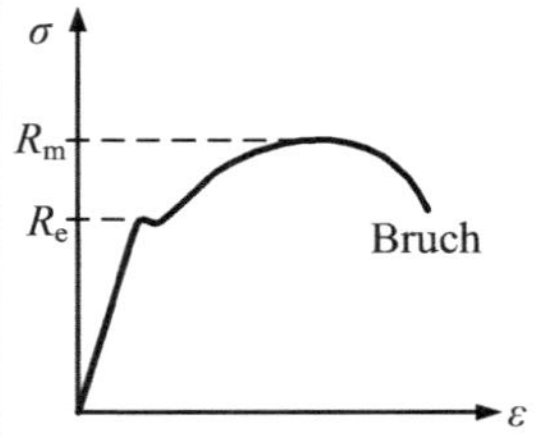	Überwiegend ruhende Beanspruchung, duktile (zähe) Werkstoffe mit nicht ausgeprägter Streckgrenze R_e sowie bei dynamischer Beanspruchung 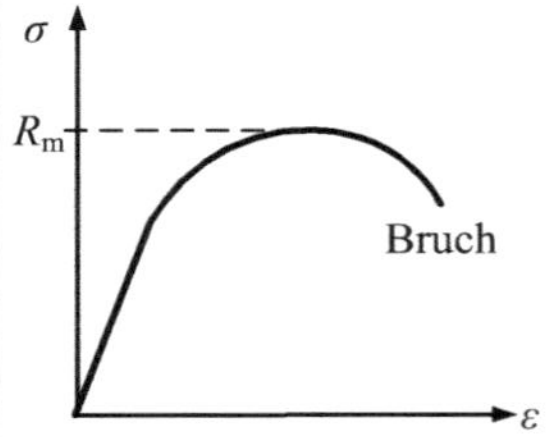

kommen, werden die Vergleichsspannungen nach der Schubspannungs- oder der Gestaltänderungsenergiehypothese ermittelt.

In Tab. 3.1 sind die drei Vergleichsspannungshypothesen gegenübergestellt.

3.1 Aufgaben zu zusammengesetzten Beanspruchungen

Aufgabe 3.1 (*)
Eine Autobahn-Wegweisertafel ist über zwei Halterungen an einem Mast aus Quadratrohr $200 \times 200 \times 5$-S235 befestigt. Der Mast ist am unteren Ende einbetoniert. Zu ermitteln ist die größte Spannung im Mast aufgrund der mittig auf der Wegweisertafel angreifenden Windlast $F_{\text{Wind}} = 6\,\text{kN}$. Vereinfachend kann davon ausgegangen werden, dass die Belastungen je zur Hälfte durch die beiden Halterungen auf den Mast übertragen werden.

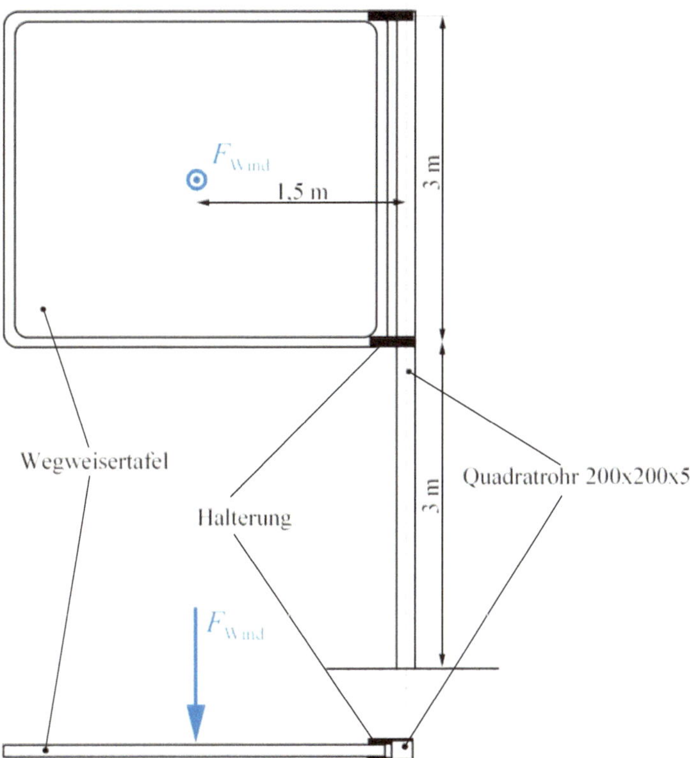

Abb. 3.4 Autobahn-Wegweisertafel unter Windlast

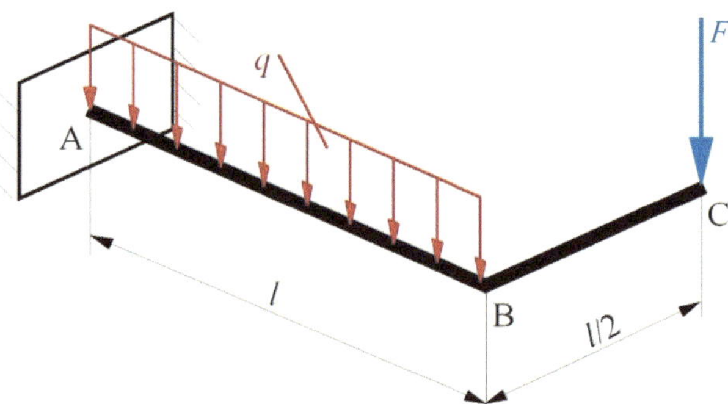

Abb. 3.5 Abgewinkeltes Rohr mit Streckenlast und Einzelkraft

Aufgabe 3.2 (*)

Ein abgewinkeltes Rohr $323,9 \times 5,0$ wird entsprechend Abb. 3.5 mit einer Streckenlast und einer Einzelkraft belastet. Berechnen Sie die maximal auftretende Spannung.

Gegeben: $F = 10\,\text{kN}$, $q = 1\,\text{kN/m}$; $l = 5\,\text{m}$

Aufgabe 3.3 (*)

Die Hinterachswelle aus C40E eines Quad (vierrädriges, einsitziges offenes Freizeitfahrzeug) wird durch ein Torsionsmoment $T = 450\,\text{Nm}$ und eine in der Radmittelebene angreifende Radlast $F_\text{R} = 1800\,\text{N}$ belastet. Die durchgehende Hinterachswelle besitzt kein Differenzialgetriebe. Sie ist mittig in zwei Rillenkugellagern gelagert, die eine feste Einspannung für das Biegemoment darstellen. In Abb. 3.6 ist nur eine Achshälfte dargestellt. Das Torsionsmoment T wird mittig über ein Kettenrad (Antreiben) bzw. eine Bremsscheibe (Bremsen) eingeleitet. Die Achswelle besitzt am Wälzlager eine Nut für einen Wellensicherungsring DIN 471 (siehe Abb. 3.6). Führen Sie einen Sicherheitsnachweis gegen Fließen mit $S_\text{Fmin} = 1{,}8$.

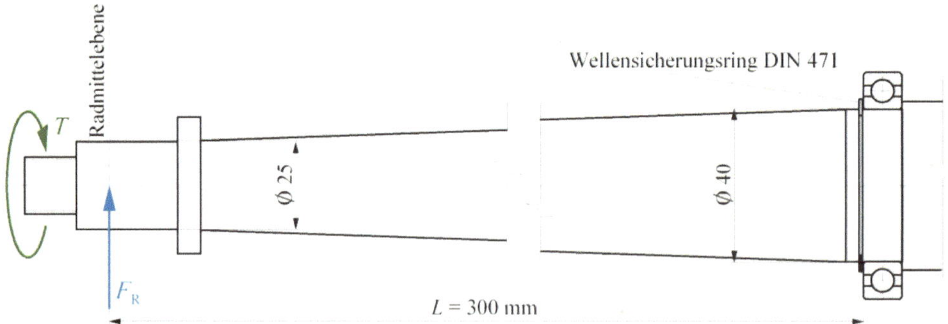

Abb. 3.6 (Halbe) Antriebswelle eines Quad

Abb. 3.7 Kranhaken

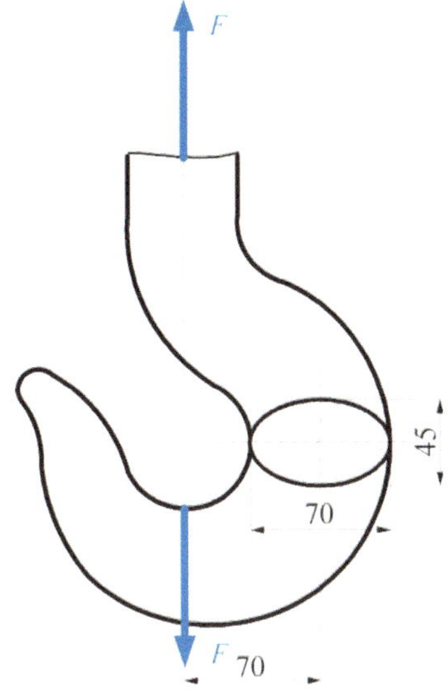

Aufgabe 3.4 (*)

Mit dem in Abb. 3.7 gezeigten Kranhaken wird eine Last von $F = 80\,\text{kN}$ angehoben. Zu ermitteln ist die Beanspruchung im schraffierten ellipsenförmigen Querschnitt.

Aufgabe 3.5 (***)

Für das in Abb. 3.8 dargestellte Bauteil aus Vollmaterial sind die Normalspannungen in den Schnitten C–C, D–D und E–E zu ermitteln und grafisch darzustellen. Die Schnitte sol-

Abb. 3.8 Durch Einzelkraft
belastetes T-förmiges Bauteil

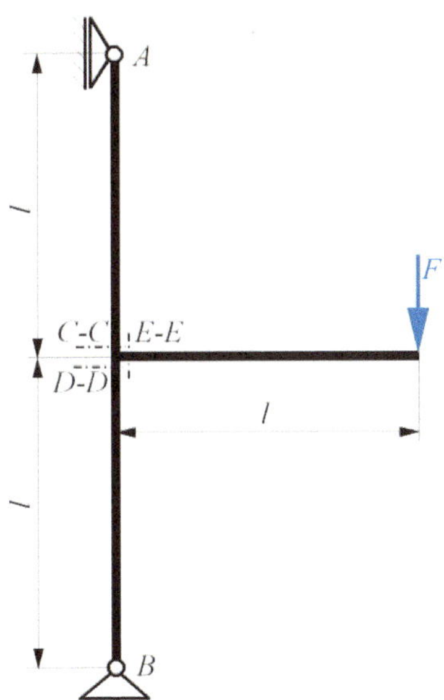

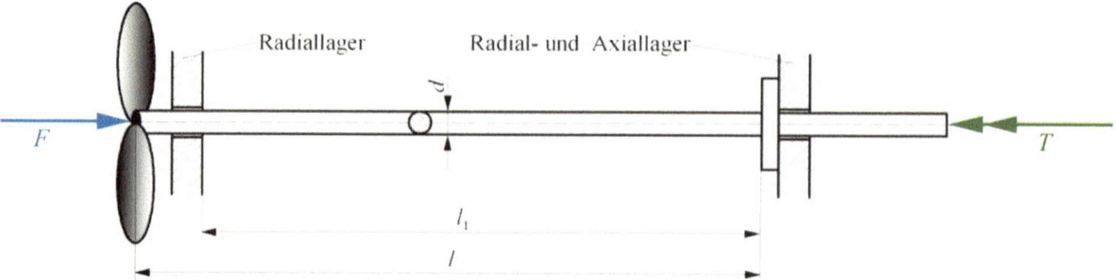

Abb. 3.9 Schiffspropeller

len unmittelbar am Verbindungspunkt zwischen senkrechtem und waagerechtem Balken liegen.

Gegeben: F, A, W_b, l

Aufgabe 3.6 (**)
Für den in Abb. 3.9 skizzierten Schiffspropeller soll der notwendige Durchmesser d der Welle aus E335 ermittelt werden („glatten" Wert wählen!). Auf der Länge $l = 12$ m darf der Verdrehwinkel nicht größer als $\varphi_{max} = 6°$ werden. Der Propeller erzeugt bei einem Drehmoment von $T = 350.000$ Nm eine Schubkraft $F = 1.200.000$ N. Zu ermitteln ist die Sicherheit gegen unzulässige Verformung. Ist die Welle knicksicher ($l_1 = 10$ m)?

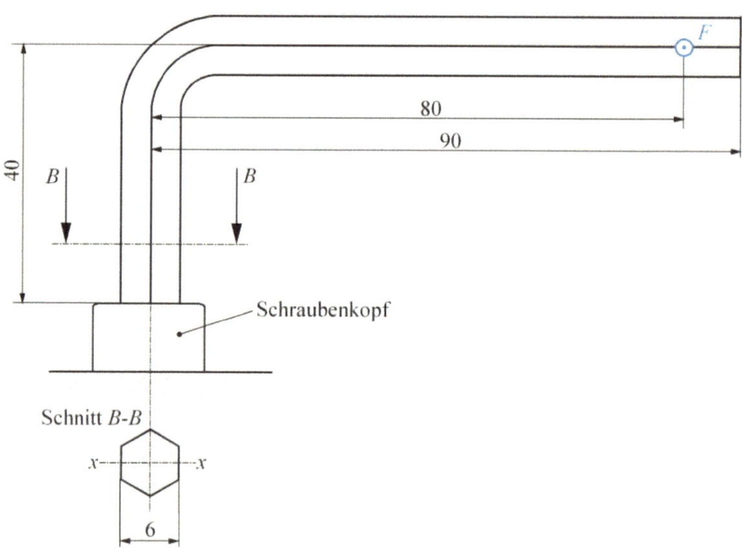

Abb. 3.10 Schlüssel für Innensechskantschraube

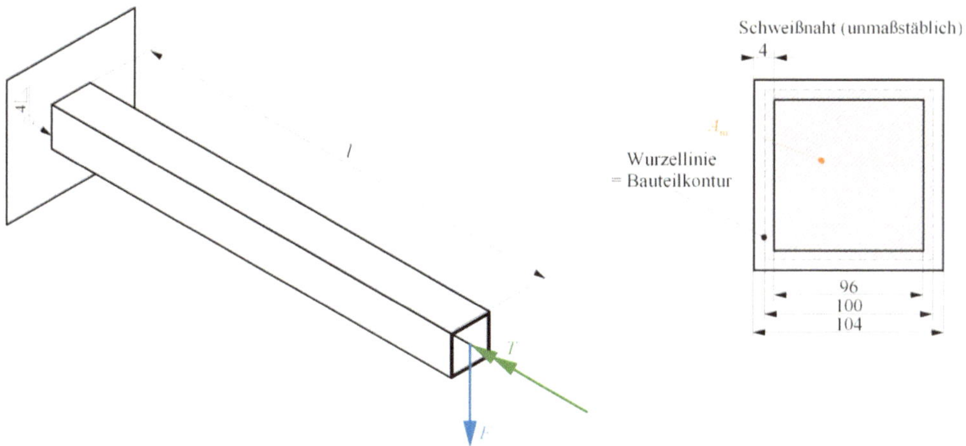

Abb. 3.11 Angeschweißtes Quadratrohr

Aufgabe 3.7 (**)

Eine Innensechskantschraube M8–8.8 wird mit einem entsprechenden Schlüssel (Abb. 3.10) der Schlüsselweite $s = 6$ mm mit einer Kraft $F = 100$ N angezogen. Ermitteln Sie die Spannung im Schlüsselwerkstoff direkt oberhalb des Schraubenkopfes. Wie groß ist die Sicherheit gegen Fließen für den Werkstoff 42CrMo4 mit $\sigma_{bF} \approx 1000$ N/mm^2?

Aufgabe 3.8 (**)

Ein Quadratrohr $100 \times 100 \times 4,0$-DIN EN-102102 ist mit einer Kehlnaht der Dicke $a = 4$ mm an einer senkrechten Platte angeschweißt, siehe Abb. 3.11. Zu ermitteln sind die Spannungen in Bauteil und Schweißnaht.

Hinweis: Die Wurzellinie der Schweißnaht fällt mit der Außenkontur des Quadratrohrs zusammen; d. h. die Schweißnaht liegt mit der halben Dicke im Bauteil, mit der anderen Hälfte außerhalb (siehe Skizze der Schweißnahtfläche in Abb. 3.11).

Gegeben: $F = 1500$ N; $T = 1,2$ kNm; $l = 1200$ mm

Aufgabe 3.9 (**)

Ein Hebel aus Flachstahl ist mit zwei Kehlnähten auf ein Rohr aufgeschweißt. Das Rohr selbst ist linksseitig über eine Kehlnaht mit einer Platte verbunden, Abb. 3.12. Rohr und Hebel bestehen aus Stahl.

a) Wie groß darf der Innendurchmesser d_i des Rohres maximal sein, wenn die Gestaltänderungsenergiehypothese zugrunde gelegt wird?
b) Wie groß ist die Schubspannung aufgrund des Torsionsmomentes in den Schweißnähten am Hebel?
c) Wie groß ist die Spannung in der Schweißnaht an der Platte?

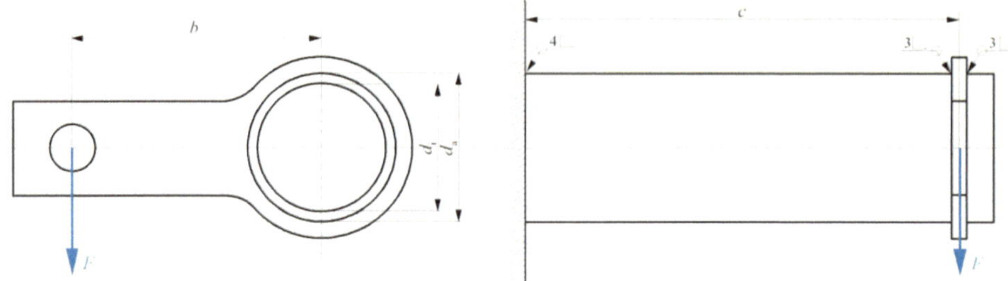

Abb. 3.12 Geschweißter Hebel

Hinweis: Die Schweißnähte (Kehlnähte) liegen mit ihrer Nahtwurzel auf der Außenkontur des Rohres. Die Schweißnahtfläche (hier Kreisringfläche) wird je mit der halben
Dicke außerhalb bzw. innerhalb des angeschweißten Bauteils angenommen.

Gegeben: $b = 150\,\mathrm{mm}$; $c = 400\,\mathrm{mm}$; $d_\mathrm{a} = 30\,\mathrm{mm}$; $F = 300\,\mathrm{N}$; $\sigma_\mathrm{zul} = 150\,\mathrm{N/mm^2}$

Aufgabe 3.10 (***)
Die Radsatzwelle (Abb. 3.13) aus E335 eines Eisenbahnwagens wird an den Radlagern
mit je einer senkrechten Kraft $F = 100\,\mathrm{kN}$ aus dem Gewicht des Wagens belastet. Bei
langsamer Fahrt durch einen engen Gleisbogen greift am Spurkranz des linken Rades eine
waagerechte Kraft $F_\mathrm{y} = 20\,\mathrm{kN}$ an. An der mittigen Bremsscheibe wirkt ein Bremsmoment
$T = 30\,\mathrm{kNm}$, das sich auf beide Räder je zur Hälfte verteilen soll.

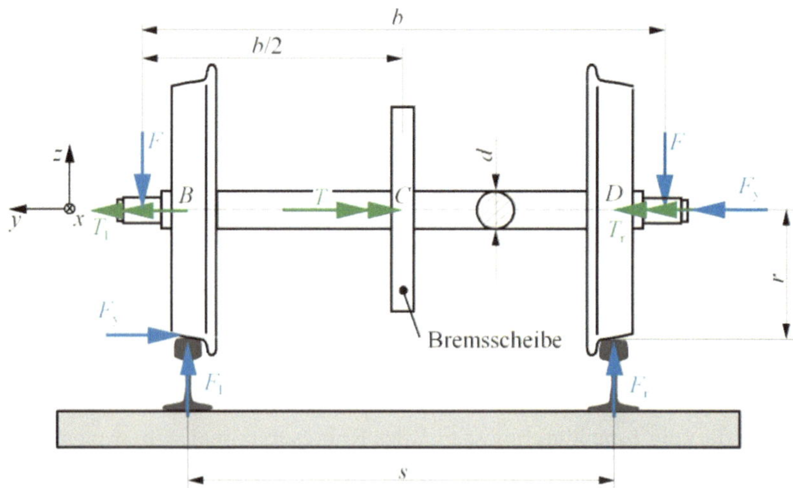

Abb. 3.13 Eisenbahnradsatz mit äußeren Kräften und Bremsmoment

Gegeben: $b = 2000$ mm; $s = 1500$ mm; $r = 500$ mm; $d = 150$ mm; $\sigma_{\mathrm{zul}} = 150\,\mathrm{N/mm^2}$

Zu ermitteln sind

a) der Biegemomentenverlauf,
b) die größte Biegespannung und die größte Torsionsspannung an der Radsatzwelle,
c) die größte auftretende Vergleichsspannung. Wird die zulässige Spannung eingehalten?

Aufgabe 3.11 (**)
Ein Elektromotor mit einer Abgabeleistung $P = 20$ kW treibt das Ritzel eines Zahnradgetriebes mit einer Drehzahl $n = 120\,\mathrm{min^{-1}}$ an, Abb. 3.14. Das Großrad ist auf der Welle fliegend gelagert und hat eine Gewichtskraft von $F_{\mathrm{G}} = 2{,}5$ kN. Die Radialkraft am Zahneingriff beträgt ein Drittel der Umfangskraft ($F_{\mathrm{r}} = F_{\mathrm{u}}/3$). Der Durchmesser der Welle am Großrad ist nach der Gestaltänderungsenergiehypothese für ein Anstrengungsverhältnis $\alpha_0 = 0{,}7$ zu bestimmen.

Gegeben: $D_1 = 200$ mm; $D_2 = 750$ mm; $l = 350$ mm; $\sigma_{\mathrm{zul}} = 120\,\mathrm{N/mm^2}$

Aufgabe 3.12 (*)
Eine Konsole aus Flachstahl (Länge l, Breite b, Höhe h) wird entsprechend Abb. 3.15 durch eine Kraft F belastet. In der Konsole treten dadurch Normalspannungen infolge Biegung und Schubspannungen infolge Querkraft auf.

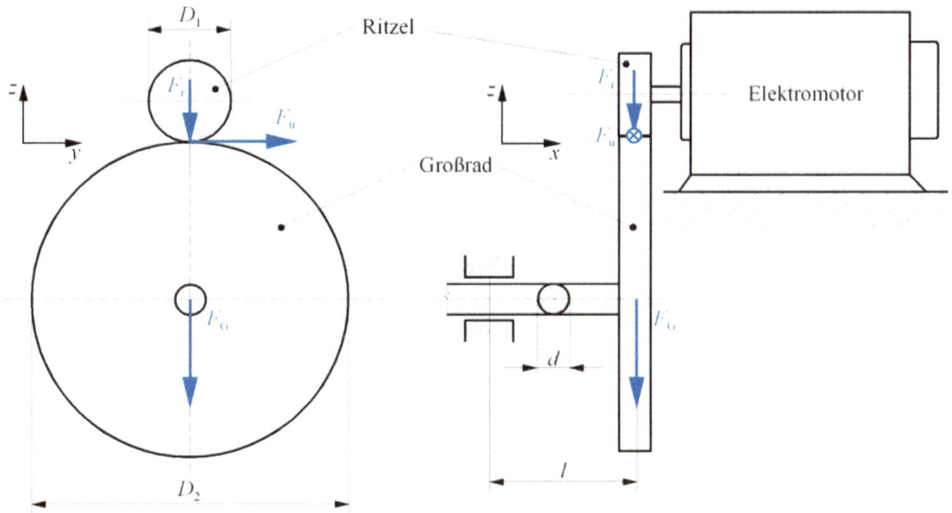

Abb. 3.14   Zahnradgetriebe

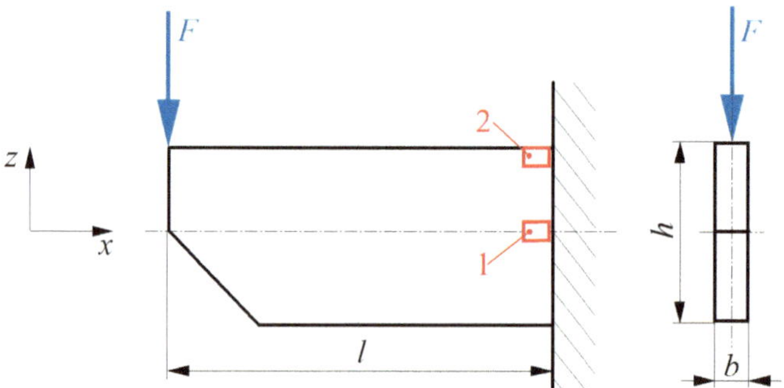

Abb. 3.15 Konsole

a) Wie groß sind die Normal- und die Schubspannungen an den gekennzeichneten Elementen 1 und 2 an der Einspannstelle (1 $z = 0$; 2 $z = h/2$)?
b) Skizzieren Sie qualitativ den jeweils zugehörigen MOHR'schen Spannungskreis für das Element 1 und das Element 2.

Aufgabe 3.13 (*)

Zu berechnen sind für die folgenden ebenen Spannungszustände die Hauptspannungen und deren Hauptrichtungen. Die Ergebnisse sind im MOHR'schen Spannungskreis darzustellen.

a) $\sigma_x = 100\,\text{N/mm}^2$; $\sigma_y = 150\,\text{N/mm}^2$; $\tau_{yx} = 60\,\text{N/mm}^2$
b) $\sigma_x = 120\,\text{N/mm}^2$; $\sigma_y = 280\,\text{N/mm}^2$; $\tau_{yx} = -150\,\text{N/mm}^2$

Aufgabe 3.14 (**)

Ein dünnwandiges Rohr (Abb. 3.16) wird durch ein Biegemoment, ein Torsionsmoment sowie durch Innendruck belastet. In den Punkten A und B wurden folgende Spannungen gemessen:

Punkt A: $\sigma_x = 25\,\text{N/mm}^2$; $\sigma_\varphi = 50\,\text{N/mm}^2$; $\tau_{\varphi x} = 50\,\text{N/mm}^2$
Punkt B: $\sigma_x = -25\,\text{N/mm}^2$; $\sigma_\varphi = 50\,\text{N/mm}^2$; $\tau_{\varphi x} = 50\,\text{N/mm}^2$

In den Punkten A und B liegt in guter Näherung ein ebener Spannungszustand vor, da das Bauteil dünnwandig ist. Zu bestimmen sind für beide Punkte die Hauptspannungen, die Hauptrichtungen und die maximale Schubspannung.

Aufgabe 3.15 (***)

Gegeben sei die Antriebswelle (Abb. 3.17) mit $d = 10\,\text{mm}$ aus 42CrMo4 einer Handkreissäge. Rechts befindet sich das Sägeblatt. Auf der linken Seite ist als Antrieb eine Riemenscheibe montiert.

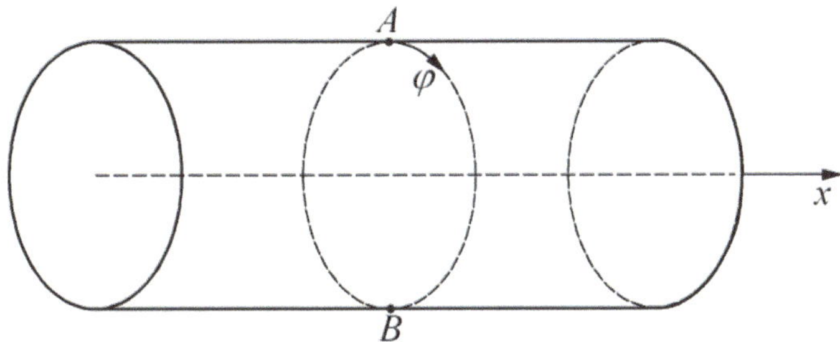

Abb. 3.16 Dünnwandiges Rohr mit ebenem Spannungszustand

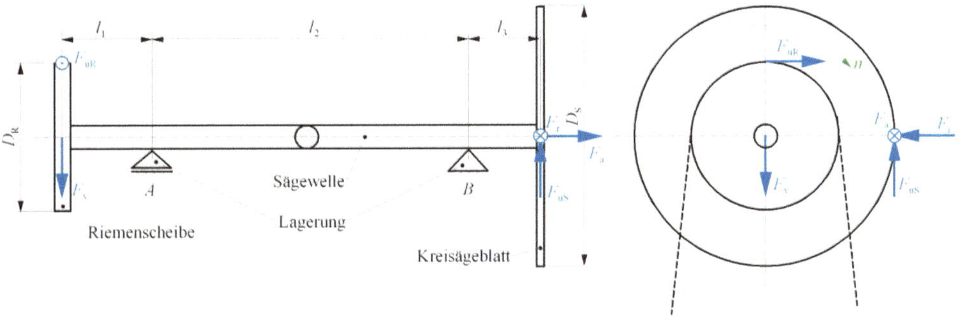

Abb. 3.17 Kreissägewelle

Antriebsleistung	P	$= 1800\ \text{W}$	Durchmesser Riemen-scheibe	D_R	$= 150\,\text{mm}$
Antriebsdrehzahl	n_A	$= 1100\ \text{min}^{-1}$	Durchmesser Sägeblatt	D_S	$= 315\,\text{mm}$
Axialkraft	F_a	$= 50\ \text{N}$	Abstand Sägeblatt – Lager	l_1	$= 25\,\text{mm}$
Radialkraft	F_r	$= 75\ \text{N}$	Abstand Lager – Lager	l_2	$= 100\,\text{mm}$
Vorspannkraft	F_v	$= 700\ \text{N}$	Abstand Lager – Riemen-scheibe	l_3	$= 50\,\text{mm}$
Wellendurchmesser	d	$= 10\ \text{mm}$	Wellenwerkstoff		42CrMo4

a) Ermitteln Sie die Beanspruchungsverläufe der auftretenden Belastungen.

b) Führen Sie für die am höchsten beanspruchte Stelle einen Festigkeitsnachweis (Sicherheit $S_{\text{erf}} = 2$) durch.

c) Alternativ soll untersucht werden, ob eine Welle aus S235 kostengünstiger ist. Dazu sind folgende Daten gegeben: Kosten Halbzeug 42CrMo4: $k_1 = 3{,}80\ €/\text{kg}$; Kosten S235: $k_2 = 1{,}20\ €/\text{kg}$

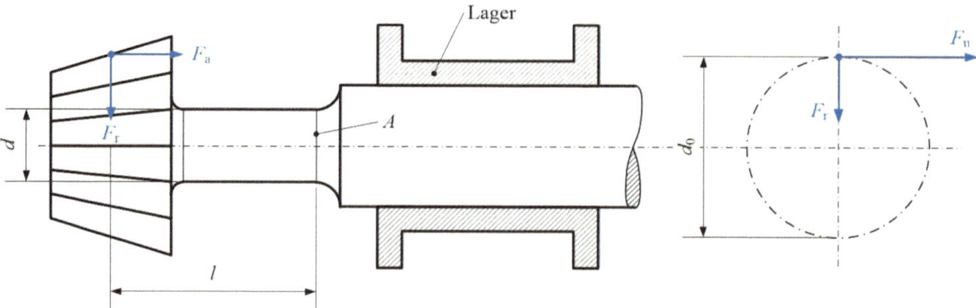

Abb. 3.18 Getriebewelle

Aufgabe 3.16 (**)

Eine schrägverzahnte Kegelgetriebewelle (Abb. 3.18) erfährt durch den Antrieb Radial-, Axial- und Umfangskräfte. Ermitteln Sie für den Querschnitt A:

a) die größte resultierende Normalspannung,
b) die Vergleichsspannung σ_v nach der GEH mit dem Anstrengungsverhältnis $\alpha_0 = 1$ und
c) die Sicherheit gegen Fließen bei Verwendung von 38Cr2.

Gegeben: Axialkraft $F_a = 3{,}6\,\text{kN}$; Radialkraft $F_r = 3{,}6\,\text{kN}$; Umfangskraft $F_u = 10\,\text{kN}$;
$\quad\quad\quad l = 40\,\text{mm}; d = 50\,\text{mm}; d_0 = 140\,\text{mm}$

Aufgabe. 3.17 (*)

Aus nostalgischen Gründen besitzt ein Motorrad einen Kickstarter (Abb. 3.19) statt eines Anlassers. Beim Anlassen beträgt die senkrecht angreifende Kraft $F = 2500\,\text{N}$. Die Kickstarterwelle ist aus 34Cr4 gefertigt. Berechnen Sie den Durchmesser der Kickstarterwelle mit einer Sicherheit gegen Fließen von $S_{F\,\text{min}} = 1{,}5$. Die Hebellänge des Kickstarters beträgt $l_1 = 295\,\text{mm}$. Der Kraftangriffspunkt liegt axial $l_2 = 120\,\text{mm}$ entfernt.

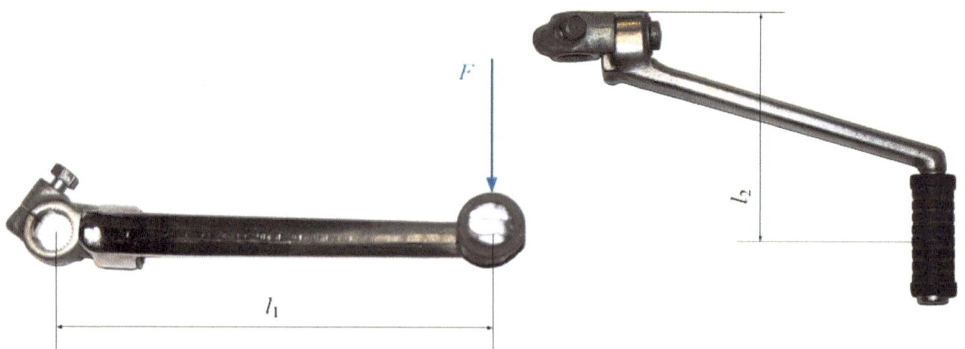

Abb. 3.19 Kickstarter

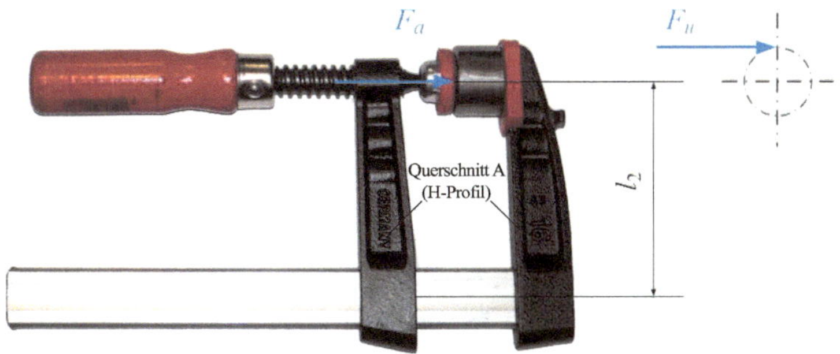

Abb. 3.20 Schraubzwinge

Aufgabe 3.18 (**)

Eine Schraubzwinge (Abb. 3.20) aus C40E spannt zwischen den Armen ein Werkstück. Mit einer angenommenen Umfangskraft von $F_u = 500\,\text{N}$ soll folgendes berechnet werden:

a) Axiale Spannkraft,
b) Widerstandsmoment,
c) Vergleichsspannung σ_v in Querschnitt A,
d) Sicherheit gegen Fließen.

Abmessungen der Schraubzwinge: Steigungswinkel des Gewinde $\alpha = 20°$; Reibwinkel $\rho = 6°$; Querschnitt A der beiden Schenkel als H-Profil: $B = 10\,\text{mm}$; $H = 30\,\text{mm}$; $s = 3\,\text{mm}$; $l_2 = 200\,\text{mm}$; $\alpha_o = 1$.

Aufgabe 3.19 (**)

Am Handbremshebel (Abb. 3.21) eines Fahrrades kann eine Person eine Kraft $F = 150\,\text{N}$ aufbringen. Er besteht aus EN AC-AlCu4MgTi. Skizzieren Sie qualitativ den Biegemomentenverlauf beider Hebelarme A und B bis zu den Querschnitten C und D. Beide Hebelarme haben eine Dicke von $d = 10\,\text{mm}$; die Breiten der Hebelarme sind: $b_A = 8\,\text{mm}$; $b_B = 12\,\text{mm}$. Längen: $l_1 = 75{,}5\,\text{mm}$; $l_2 = 27{,}5\,\text{mm}$; Abständen der Schnitte C und D: $l_3 = 75\,\text{mm}$; $l_4 = 23\,\text{mm}$. Sind die Sicherheiten gegen Fließen von $S_{F\,\text{min}} = 1{,}5$ in den Querschnitten C und D ausreichend?

Aufgabe 3.20 (*)

Beim Einsatz eines Küchenhandmixers (Abb. 3.22), Einsätze aus S275JR, treten bei Zubereitung eines Kuchenteiges folgende Kräfte auf: Axialkraft $F_a = 25\,\text{N}$; Radialkraft $F_r = 15\,\text{N}$ und Umfangskraft $F_u = 30\,\text{N}$. Weitere Abmessungen: $l = 120\,\text{mm}$; $d = 8\,\text{mm}$; $d_0 = 50\,\text{mm}$. Bestimmen Sie die Vergleichsspannung σ_v nach der GEH mit einem Anstrengungsverhältnis $\alpha_o = 0{,}7$. Wie groß ist die Sicherheit gegen Fließen?

Abb. 3.21 Handbremshebel

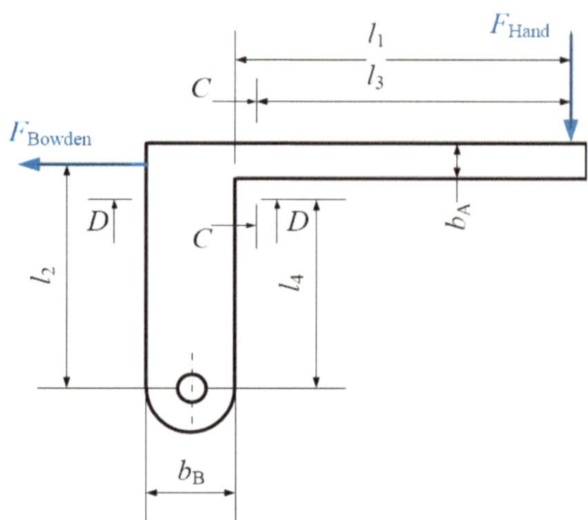

Aufgabe. 3.21 (**)

An einer Monitorhalterung (Abb. 3.23) kann eine Masse von $m_{\max} = 35$ kg angehängt werden. Bestimmen Sie für die Winkel $\alpha = 0$ und $90°$ die Vergleichsspannungen nach der GEH. Die Längen der einzelnen Teile sind: $l_1 = 300$ mm; $l_2 = 200$ mm; $l_3 = 100$ mm. Alle Teile bestehen aus Rundrohr S235 JR mit den Abmessungen: $D = 30$ mm; $s = 2$ mm. Wie groß ist die Sicherheit gegen Fließen? Ist unter allen Umständen eine Sicherheit von $S_{\mathrm{F\,min}} = 1{,}5$ gewährleistet? Wenn nicht, welches Material müssten Sie dann wählen? Alternativ soll untersucht werden, ob eine Ausführung mit einem Rechteckrohr kostengünstiger ist. Falls dies der Fall ist, wie groß ist dann die prozentuale Ersparnis und wie groß wäre der Gewinn, wenn eine Stückzahl von $n = 25.000$ Stück gefertigt werden würde? Wie groß sind die Kosten K_{Gesamt} dann auf jeden Fall?

Folgende Daten für das Rechteckrohr sind gegeben: $B = 20$ mm; $H = 30$ mm; $s = 3$ mm.

Kosten S235JR: $k_1 = 1{,}20$ €/kg; Kosten S275JR: $k_2 = 1{,}30$ €/kg; Kosten S335JR: $k_3 = 1{,}40$ €/kg

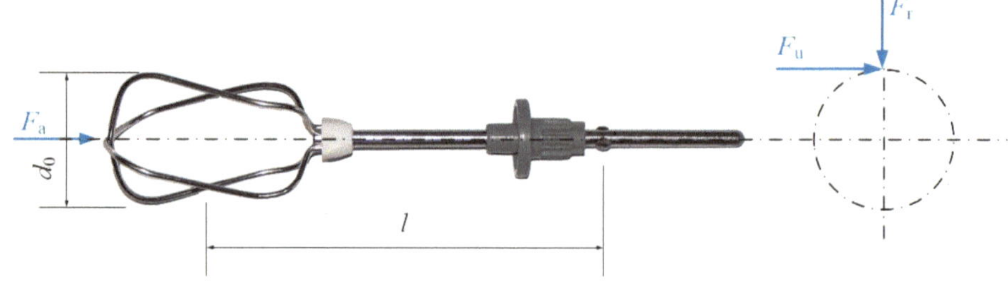

Abb. 3.22 Handmixereinsatz

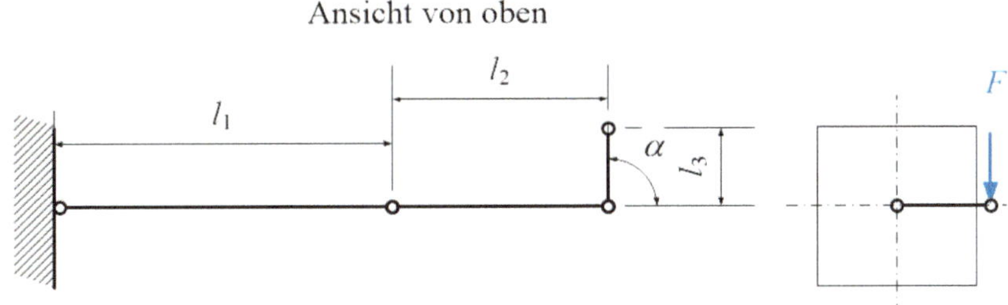

Abb. 3.23 Monitorhalterung

Aufgabe 3.22 (***)

Zur Herstellung von Kunststoffteilen soll eine vorhandene Extruderschnecke (Abb. 3.24) aus 34Cr4 verwendet werden. Dazu muss geprüft werden, ob sie den Belastungen standhält. Die Extruderschnecke wird durch den Herstellprozess einem radialen Druck von $p_1 = 50$ bar ausgesetzt. Der axiale Druck ergibt sich zu $p_2 = 250$ bar. Der Reibwert μ kann mit 0,23 angenommen werden. Die Abmessungen der Extruderschnecke sind: $d_1 = 120$ mm; $d_2 = 80$ mm; $l = 800$ mm. Als Vereinfachung darf angenommen werden, das der radiale Druck auf einem mittleren Durchmesser gleichmäßig über die Länge angreift. Wegen des Temperatureinflusses soll eine Sicherheit gegen Fließen von $S_{F\,min} = 2{,}5$ eingehalten werden. Kann die vorhandene Extruderschnecke verwendet werden oder muss sie aus einem anderen Material hergestellt werden?

Aufgabe 3.23 (***)

Für die Zerkleinerung von Gestein wird ein Walzenbrecher mit Pyramidenspitzen (Abb. 3.25) eingesetzt. Zur Einstellung der Korngröße können die beiden Walzen achsparallel verfahren werden. Der Fußdurchmesser der Walzen beträgt $d = 330$ mm bei einer Walzenlänge von $l = 600$ mm. Für den Durchmesser des Kraftangriffs können Sie mit $d_0 = 355$ mm rechnen. Die Belastung ergibt sich zu $q_u = 10$ kN/mm und $q_r = 2/3$ von q_u. $S_{F\,min} = 1{,}5$ muss eingehalten werden. Annahme einer Axialkraft von 300 kN wegen der ungleichmäßigen Belastung. Um die Größe des zu zerkleinernden Gesteins zu erwei-

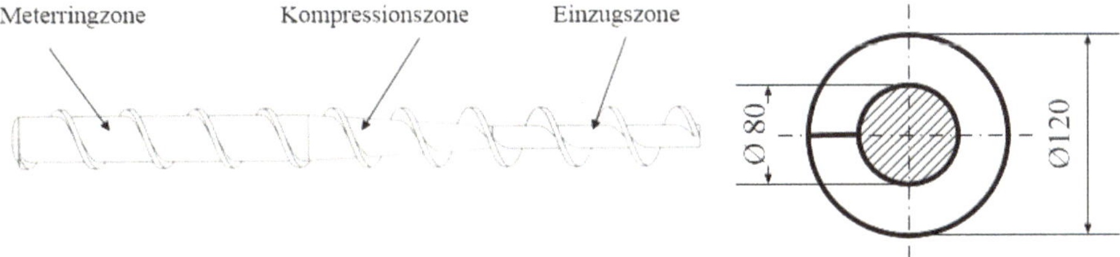

Abb. 3.24 Extruderschnecke. (https://commons.wikimedia.org/wiki/File:3Zoneneschnecke.jpg; aufgerufen am 12.10.2015; Foto: Ban19)

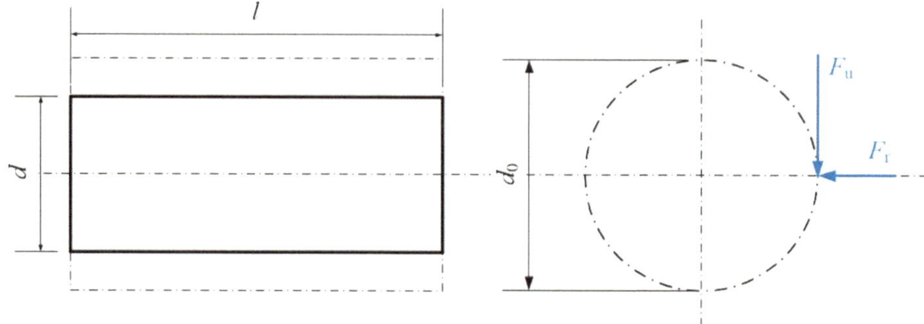

Abb. 3.25 Walzenbrecher mit Pyramidenspitzen (nur eine Walze dargestellt). (https:// upload.wikimedia.org/wikipedia/commons/0/0b/Einlauf_Klumpenbrecher.JPG; aufgerufen am 12.10.2015; Foto: Magnus Manske)

tern, kann eine kleinere Walze mit einem Durchmesser $d = 290\,\text{mm}$ (Kraftangriffspunkt $d_0 = 315\,\text{mm}$) bei sonst gleichen Abmessungen, Belastungen und Material verwendet werden. Welcher der folgenden Werkstoffe kann die Anforderungen an die Walzen erfüllen? Die Berechnungen ergeben sich nach der GEH mit $\alpha_0 = 1$. Berechnen Sie die Vergleichsspannungen, die tatsächlichen Sicherheiten und die Kosten der Walzenpaare für die gewählten Werkstoffe. Falls beide Werkstoffe den Anforderungen standhalten, wie groß wäre dann eine prozentuale Ersparnis?

Als Materialien stehen C40E oder 46Cr2 zur Verfügung. Die Kosten betragen für C40E: $k_1 = 3{,}30\,\text{€/kg}$; für 46Cr2: $k_2 = 4{,}10\,\text{€/kg}$.

Aufgabe 3.24 (*)
Ein Leistungsprüfstand für Pkw besteht aus zwei Scheitelrollen (Abb. 3.26) (die antreibenden Räder stehen dabei direkt oben auf der Scheitelrolle). Das Fahrzeug wird nach vorn und hinten so abgespannt, dass die Position der Räder stabil bleibt. Der Leistungsprüfstand ist für eine Achslast von $F = 50\,\text{kN}$ sowie einer max. Abtriebsleistung von $P = 100\,\text{kW}$ bei einer Drehzahl $n = 8000\,\text{min}^{-1}$ je Scheitelrolle ausgelegt. Die Welle der Scheitelrollen bestehen aus E335; die Scheitelrolle hat einen Außendurchmesser von $d_0 = 400\,\text{mm}$ (Rohrprofil). Der Abtrieb zur Bremseinheit ist seitlich jeder Scheitelrolle über die Wel-

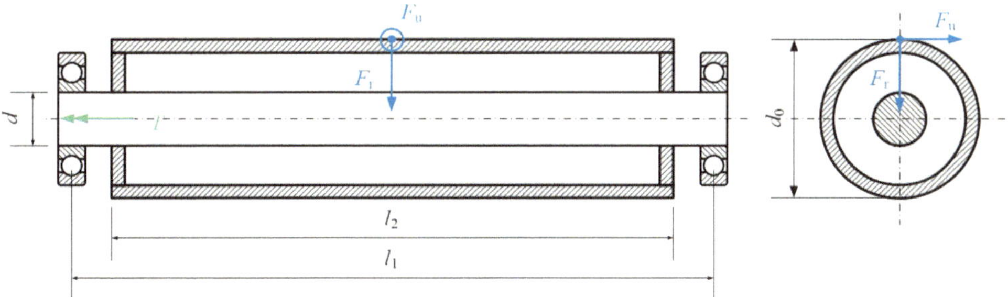

Abb. 3.26 Antriebsrolle eines Leistungsprüfstands

le gewährleistet. Bestimmen Sie den Durchmesser d der Welle bei einer zul. Spannung $\sigma_{\text{zul}} = 100\,\text{N/mm}^2$ nach der GEH. Vernachlässigen Sie dabei den geringen Einfluss des Querkraftschubes. Das Rohr der Antriebsrolle ist am Ende mit einer Scheibe und der Welle verschweißt. Die Scheitelrollen haben eine Länge $l_2 = 1600$ bei einem Lagerabstand $l_1 = 2000\,\text{mm}$.

Aufgabe 3.25 (**)

Gegeben ist ein Schlegelmäher (Abb. 3.27) mit einem Mähwerk aus insgesamt 48 Einzelmessern. Diese sind in vier Reihen à zwölf Messer am Umfang eines Stahlrohres angeordnet. Im Schnitt sind somit zwölf Messer im Eingriff. Rechnen Sie dabei mit einer gleichmäßigen Belastung über die Länge $l_2 = 1300\,\text{mm}$ der Messerreihen. Das Stahlrohr hat einen Außendurchmesser von $d_{\text{a}} = 100\,\text{mm}$, einen Innendurchmesser von $d_{\text{i}} = 90\,\text{mm}$ und besteht aus 34CrMo4. Die zulässige Spannung σ_{zul} beträgt $180\,\text{N/mm}^2$. Durch die Konstruktion der Messer ist der Kraftangriffspunkt am Umfang bei einem Durchmesser $D_0 = 300\,\text{mm}$ gegeben. Der Abstand der Lagerpunkte beträgt $l_1 = 1500\,\text{mm}$. Da der Ort der max. Vergleichsspannung nicht direkt berechnet werden kann, rechnen Sie die Belas-

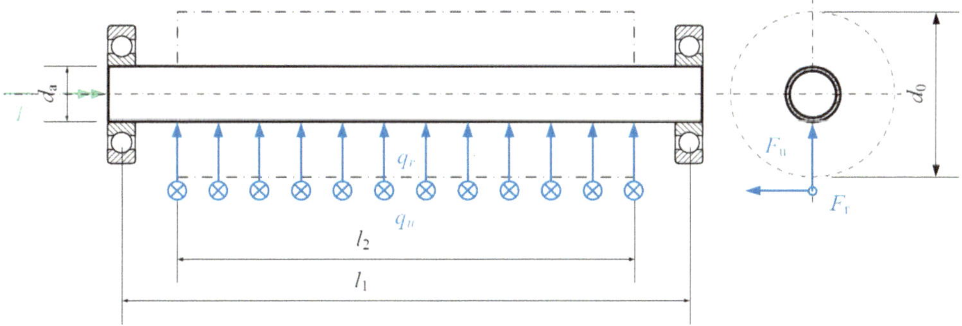

Abb. 3.27 Schlegelmäher

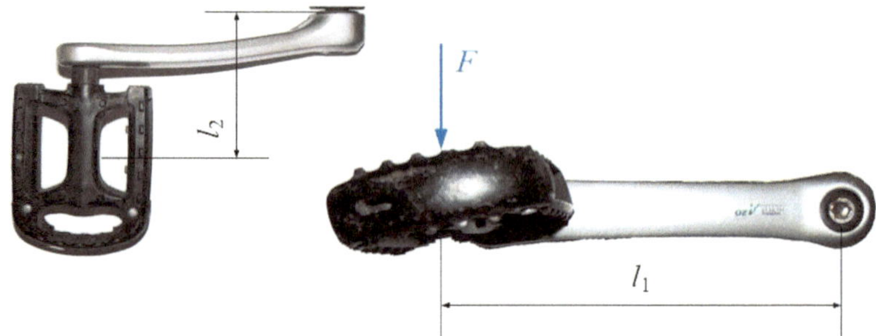

Abb. 3.28 Tretlagerwelle

tungen für die Mitte des Schlegelmähers aus. Gehen Sie davon aus, dass immer nur eine Messerreihe im Eingriff ist.

Folgende Kräfte für eine Messerreihe sind gegeben: Radialkraft $F_r = 6\,\text{kN}$; Umfangskraft $F_u = 24\,\text{kN}$; Axialkraft $F_a = 4\,\text{kN}$.

a) Berechnen Sie die Streckenlast in radialer Richtung sowie in Umfangsrichtung.
b) Skizzieren Sie qualitativ den Verlauf der resultierenden Querkräfte und der resultierenden Momente (Biegung und Torsion) am Stahlrohr.
c) Berechnen Sie die vorhandene Spannung; ist das Bauteil sicher?

Aufgabe 3.26 (*)
Die Tretlagerwelle (Abb. 3.28) eines Fahrrades soll überprüft werden.

Gegeben: $F = 2000\,\text{N}$; Material: C50E; $d = 25\,\text{mm}$; $S_{F\,\text{min}} = 1{,}5$; $l_1 = 170\,\text{mm}$; $l_2 = 90\,\text{mm}$.

Bestimmen Sie die vorhandene Sicherheit.

Aufgabe 3.27 (*)
In einer Schlagbohrmaschine (Abb. 3.29) ist ein Steinbohrer mit $l_1 = 500\,\text{mm}$ eingespannt. Der Abstand zur Lagerstelle, an der die Spannung berechnet werden soll, beträgt $l_2 = 100\,\text{mm}$. Die Kraft des Bedieners erfolgt aufgrund der Geometrie der Schlagbohrmaschine außermittig. Dadurch ergibt sich zusätzlich eine Querkraft. Kräfte sind: $F_a = 1000\,\text{N}$; $F_r = 160\,\text{N}$; $P = 750\,\text{W}$ bei $n = 2000\,\text{min}^{-1}$; $d = 15\,\text{mm}$. Das Material der Spindel besteht aus C40E. Wie groß ist die vorhandene Spannung, wenn die Bohrmaschine zum Stillstand ($n = 0\,\text{min}^{-1}$) kommt?

Aufgabe 3.28 (***)
Auf einer Triebwerkswelle befindet sich mittig ein Exzenter zum Antrieb einer Kesselspeisepumpe (Abb. 3.30). Lagerabstand $l = 400\,\text{mm}$; Pumpenkolbendurchmesser

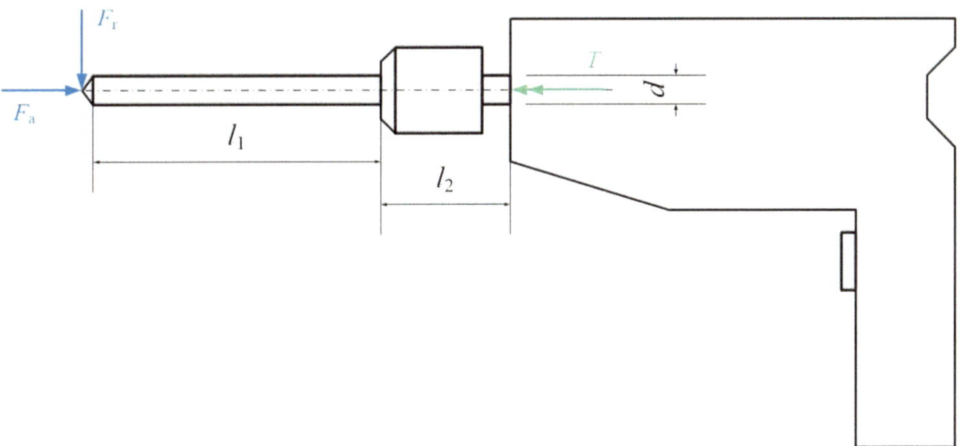

Abb. 3.29 Schlagbohrmaschine

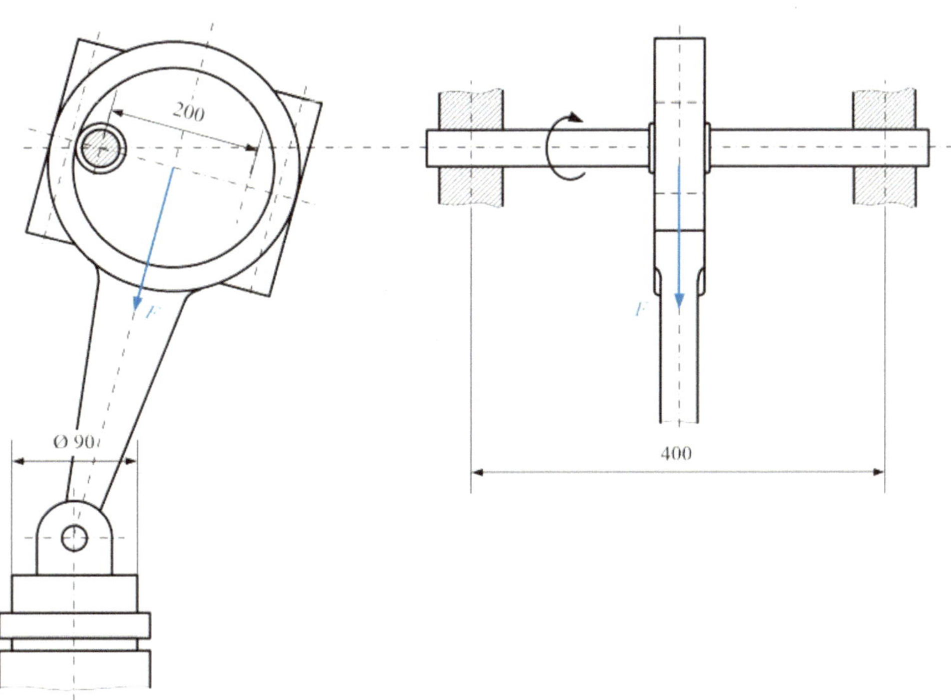

Abb. 3.30 Kesselspeisepumpe

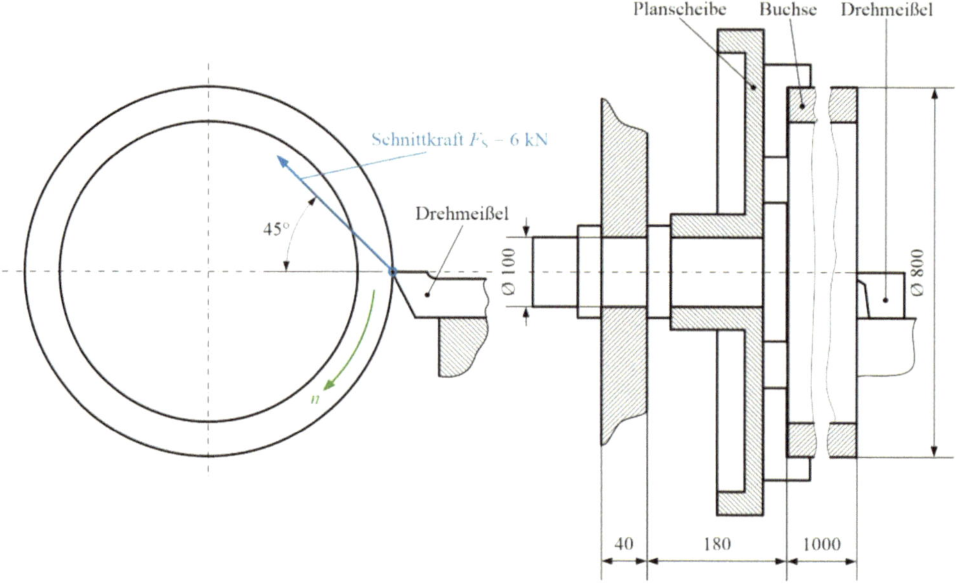

Abb. 3.31 Drehmaschinenspindel

$D_K = 90\,\text{mm}$; Wasserdruck $p_W = 16\,\text{bar}$. Kolbenhub $h_K = 200\,\text{mm}$; $\sigma_{zul} = 40\,\text{N/mm}^2$; $\tau_{zul} = 32\,\text{N/mm}^2$. Berechnen Sie:

a) die Stangenkraft = Kolbenkraft; Reibung mit 16 % Zuschlag,
b) das erforderliche Antriebsmoment mit einem Exzenterwirkungsgrad $\eta = 0{,}7$,
c) den Wellendurchmesser d.

Aufgabe 3.29 (*)

Auf der Planscheibe einer Drehmaschine ist ein Werkstück (Buchse) aufgespannt (Abb. 3.31). Der Lagerzapfen aus 42CrMo4 hat einen Durchmesser $d = 100\,\text{mm}$. Der Abstand des Lagerzapfens bis zur Einspannung des Werkstückes beträgt $l_1 = 180\,\text{mm}$; die max. Werkstücklänge $l_W = 1000\,\text{mm}$. Der Werkstückdurchmesser kann $D_{max} = 800\,\text{mm}$ nicht überschreiten. Die max. angreifende Spankraft unter 45° darf $F_S = 6\,\text{kN}$ nicht überschreiten. Eine Axialkraft von $F_a = 2\,\text{kN}$ darf ebenfalls auftreten. Berechnen Sie die vorhanden Spannungen σ_b, σ_N und τ und berechnen Sie die Vergleichsspannung σ_V nach der GEH mit $\alpha_o = 0{,}7$.

Aufgabe 3.30 (***)

Ein Kragarm liegt in zwei Profilvarianten (Abb. 3.32) vor (Rechteckrohr und Rundrohr). Für jede Profilvariante stehen vier alternative Materialien zur Auswahl: S235JR, E335, 38Cr2 und MgAl8Zn F31 (Dichte MgAl8Zn F31 mit $1{,}8\,\text{kg/dm}^3$ und Stahlsorten

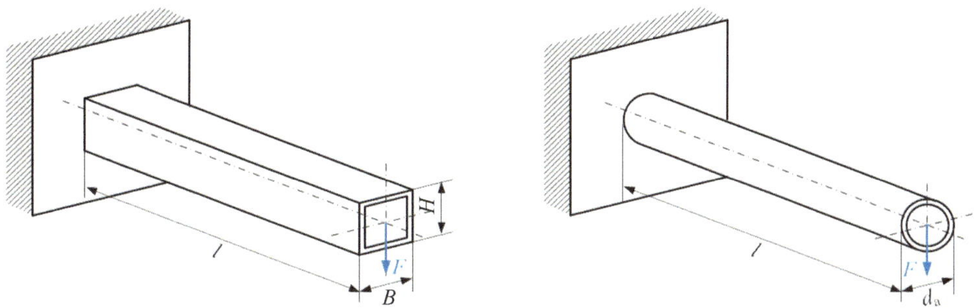

Abb. 3.32 Kragarm mit zwei verschiedenen Profilvarianten

mit $7{,}86\,\mathrm{kg/dm^3}$). Am Ende des in der Wand festgelegten Kragarmes greift eine Kraft $F = 21\,\mathrm{kN}$ an. Die Kragarmlänge beträgt: $l_1 = 350\,\mathrm{mm}$. Es soll immer eine Sicherheit gegen Fließen von $S_{F\,\mathrm{min}} = 1{,}5$ eingehalten werden. Bestimmen Sie für die von Ihnen gewählten Profile die Kosten aller Varianten für ein Stück und berechnen Sie die prozentuale Verteuerung zur günstigsten Variante. Um den Aufwand der umfangreichen Berechnung nicht ausufern zu lassen, beschränken Sie sich dabei auf folgende Rechteckprofile:

a) $B_1 = 50\,\mathrm{mm}$ bei $H_1 = 100\,\mathrm{mm}$,
b) $B_2 = 60\,\mathrm{mm}$ bei $H_2 = 100\,\mathrm{mm}$,
c) $B_3 = 60\,\mathrm{mm}$ bei $H_3 = 120\,\mathrm{mm}$,
d) $B_4 = 80\,\mathrm{mm}$ bei $H_4 = 120\,\mathrm{mm}$,
e) $B_5 = 80\,\mathrm{mm}$ bei $H_5 = 140\,\mathrm{mm}$

sowie folgende Rundprofile:

f) $d_{A1} = 88{,}9\,\mathrm{mm}$,
g) $d_{A2} = 101{,}6\,\mathrm{mm}$,
h) $d_{A3} = 114{,}3\,\mathrm{mm}$,
i) $d_{A4} = 139{,}7\,\mathrm{mm}$.

aus den Tabellen ([2], TB 1-13).

Folgende Kosten sind gegeben:

S235:	E335:	38Cr2:	MgAl8Zn F31:
$k_1 = 1{,}20\,\text{€/kg};$	$k_2 = 1{,}80\,\text{€/kg};$	$k_3 = 2{,}60\,\text{€/kg};$	$k_4 = 4{,}80\,\text{€/kg}$

Durchbiegung 4

Die Vorgehensweise bei der Lösung von Aufgaben zur Durchbiegung zeigt die Abb. 4.1.

Im Folgenden werden die notwendigen Gleichungen aus dem Lehrbuch [1] für dieses Kapitel aufgeführt.

$$\Rightarrow w'' = -\frac{M_\mathrm{b}\,(x)}{E \cdot I} \tag{4.2}$$

$$F_\mathrm{q} = -\int q \cdot dx \tag{4.3}$$

$$M_\mathrm{b} = \int F_\mathrm{q} \cdot dx \tag{4.4}$$

$$\varphi = -\int \frac{M_\mathrm{b}}{E \cdot I} dx \tag{4.5}$$

$$w = \int \varphi \cdot dx \tag{4.6}$$

Außerdem benötigt man oft Werte für Biegelinie, Durchsenkung und Tangentenneigung für bestimmte Belastungs- und Lagerungsfälle aus Tab. 4.1.

© Springer Fachmedien Wiesbaden GmbH, ein Teil von Springer Nature 2020
K.-D. Arndt et al., *Klausurentrainer zur Festigkeitslehre für Wirtschaftsingenieure*,
https://doi.org/10.1007/978-3-658-28902-7_4

Tab. 4.1 Biegelinien und Verformungen von Balken

	Belastungsfall	Gleichung der Biegelinie	Durchbiegungen w Neigung φ
1		$w = \frac{F \cdot l^3}{6E \cdot I}\left[3\left(\frac{x}{l}\right)^2 - \left(\frac{x}{l}\right)^3\right]$ $w = \frac{F \cdot l^3}{6E \cdot I}\left[2 - 3\left(\frac{x_1}{l}\right) + \left(\frac{x_1}{l}\right)^3\right]$	$w_{\max} = \frac{F \cdot l^3}{3E \cdot I}$ $\varphi_{\max} = \frac{F \cdot l^2}{2E \cdot I}$
2		$w = \frac{M}{2E \cdot I}\,x^2$ $w = \frac{M \cdot l^2}{2E \cdot I}\left(1 - \frac{x_1}{l}\right)^2$	$w_{\max} = \frac{M \cdot l^2}{2E \cdot I}$ $\varphi_{\max} = \frac{M \cdot l}{E \cdot I}$
3		$w = \frac{q \cdot l^4}{24E \cdot I}\left[6\left(\frac{x}{l}\right)^2 - 4\left(\frac{x}{l}\right)^3 + \left(\frac{x}{l}\right)^4\right]$ $w = \frac{q \cdot l^4}{24E \cdot I}\left[3 - 4\left(\frac{x_1}{l}\right) + \left(\frac{x_1}{l}\right)^4\right]$	$w_{\max} = \frac{q \cdot l^4}{8E \cdot I}$ $\varphi_{\max} = \frac{q \cdot l^3}{6E \cdot I}$
4		$w = \frac{q_0 \cdot l^4}{120E \cdot I}\left[10\left(\frac{x}{l}\right)^2 - 10\left(\frac{x}{l}\right)^3 + 5\left(\frac{x}{l}\right)^4 - \left(\frac{x}{l}\right)^5\right]$ $w = \frac{q_0 \cdot l^4}{120E \cdot I}\left[4 - 5\left(\frac{x_1}{l}\right) + \left(\frac{x_1}{l}\right)^5\right]$	$w_{\max} = \frac{q_0 \cdot l^4}{30E \cdot I}$ $\varphi_{\max} = \frac{q_0 \cdot l^3}{24E \cdot I}$

Tab. 4.1 (Fortsetzung)

Belastungsfall	Gleichung der Biegelinie	Durchbiegungen w Neigung φ
5	$w = \frac{q_0 \cdot l^4}{120 E \cdot I}\left[20\left(\frac{x}{l}\right)^2 - 10\left(\frac{x}{l}\right)^3 + \left(\frac{x}{l}\right)^5\right]$ $w = \frac{q_0 \cdot l^4}{120 E \cdot I}\left[11 - 15\left(\frac{x_1}{l}\right) + 5\left(\frac{x_1}{l}\right)^4 - \left(\frac{x_1}{l}\right)^5\right]$	$w_{\max} = \frac{11 q_0 \cdot l^4}{120 E \cdot I}$ $\varphi_{\max} = \frac{q_0 \cdot l^3}{8 E \cdot I}$
6	$w = \frac{F \cdot l^3}{16 E \cdot I} \cdot \left(\frac{x}{l}\right)\left[1 - \frac{4}{3}\left(\frac{x}{l}\right)^2\right]$ für $x \leq \frac{l}{2}$	$w_{\mathrm{F}} = w_{\max} = \frac{F \cdot l^3}{48 E \cdot I}$ $\varphi_{\mathrm{A}} = \frac{F \cdot l^2}{16 E \cdot I} = -\varphi_{\mathrm{B}}$
7	$w = \frac{F \cdot l^3}{6 E \cdot I} \cdot \left(\frac{a}{l}\right) \cdot \left(\frac{b}{l}\right)^2 \cdot \left(\frac{x}{l}\right)\left[1 + \left(\frac{l}{b}\right) - \left(\frac{x^2}{a \cdot b}\right)\right]$ für $0 \leq x \leq a$ $w_1 = \frac{F \cdot l^3}{6 E \cdot I} \cdot \left(\frac{b}{l}\right) \cdot \left(\frac{a}{l}\right)^2 \cdot \left(\frac{x_1}{l}\right)\left[1 + \left(\frac{l}{a}\right) - \left(\frac{x_1^2}{a \cdot b}\right)\right]$ für $0 \leq x_1 \leq b$	$w_{\mathrm{F}} = \frac{F \cdot l^3}{3 E \cdot I} \cdot \left(\frac{a}{l}\right)^2 \cdot \left(\frac{b}{l}\right)^2$ $\varphi_{\mathrm{A}} = w_{\mathrm{F}} \cdot \frac{1}{2a}\left(1 + \frac{l}{b}\right)$ $\varphi_{\mathrm{B}} = -w_{\mathrm{F}} \cdot \frac{1}{2b}\left(1 + \frac{l}{a}\right)$
8	$w = \frac{F}{6 E \cdot I}\left[3alx - 3a^2 x - x^3\right]$ für $0 \leq x \leq a$ $w = \frac{F}{6 E \cdot I}\left[3alx - 3ax^2 - a^3\right]$ für $a \leq x \leq \frac{l}{2}$	$w_{\max} = \frac{F \cdot a}{24 E \cdot I}\left(3l^2 - 4a^2\right)$ $\varphi_{\mathrm{A}} = \frac{F \cdot a}{2 E \cdot I}\left(l - a\right) = -\varphi_{\mathrm{B}}$ $\varphi(a) = \frac{F \cdot a}{2 E \cdot I}\left(l - 2a\right)$

Tab. 4.1 (Fortsetzung)

	Belastungsfall	Gleichung der Biegelinie	Durchbiegungen w Neigung φ
9		$w = \frac{F \cdot l^3}{6E \cdot I} \cdot \left(\frac{a}{l}\right) \cdot \left(\frac{x}{l}\right)\left[1 - \left(\frac{x}{l}\right)^2\right]$ für $0 \leq x \leq l$ $w_1 = \frac{F \cdot l^3}{6E \cdot I} \cdot \left(\frac{x_1}{l}\right)\left[\left(\frac{2a}{l}\right) + 3\left(\frac{a}{l}\right) \cdot \left(\frac{x_1}{l}\right) - \left(\frac{x_1}{l}\right)^2\right]$ für $0 \leq x_1 \leq a$	$w_C = \frac{F \cdot l^3}{3E \cdot I} \cdot \left(\frac{a}{l}\right)^2 \cdot \left(1 + \frac{a}{l}\right)$ $\varphi_A = \frac{F \cdot l^2}{6E \cdot I} \cdot \frac{a}{l} = \frac{1}{2} \cdot \varphi_B$ $\varphi_C = \frac{F \cdot l^2}{6E \cdot I} \cdot \left(\frac{a}{l}\right)\left(2 + 3\frac{a}{l}\right)$
10		$w = \frac{M_A \cdot l^2}{3E \cdot I}\left[\left(\frac{x}{l}\right) - \frac{3}{2}\left(\frac{x}{l}\right)^2 + \frac{1}{2}\left(\frac{x}{l}\right)^3\right]$	$w_{max} = \frac{M_A \cdot l^2}{9\sqrt{3} \cdot E \cdot I}$ bei $x = 0{,}4426 \cdot l$ $\varphi_A = \frac{M_A \cdot l}{3E \cdot I} = -2\varphi_B$
11		$w = \frac{M \cdot l^2}{24E \cdot I}\left(\frac{x}{l}\right)\left[1 - 4\left(\frac{x}{l}\right)^2\right]$ für $0 \leq x \leq \frac{l}{2}$	$w_{max} = \frac{\sqrt{3}}{216} \cdot \frac{M \cdot l^2}{E \cdot I}$ bei $x = \frac{l}{2\sqrt{3}}$ $\varphi_A = \frac{M \cdot l}{24E \cdot I} = -\varphi_B$ $\varphi_C = \frac{M \cdot l}{12E \cdot I}$
12		$w = \frac{q \cdot l^4}{24E \cdot I}\left[\left(\frac{x}{l}\right) - 2\left(\frac{x}{l}\right)^3 + \left(\frac{x}{l}\right)^4\right]$	$w_{max} = \frac{5q \cdot l^4}{384E \cdot I}$ $\varphi_A = \frac{q \cdot l^3}{24E \cdot I} = -\varphi_B$

Tab. 4.1 (Fortsetzung)

Belastungsfall	Gleichung der Biegelinie	Durchbiegungen w Neigung φ
13	$w = \frac{q_0 \cdot l^4}{360 E \cdot I}\left[7\left(\frac{x}{l}\right) - 10\left(\frac{x}{l}\right)^3 + 3\left(\frac{x}{l}\right)^5\right]$ $w = \frac{q_0 \cdot l^4}{360 E \cdot I}\left[8\left(\frac{x_1}{l}\right) - 20\left(\frac{x_1}{l}\right)^3 + 15\left(\frac{x_1}{l}\right)^4 - 3\left(\frac{x_1}{l}\right)^5\right]$	$w_{\max} \approx \frac{q_0 \cdot l^4}{153 E \cdot I}$ bei $x \approx 0{,}519 \cdot l$ $\varphi_A = \frac{7 q_0 \cdot l^3}{360 E \cdot I}$ $\varphi_B = -\frac{q_0 \cdot l^3}{45 E \cdot I}$
14	$w = \frac{q \cdot l^4}{16 E \cdot I}\left\{\left[1 - 4\left(\frac{x}{l}\right)^2\right] \cdot \left[\frac{5}{24} - \left(\frac{a}{l}\right)^2 - \frac{1}{6}\left(\frac{x}{l}\right)^2\right]\right\}$ für $-\frac{l}{2} \leq x \leq \frac{l}{2}$ $w_1 = \frac{q \cdot l^4}{24 E \cdot I}\left\{\left[4\left(\frac{a}{l}\right)^3 + 6\left(\frac{a}{l}\right)^2 - 1\right] \cdot \left(\frac{x_1}{l}\right) - \left(\frac{a}{l}\right)^4 + \left[\left(\frac{a}{l}\right) - \left(\frac{x_1}{l}\right)\right]^4\right\}$ für: $0 \leq x_1 \leq a$	$w_{\max} = \frac{q \cdot l^4}{16 E \cdot I}\left[\frac{5}{24} - \left(\frac{a}{l}\right)^2\right]$ $w_{\max} = 0$ wenn $a = l \cdot \sqrt{\frac{5}{24}}$ $w_C =$ $\frac{q \cdot l^3 \cdot a}{24 E \cdot I}\left[6\left(\frac{a}{l}\right)^2 + 3\left(\frac{a}{l}\right)^3 - 1\right]$ $w_C = 0$ wenn $a = 0{,}3747 \cdot l$ $\varphi_A = -\varphi_B$ $\varphi_A = \frac{q \cdot l^3}{24 E \cdot I}\left[6\left(\frac{a}{l}\right)^2 - 1\right]$ $|\varphi_C| =$ $\frac{q}{24 E \cdot I}\left(4a^3 + 6a^2 l - l^3\right)$

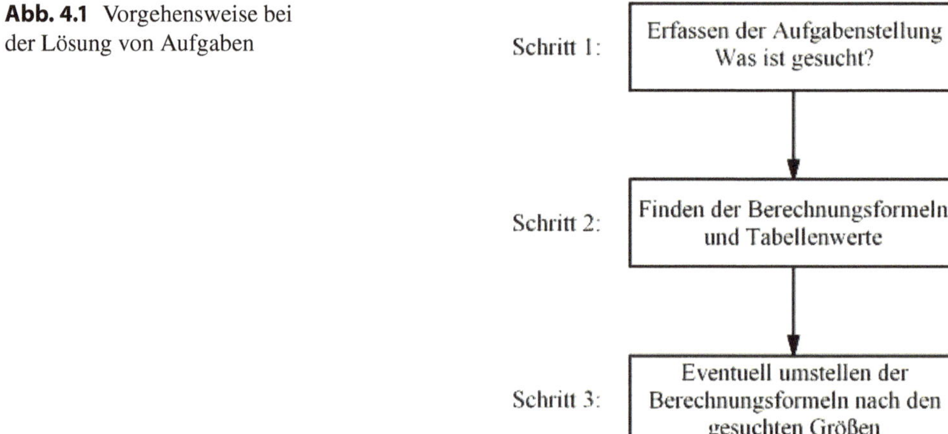

Abb. 4.1 Vorgehensweise bei der Lösung von Aufgaben

4.1 Aufgaben zur Biegeverformung

Aufgabe 4.1 (**)

Ein Heimwerker der Masse $m = 80\,\text{kg}$ baut ein provisorisches Gerüst aus zwei Böcken und einer flach darauf gelegten Leiter (zwei Holme, 14 Stufen), siehe Abb. 4.2.

Gegeben: $g = 10\,\text{m/s}^2$

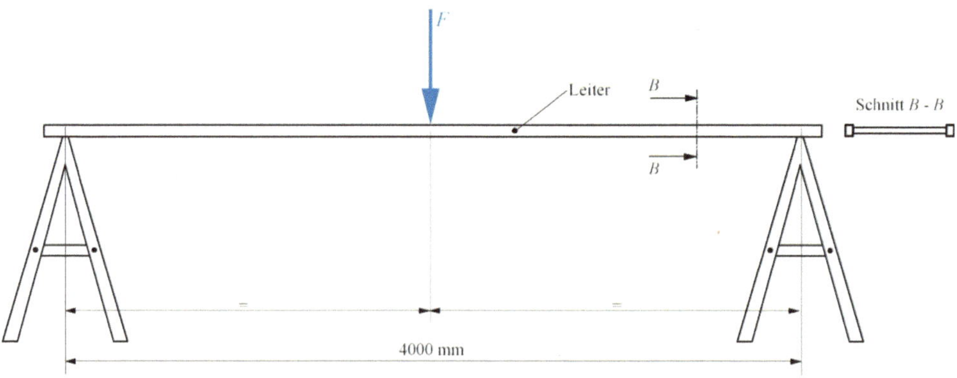

Abb. 4.2 Provisorisches Gerüst mit Leiter

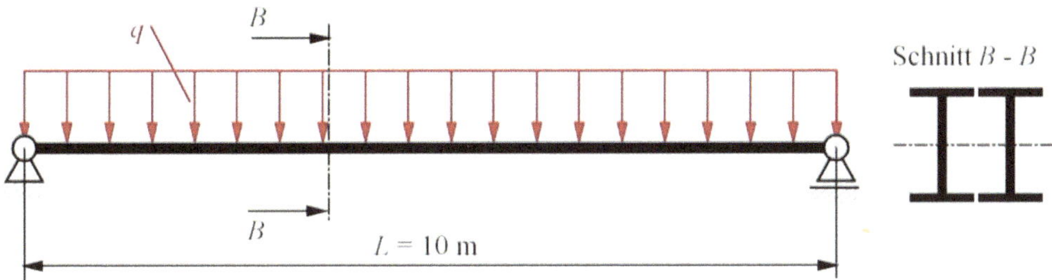

Abb. 4.3 Biegeträger aus zwei I-Profilen mit Streckenlast

Die Leiterholme bestehen aus Rechteckrohr $50 \times 30 \times 2{,}6$. Ein Kilogramm Rechteckrohr hat in Stahl Kosten von 3,20 €, in Aluminium 9,20 €. Vereinfachend ist davon auszugehen, dass die beiden Leiterholme das auftretende Biegemoment je zur Hälfte aufnehmen und die die Holme verbindenden Stufen unbelastet sind.

a) Ermitteln Sie die Durchsenkung der Leiter in der Mitte, wenn die Holme aus Stahl und alternativ aus Aluminium bestehen.
b) Wie hoch sind die maximalen Biegespannungen?
c) Welche Masse haben die beiden Holme aus Stahl bzw. Aluminium?
d) Wie hoch sind die Materialkosten für die Holme je nach Werkstoff?
e) Legen Sie die Leiter in Aluminium so aus, dass die Durchsenkung etwa gleich der Stahlleiter ist. Wie hoch ist die Biegespannung, wie hoch sind die Masse und die Kosten?
f) Vergleichen Sie Durchsenkung, Biegespannung, Gewicht und Kosten mit e), wenn die Stahlholme aus Rechteckrohr $65 \times 30 \times 1{,}5$ hergestellt werden.

Aufgabe 4.2 (*)
Ein Biegeträger aus zwei hochkant neben einander gestellten I-Profilen DIN 1025-S235JR-IPE400 (Abb. 4.3) soll sich unter Streckenlast q in der Mitte um nicht mehr als $w_{\mathrm{max}} = L/300$ durchbiegen.

a) Welche Streckenlast ist dabei erlaubt?
b) Wird die erforderliche Sicherheit gegen Fließen $S_{\mathrm{F}} = 1{,}5$ bei dieser Streckenlast eingehalten?

Aufgabe 4.3 (***)
Eine Hochwasserschutzwand besteht aus in den Boden einbetonierten IPB-Profilen aus S235 und Holzbohlen, Abb. 4.4 links. Die maximale Wasserhöhe bis zum oberen Rand beträgt $h = 2$ m. Aufgrund des Wasserdrucks ergibt sich eine dreieckförmige Streckenlast auf die senkrechten IPB-Profile, Abb. 4.4, rechts. Zu ermitteln sind

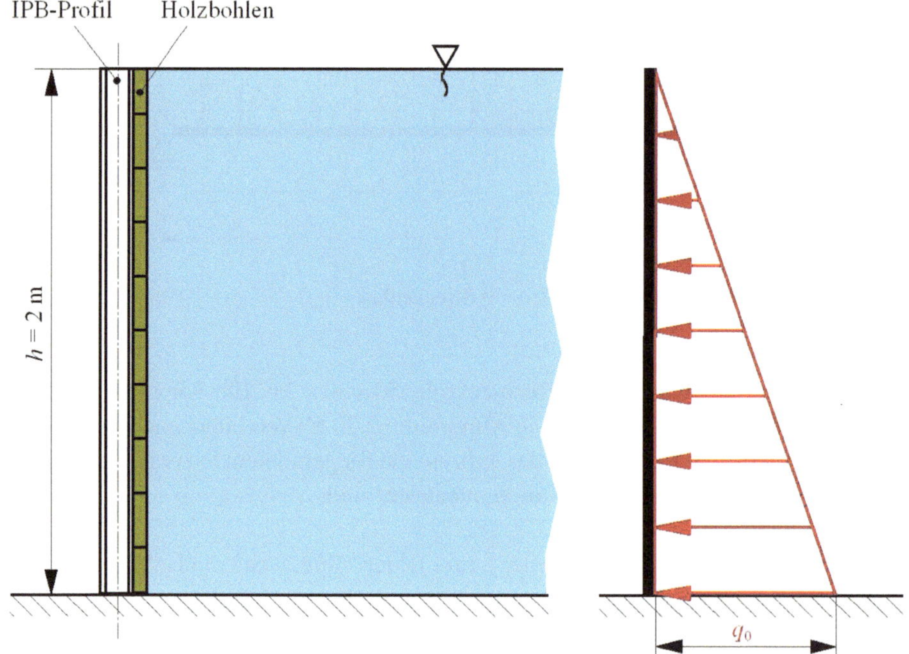

Abb. 4.4 Hochwasserschutzwand (*links*) und Streckenlast auf IPB-Profil (*rechts*)

a) die Gleichung der Biegelinie für die Profile,

b) das Biegemoment an der Einspannstelle,

c) ein geeignetes Profil IPB-DIN 1025-2 für eine zulässige Biegespannung $\sigma_{b\,zul} = 150\,\text{N/mm}^2$,

d) die seitliche Verschiebung (Durchsenkung) des Profils am oberen Ende.

Gegeben: $q_0 = 40\,\text{N/mm}$

Aufgabe 4.4 (**)
Für den Balken (Abb. 4.5) mit der konstanten Biegesteifigkeit $E \cdot I$ ist die Verschiebung des Balkens im Punkt D zu ermitteln.

Gegeben: q, $E \cdot I$, l

Aufgabe 4.5 (**)
Für den abgesetzten Balken (Abb. 4.6) ist die Durchsenkung im Punkt A zu berechnen.

Gegeben: $F = 3\,\text{kN}$; $a = 300\,\text{mm}$; $b = 450\,\text{mm}$; $E \cdot I_1 = 140 \cdot 10^9\,\text{Nmm}^2$;
$\quad\quad\quad E \cdot I_2 = 420 \cdot 10^9\,\text{Nmm}^2$

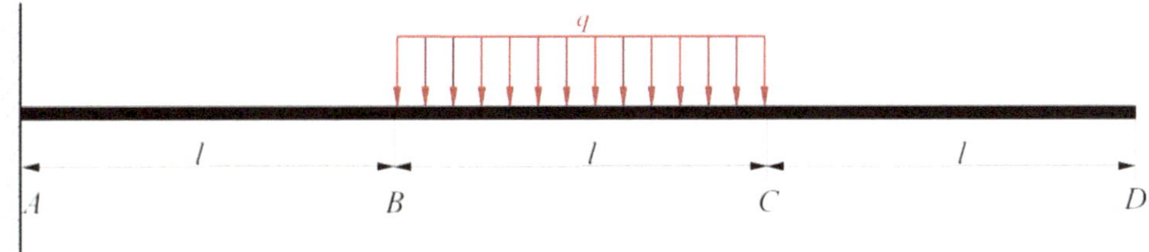

Abb. 4.5 Einseitig eingespannter Biegebalken mit mittiger Streckenlast

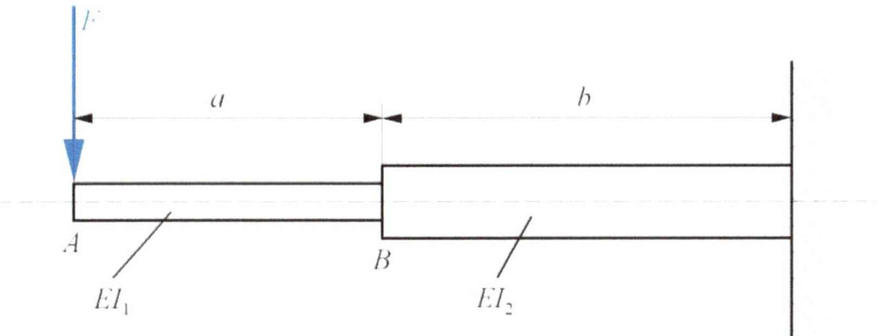

Abb. 4.6 Abgesetzter Biegeträger unter Einzellast

Aufgabe 4.6 (*)

Tiefladefahrzeuge werden wegen der erforderlichen Bodenfreiheit bei Beladung oft mit Vorsprengung gebaut (siehe Abb. 4.7), d. h. die unbelastete Ladeplattform besitzt eine Durchbiegung nach oben. Die abgewinkelten (gekröpften) Enden der Längsträger können als biegestarr angenommen werden, d. h. die elastische Verformung findet zwischen den Festpunkten A und B statt.

Gegeben: $E = 2{,}1 \cdot 10^5 \, \text{N/mm}^2$; $I = 12.700 \, \text{cm}^4$; $l = 8 \, \text{m}$

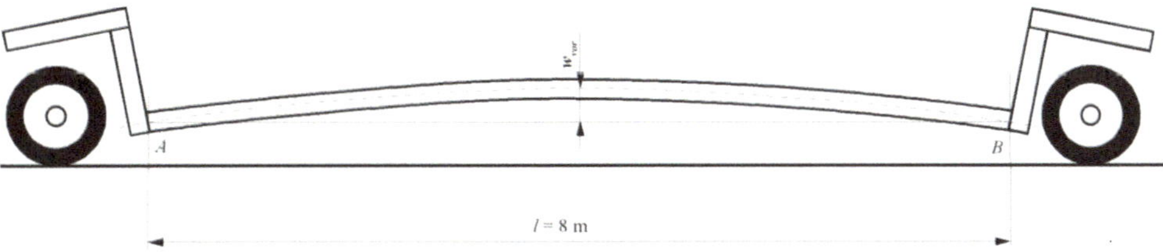

Abb. 4.7 Tiefladeanhänger mit Vorsprengung, schematisch

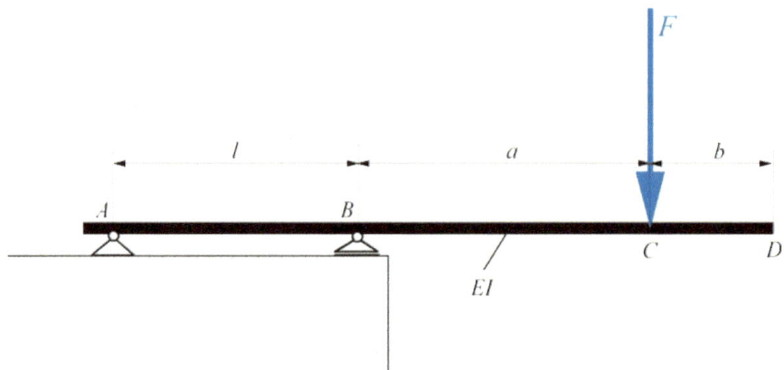

Abb. 4.8 Sprungbrett eines Schwimmbades

a) Berechnen Sie die notwendige Vorsprengung w_{vor}, wenn die Ladefläche über die gesamte Länge mit einer Streckenlast $q = 20\,\text{kN/m}$ beladen wird und die Längsträger vereinfacht als in den Punkten A und B gelagert angesehen werden.
b) Welche Einzellast dürfte maximal in Ladeflächenmitte wirken, wenn w_{vor} aus Aufgabenteil a) nicht überschritten werden soll?

Aufgabe 4.7 (*)
Auf dem Sprungbrett eines Schwimmbades (Abb. 4.8) befindet sich im Punkt C eine Person mit der Gewichtskraft F.
Ermitteln Sie:

a) die Tangente an die Biegelinie im Krafteinleitungspunkt C,
b) die Durchsenkung am rechten Ende des Brettes im Punkt D,
c) die Durchsenkung des Brettes in der Mitte zwischen den Auflagern A und B,
d) die zusätzliche Durchsenkung im Punkt D, wenn sich aus dem Wasser heraus eine Person mit der Gewichtskraft $F/2$ im Punkt D an das Brett hängt.

Gegeben: $F, E \cdot I, l, a, b$

Aufgabe 4.8 (*)
Ein Bootsanhänger mit einer Zentraldeichsel der konstanten Biegesteifigkeit $E \cdot I$ wird wie in 4.9 dargestellt belastet.

a) Berechnen Sie die Durchsenkung der Deichsel im Punkt A.
b) Ermitteln Sie die Länge c für $a = b = l/2$, wenn im Punkt A keine Durchsenkung der Deichsel auftreten soll.

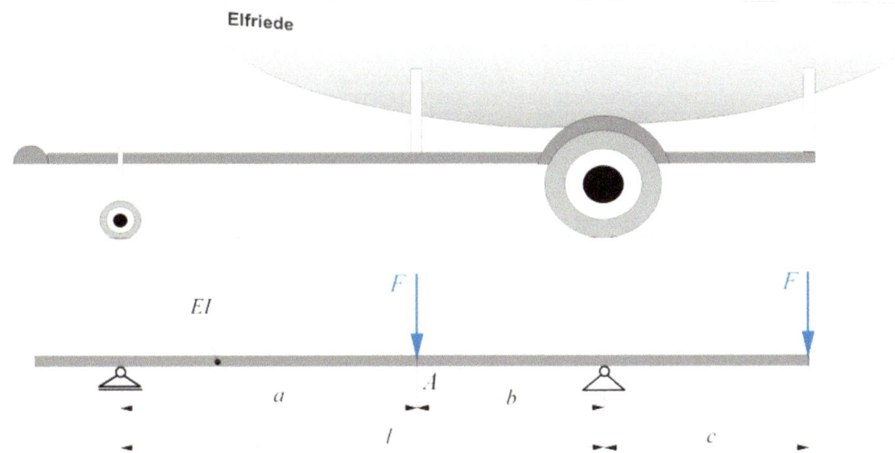

Abb. 4.9 Bootsanhänger und zu berechnendes Ersatzsystem

Aufgabe 4.9 (***)

Ein Träger ist gemäß Abb. 4.10 bei A fest eingespannt und bei B elastisch auf einer Feder mit der Federkonstante c gelagert. Im unverformten Zustand liegen A und B auf gleicher Höhe und die Feder ist spannungslos. Bestimmen Sie die Durchsenkung im Punkt B.

Gegeben: $l = 3\,\text{m}$; $a = 2\,\text{m}$; $F = 18\,\text{kN}$; $c = 1{,}2\,\text{kN/mm}$; $E = 210.000\,\text{N/mm}^2$; $I_\text{y} = 3830\,\text{cm}^4$

Aufgabe 4.10 (***)

Der beidseitig einbetonierte Träger (Abb. 4.11) mit der Länge l und der Biegesteifigkeit $E \cdot I$ wird durch die Streckenlast q belastet. Berechnen Sie die Durchsenkung in Balkenmitte.

Gegeben: q, l, $E \cdot I$

Abb. 4.10 Elastisch gestützter Träger

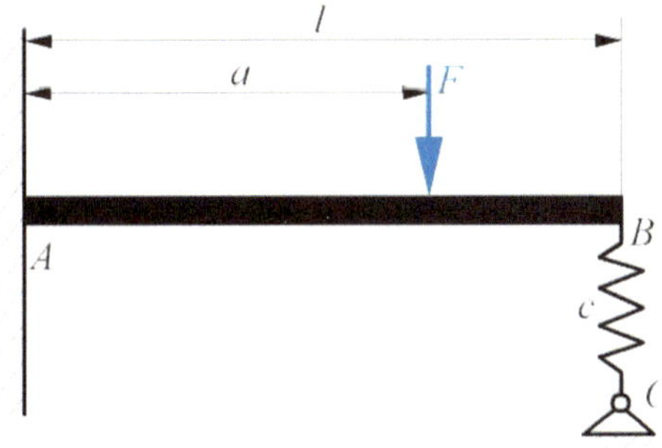

Abb. 4.11 Beidseitig eingespannter Träger mit
Streckenlast

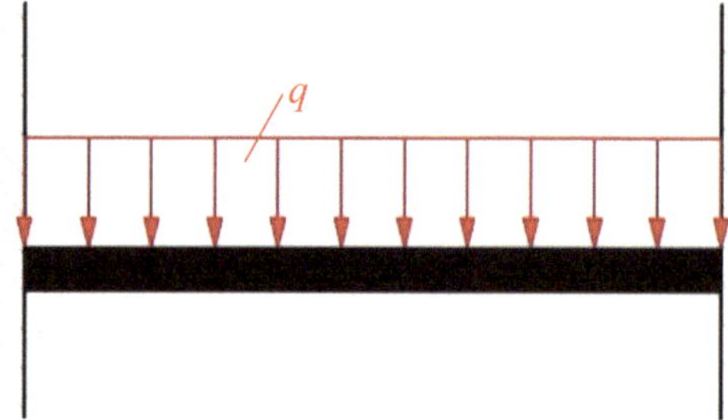

Aufgabe 4.11 (**)

Ein statisch bestimmt gestützter T-förmiger Rahmen aus Vierkantrohr (Abb. 4.12) mit der
Biegesteifigkeit $E \cdot I$ wird an seinem Ende im Punkt P_4 durch eine äußeres Biegemoment
M_{by} (um die y-Achse) sowie im Punkt P_5 durch eine äußere Kraft F belastet. Die Auflager
P_1, P_2 und P_4 lassen keine Durchsenkung, aber eine Tangentenneigung und eine Verdrehung um die Längsachse der Vierkantrohre zu. Die Auflagerkräfte F_1, F_2 und F_4 in den
Punkten P_1, P_2 und P_4 sind gegeben.

Berechnen Sie die Durchsenkung des Punktes P_5 (Angriffspunkt der äußeren Kraft F).

Gegeben: F; $F_1 = F_2 = (2/3) \cdot F$; $F_4 = -F/3$; $M_{by} = (2/3) \cdot F \cdot l$; $E \cdot I$

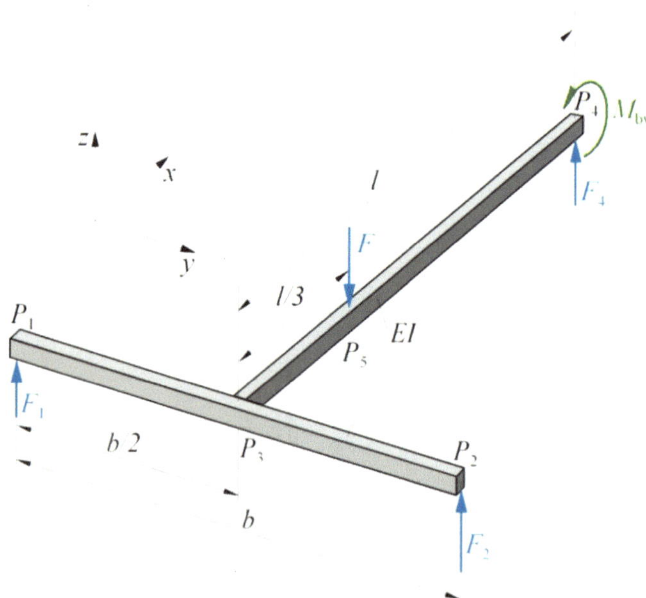

Abb. 4.12 T-förmiger Rahmen unter Kraft- und Momentenbelastung

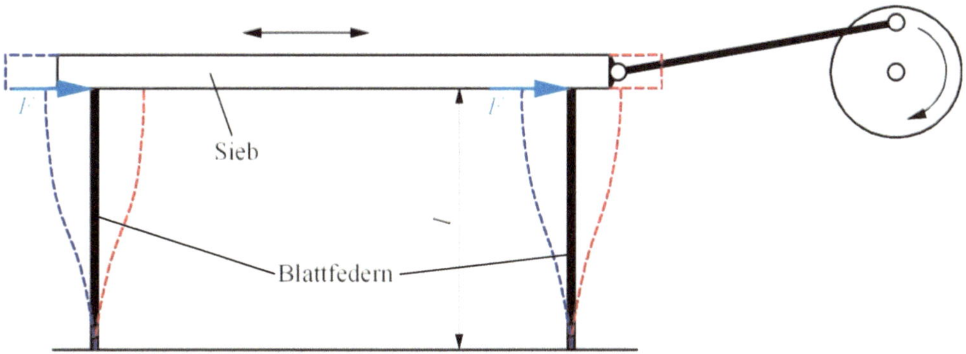

Abb. 4.13 Auf Blattfedern gelagertes Schwingsieb; rote und blaue gestrichelte Linien: Verformungszustand der Blattfedern in den Endlagen des Siebes

Aufgabe 4.12 (**)

In der Müllereitechnik werden so genannte Schwingsiebe verwendet, deren Prinzip in Abb. 4.13 dargestellt ist: Das eigentliche Sieb liegt waagerecht und stützt sich über senkrechte Blattfedern ab. Die Federn sind am Fundament und am Siebrahmen biegesteif angeschlossen. Ein Kurbeltrieb sorgt für eine oszillierende Bewegung des Siebes. Zu ermitteln ist die Gleichung der Biegelinie sowie das Einspannmoment einer Blattfeder am Sieb, wenn pro Feder eine waagerechte Kraft F am Sieb wirkt.

Aufgabe 4.13 (*)

Für das in Abb. 4.13 dargestellte Schwingsieb soll der Antrieb ausgelegt werden. Welche Kraft F ist je Blattfeder notwendig, wenn der Schwingweg $f = \pm 100\,\text{mm}$ betragen soll? Wird die zulässige Spannung eingehalten?

Gegeben: Blattfedern mit Rechteckquerschnitt, Dicke $h = 3\,\text{mm}$, Breite $b = 40\,\text{mm}$, Länge $l = 1000\,\text{mm}$; Werkstoff: Federstahl 51CrV4 mit $E = 2{,}06 \cdot 10^5\,\text{N/mm}^2$, $\sigma_{\text{b zul}} = 700\,\text{N/mm}^2$

Aufgabe 4.14 (*)

Ein Autobahn-Wegweiser ist als $3 \times 3\,\text{m}$ große Tafel mittels zweier Halterungen an einem Mast aus Quadratrohr $200 \times 200 \times 5$-S235 befestigt, Abb. 4.14. Der Mast ist am unteren Ende in einem Betonfundament eingespannt. Bei Sturm wird in Tafelmitte eine maximale Kraft von $F_{\text{Wind}} = 6\,\text{kN}$ ausgeübt, die zu gleichen Teilen über die obere und untere Halterung auf den Mast wirkt.

Zu ermitteln sind die Verschiebung des oberen Mastpunktes sowie die maximale Spannung im Mast.

Abb. 4.14 Autobahn-Wegweiser mit Windlast

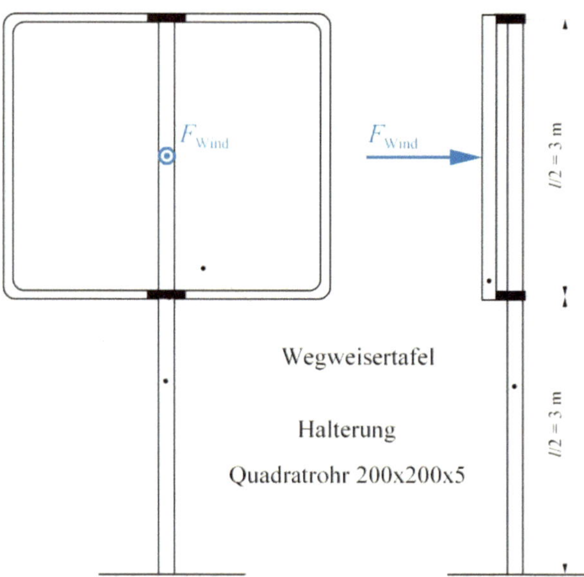

Aufgabe 4.15 (**)

Berechnen Sie die Verschiebungen (Durchsenkungen) des T-förmigen Balkens (Abb. 4.15)
in den Punkten B und C sowie die Verschiebung des Punktes D in waagerechter Richtung.
Alle Teilabschnitte besitzen die Länge l und die Biegesteifigkeit $E \cdot I$. Der Anschluss des
senkrechten Trägers an den waagerechten ist biegesteif.

Gegeben: F; $E \cdot I$; l

Abb. 4.15 Eingespanntes
Trägersystem mit Einzellast

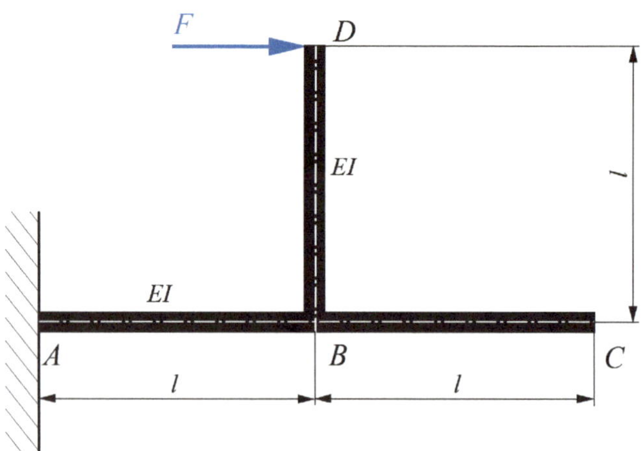

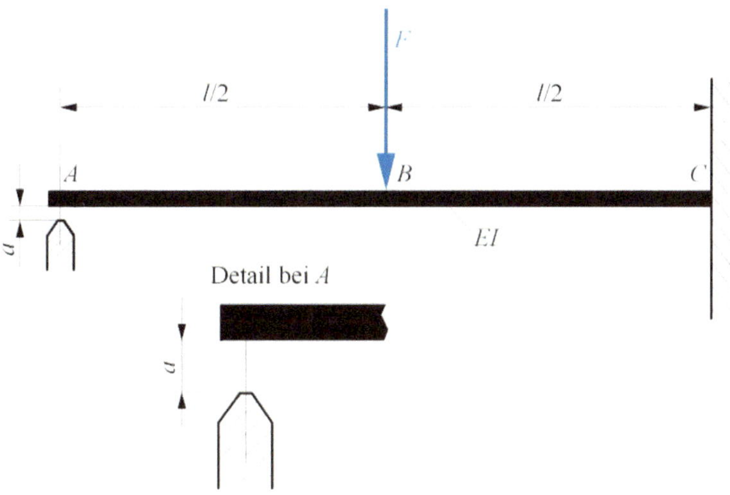

Abb. 4.16 Einseitig eingespannter Träger mit mittiger Einzellast

Aufgabe 4.16 (*)

Ein bei C fest eingespannter Träger (I-Profil DIN 1025-S235JR-I240) der Länge $l =$ 6000 mm (Abb. 4.16) soll bei A auf einem Lager aufliegen. Dieses hat sich jedoch um den Betrag a gesenkt, so dass der Träger im Punkt A nicht gestützt wird. Wie groß darf die Durchsenkung a maximal sein, ohne dass die zulässige Biegespannung $\sigma_{\text{b zul}} = 150\,\text{N/mm}^2$ überschritten wird?

Aufgabe 4.17 (*)

Der dargestellte Träger IPE270-DIN 1025-S235JR (Abb. 4.17) ist an der Stelle A fest eingespannt. Er wird durch die Kräfte F_1 und F_2 und sein Eigengewicht belastet.

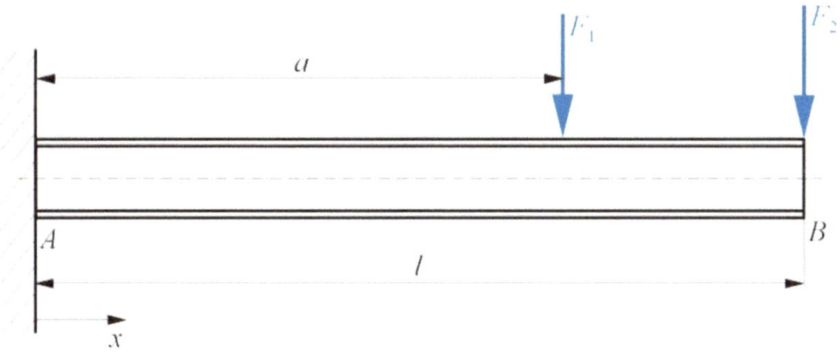

Abb. 4.17 Einseitig eingespannter Träger mit zwei Einzellasten und Eigengewicht

Gegeben: $l = 3\,\text{m}$; $a = 2{,}25\,\text{m}$; $E = 210.000\,\text{N/mm}^2$; $F_1 = 12\,\text{kN}$; $F_2 = 9\,\text{kN}$; $g = 10\,\text{m/s}^2$

Profilwerte für **IPE270:** $m' = 36{,}1\,\text{kg/m}$; $I_y = 5790\,\text{cm}^4$; $W_y = 429\,\text{cm}^3$

a) Wie groß ist die Durchsenkung w_B am rechten Trägerende im Punkt B?
b) Wie groß ist die Sicherheit gegen Fließen?

Aufgabe 4.18 (*)
Eine abgesetzte Welle ist in den Punkten A und B gelagert und durch zwei Einzelkräfte F_1 und F_2 belastet, siehe Abb. 4.18. Zu berechnen sind der Tangentenneigungswinkel im Punkt B und die Durchsenkung im Punkt C.

Aufgabe 4.19 (**)
Für das abgewinkelte Rohr (Abb. 4.19) aus Aufgabe 3.2 soll die Durchsenkung im Punkt C berechnet werden.

Gegeben: l, q, F, $E \cdot I$, $G \cdot I_p$

Abb. 4.18 Abgesetzte Welle

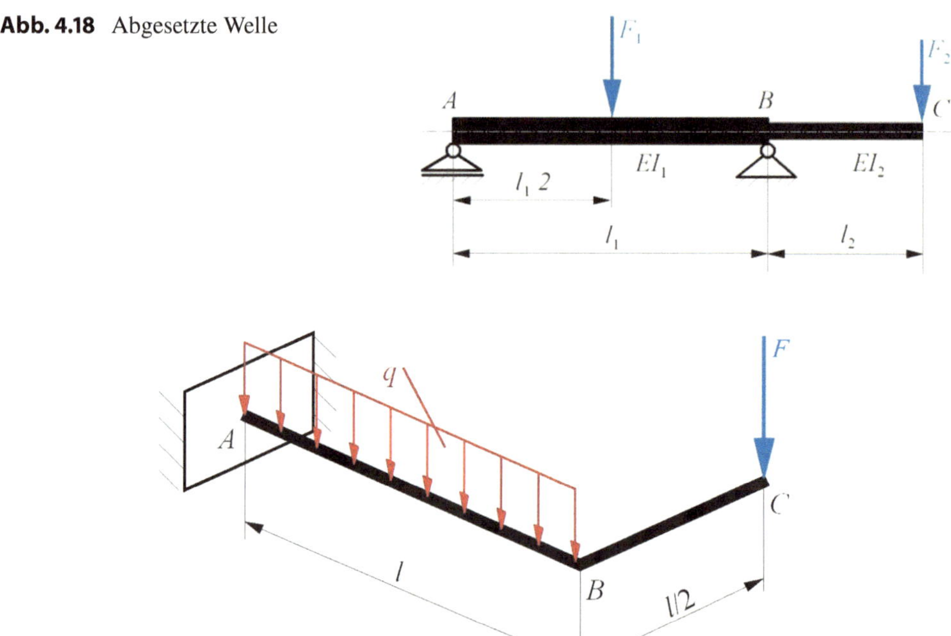

Abb. 4.19 Abgewinkeltes Rohr

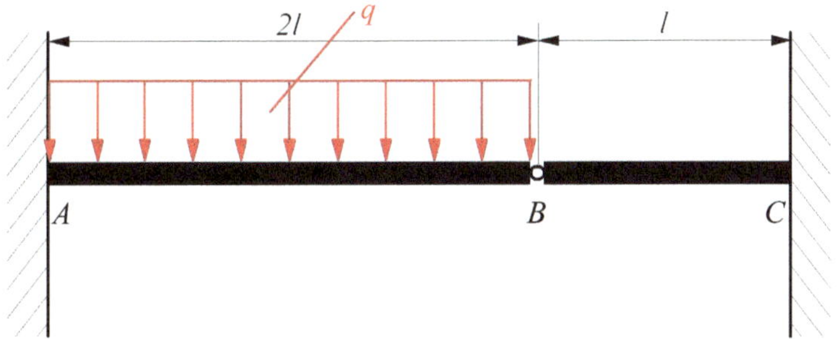

Abb. 4.20 Gelenkig verbundene, eingespannte Träger

Aufgabe 4.20 (*)

Zwei eingespannte Träger sind durch ein Gelenk verbunden (Abb. 4.20). Der linkere, längere Teil der Länge $2l$ ist durch eine Streckenlast q belastet. Zu berechnen ist die Gelenkkraft F_B und die Durchsenkung im Gelenk w_B.

Aufgabe 4.21 (***)

Für den Rahmen einer Spindelpresse sollen die Schnittgrößen an der Krafteinleitungsstelle sowie das Einspannmoment an der Grundplatte berechnet werden, Abb. 4.21. Vereinfachend kann davon ausgegangen werden, dass der Rahmen durchgängig die Biegesteifigkeit $E \cdot I$ besitzt.

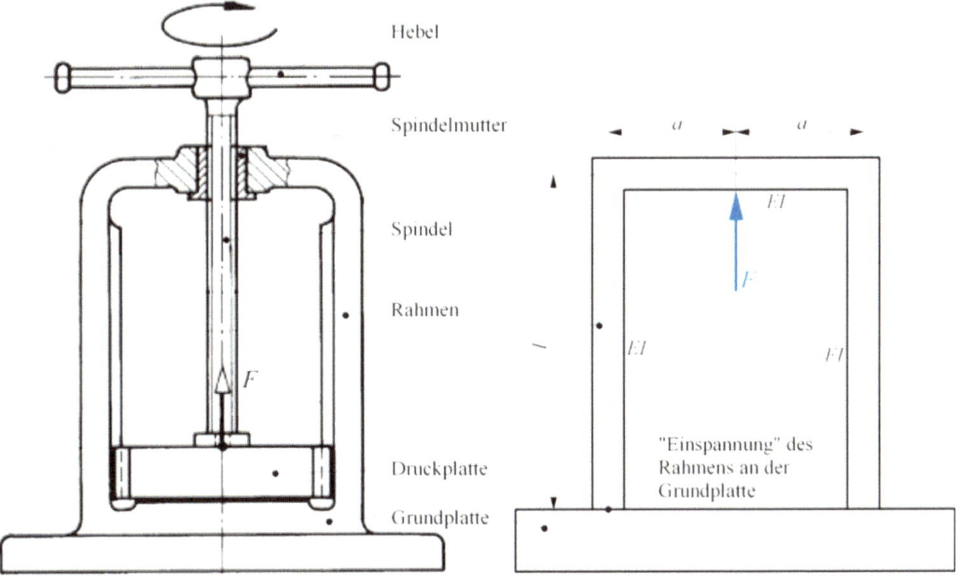

Abb. 4.21 Spindelpresse; *links*: Konstruktionsskizze (nach [2], Kap. 8); *rechts*: vereinfachter Rahmen für Berechnung

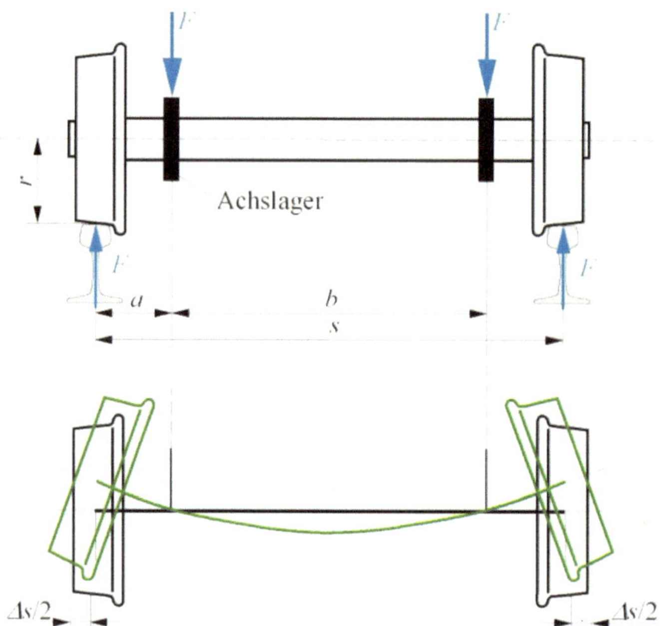

Abb. 4.22 Radsatz eines Stadtbahnwagens

Aufgabe 4.22 (∗∗∗)

Stadtbahn- und Straßenbahnwagen besitzen im Gegensatz zu Eisenbahnwagen oft innen gelagerte Radsätze, Abb. 4.22, d. h. die Wälzlager befinden sich zwischen den Rädern eines Radsatzes. Aufgrund der Verformung der Radsatzwelle verschiebt sich der Radaufstandspunkt zwischen Rad und Schiene nach außen. Um Probleme bei der Spurführung zu vermeiden, ist diese Verschiebung Δs begrenzt. Für den dargestellten Radsatz ist der Mindest-Durchmesser der Radsatzwelle bei statischer Beanspruchung zu ermitteln. Dabei soll pro Radseite die maximale Verschiebung des Radaufstandspunktes $\Delta s/2 = 2\,\mathrm{mm}$ eingehalten werden. Die Radscheiben können als starr angenommen werden. Außerdem ist die maximale Biegespannung für einen „glatt" zu wählenden Durchmesser der Radsatzwelle als Vollwelle zu berechnen. Schließlich ist die Durchsenkung der Radsatzwelle in der Mitte zu ermitteln.

Gegeben: $F = 30.000\,\mathrm{N}$; $a = 200\,\mathrm{mm}$; $b = 1100\,\mathrm{mm}$; $r = 300\,\mathrm{mm}$; $s = 1500\,\mathrm{mm}$;
$\quad\quad\quad\quad E = 2{,}1 \cdot 10^5\,\mathrm{N/mm^2}$

Abb. 4.23 Gelenkig verbundene Balken

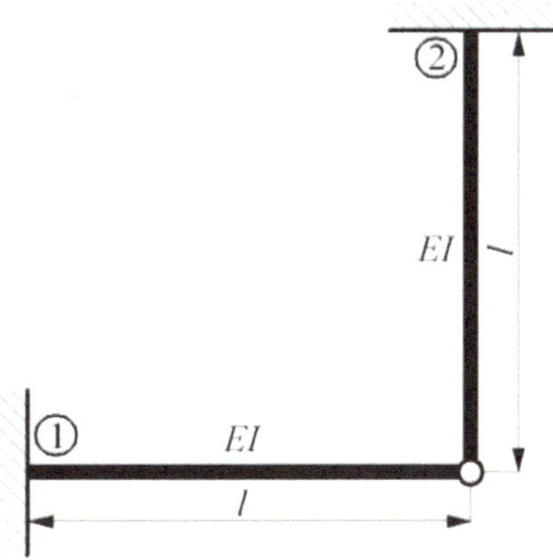

Aufgabe 4.23 (*)

Die beiden gelenkig verbundenen Balken (Abb. 4.23) werden spannungsfrei montiert.
Dann wird ihre Temperatur um $\Delta\vartheta$ erhöht. Wie groß sind danach die Einspannmomente
an den Stellen 1 und 2? Dehnungen infolge Normalkräften sollen vernachlässigt werden.

Gegeben: $l = 1\,\text{m}$; $E_{St} = 2{,}1\cdot 10^5\,\text{N/mm}^2$; $I = 120\,\text{cm}^4$; $\Delta\vartheta = 30\,\text{K}$; $\alpha = 1{,}4\cdot 10^5\,\text{K}^{-1}$

Aufgabe 4.24 (**)

Zwei Balken sind über ein verschiebliches Gelenklager aufeinander abgestützt, siehe
Abb. 4.24. Beide Balken haben die skizzierte Hohlform. Wie groß ist die Durchsenkung
an der Kraftangriffsstelle?

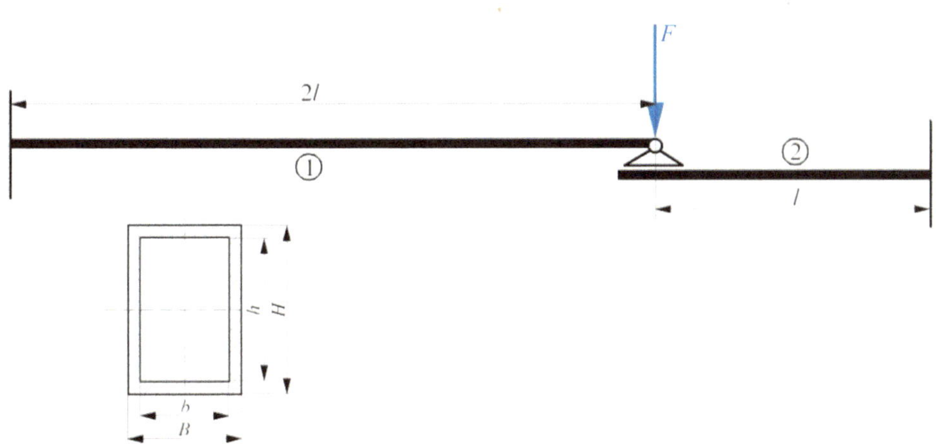

Abb. 4.24 Aufeinander abgestützte Balken (*oben*); Balkenquerschnitt (*unten*)

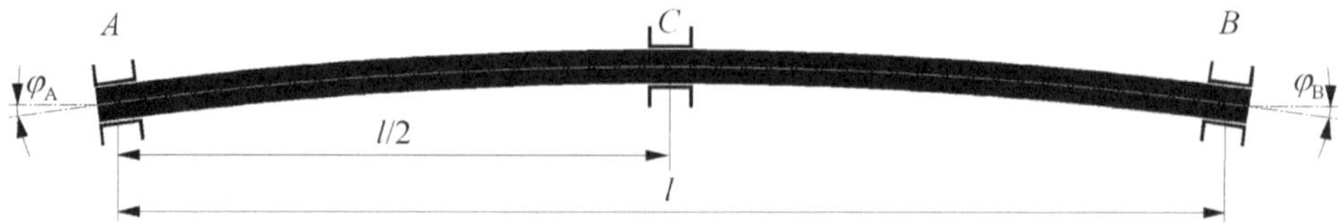

Abb. 4.25 Dreifach gelagerte Welle, Höhenversatz am mittleren Lager

Gegeben: $l = 500\,\text{mm}$; $B = 20\,\text{mm}$; $b = 18\,\text{mm}$; $H = 30\,\text{mm}$; $h = 28\,\text{mm}$;
$E_{\text{St}} = 2,1 \cdot 10^5\,\text{N/mm}^2$; $F = 100\,\text{N}$

Aufgabe 4.25 (*)

In einem Großgetriebe ist die Zwischenwelle (Durchmesser d) dreifach gelagert,
Abb. 4.25. Aufgrund von Fertigungstoleranzen wird das mittlere Lager um 0,5 mm zu
hoch eingebaut. Die Lager in A und B sind Tonnenlager und erlauben eine Schrägstellung
der Welle.

a) Welche Radiallasten erhalten dadurch die drei Lager?
b) Wie groß ist die Winkelstellung der Welle in den beiden äußeren Lagern?
c) Wie groß ist die durch den Einbau der Welle hervorgerufene Biegespannung?

Gegeben: $d = 120\,\text{mm}$; $l = 1500\,\text{mm}$; $E = 2,1 \cdot 10^5\,\text{N/mm}^2$

5

Die notwendigen Gleichungen und Tabellen aus dem Lehrbuch werden im Folgenden für Kap. 5 aufgeführt:

Für die **Knickkraft F_K** gilt:

$$F_\mathrm{K} \sim \frac{E \cdot I_\mathrm{min}}{l_\mathrm{K}^2} \tag{5.1}$$

Bezieht man diese Knickkraft auf die Querschnittsfläche des Stabes, so erhält man die **Knickspannung σ_K**:

$$\sigma_\mathrm{K} = \frac{F_\mathrm{K}}{A} \sim \frac{E \cdot I_\mathrm{min}}{A \cdot l_\mathrm{K}^2} \tag{5.2}$$

Trägheitsradius i (i_min ist der Trägheitsradius für die Stabachse mit dem minimalen Flächenmoment 2. Grades)

$$i_\mathrm{min} = \sqrt{\frac{I_\mathrm{min}}{A}} \quad \text{aus} \quad i_\mathrm{min}^2 = \frac{I_\mathrm{min}}{A} \tag{5.3}$$

Schlankheitsgrad λ eines Knickstabes:

$$\lambda = \frac{l_\mathrm{K}}{i_\mathrm{min}} = \frac{l_\mathrm{K}}{\sqrt{\frac{I_\mathrm{min}}{A}}} \tag{5.4}$$

Knickspannung als Funktion des **Schlankheitsgrades**:

$$\sigma_\mathrm{K} \sim \frac{E \cdot I_\mathrm{min}}{A \cdot l_\mathrm{K}^2} = \frac{E}{l_\mathrm{K}^2} \cdot i_\mathrm{min}^2 = \frac{E}{\lambda^2} \tag{5.5}$$

Elastische Knickung nach EULER
Knickkraft F_K, auch EULER-Last:

$$F_\mathrm{K} = \pi^2 \cdot \frac{E \cdot I_\mathrm{min}}{l_\mathrm{K}^2} \tag{5.8}$$

© Springer Fachmedien Wiesbaden GmbH, ein Teil von Springer Nature 2020
K.-D. Arndt et al., *Klausurentrainer zur Festigkeitslehre für Wirtschaftsingenieure*,
https://doi.org/10.1007/978-3-658-28902-7_5

Tab. 5.1 EULER'sche Knickfälle, Knicklänge, Schlankheitsgrad, Knicklast, Knickspannung, Anwendung

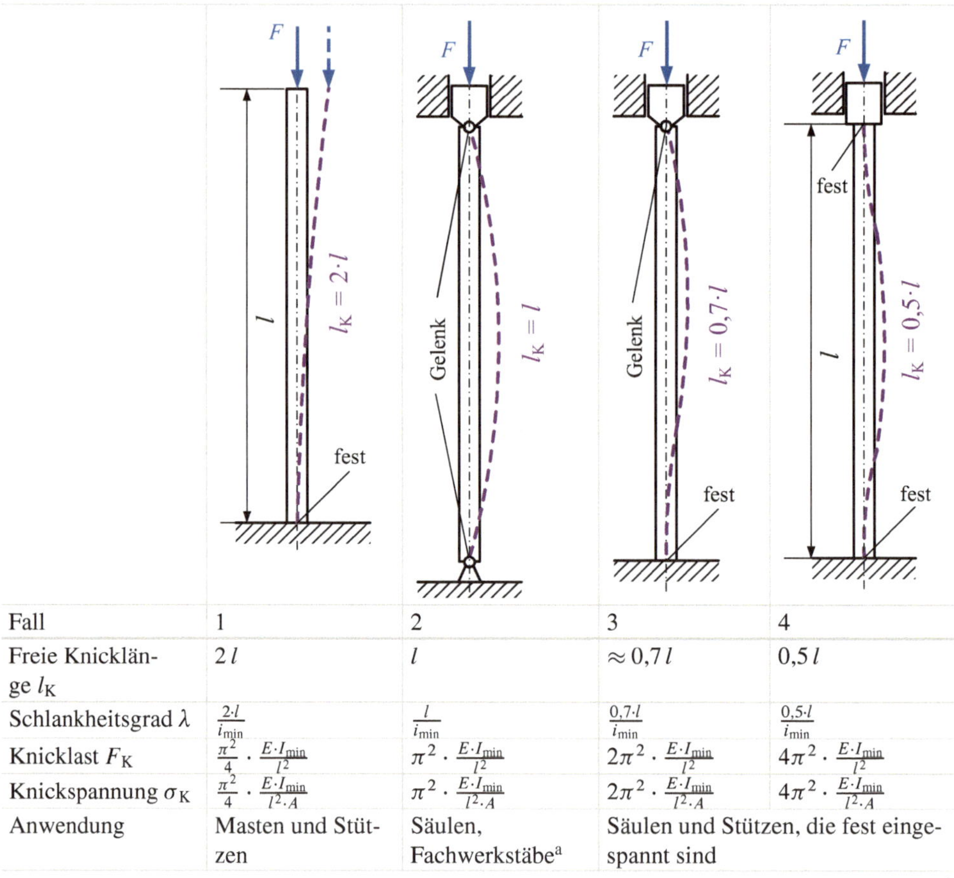

Fall	1	2	3	4
Freie Knicklänge l_{K}	$2\,l$	l	$\approx 0{,}7\,l$	$0{,}5\,l$
Schlankheitsgrad λ	$\dfrac{2 \cdot l}{i_{\min}}$	$\dfrac{l}{i_{\min}}$	$\dfrac{0{,}7 \cdot l}{i_{\min}}$	$\dfrac{0{,}5 \cdot l}{i_{\min}}$
Knicklast F_{K}	$\dfrac{\pi^2}{4} \cdot \dfrac{E \cdot I_{\min}}{l^2}$	$\pi^2 \cdot \dfrac{E \cdot I_{\min}}{l^2}$	$2\pi^2 \cdot \dfrac{E \cdot I_{\min}}{l^2}$	$4\pi^2 \cdot \dfrac{E \cdot I_{\min}}{l^2}$
Knickspannung σ_{K}	$\dfrac{\pi^2}{4} \cdot \dfrac{E \cdot I_{\min}}{l^2 \cdot A}$	$\pi^2 \cdot \dfrac{E \cdot I_{\min}}{l^2 \cdot A}$	$2\pi^2 \cdot \dfrac{E \cdot I_{\min}}{l^2 \cdot A}$	$4\pi^2 \cdot \dfrac{E \cdot I_{\min}}{l^2 \cdot A}$
Anwendung	Masten und Stützen	Säulen, Fachwerkstäbe[a]	Säulen und Stützen, die fest eingespannt sind	

[a] Deren Einspannungen nicht starr genug sind, um eine Verdrehung der Stabenden zu verhindern

Aus der Knickkraft F_{K}, der Querschnittsfläche A und dem Schlankheitsgrad λ kann die **EULER'sche Knickspannung** ermitteln werden:

$$\sigma_{\mathrm{K}} = \frac{F_{\mathrm{K}}}{A} = \frac{\pi^2 \cdot E}{\lambda^2} = \frac{\pi^2 \cdot E \cdot I_{\min}}{l_{\mathrm{K}}^2 \cdot A} \tag{5.9}$$

$$\lambda_{\min} = \pi \cdot \sqrt{\frac{E}{\sigma_{\mathrm{P}}}} \tag{5.10}$$

Tab. 5.2 Knickspannungen in Abhängigkeit vom Schlankheitsgrad

Werkstoff	Plastische Knickung nach TETMAJER		Elastische Knickung nach EULER	$\sigma_K = \frac{\pi^2 E}{\lambda^2}$
	Gültigkeits-bereich	Gleichung für σ_K	Gültigkeits-bereich	
S235	$0 < \lambda < 65$	$\sigma_K = 235$	$\lambda > 104$	$\sigma_K = \frac{207}{(\lambda/100)^2}$
	$65 < \lambda < 104$	$\sigma_K = 310 - 1{,}14 \cdot \lambda$		
E335	$0 < \lambda < 88$	$\sigma_K = 335 - 0{,}62 \cdot \lambda$	$\lambda > 88$	
5 % Ni-St	$0 < \lambda < 86$	$\sigma_K = 470 - 2{,}30 \cdot \lambda$	$\lambda > 86$	
EN-GJL200	$0 < \lambda < 80$	$\sigma_K = \left(776 - 12 \cdot \lambda + 0{,}053 \cdot \lambda^2\right)$	$\lambda > 80$	$\sigma_K = \frac{98{,}7}{(\lambda/100)^2}$
Bauholz	$0 < \lambda < 100$	$\sigma_K = 29{,}3 - 0{,}194 \cdot \lambda$	$\lambda > 100$	$\sigma_K = \frac{9{,}9}{(\lambda/100)^2}$

Knickkraft und die **Knickspannung** für alle **vier Lagerungsfälle** nach EULER (Tab. 5.1):

$$F_K = \frac{\pi^2 \cdot E \cdot I_{min}}{l_K^2} \quad \text{und} \quad \sigma_K = \frac{\pi^2 \cdot E}{\lambda^2} \tag{5.11}$$

Elastisch-plastische Knickung nach TETMAJER

Knickspannung σ_K in Abhängigkeit des Schlankheitsgrades λ für Werkstoffe des Maschinenbaus:

$$\text{S235:} \quad \sigma_K = (310 - 1{,}14 \cdot \lambda) \, \frac{N}{mm^2}$$

$$\text{E335:} \quad \sigma_K = (335 - 0{,}62 \cdot \lambda) \, \frac{N}{mm^2}$$

$$\text{EN-GJL200:} \quad \sigma_K = \left(776 - 12 \cdot \lambda + 0{,}053 \cdot \lambda^2\right) \, \frac{N}{mm^2}$$

Für die technische Berechnung können die **zulässige Druckspannung** und die **zulässige Druckkraft** wie folgt ermittelt werden:

$$\sigma_{dzul} = \frac{\sigma_K}{S_{erf}} \quad F_{dzul} = \frac{F_K}{S_{erf}} \triangleq \frac{\sigma_K \cdot A}{S_{erf}} \tag{5.12}$$

$\sigma_K \approx 4 \ldots 2$ und zwar mit abnehmendem Schlankheitsgrad λ.

Aus Abb. 5.1 geht der Ablauf der Überprüfung hervor, wie beim elastischen Knicken nach EULER oder beim elastisch-plastischen Knicken nach TETMAJER zu verfahren ist.

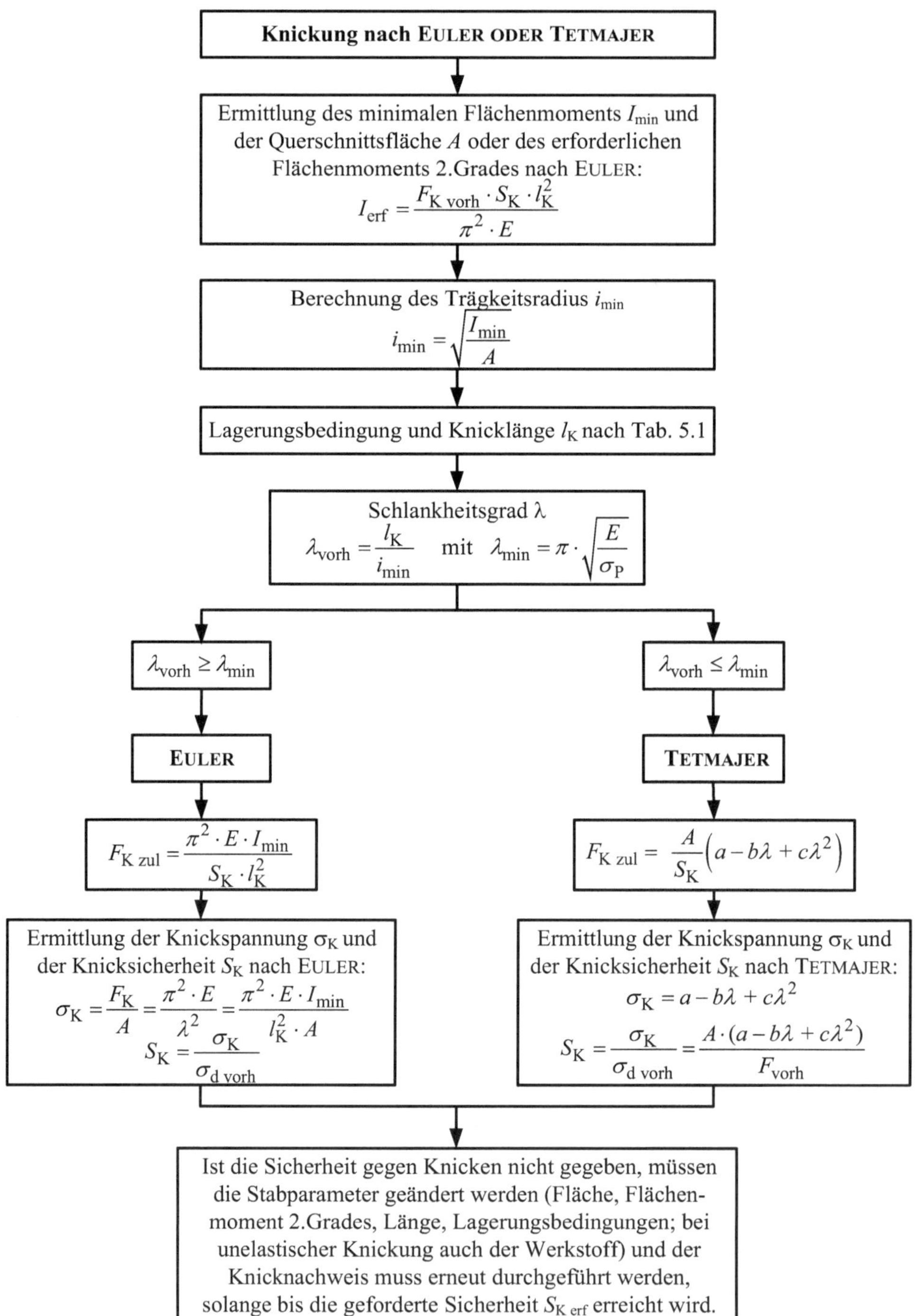

Abb. 5.1 Vorgehensweise zum Knicknachweis nach EULER oder TETMAJER

5.1   Aufgaben zu Kapitel 5

Aufgabe 5.1 (*)

Ein beidseitig gelenkig gelagerter Profilstab aus Baustahl S235JR mit einer Länge $l = 2000$ mm und einer quadratischen Querschnittsfläche (Abb. 5.2) wird durch die im Flächenschwerpunkt angreifende, statisch wirkende Druckkraft $F = 50$ kN mittig beansprucht.

Werkstoffkennwerte: $R_e = 235$ N/mm^2; $R_m = 360$ N/mm^2; $E = 210.000$ N/mm^2

Berechnen Sie die Knickkraft F_K, die Sicherheit gegen Knicken S_K sowie die Sicherheit gegen Fließen S_F.

Aufgabe 5.2 (**)

Die in Abb. 5.3 dargestellte Stütze hat einen Kreisringquerschnitt und soll eine axiale Druckkraft von $F = 120$ kN aufnehmen. Die Länge der Stütze beträgt $l = 1300$ mm und der Außendurchmesser $d_a = 80$ mm. Die Stütze ist am unteren Ende fest eingespannt und am oberen Enden frei beweglich.

Gegeben: $R_e = 275$ N/mm^2; $R_m = 430$ N/mm^2; $E = 210.000$ N/mm^2

Berechnen Sie die erforderliche Wandstärke s, damit die Belastung von $F = 120$ kN mit der notwendigen Sicherheit ($S_F = 2$ und $S_K = 3{,}5$) ertragen werden kann. Die Druckkraft F greift mittig an.

Abb. 5.2 Gelenkig gelagerter
Stab

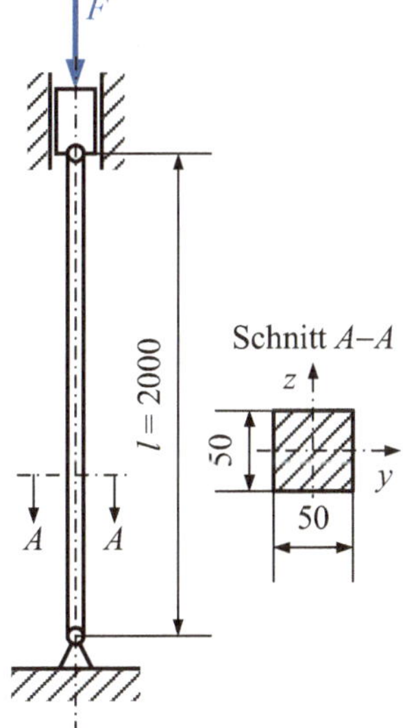

Abb. 5.3 Druckbelastete Stütze

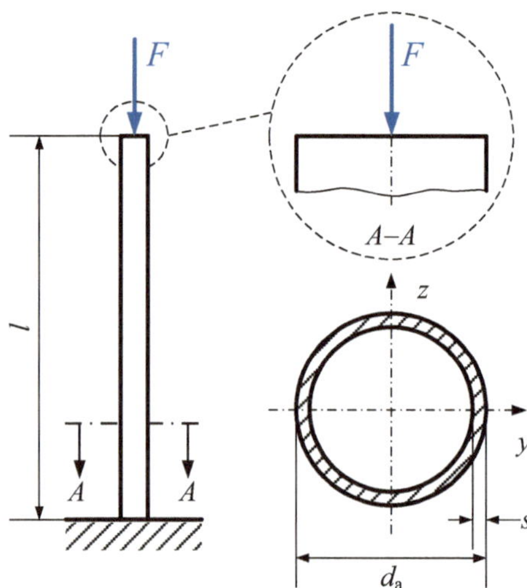

Aufgabe 5.3 (**)

Hydraulikfahrstühle werden bei niedriger Hubhöhe bevorzugt, z. B. wenn ein Fahrstuhl nachträglich in ein bestehendes Gebäude eingebaut werden muss. Die Kabine wird dabei von einem im Boden eingelassenen Hydraulikzylinder bewegt. Die Kabine wird seitlich durch Rollen in senkrechten Schienen im Fahrstuhlschacht geführt.

Die Kolbenstange aus E295 eines solchen Hydraulikfahrstuhls (Abb. 5.4) erreicht bei voller Hubhöhe eine ausgefahrene Länge von $l = 3500\,\mathrm{mm}$. Die Gewichtskraft der Fahrstuhlkabine beträgt bei voller Besetzung $F = 4{,}5\,\mathrm{kN}$. Die Kolbenstange ist am Kabinenboden biegesteif befestigt. Ist die Kolbenstange knicksicher bei einem Durchmesser von $d = 30\,\mathrm{mm}$ und bei einer erforderlichen Knicksicherheit von $S_\mathrm{K} = 5{,}5$?

Aufgabe 5.4 (**)

Rohrstützen aus Stahl S235JR werden für ein Baugerüst verwendet (Abb. 5.5). Die Stützen werden auf Druck (statisch) beansprucht und können als beiderseits fest eingespannt angesehen werden.

Gegeben: $R_\mathrm{e} = 235\,\mathrm{N/mm^2}$; $E = 210.000\,\mathrm{N/mm^2}$; Rohr $\varnothing\ 60{,}3 \times 4{,}5$; $l = 3800\,\mathrm{mm}$

a) Wie groß ist die zulässige Druckkraft F_d auf die Rohrstütze, wenn Fließen mit einer Sicherheit von $S_\mathrm{F} = 1{,}5$ ausgeschlossen sein soll?

b) Wie groß ist die zulässige Kraft F auf die Rohrstütze, wenn ein Ausknicken mit einer Sicherheit von $S_\mathrm{K} = 4$ ausgeschlossen sein soll?

c) Berechnen Sie die Verkürzung Δl der Rohrstütze infolge der maximal zulässigen Druckkraft.

Abb. 5.4 Hydraulikfahrstuhl

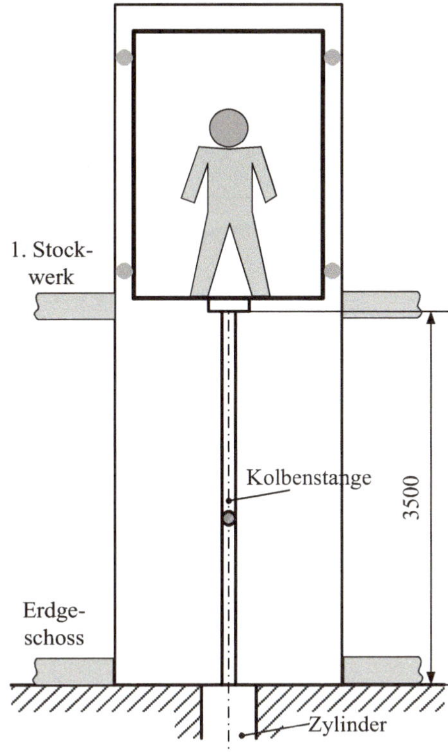

Abb. 5.5 Rohrstütze

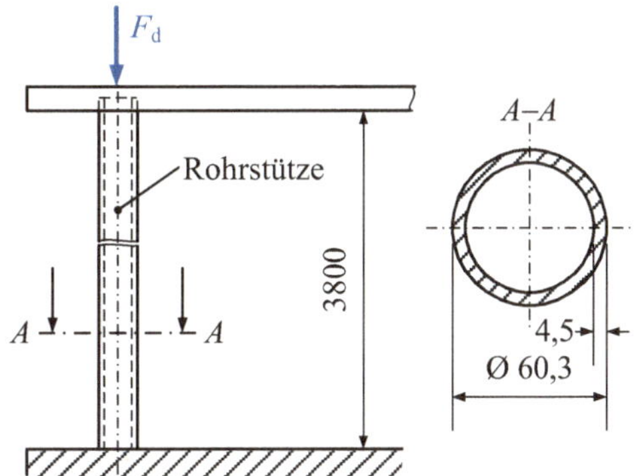

Aufgabe 5.5 (**)

Bei einem Eisenbahn-Reisezugwagen mit Luftfederung wird das Drehgestell mit einer Zug-/Druckstange (Koppelstange) am Wagenkasten angelenkt, da die Luftfeder keine Längskräfte übertragen kann (Abb. 5.6). Beim Bremsen tritt in der Koppelstange eine Druckkraft von $F = 32\,\mathrm{kN}$ auf. Die Koppelstange besteht aus Rohr Ø 60,3 × 2,6. Als Material für die Koppelstange wird S355 verwendet.

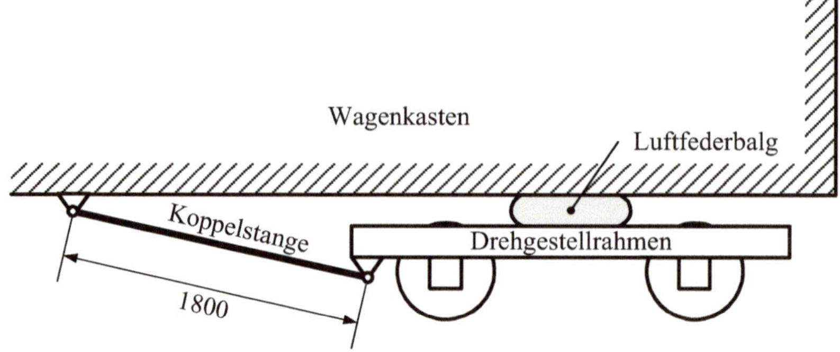

Abb. 5.6　Reisezugwagen mit Luftfederung

Profildaten: $A = 4{,}71\ \text{cm}^2$; $m' = 3{,}70\ \text{kg/m}$; $I = 19{,}7\ \text{cm}^4$; $W = 6{,}52\ \text{cm}^3$; $i = 2{,}04\ \text{cm}$;

a)　Welcher Knickfall liegt für die Koppelstange vor?
b)　Liegt elastisch-plastisches Knicken oder Euler-Knicken vor?
　　(**Hinweis:** Berechnen Sie hierzu den kleinsten Schlankheitsgrad für Euler-Knickung!)
c)　Wie groß ist die vorhandene Spannung im Bauteil?
d)　Wie groß ist die Sicherheit gegen Knicken?

Aufgabe 5.6 (**)
Der in Abb. 5.7 dargestellte Körper wird durch zwei Stützen aus S235JR (Stab A gelenkig gelagert, Stab B unten fest eingespannt) abgestützt.

Gegeben: $I = 250\ \text{cm}^4$; $A = 25\ \text{cm}^2$; $E = 2{,}1 \cdot 10^5\ \text{N/mm}^2$; $S_K = 4$

　　Wie groß darf die Masse des Körpers sein, wenn für beide Stäbe die gleiche Knicksicherheit gilt?

Abb. 5.7　Körper auf zwei
Stützen

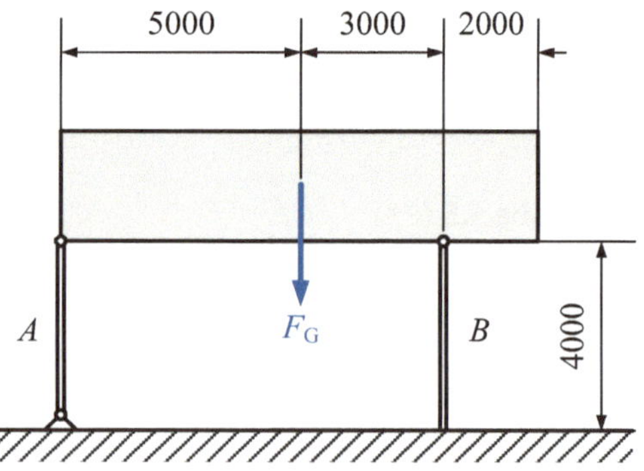

Abb. 5.8 Druckstab

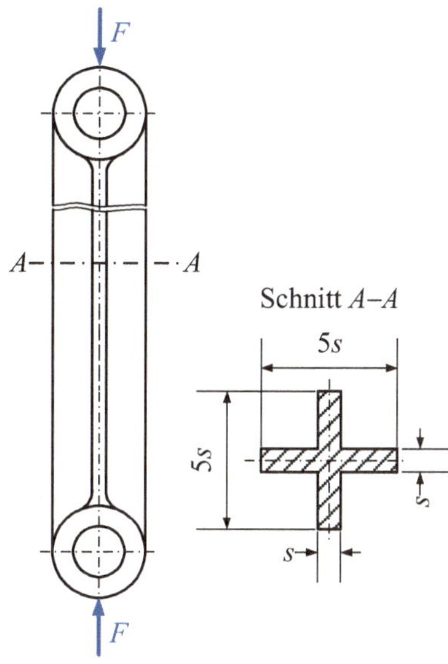

Aufgabe 5.7 (***)

Für den Druckstab einer Presse aus EN-GJL-200 ist der Querschnitt (die Wanddicke s) gemäß Abb. 5.8 auszulegen.

Gegeben: $F = 125\,\text{kN}$, $l = 750\,\text{mm}$; $b = 5 \cdot s$; $S = 4$

Für den E-Modul EN-GJL-200 ist mit dem Mittelwert (nach Tab. 1.1) zu rechnen.

Überprüfen Sie, ob die Sicherheit mit $S_\text{K} = 4$ gegeben ist, und wenn nicht, welche Maßnahmen schlagen Sie vor?

Aufgabe 5.8 (***)

Ein Gasversorger plant einen Kugelhochbehälter gemäß Abb. 5.9 aufzustellen. Der Behälter ist für einen Betriebsdruck $p = 12\,\text{bar}$ und einem Volumen $V = 15.000\,\text{m}^3$ auszulegen. Die Spannung im Behälter darf $\sigma_\text{zul} = 250\,\text{N/mm}^2$ nicht überschreiten. Der Kugelbehälter ist auf 8 Stützen aufgeständert.

a) Ermitteln Sie den Durchmesser D des Kugelbehälters und die erforderliche Wanddicke s. Die Wanddicke s ist auf volle Zehnerwerte aufzurunden.

b) Für die Stützen sollen Rohre Ø 406,4 × 12 aus E335 zum Einsatz kommen. Wie groß ist die Sicherheit gegen Knicken, wenn Knickfall 4 vorliegt? Die Masse des Gases im Behälter ist mit 130 t anzusetzen.

c) Kalkulieren Sie die Materialkosten für den Kugelbehälter und die 8 Rohrstützen.
   $k_\text{Rohr} = 2{,}60\,\text{€/kg}$; $k_\text{St} = 1{,}80\,\text{€/kg}$

Abb. 5.9 Kugelhochbehälter

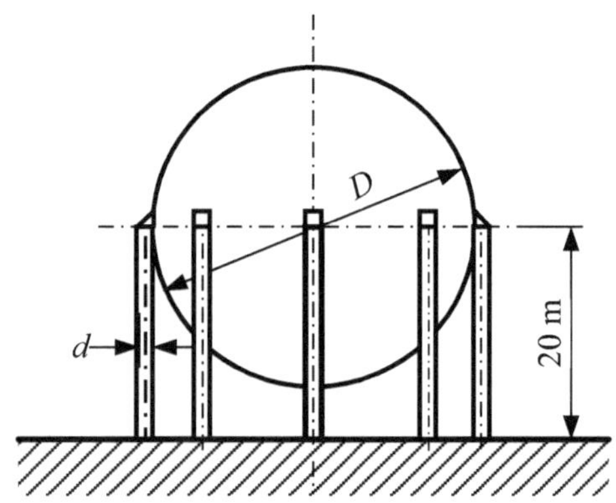

Aufgabe 5.9 (**))
Der in Abb. 5.10 dargestellte Wandkran ist gelenkig gelagert. Am rechten, freien Ende greift eine Kraft $F = 1{,}5$ MN an. Der Ausleger wird durch einen Stützstab IPB 300 aus E335 abgestützt und kann als beidseitig gelenkig gelagert angesehen werden.

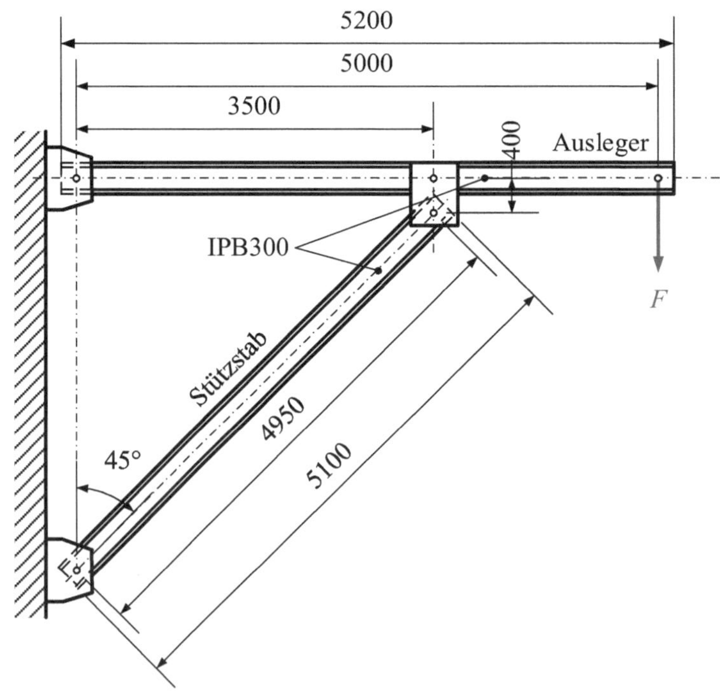

Abb. 5.10 Wandkran

Gegeben: $R_\mathrm{e} = 335\,\mathrm{N/mm^2}$; $E = 210.000\,\mathrm{N/mm^2}$; $k_\mathrm{I} = 1{,}80\,\text{€/kg}$; $m' = 117\,\mathrm{kg/m}$

a) Wie groß ist die Druckkraft F_d, die auf den Stützstab wirkt?
b) Wie groß sind für den Stützstab die Sicherheiten gegen Fließen und gegen Knicken und sind sie ausreichend?
c) Bestimmen Sie die Materialkosten für den Ausleger und den Stützstab.

6.1 Ergebnisse zu Kapitel 1

Aufgabe 1.1

a) $\sigma_{A-A} = 59{,}93\,\text{N/mm}^2$; $\sigma_{B-B} = 291{,}67\,\text{N/mm}^2$

b) $\sigma_{zSch} = 291{,}67\,\text{N/mm}^2 \cdot 1{,}5 = 437{,}5\,\text{N/mm}^2$, gewählt E335GC mit $\sigma_{zSch} = 470\,\text{N/mm}^2$

c) $m = 3400{,}23\,\text{kg}$; $K_M = 5828{,}79\,€$

Aufgabe 1.2

a) $\varepsilon = 0{,}75\,\%$

b) $\Delta l = 1{,}2\,\text{mm}$

Aufgabe 1.3

$\Delta l = 0{,}381\,\text{mm}$

Aufgabe 1.4

a) $\sigma_1 = 105\,\text{N/mm}^2$; $\sigma_2 = 85\,\text{N/mm}^2$

b) $F = 393.091{,}78\,\text{N} \approx 393\,\text{kN}$

Aufgabe 1.5

$\Delta l = 0{,}625\,\text{mm}$; $F = 84.175\,\text{kN}$; $\sigma_S \approx 268\,\text{N/mm}^2$; $\sigma_H \approx 388\,\text{N/mm}^2$

Aufgabe 1.6

a) $\sigma_z = 142{,}62\,\text{N/mm}^2$

b) Wahl des Werkstoffes bei wechselnder Belastung und einer Sicherheit gegen Fließen von $S_F = 2$: $\sigma_{zW} = \sigma_z \cdot S_F = 285{,}24\,\text{N/mm}^2$, gewählt nach Tab. 1.5 E335GC mit $\sigma_{zW} = 300\,\text{N/mm}^2$.

c) $W_f = 57{,}7\,\text{kNm}$

d) $m = 9360{,}8\,\text{kg}$; $K_M = 15.518{,}08\,€$

© Springer Fachmedien Wiesbaden GmbH, ein Teil von Springer Nature 2020

K.-D. Arndt et al., *Klausurentrainer zur Festigkeitslehre für Wirtschaftsingenieure*,

https://doi.org/10.1007/978-3-658-28902-7_6

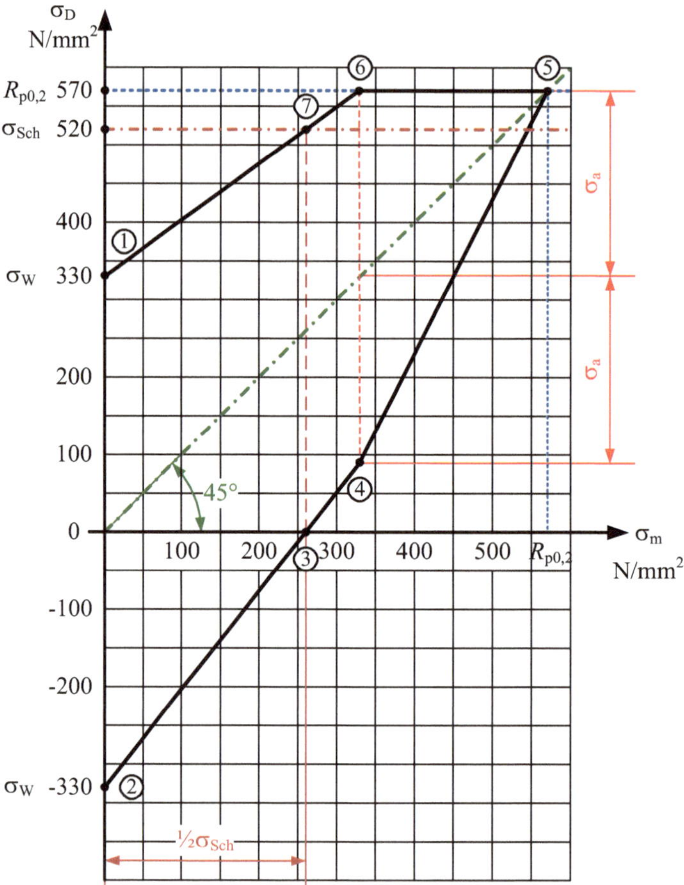

Abb. 6.1 Dauerfestigkeitsschaubild (DFS) nach Smith

Aufgabe 1.7

Konstruktion des Dauerfestigkeitsdiagramms (Abb. 6.1) mit den gegebenen Werten $R_{p0,2} = 570\,\mathrm{N/mm^2}$, $\sigma_{\mathrm{Sch}} = 520\,\mathrm{N/mm^2}$, und $\sigma_{\mathrm{W}} = 330\,\mathrm{N/mm^2}$

Aufgabe 1.8

a) Konstruktion des Smith-Diagrammes mit den gegebenen Werten $R_{\mathrm{eH}} = 900\,\mathrm{N/mm^2}$; $R_{\mathrm{m}} = 1000\,\mathrm{N/mm^2}$ und $\sigma_{\mathrm{W}} = 500\,\mathrm{N/mm^2}$ (Abb. 6.2).

b) Die Schwellfestigkeit beträgt $\sigma_{\mathrm{Sch}} = 750\,\mathrm{N/mm^2}$ ($\sigma_{\min} = 0\,\mathrm{N/mm^2}$, $\sigma_{\max} = \sigma_{\mathrm{Sch}} = 750\,\mathrm{N/mm^2}$)

c) Bei der Mittelspannung $\sigma_{\mathrm{m}} = 650\,\mathrm{N/mm^2}$ ergibt sich eine Ausschlagspannung $\sigma_{\mathrm{a}} = 250\,\mathrm{N/mm^2}$. Mit einer Sicherheit $S_{\mathrm{D}} = 2$ folgt daraus $\sigma_{\mathrm{a\,zul}} = 125\,\mathrm{N/mm^2}$.

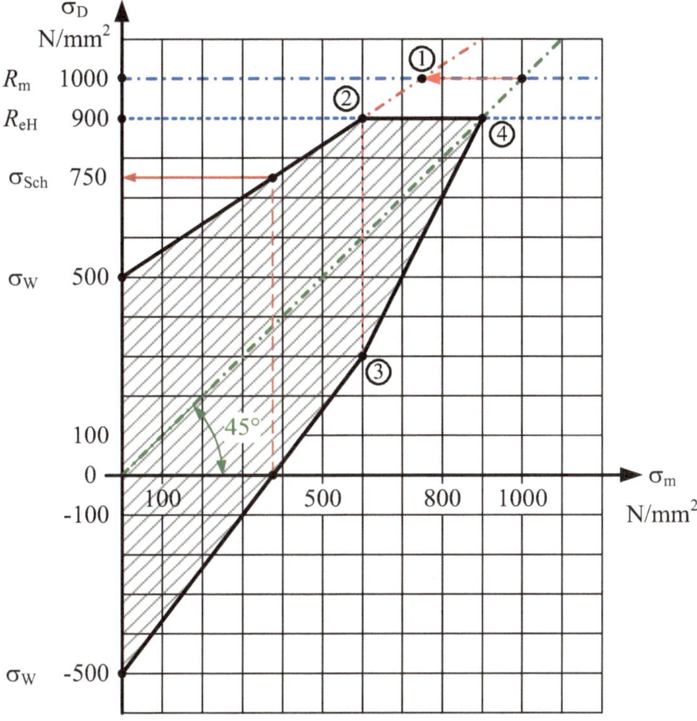

Abb. 6.2 Dauerfestigkeitsschaubild (DFS) für $R_{eH} = 900\,\text{N/mm}^2$, $R_m = 1000\,\text{N/mm}^2$, $\sigma_W = 500\,\text{N/mm}^2$

Aufgabe 1.9

Konstruktion des DFS für den S235JR mit den gegebenen Werten. Ermittlung der Oberspannung σ_o, der Unterspannung σ_u, der Mittelspannung σ_m und der Ausschlagspannung σ_a. Aus dem Dauerfestigkeitsschaubild (DFS, Abb. 7.5) ergibt sich eine Ausschlagsspannung $\sigma_{a\,DFS} = 150\,\text{N/mm}^2$. Mit diesem Wert und der berechneten Ausschlagspannung $\sigma_a = 30\,\text{N/mm}^2$ errechnet sich die vorhandene Sicherheit zu $S_{D\,vor} = 5$.

Aufgabe 1.10

a) Die Gelenkstange ist für einen Durchmesser $d = 32\,\text{mm}$ auszulegen.

b) Die Sicherheit gegen Dauerbruch ergibt sich, da es sich um eine rein wechselnde Beanspruchung handelt, zu $S_D = 3{,}2$.

c) Die konstant wirkende Kraft verschiebt die Spannungskurve um $\sigma \approx 150\,\text{N/mm}^2$ in den Zugbereich. Es ergibt sich eine um $150\,\text{N/mm}^2$ aus der Nulllage nach oben verschobene Spannungskurve (Abb. 7.6) mit einer Amplitude (Ausschlagspannung σ_a) von $125\,\text{N/mm}^2$.

Zur Bestimmung der maximal ertragbaren Ausschlagspannung ist ein Dauerfestigkeitsschaubild aus den gegebenen Werten R_m, $R_{\mathrm{p}0,2}$, σ_Sch und σ_W zu konstruieren (Abb. 7.7).

Die Sicherheit gegen Dauerbruch kann mit folgenden Annahmen bestimmt werden:

Annahme 1: Nur die zeitlich veränderten Anteile der Belastung werden betrachtet. Bei einer Mittelspannung von $\sigma_\mathrm{m} = 125\,\mathrm{N/mm^2}$ wird ein Wert $\sigma_\mathrm{a\,zul} = 370\,\mathrm{N/mm^2}$ aus dem DFS abgelesen. Damit ergibt sich $S_\mathrm{D} = 2{,}96$

Annahme 2: Bei einer Mittelspannung $\sigma_\mathrm{m} = 275\,\mathrm{N/mm^2}$ aus zeitlichem und konstanten Wert wird $\sigma'_\mathrm{azul} = 335{,}5\,\mathrm{N/mm^2}$ aus dem DFS abgelesen. Damit ergibt sich $S'_\mathrm{D} = 2{,}68$

Die Sicherheit gehen Fließen beträgt $S_\mathrm{F} = 2{,}47$.

6.2　Ergebnisse zu Kapitel 2

6.2.1　Ergebnisse zu Abschnitt 2.1

Aufgabe 2.1.1
a) $\sigma_\mathrm{A\text{-}A} = 43{,}21\,\mathrm{N/mm^2}$; $\sigma_\mathrm{B\text{-}B} = 108{,}92\,\mathrm{N/mm^2}$
b) $F = 206.570\,\mathrm{N}$

Aufgabe 2.1.2
Der Stahlkern und die Kunststoffummantelung sind parallel angeordnet.
$\Delta l = 250{,}15\,\mathrm{mm}$, Zugspannung: $\sigma_\mathrm{K} = 525{,}32\,\mathrm{N/mm^2}$; $\sigma_\mathrm{Um} = 30\,\mathrm{N/mm^2}$

Aufgabe 2.1.3
Die Spannung in der Schweißnaht beträgt $\sigma = 49{,}35\,\mathrm{N/mm^2}$ und $\tau = 70{,}5\,\mathrm{N/mm^2}$.

Aufgabe 2.1.4
a) $F_\mathrm{S} = 24{,}61\ (\mathrm{m/s^2}) \cdot m$
b) $m = 8951{,}2\,\mathrm{kg}$
c) $m^* = 4897{,}42\,\mathrm{kg}$
d) $K_\mathrm{M} = 14.321{,}92\,€$

Aufgabe 2.1.5
a) $\sigma(x) = \rho \cdot g \cdot l \cdot [1 - (x/l)] + m \cdot g / A$
b) $\sigma_1 = 4{,}43\,\mathrm{N/mm^2}$
c) $\Delta l = 0{,}235\,\mathrm{mm}$

Aufgabe 2.1.6

a) $\sigma = 95{,}35\,\mathrm{N/mm^2}$

b) $l = 15.594\,\mathrm{m}$

c) $F_{\mathrm{max}} = 176.263{,}5\,\mathrm{N}$ entspricht einer Masse $m = 17.968\,\mathrm{kg}$

Aufgabe 2.1.7

$F = 12.600\,\mathrm{N}$

Aufgabe 2.1.8

a) $\sigma_1 = 129{,}75\,\mathrm{N/mm^2}$; $\sigma_2 = -111{,}125\,\mathrm{N/mm^2}$; $p \approx 18{,}5\,\mathrm{N/mm^2}$

b) $\Delta\vartheta = 90\,\mathrm{K}$

Aufgabe 2.1.9

a) $\Delta\vartheta = 188{,}5\,\mathrm{K}$

b) $\Delta\vartheta = 61{,}7\,\mathrm{K}$

Aufgabe 2.1.10

a) $F = 158.143\,\mathrm{N}$

b) $w_C = -0{,}088\,\mathrm{mm}$

c) $\sigma_1 = 253\,\mathrm{N/mm^2}$; $\sigma_2 = -175{,}7\,\mathrm{N/mm^2}$

Aufgabe 2.1.11

a) $d = 20\,\mathrm{mm}$

b) $p = 83{,}33\,N/\mathrm{mm^2}$

Aufgabe 2.1.12

a) Spannungen im zylindrischen Behälterteil: $\sigma_t = 75\,\mathrm{N/mm^2}$; $\sigma_a = 37{,}5\,\mathrm{N/mm^2}$

    Spannung im halbkugelförmigen Behälterteil: $\sigma_a = 37{,}5\,\mathrm{N/mm^2}$

b) Materialkosten $K_M = 1894\,\text{€}$

Aufgabe 2.1.13

a) $\sigma_t = 175\,\mathrm{N/mm^2}$; $s = 25\,\mathrm{mm}$; $r_1 = 2500\,\mathrm{mm}$

b) $\sigma_t = 175\,\mathrm{N/mm^2}$; $\sigma_a = 87{,}5\,\mathrm{N/mm^2}$; $\sigma_{a1} = 175\,\mathrm{N/mm^2}$

Aufgabe 2.1.14

a) $p_a = \dfrac{p_i + \frac{2 \cdot s_1 \cdot E_1}{r_1}(\alpha_1 - \alpha_2)\Delta\vartheta}{1 + \frac{r_2 \cdot s_1 \cdot E_1}{r_1 \cdot s_2 \cdot E_2}}$

b) $\sigma_1 = 25{,}5\,\mathrm{N/mm^2}$; $\sigma_2 = 44{,}6\,\mathrm{N/mm^2}$

c) $\sigma_1 = 57{,}14\,\mathrm{N/mm^2}$

d) $K_{MCu} = 5420{,}11\,\text{€}$; $K_{MSt} = 800{,}26\,\text{€}$

Aufgabe 2.1.15

a) $\sigma(x) = \frac{F(x)}{A} = \frac{1}{2}\omega^2 \cdot \rho \left(l^2 - x^2\right) = \frac{1}{2}\omega^2 \cdot \rho \cdot l^2 \left[1 - \left(\frac{x}{l}\right)^2\right]$

b) $\sigma_A = 1{,}54\,\text{N/mm}^2$

c) $\Delta l = 0{,}092\,\text{mm}$

6.2.2 Ergebnisse zu Abschnitt 2.2

Aufgabe 2.2.1

Biegemomente und Biegespannungen

Stelle		1	2	3	4	5	6	7	8	9
M_{bi}	Nm	22,5	36,5	53,75	67,75	85,25	88,75	71,5	75	91,25
σ_{bi}	N/mm²	15,2	24,7	36,4	45,8	57,7	60	48,4	50,75	61,7

Materialkosten $K_M = 3282{,}82\,\text{€}$

Aufgabe 2.2.2

a) $\sigma_{by} = 154{,}24\,\text{N/mm}^2$

b) $S_F = 1{,}52$

c) $M_{bz} = 7{,}3\,\text{kNm}$

Aufgabe 2.2.3

$y_S = 17{,}44\,\text{mm}$

Aufgabe 2.2.4

$z_S = 23{,}02\,\text{mm}; I_y = 463.988{,}6\,\text{mm}^4; I_z = 710.869{,}34\,\text{mm}^4$

Aufgabe 2.2.5

a) $z_S = 14{,}11\,\text{mm}$

b) $I_y = 180.721\,\text{mm}^4$

c) $F_{Ax} = F \cdot \cos\alpha; \; F_{Bz} = F\left(\frac{a}{l} + 1\right)\sin\alpha$

d) Siehe Abb. 7.15.

e) $M_{b\,max} = M_{bB} = F_{Az} \cdot l = F \cdot a \cdot \sin\alpha$

f) $\sigma_{max} = \sigma_{bz} + \sigma_z = F\left(\frac{a\cdot\sin\alpha}{I_y} \cdot e_o + \frac{\cos\alpha}{A}\right)$

Aufgabe 2.2.6

a) $I_y = 24.850.000\,\text{mm}^4$

b) $\sigma_{b\,vorh} \approx 67\,\text{N/mm}^2$

c) $S = 3{,}5 > S_{erf} = 3$

Aufgabe 2.2.7

a) $F \approx 68{,}1\,\text{kN}$

b) $\sigma_{\text{b D–D}} \approx 95\,\text{N/mm}^2$

c) $K_\text{M} = 479{,}26\,€$

Aufgabe 2.2.8

$F_1 \approx 14{,}6\,\text{kN}$; $F_2 \approx 39{,}7\,\text{kN}$

Aufgabe 2.2.9

a) Biegemomente: $M_{\text{b max}} \approx 6\,\text{kNm}$

b) $z_\text{S} = 65{,}22\,\text{mm}$

c) $I_{\text{y ges}} = 18.585.186\,\text{mm}^4$

d) $\sigma_{\text{b max}} = 21{,}1\,\text{N/mm}^2$

Aufgabe 2.2.10

a) $\bar{z}_\text{ges} = 41{,}1\,\text{mm}$

b) $I_{\text{y ges}} = 551.279\,\text{mm}^4$

c) $\sigma_{\text{b max}} \approx 69\,\text{N/mm}^2$

Aufgabe 2.2.11

a) $M_{\text{b max}} = 28{,}125\,\text{kNm}$

b) $z_\text{S} = 58{,}67\,\text{mm}$; $I_{\text{y ges}} = 14.949.333{,}4\,\text{mm}^4$

c) $\sigma_{\text{bo}} = 134{,}2\,\text{N/mm}^2$; $\sigma_{\text{bu}} = 110{,}4\,\text{N/mm}^2$

d) $\sigma_{\text{bo}} = \sigma_{\text{b max}} = 134{,}2\,\text{N/mm}^2 < \sigma_{\text{b zul}} = 150\,\text{N/mm}^2$, gewählt aus Tab. 1.5 E295

Aufgabe 2.2.12

a) $M_{\text{b max}}$

$$M_{\text{b}F_1} = F_\text{A} \cdot l_1 = 27.750\,\text{N} \cdot 1000\,\text{mm} = 27.750.000\,\text{Nmm} = M_{\text{b max}}$$

$$M_{\text{b}F_2} = F_\text{B} \cdot l_2 = 24.250\,\text{N} \cdot 750\,\text{mm} = 18.187.500\,\text{Nmm}$$

b) Flächenmoment 2. Grades $I_\text{y} = 17.887.788\,\text{mm}^4$

c) $\sigma_\text{b} = 93{,}1\,\text{N/mm}^2$

d) $S_\text{F} = 1{,}83 > 1{,}5$ und $S_\text{B} = 2{,}22 > 2$

Aufgabe 2.2.13

a) Biegemomentenverlauf und M_{bmax}

$$M_{\text{b max}} = F_\text{A} \cdot a = 12.750\,\text{N} \cdot 2350\,\text{mm} = 29.962.500\,\text{Nmm}$$

b) Biegespannung in der Randfaser: $\sigma_{\text{b zul}} = 0{,}4 \cdot 0{,}8 \cdot R_\text{e} = 107{,}2\,\text{N/mm}^2$;

$I_\text{y} = 37.391.666{,}67\,\text{mm}^4$

$\sigma_\text{b} = 80{,}13\,\text{N/mm}^2 \leq \sigma_{\text{zul}} = 107{,}2\,\text{N/mm}^2$

c) Biegespannung in Höhe der Schweißnaht: $\sigma_{\text{bSch}} = 68{,}11\,\text{N/mm}^2$

d) Sicherheit gegen Fließen $S_{\text{vorh}} = 4{,}18$

Aufgabe 2.2.14

a) Biegespannungen im Schnitt A–A und B–B:

$I_{yA-A} = 1.489.882.500\,\text{mm}^4$ und $\sigma_{bA-A} = 241{,}63\,\text{N/mm}^2$

$I_{yB-B} = 956.632.500\,\text{mm}^4$ und $\sigma_{bB-B} = 287{,}47\,\text{N/mm}^2$

b) Werkstoff, der einer schwellenden Belastung und der geforderten Sicherheit von 1,5 genügt.

$\sigma_{bSch} = \sigma_{b\,B-B} \cdot S = 287{,}5\,\text{N/mm}^2 \cdot 1{,}5 = 431{,}25\,\text{N/mm}^2$

Gemäß Tab. 1.5 gewählt E295GC mit $\sigma_{bSch} = 440\,\text{N/mm}^2$

Aufgabe 2.2.15

a) $M_{b\,max} = 8.640.000\,\text{Nmm}$

b) $z_S = 159{,}31\,\text{mm}$

c) $I_{y\,ges} = 44.130.798\,\text{mm}^4$

d) $\sigma_{bo} \approx 18\,\text{N/mm}^2$; $\sigma_{bu} \approx 31\,\text{N/mm}^2$

6.2.3 Ergebnisse zu Abschnitt 2.3

Aufgabe 2.3.1

a) $F = 48.255\,\text{N}$

b) $l = 25{,}6\,\text{mm}$

Aufgabe 2.3.2

Die Kraft F verteilt sich auf 4 Schweißnahtflächen: $F = 203.646{,}75\,\text{N} \approx 204\,\text{kN}$

Aufgabe 2.3.3

Zur Berechnung der zu übertragenden Schubkraft pro Länge werden das Flächenträgheitsmoment I_y und das Flächenmoment $H(z)$ benötigt.

Schubspannung: $\qquad\qquad\qquad \tau(z) = 10{,}15\,\text{N/mm}^2$;

Schubspannung in der Schweißnaht: $\tau_s = 12{,}7\,\text{N/mm}^2$

Aufgabe 2.3.4

Schubspannung Stelle 1: $\tau(z)_{1.1} = 1{,}44\,\text{N/mm}^2$; $\tau(z)_{1.2} = 1{,}97\,\text{N/mm}^2$

Schubspannung Stelle 2: $\tau(z)_2 = 2{,}03\,\text{N/mm}^2$

Aufgabe 2.3.5

Schubspannungen an den Stellen 0–9:

Gesamtschwerpunkt z_S bezogen auf das vorgegebene y-z-Koordinatensystem: $z_S = 12{,}4\,\text{cm}$

Gesamtflächenmoment $I_y = 25.305{,}6\,\text{cm}^4$.

Zur Berechnung der Schubspannungen an den Stellen $0 \ldots 9$ muss die jeweilige Restfläche A_i und der dazugehörige Schwerpunktabstand $\bar{z}_i$ ober- und unterhalb der Schwerpunktachse y_S bestimmt werden.

Stelle	z_i cm	$\bar{z}_i$ cm	ΔA_i cm^2	b_i cm	$|\bar{z}_i \cdot \Delta A_i|$ cm^3	$\frac{|\bar{z}_i \cdot \Delta A_i|}{I_y \cdot b_i}$ cm^{-2}	$\tau = F_q \frac{|\bar{z}_i \cdot \Delta A_i|}{I_y \cdot b_i}$ N/cm^2	τ N/mm^2
0	15,6	15,6	0	16	0	0	0	0
1	13,6	14,6	32	16	467,2	0,00115	173	1,73
2a	11,6	13,6	64	16	870,4	0,00215	322	3,22
2b	11,6	13,6	64	4	870,4	0,0086	1289,8	12,9
3	6,6	12,53	84	4	1052,5	0,01039	1559,7	15,6
4	1,6	10,91	104	4	1134,6	0,01121	1681,3	16,8
5	0	10,32	110,4	4	1139,3	0,01126	1688,3	16,9
6	−3,4	−9,62	116	4	1116,4	0,01103	1654,4	16,5
7a	−8,4	−10,4	96	4	998,4	0,00986	1479,5	14,8
7b	−8,4	−10,4	96	24	998,4	0,00164	246,6	2,47
8	−10,4	−11,4	48	24	547,2	0,00009	135,1	1,35
9	−12,4	−12,4	0	24	0	0	0	0

6.2.4 Ergebnisse zu Abschnitt 2.4

Aufgabe 2.4.1
$d = 22{,}66\,\text{mm}$, gewählt $d = 24\,\text{mm}$

Aufgabe 2.4.2
a) Die größte Torsionsspannung tritt in den dünneren Endteilen mit dem Durchmesser d auf. $\tau_t = 61{,}1\,\text{N/mm}^2$
b) $\varphi_{\text{ges}} = 0{,}0181\,\text{rad} = 1{,}04°$
c) $K_M = 454{,}07\,€$

Aufgabe 2.4.3
a) $\tau_t \approx 54\,\text{N/mm}^2$
b) $\varphi = 0{,}0902\,\text{rad} \approx 5{,}17°$
c) Mit Hilfe der Vergleichsspannung (GEH; $\alpha_0 = 1$) soll untersucht werden, ob die Sicherheit ausreichend ist.
$\sigma_v \approx 123\,\text{N/mm}^2$; $S \approx 2{,}28 > S_{\text{min}} = 1{,}5 \Rightarrow$ richtig bemessen!

Aufgabe 2.4.4
a) $\varphi = 0{,}1715\,\text{rad} = 9{,}83°$
b) $\varphi_{\text{ges}} \approx 21°$

c) $\tau_t = 381{,}2\,\text{N/mm}^2$; $R_e \approx 360\,\text{N/mm}^2$ $\Rightarrow$ $\tau_{tF} \approx 0{,}65 \cdot 360\,\text{N/mm}^2 \approx 234\,\text{N/mm}^2 <$ $381\,\text{N/mm}^2$. Gemäß Tab. 1.5 würde ein E360 GC mit $\tau_{tF} = 390\,\text{N/mm}^2$ die Forderung erfüllen.

Aufgabe 2.4.5

a) $d = 43{,}76\,\text{mm} \Rightarrow$ gewählt $d = 44\,\text{mm}$

b) $\tau_t \approx 209\,\text{N/mm}^2 < \tau_{t\,\text{zul}} = 750\,\text{N/mm}^2$

c) Es treten die Spannungsarten Biegung und Schub auf.

   $\sigma_b = 418{,}5\,\text{N/mm}^2$; $\tau_s = 6{,}6\,\text{N/mm}^2$, τ_s ist gegenüber σ_b vernachlässigbar.

Aufgabe 2.4.6

a) Torsionsmomente in A und B. Es handelt sich um ein statisch unbestimmtes System. Aus der Gleichgewichtsbedingung $\Sigma T = 0 = T - T_A - T_B$ und der Bedingung φ_C gleich dem Verdrehwinkel im rechten und linken Teil der Welle kann durch entsprechendes umstellen T_A oder T_B berechnet werden.

   $T_A = 1.995.836{,}46\,\text{Nmm}$; $T_B = 1.604.163{,}7\,\text{Nmm}$

b) Torsionsspannung τ_t in A und B: $\tau_{tA} = 47{,}06\,\text{N/mm}^2$; $\tau_{tB} = 65{,}36\,\text{N/mm}^2$

c) Verdrehwinkel an der Stelle C: $\varphi_C = 0{,}00968 = 0{,}555°$

Aufgabe 2.4.7

a) Verhältnis der Widerstandsmomente: $\frac{W_{tR}}{W_{tT}} \approx 10{,}78$

b) $\tau_t = 63{,}4\,\frac{\text{N}}{\text{mm}^2}$

Aufgabe 2.4.8

a) $T = 148.000\,\text{Nmm}$

b) $\varphi_{\text{voll}} = 0{,}21°$; $\varphi_{\text{Schlitz}} = 24{,}37°$; $\varphi_{\text{ges}} = \varphi_{\text{voll}} + \varphi_{\text{Schlitz}} = 24{,}58°$

c) $\tau_{t\,\text{voll}} = 18\,\text{N/mm}^2$ und $\tau_{t\,\text{Schlitz}} = 340{,}23\,\text{N/mm}^2$

Aufgabe 2.4.9

a) Geschlossenes Profil, Anwendung der BREDT'schen Formel:

   $T = 300.000\,\text{Nmm}$; $\tau_t \approx 22\,\text{N/mm}^2$

b) Offenes Profil: $\tau_t = 180\,\text{N/mm}^2$; $\varphi = 0{,}444\,\text{rad} \approx 25{,}5°$

Aufgabe 2.4.10

a) Drillflächenmoment und Drillwiderstandsmoment: $I_t = 3815{,}2\,\text{mm}^4$;

   $W_t = 1271{,}7\,\text{mm}^3$

b) Übertragbares Torsionsmoment $T \approx 44.510\,\text{Nmm}$

Aufgabe 2.4.11

a) $T_a = 4.330.127\,\text{Nmm} = 4{,}33\,\text{kNm}$ und $T_b = 250.000\,\text{Nmm}$

b) $\varphi_a = 0{,}128\,\text{rad} = 7{,}35°$ und $\varphi_b = 0{,}741\,\text{rad} = 42{,}44°$

c) Vergleich der Drillflächenmomente: $\frac{I_{ta}}{I_{tb}} = 100$

6.3 Ergebnisse zu Kapitel 3

Aufgabe 3.1
$\sigma_v \approx 118\,\text{N/mm}^2$

Aufgabe 3.2
$\sigma_v \approx 168\,\text{N/mm}^2$

Aufgabe 3.3
Es sind zwei Querschnitte zu betrachten:

1) Radebene: $\qquad\qquad\qquad \tau_t \approx 147\,\frac{\text{N}}{\text{mm}^2} < \tau_{tF} = 300\,\frac{\text{N}}{\text{mm}^2};\ S_F \approx 2{,}04$

2) Wellennut am Wälzlager: $\sigma_b \approx 104\,\frac{\text{N}}{\text{mm}^2};\ \tau_t \approx 44\,\frac{\text{N}}{\text{mm}^2}$

$$\sigma_v \approx 129\,\frac{\text{N}}{\text{mm}^2} < R_{p0{,}2} = 460\,\frac{\text{N}}{\text{mm}^2}$$
$$S_F \approx 3{,}57 > S_{F\,min} = 1{,}8$$

Aufgabe 3.4
Die Beanspruchung besteht aus Zug und Biegung:
Innenseite: $\sigma_{z\,res} \approx 291\,\text{N/mm}^2$; Außenseite: $\sigma_{d\,res} \approx -226\,\text{N/mm}^2$

Aufgabe 3.5
Die Spannungen sind in Abb. 6.3 dargestellt.

Schnitt $C\!-\!C$: Es liegt eine Biegespannung der Größe $\sigma_{bC} = \frac{F \cdot l/2}{W_b}$ vor (am rechten Rand
$\qquad\qquad$ Biegezug).

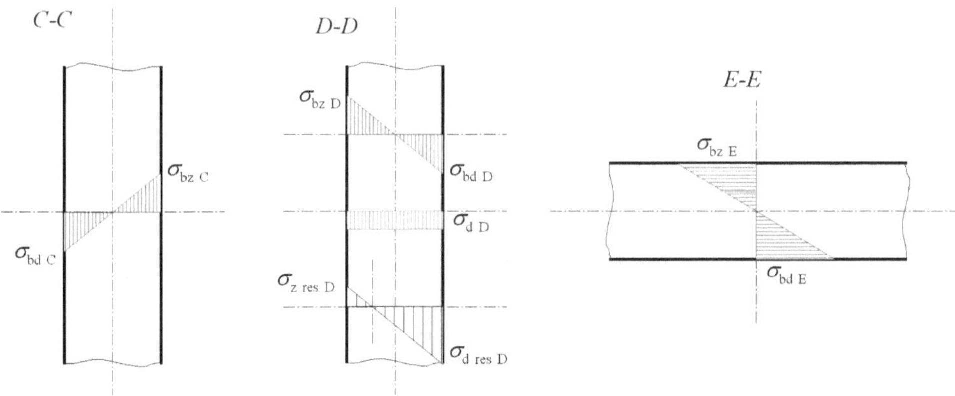

Abb. 6.3 Normalspannungen in den Querschnitten zu Aufgabe 3.5

Schnitt D–D: In diesem Schnitt überlagern sich Biegespannung und Druckspannung; die größte Spannung ist eine Druckspannung $|\sigma_{\mathrm{dresD}}| = \frac{F}{A} + \frac{F \cdot \frac{l}{2}}{W_{\mathrm{b}}}$ (am rechten Rand). Am linken Rand ergibt sich eine Zugspannung der Größe $\sigma_{\mathrm{zresD}} = \frac{F}{A} - \frac{F \cdot \frac{l}{2}}{W_{\mathrm{b}}}$, wenn wie hier die Druckspannung $\sigma_{\mathrm{d\,D}}$ kleiner als die Biegespannung angenommen wird.

Schnitt E–E: Die Biegespannung beträgt $\sigma_{\mathrm{bE}} = \frac{F}{W_{\mathrm{b}}}$ (Biegezug am oberen Rand).

Aufgabe 3.6

$d_{\mathrm{erf}} = 267\,\mathrm{mm} \rightarrow$ gewählt: $d = 270\,\mathrm{mm}$

Druckspannung $\quad\quad\quad\quad \sigma_{\mathrm{d}} \approx 21{,}0\,\mathrm{N/mm^2}$; Torsionsspannung $\tau_{\mathrm{t}} \approx 90{,}6\,\mathrm{N/mm^2}$;

Vergleichsspannung $\quad\quad\quad \sigma_{\mathrm{v}} \approx 158\,\mathrm{N/mm^2}$; Sicherheit gegen Fließen $S_{\mathrm{F}} \approx 2{,}12$

Sicherheit gegen Knicken $S_{\mathrm{K}} \approx 1{,}83 \rightarrow$ nicht knicksicher

Aufgabe 3.7

Vergleichsspannung $\sigma_{\mathrm{v}} \approx 384\,\mathrm{N/mm^2}$; $S_{\mathrm{F}} \approx 2{,}6$

Aufgabe 3.8

Bauteil: $\sigma_{\mathrm{v}} \approx 50\,\mathrm{N/mm^2}$; Schweißnaht: $\sigma_{\mathrm{wv}} \approx 41\,\mathrm{N/mm^2}$

Aufgabe 3.9

a) $d_{\mathrm{i}} \leq 27{,}27\,\mathrm{mm}$; b) $\tau_{\mathrm{wt}} \approx 5{,}8\,\mathrm{N/mm^2}$; c) $\sigma_{\mathrm{wv}} \approx 48{,}9\,\mathrm{N/mm^2}$

Aufgabe 3.10

a) s. Abb. 6.4

b) Größte Biegespannung in der Radsatzwelle: $\sigma_{\mathrm{b\,max}} \approx 106\,\mathrm{N/mm^2}$ (Mitte linkes Rad); größte Torsionsspannung: $\tau_{\mathrm{t\,max}} \approx 45\,\mathrm{N/mm^2}$ (in Radsatzmitte)

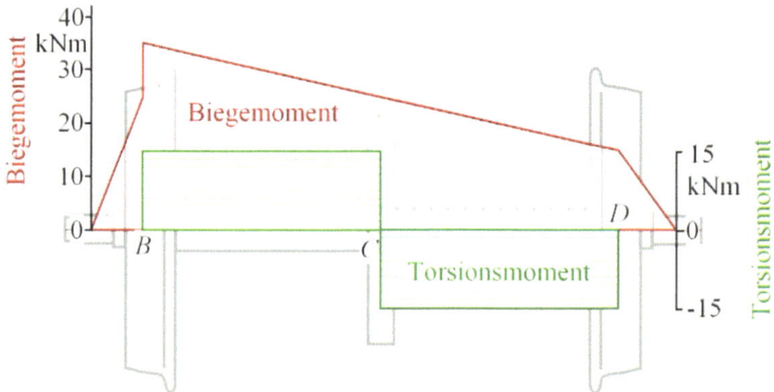

Abb. 6.4 Biegemomenten- und Torsionsmomentenverlauf an der Radsatzwelle

c) Größte Vergleichsspannung: $\sigma_{v\,max} \approx 113\,\text{N/mm}^2$ (Mitte linkes Rad); zulässige Spannung wird eingehalten.

Aufgabe 3.11
Erforderlicher Wellendurchmesser: $d_{erf} \geq 86{,}0\,\text{mm}$

Aufgabe 3.12
a) $1\ z=0 \rightarrow \tau = \frac{3F}{2bh};\ \sigma = 0;\quad 2\ z = h/2 \rightarrow \sigma = \frac{6Fl}{bh^2};\quad \tau = 0$
b) s. Abb. 6.5

Aufgabe 3.13
a) $\sigma_{max} = 190\,\text{N/mm}^2;\ \sigma_{min} = 60\,\text{N/mm}^2;\ \tau_{max} = 65\,\text{N/mm}^2;\ \alpha_h = 33{,}7°$ (Abb. 6.6)
b) $\sigma_{max} = 370\,\text{N/mm}^2;\ \sigma_{min} = 30\,\text{N/mm}^2;\ \tau_{max} = 170\,\text{N/mm}^2;\ \alpha_h = -30{,}96°$ (Abb. 6.7)

Aufgabe 3.14
a) Punkt A: $\sigma_{max} = 89{,}04\,\text{N/mm}^2;\ \sigma_{min} = -14{,}04\,\text{N/mm}^2;\ \tau_{max} = 51{,}54\,\text{N/mm}^2;\ \alpha_h = 38°$
    (Abb. 6.8)
b) Punkt B: $\sigma_{max} = 75\,\text{N/mm}^2;\ \sigma_{min} = -50\,\text{N/mm}^2;\ \tau_{max} = 62{,}5\,\text{N/mm}^2;\ \alpha_h = 26{,}57°$
    (Abb. 6.9)

Aufgabe 3.15
a) Beanspruchungsverläufe (siehe Abb. 6.10)
b) Vergleichsspannung im Lager A: $\sigma_v = 402{,}4\,\text{N/mm}^2$; damit $S_F = 2{,}68$
c) Kosten Welle aus 42CrMo4: $K_1 \approx 0{,}41\,\text{€}$ ($d = 10\,\text{mm}$); Kosten S235: $K_2 \approx 0{,}37\,\text{€}$
    ($d = 15\,\text{mm}$)

Aufgabe 3.16
Größte Normalspannung $\sigma_N \approx 35{,}6\,\text{N/mm}^2$; Vergleichsspannung $\sigma_v \approx 71{,}4\,\text{N/mm}^2$;
$S_F \approx 7{,}7$

Aufgabe 3.17
Durchmesser $d = 24{,}88\,\text{mm}$

Abb. 6.5 MOHR'sche Spannungskreise für die Konsole

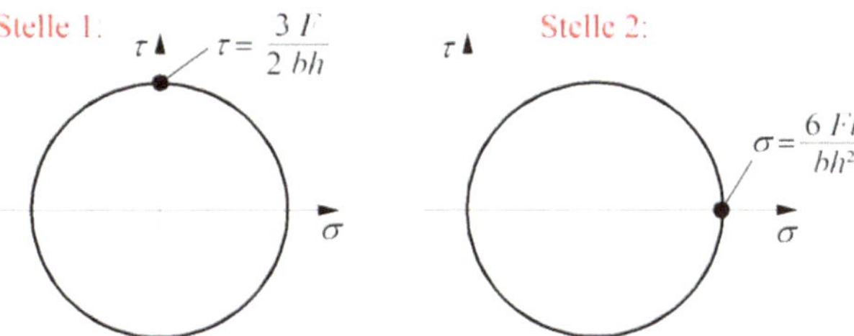

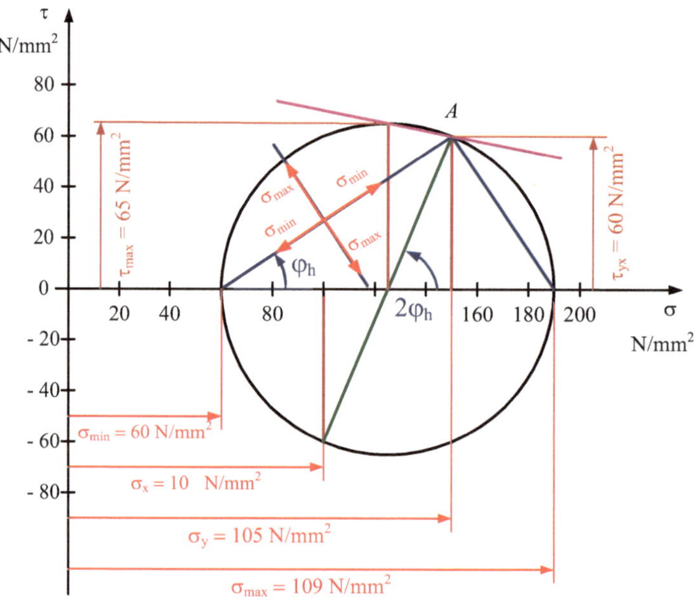

Abb. 6.6 MOHR'scher Spannungskreis zu Aufgabe 3.13 a)

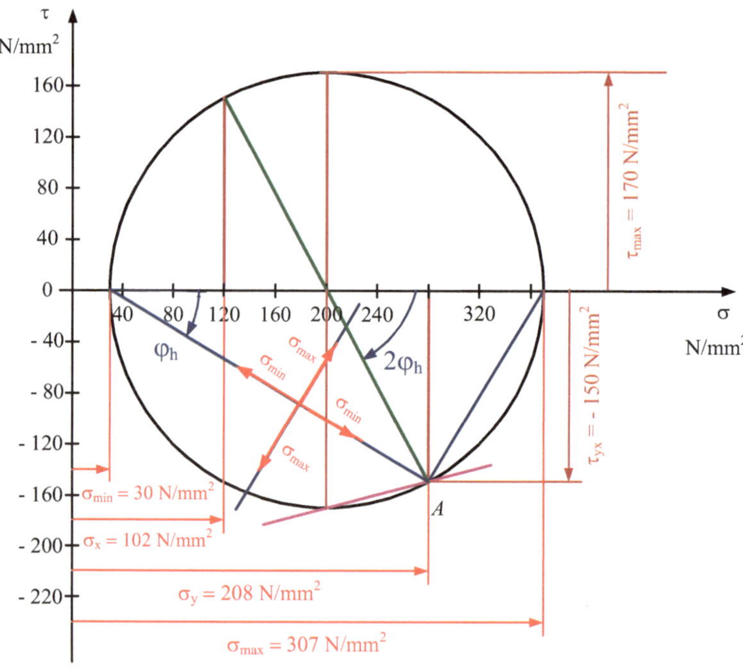

Abb. 6.7 MOHR'scher Spannungskreis zu Aufgabe 3.13 b)

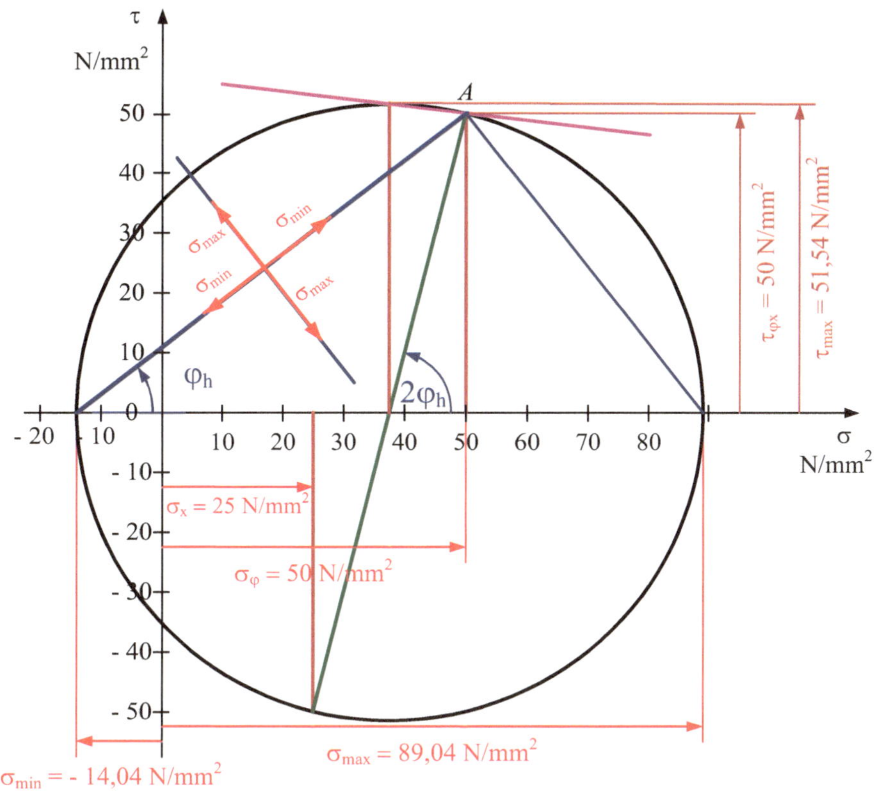

Abb. 6.8 MOHR'scher Spannungskreis zu Aufgabe 3.14 a); Spannungen im Punkt A

Aufgabe 3.18

a) Axiale Spannkraft $F_a \approx 1025\,\mathrm{N}$

b) Widerstandsmoment $W_b = 962,4\,\mathrm{mm}^3$

c) Vergleichsspannung $\sigma_v \approx 214,7\,\mathrm{N/mm}^2$

c) Sicherheit gegen Fließen $S_F \approx 2,1$

Aufgabe 3.19

Sicherheiten $S_{F\,A} \approx 1,7$ und $S_{F\,B} \approx 3,8$ sind größer als $S_F = 1,5$

Aufgabe 3.20

Sicherheit gegen Fließen $S_F \approx 3,4$

Aufgabe 3.21

Für Rundrohr und S235JR gilt: $S_F \approx 1,3 < 1,5$. Deshalb darf das Material für das Rundrohrprofil nicht verwendet werden; S275JR erreicht die nötige Sicherheit mit $S_F \approx 1,54$.

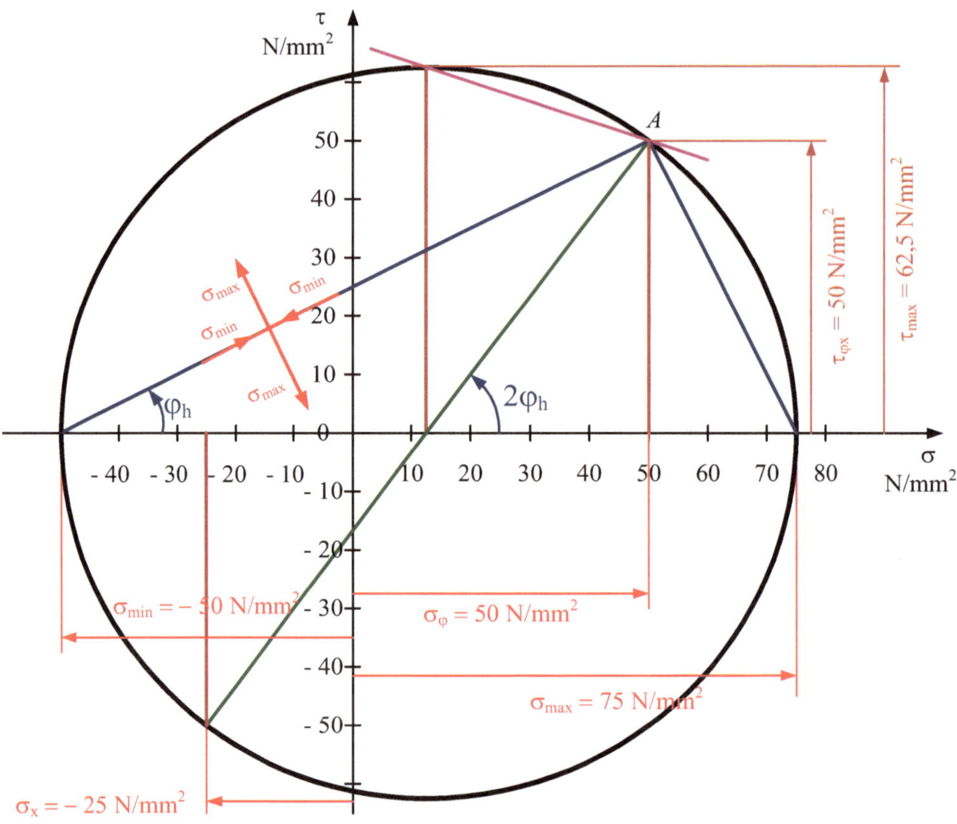

Abb. 6.9 MOHR'scher Spannungskreis zu Aufgabe 3.14 b); Spannungen im Punkt *B*

Das Rechteckrohr weist bei beiden Winkeln erheblich größere Sicherheiten ($S_\mathrm{F} \approx 2{,}6$; $S_\mathrm{F} \approx 2{,}2$) auf, es ist aber entsprechend teurer als das Rundrohr. Berechnung laut Aufgabenstellung daher nicht erforderlich.

Aufgabe 3.22
Sicherheit $S_\mathrm{F} \approx 2{,}8 > 2{,}5$, keine Änderungen nötig

Aufgabe 3.23
Für $d = 330$ mm können beide Werkstoffe verwendet werden;
  für $d = 290$ mm nur 46Cr2.
  Vergleichsspannung $\sigma_{\mathrm{v}330} \approx 305\,\mathrm{N/mm^2}$; $\sigma_{\mathrm{v}290} \approx 412\,\mathrm{N/mm^2}$;
  $S_{\mathrm{F}330\,\mathrm{C40E}} \approx 1{,}51$; $S_{\mathrm{F}330\,46\mathrm{Cr2}} \approx 2{,}13$; $S_{\mathrm{F}290\,46\mathrm{Cr2}} \approx 1{,}58$
  Kosten pro Paar bei $d = 330$ mm: C40E ≈ 2659 €; 46Cr2 ≈ 3303 €
  Kosten pro Paar bei $d = 290$ mm: 46Cr2 ≈ 2551 €
  Prozentuale Ersparnis für $d = 330$ mm $\approx 24{,}2\,\%$ bzw. 645 €

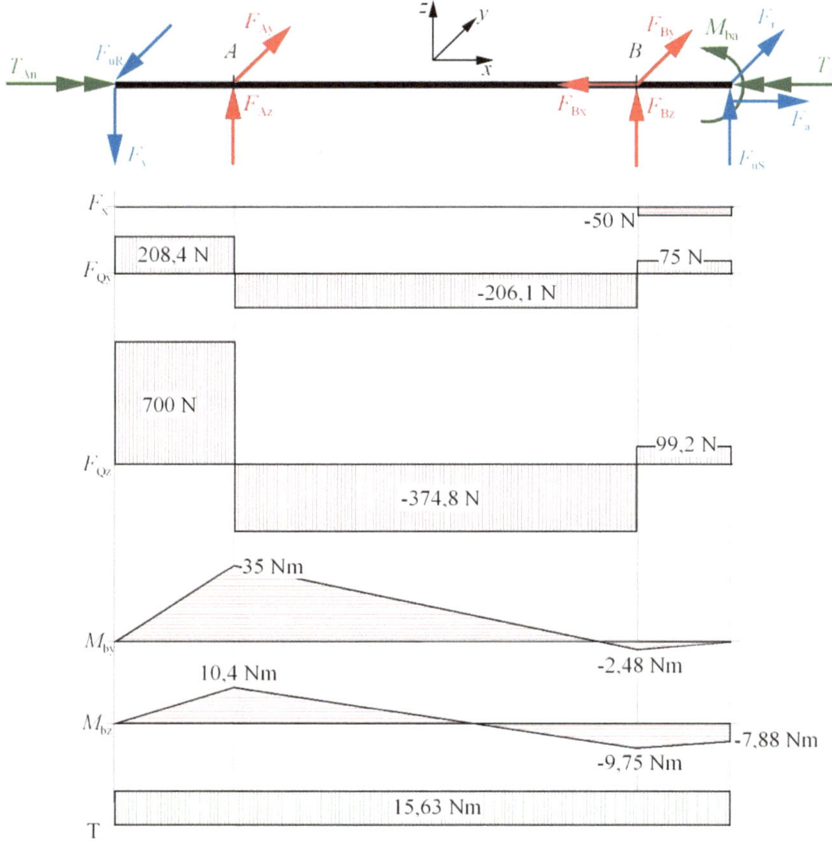

Abb. 6.10 Beanspruchungsverläufe für die Kreissägewelle aus Aufgabe 3.15

Aufgabe 3.24
Durchmesser $d = 63{,}39\,\text{mm}$

Aufgabe 3.25
a) Streckenlast im Umfangsrichtung $q_u \approx 18{,}5\,\text{N/mm}$; $q_r \approx 4{,}6\,\text{N/mm}$
b) Querkraft-, Biegemomenten- und Torsionsmomentverlauf (Abb. 6.11)
c) Vergleichsspannung $\sigma_v \approx 165\,\text{N/mm}^2 < 180\,\text{N/mm}^2$; Bauteil ist sicher

Aufgabe 3.26
$S_F \approx 2{,}2$

Aufgabe 3.27
Vergleichsspannung $\sigma_v \approx 296\,\text{N/mm}^2$

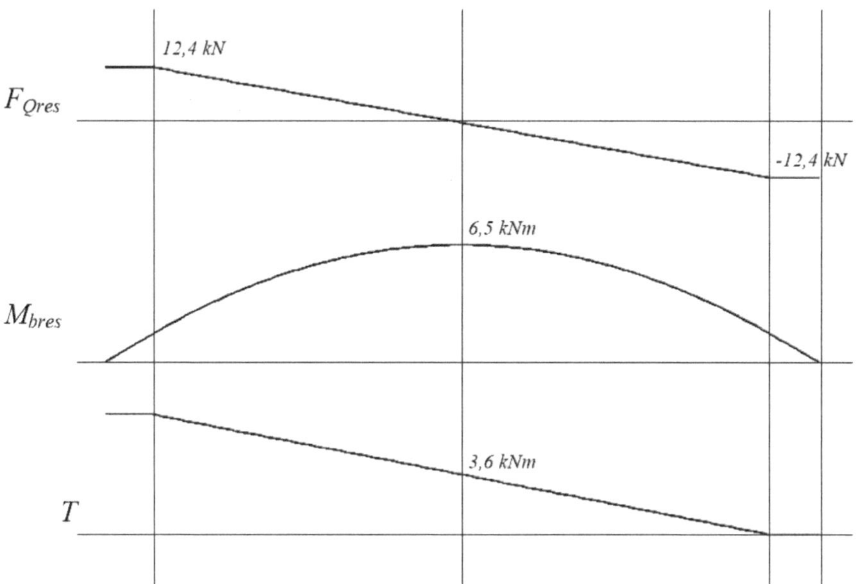

Abb. 6.11 Querkraft und Momentenverläufe für den Schlegelmäher aus Aufgabe 3.25

Aufgabe 3.28
a) Stangenkraft $F_{St} \approx 11{,}8\,\mathrm{kN}$
b) Antriebsmoment $T \approx 1687\,\mathrm{Nm}$
c) Durchmesser $d \approx 87{,}1\,\mathrm{mm}$

Aufgabe 3.29
Biegespannnung $\sigma_b \approx 72{,}1\,\mathrm{N/mm^2}$; Normalspannung $\sigma_N \approx 72{,}4\,\mathrm{N/mm^2}$;
Torsionsspannung $\tau_t \approx 8{,}64\,\mathrm{N/mm^2}$;
Vergleichsspannung $\sigma_v \approx 73{,}1\,\mathrm{N/mm^2}$; $S_F \approx 2{,}6$

Aufgabe 3.30
Kosten Rechteckprofil: $K_{S235JR} \approx 5{,}0\,\text{€}$; $K_{E335} \approx 6{,}7\,\text{€}$; $K_{38Cr2} \approx 6{,}5\,\text{€}$;
$K_{MgAl8Zn\,F31} \approx 5{,}1\,\text{€}$
Verteuerung Rechteckprofil: $V_{E335} \approx 34{,}2\,\%$; $V_{38Cr2} \approx 29{,}4\,\%$; $V_{MgAl8Zn\,F31} \approx 1{,}3\,\%$
Kosten Rundrohr: $K_{S235JR} \approx 5{,}7\,\text{€}$; $K_{E335} \approx 8{,}5\,\text{€}$; $K_{38Cr2} \approx 7{,}1\,\text{€}$;
$K_{MgAl8Zn\,F31} \approx 5{,}2\,\text{€}$
Verteuerung Rundrohr: $V_{S235JR} \approx 9{,}2\,\%$; $V_{E335} \approx 63{,}8\,\%$; $V_{38Cr2} \approx 36{,}8\,\%$

6.4 Ergebnisse zu Kapitel 4

Aufgabe 4.1

a) Durchsenkung in Stahl: $w_{F\,St} = 2,08\,cm$

Durchsenkung in Aluminium: $w_{F\,Al} = 3 \cdot w_{F\,St} = 6,24\,cm$

b) Biegemoment: $M_{bmax} = 80.000\,Ncm$

Biegespannung: $\sigma_{bmax} = 164\,\frac{N}{mm^2}$

c) Masse in Stahl: $m_{St} = 24,0\,kg$; in Aluminium: $m_{Al} = 8,24\,kg$.

d) Kosten: $K_{St} = 76,80\,€$ und $K_{Al} = 75,81\,€$

e) Dieser Teil ist nur durch Probieren zu lösen. Mit einem Vierkantrohr $60 \times 40 \times 4$ ergibt sich für das Flächenmoment 2. Grades: $I = 34,5\,cm^4$; Durchsenkung dafür $w_{Al} = 2,2\,cm$

Weitere Profilwerte: $A = 7,36\,cm^2$; $m'_{Al} = 1,99\,kg/m$

Masse der neu ausgelegten Aluminium-Holme $m_{AL} = 15,92\,kg$; Halbzeugkosten $K_{Al} = 146,46\,€$

f) Zum Beispiel dünnwandiges Stahl-Rechteckrohr $65 \times 30 \times 1,5$.

Dafür $I_x = 15,03\,cm^4$; $W_x = 4,62\,cm^3$; $A = 2,76\,cm^2$; $m' = 2,17\,kg/m$

Durchsenkung in der Mitte der Holme $w_{St} = 1,69\,cm$. Biegespannung beträgt $\sigma_b = 173\,N/mm^2$

Masse der Holme $m_{St} = 17,36\,kg$, Halbzeugkosten $K_{St} = 55,55\,€$.

Aufgabe 4.2

a) $q = 24,87\,N/mm = 24,87\,kN/m$

b) $S_F = 1,75 < S_{F\,erf} = 1,5$

Aufgabe 4.3

a) Biegelinie: $w\,(x) = \frac{q_0 \cdot h^4}{120 E \cdot I} \cdot \left[\frac{x^5}{h^5} - 5\frac{x}{h} + 4 \right]$

b) Verschiebung des oberen Punktes: $w = 6,72\,mm$

Aufgabe 4.4

Die Durchsenkung am Balkenende im Punkt D beträgt: $w_D = \frac{23}{8} \frac{q \cdot l^4}{E \cdot I}$

Aufgabe 4.5

Die maximale Durchsenkung tritt im Punkt A auf.

Sie beträgt $w_{max} = 1,13\,mm$.

Aufgabe 4.6

a) Für die gegebene Streckenlast muss die Vorsprengung $w_{vor} \approx 40\,mm$ betragen.

b) Die Einzellast in Ladeplattformmitte ergibt sich zu $F \approx 100\,kN$.

Aufgabe 4.7

a) $\varphi_C = \frac{F \cdot l^2}{6E \cdot I} \frac{a}{l}\left(2 + 3\frac{a}{l}\right)$

b) $w_D = \frac{F \cdot l^2}{6E \cdot I}\left[\frac{a}{l}\left(2 + 3\frac{a}{l}\right) \cdot b + 2l\left(\frac{a}{l}\right)^2\left(1 + \frac{a}{l}\right)\right]$

c) $w_M = \frac{F \cdot l^2 \cdot a}{16E \cdot I}$

d) $w_D = \frac{F \cdot l^3}{6E \cdot I}\left(\frac{a+b}{l}\right)^2 \cdot \left(1 + \frac{a+b}{l}\right)$

Aufgabe 4.8

a) $w_A = \frac{F \cdot a}{6E \cdot I \cdot l}\left[2ab^2 - cl^2 + a^2c\right]$

oder mit $b = l - a$:

$w_F = \frac{F \cdot a}{6E \cdot I \cdot l}\left[2a(l - a)^2 - cl^2 + a^2c\right]$

b) $c = l/3$

Aufgabe 4.9

$w_B = 4{,}46 \, \text{mm}$

Aufgabe 4.10

$w_M = \frac{1}{384} \cdot \frac{q \cdot l^4}{E \cdot I}$

Aufgabe 4.11

$w_5 = \frac{F}{E \cdot I}\left[\frac{b^3}{54} + \frac{4 \cdot l^3}{81}\right]$

Aufgabe 4.12

$w(x) = \frac{F \cdot l^3}{12E \cdot I}\left[3\left(\frac{x}{l}\right)^2 - 2\left(\frac{x}{l}\right)^3\right]$

$M_b(x) = F \cdot x - \frac{1}{2}F \cdot l$, daraus: $M_b(x = l) = \frac{1}{2}F \cdot l$

Aufgabe 4.13

$F = 22{,}2 \, \text{N}$; $\sigma_b \approx 185 \, \text{N/mm}^2 < \sigma_{b\,\text{zul}}$

Aufgabe 4.14

$w_{\text{oben}} = \frac{7}{16}\frac{F \cdot l^3}{E \cdot I} \approx 55 \, \text{mm}$

$\sigma_b \approx 138 \, \text{N/mm}^2$

Aufgabe 4.15

$w_B = \frac{F \cdot l^3}{2 \cdot E \cdot I}$; $w_C = \frac{F \cdot l^3}{E \cdot I}$; $w_D = \frac{4}{3}\frac{F \cdot l^3}{E \cdot I}$

Aufgabe 4.16

$a = 89{,}3 \, \text{mm}$

Aufgabe 4.17

a) $w_B \approx 12{,}58 \, \text{mm}$; b) $S_F \approx 1{,}81$

Aufgabe 4.18

$$\varphi_{\mathrm{B}} = \frac{1}{48E \cdot I_1}\left(3F_1 \cdot l_1^2 - 32F_2 \cdot l_2 \cdot l_1\right)$$

$$w_{\mathrm{C}} = \frac{1}{48E \cdot I_1}\left(3F_1 \cdot l_1^2 \cdot l_2 - 32F_2 \cdot l_2^2 \cdot l_1 + 16F_2 \cdot l_2^2 \cdot \frac{I_1}{I_2}\right)$$

Aufgabe 4.19

$$w_{\mathrm{C}} = \frac{q \cdot l^4}{8E \cdot I} + \frac{9F \cdot l^3}{24E \cdot I} + \frac{F \cdot l^3}{4G \cdot I_{\mathrm{p}}}$$

Aufgabe 4.20

Gelenkkraft: $\qquad\qquad\qquad F_{\mathrm{B}} = (2q \cdot l)/3$

Durchsenkung im Gelenk: $\quad w_{\mathrm{B}} = (2q \cdot l^4)/(9E \cdot I)$

Aufgabe 4.21

Waagerechte Schnittkraft am Krafteinleitungspunkt C: $\qquad F_{\mathrm{Cx}} = F\frac{3a^2}{8al + 2l^2}$

Schnittmoment am Krafteinleitungspunkt C: $\qquad\qquad M_{\mathrm{C}} = F\left(\frac{a^2}{4a+l} - \frac{a}{2}\right)$

Einspannmoment im Punkt A an der Bodenplatte: $\qquad M_{\mathrm{A}} = F\left(\frac{a^2}{8a+2l}\right)$

Aufgabe 4.22

$d_{\mathrm{erf}} \approx 86{,}8\,\mathrm{mm}$

Mit einem gewählten $d = 90\,\mathrm{mm}$ ergibt sich eine Biegespannung $\sigma_{\mathrm{b}} \approx 84\,\mathrm{N/mm}^2$.

Für $d = 90\,\mathrm{mm}$ beträgt die Durchsenkung in Radsatzmitte $w = 1{,}34\,\mathrm{mm}$.

Aufgabe 4.23

$M_1 = M_2 \approx 317{,}5\,\mathrm{Nm}$

Aufgabe 4.24

$w = 1{,}46\,\mathrm{mm}$

Aufgabe 4.25

a) $F_{\mathrm{A}} = F_{\mathrm{B}} \approx 7{,}6\,\mathrm{kN}; F_{\mathrm{C}} \approx 15{,}2\,\mathrm{kN}$

b) $\sigma_{\mathrm{b}} \approx 33{,}6\,\mathrm{N/mm}^2$ (in der Mitte der Welle)

c) $\varphi_{\mathrm{A}} = \varphi_{\mathrm{D}} \approx 0{,}001\,\mathrm{rad} \approx 0{,}0573°$

6.5   Ergebnisse zu Kapitel 5

Aufgabe 5.1
Knickfall 2 mit $l_K = l$; $F_K \approx 270\,\text{kN}$; $S_K = 5,36 \Rightarrow$ knicksicher und $S_F = 11,75$

Aufgabe 5.2
Es muss gelten: $\sigma_d \leq \sigma_{zul}$; Versagensfall Knickung (Knickfall 1): $s = 9,95\,\text{mm}$; $s = 10\,\text{mm}$ gewählt

Aufgabe 5.3
Es liegt Knickfall 4 vor $\Rightarrow l_K = 0,5l : S_K = 5,94 > 5,5 \Rightarrow$ knicksicher.

Aufgabe 5.4
a) Fließen mit einer Sicherheit von $S_F = 1,5$ soll ausgeschlossen sein, es gilt die Bedingung $\sigma_d \leq \sigma_{zul}$: $F = 123.587\,\text{N}$
b) Ein Ausknicken mit einer Sicherheit von $S_K = 4$ soll ausgeschlossen sein. Es liegt Knickfall 4 mit $l_K = 0,5l$ vor. Es muss die Bedingung $\sigma_d \leq \sigma_{zul} = \sigma_K/S_K$ gelten, $F = 44.355\,\text{N}$
c) Verkürzung $\Delta l = -1,017\,\text{mm}$

Aufgabe 5.5
a) Es liegt Knickfall 2 mit $l_K = l$ vor.
b) Minimaler Schlankheitsgrad $\lambda_{min} = 85,4$; $\lambda = 88,2 \Rightarrow$ Knickung nach Euler
c) Druckspannung $\sigma_d \approx 68\,\text{N/mm}^2$
d) Sicherheit gegen Knicken: $\sigma_K = 266,4\,\text{N/mm}^2 \Rightarrow S_K = 3,92 \Rightarrow$ knicksicher!

Aufgabe 5.6
Stab B: Knickfall 3 mit $l_K = 0,7l = 2,8\,\text{m}$; $\lambda = 88,6 < 104 \Rightarrow$ Knickung nach Tetmajer; $F_G = 208.996\,\text{N}$ am Stab B ist somit die zulässige Gewichtskraft und damit die zul. Masse m_{zul} des Körpers $= 21.304\,\text{kg}$.

Aufgabe 5.7
Es liegt Knickfall 2 vor $\Rightarrow l_K = l = 750\,\text{mm}$. Mittelwert für den E-Modul nach Tab. 1.1: $E_{GJL} = 110.000\,\text{N/mm}^2$. $s = 14\,\text{mm}$ gewählt $\Rightarrow b = 70\,\text{mm}$ und $A = 1764\,\text{mm}^2$. $\lambda = 49 < 80 \Rightarrow$ Rechnung der Spannung nach Tetmajer; $S_K = 4,45 > 4 \Rightarrow$ knicksicher!

Aufgabe 5.8
a) $D = 30,6\,\text{m}$; $s_{erf} = 36,72\,\text{mm}$, gewählt $s = 40\,\text{mm}$
b) $\lambda = 71,68 < 88 \Rightarrow$ Tetmajer; $S_K = 3,34 \Rightarrow$ knicksicher!
c) $K_M = K_{Kugel} + K_{Rohr} = 1.711.182,27\,\text{€}$

Aufgabe 5.9

a) Druckkraft F_d auf den Stützstab: $F_d = 2.719.641{,}47\,\mathrm{N} \approx 2720\,\mathrm{kN}$

b) Sicherheit gegen Fließen: Bedingung: $\sigma_d \leq \sigma_{zul}$: $S_F = 1{,}835$ (ausreichend, da $S_F > 1{,}5$)

   Sicherheit gegen Knickung (Knickfall 2): $S_K = 2{,}66 > 2$. Die Sicherheit gegen Druck und Knicken ist gegeben.

c) Materialkosten $K_M = 2169{,}18\,€$

7.1 Lösungshinweise zu Kapitel 1

Aufgabe 1.1

Der Trägerverband wird auf Zug beansprucht.

a) Die Spannungen in den Schnitten A–A und B–B errechnen sich zu:

$$\sigma_{A-A} = \frac{F}{A_{A-A}} = 59{,}93\,\frac{\text{N}}{\text{mm}^2} \approx 60\,\frac{\text{N}}{\text{mm}^2} \quad \text{mit} \quad A_{A-A} = 58.400\,\text{mm}^2$$

$$\sigma_{B-B} = \frac{F}{A_{B-B}} = 291{,}67\,\frac{\text{N}}{\text{mm}^2} \approx 292\,\frac{\text{N}}{\text{mm}^2} \quad \text{mit} \quad A_{B-B} = 12.000\,\text{mm}^2$$

b) Die Schwellfestigkeit σ_{zSch} ergibt sich zu $\sigma_{zSch} = S_F \cdot \sigma_{B-B} = 1{,}5 \cdot 291{,}67\,\text{N/mm}^2 = 437{,}51\,\text{N/mm}^2$, gemäß Tab. 1.5 gewählt: E335GC mit $\sigma_{zSch} = 470\,\text{N/mm}^2$.

c) Masse m des Verbandes:

$$m = m_L + m_{Flach} = 4 \cdot m' \cdot l_L + n \cdot A_{Flach} \cdot l_{Flach} \cdot \rho_{St}$$

$$= 4 \cdot 23{,}6\,\text{kg/m} \cdot 20{,}2\,\text{m}$$

$$+ 46.400\,\text{mm}^2 \cdot 41 \cdot 100\,\text{mm} \cdot 7{,}85\,\text{kg/dm}^3 \cdot 10^{-6}\,\text{dm}^3/\text{mm}^3$$

$$= 1906{,}88\,\text{kg} + 1493{,}38\,\text{kg}$$

$m = 3400{,}26\,\text{kg}$

Materialkosten $\quad K_M = k_L \cdot m_L + k_{Flach} \cdot m_{Flach} = 1{,}80\,\text{€/kg} \cdot 1906{,}88\,\text{kg} + 1{,}60\,\text{€/kg} \cdot 1493{,}38\,\text{kg} = 3432{,}38\,\text{€} + 2389{,}41\,\text{€} = 5828{,}79\,\text{€}$

Aufgabe 1.2

a) Dehnung gemäß Gl. (1.6): $\varepsilon = \frac{\Delta l}{l} \cdot 100\,\% = 0{,}75\,\%$

b) Gl.(1.6) nach Δl umstellen: $\Delta l = \frac{\varepsilon}{100\,\%} \cdot l = 1{,}2\,\text{mm}$

Aufgabe 1.3

Anwendung des HOOKE'sche Gesetzes, Gl. (1.7) und umstellen nach Δl und mit Gl. (1.8): $\Delta l = 0{,}381\,\text{mm}$

© Springer Fachmedien Wiesbaden GmbH, ein Teil von Springer Nature 2020   137
K.-D. Arndt et al., *Klausurentrainer zur Festigkeitslehre für Wirtschaftsingenieure*,
https://doi.org/10.1007/978-3-658-28902-7_7

Aufgabe 1.4

a) Es handelt sich hier um eine Parallelschaltung von Stahlzylinder und GJS-Rohr, d. h.
die Längenänderungen sind gleich: $\Delta h = \Delta h_1 = \Delta h_2 = \Delta l$. Angewendet wird das
HOOKE'sche Gesetz, Gl. (1.7):

$$\sigma_1 = E_1 \cdot \varepsilon_1 = E_1 \frac{\Delta h}{h} = 105 \frac{\text{N}}{\text{mm}^2}, \quad \sigma_2 = E_2 \cdot \varepsilon_2 = E_2 \frac{\Delta h}{h} = 85 \frac{\text{N}}{\text{mm}^2}$$

b) Die Gesamtpresskraft ergibt bei der Parallelschaltung aus der Addition der Einzelkräfte:

$$F = F_1 + F_2 = \sigma_1 \cdot A_1 + \sigma_2 \cdot A_2 = 206.167{,}02\,\text{N} + 186.924{,}76\,\text{N}$$
$$= 393.091{,}78\,\text{N} \approx 393\,\text{kN}$$

Aufgabe 1.5

Die Steigung des Gewindes beträgt $P = 2{,}5\,\text{mm}$, bei einer 1/4 Umdrehung ist $\Delta l =
2{,}5\,\text{mm} \cdot 1/4 = 0{,}625\,\text{mm}$.

Die Schraube wird auf Zug beansprucht. Die Dehnung ε_S der Schraube muss die er-
mittelte Längenänderung ergeben:

$$\varepsilon_S = \frac{\sigma}{E_S} = \frac{F}{A_S \cdot E_S}; \quad \varepsilon_S \cdot l = \frac{P}{4} \Rightarrow \frac{F \cdot l}{A_S \cdot E_S} = \frac{P}{4} \Rightarrow F = \frac{A_S \cdot E_S \cdot P}{4 \cdot l}$$

Die Hülse hingegen wird zusammengedrückt mit der geometrischen Bedingung:
$\Delta l_S - \Delta l_H = P/4$.

Ferner gilt: Zugkraft Schraube = Druckkraft Hülse = F und damit:

$$\varepsilon_S = \frac{F}{A_S \cdot E_S} \quad \text{und} \quad \varepsilon_H = \frac{\sigma}{E_H} = \frac{-F}{A_H \cdot E_H}$$

mit ε_S = Verlängerung, ε_H = Verkürzung sowie $E_S = E_H$

$$l \cdot \varepsilon_S - l \cdot \varepsilon_H = \frac{P}{4} \quad \Rightarrow F \cdot l \left(\frac{1}{A_S \cdot E_S} + \frac{1}{A_H \cdot E_H} \right)$$
$$\Rightarrow F = \frac{P \cdot E}{4 \cdot l \cdot \left(\frac{1}{A_S} + \frac{1}{A_H} \right)} = 84.174{,}7\,\text{N} \approx 84.175\,\text{N}$$

Die Spannungen in Schraube und Hülse betragen:

$$\sigma_S = \frac{F}{A_S} = \frac{84.175\,\text{N}}{314{,}16\,\text{mm}^2} \approx 268 \frac{\text{N}}{\text{mm}^2} \quad \text{und } \sigma_H = \frac{F}{A_H} = \frac{84.175\,\text{N}}{216{,}77\,\text{mm}^2} \approx 388 \frac{\text{N}}{\text{mm}^2}$$

Aufgabe 1.6

a) Zugfestigkeit σ_z im Schnitt $A\text{–}A$:

$$\sigma_z = \frac{F}{A} \quad \text{mit } A = 4 \cdot A_L + 4 \cdot A_{Bl} = 17.200\,\text{mm}^2 + 42.400\,\text{mm}^2 = 59.600\,\text{mm}^2$$
$$\Rightarrow \sigma_z = 142{,}62 \frac{\text{N}}{\text{mm}^2}$$

b) Die Wechselfestigkeit σ_{zW} ergibt sich zu $\sigma_{zW} = S_F \cdot \sigma_z = 2 \cdot 142{,}62\,\text{N/mm}^2 =
285{,}24\,\text{N/mm}^2$, gemäß Tab. 1.5 gewählt: E335GC mit $\sigma_{zW} = 300\,\text{N/mm}^2$.

c) Die Formänderungsarbeit des Verbandes lässt sich nach Gl. (1.11) bestimmen:

$$W_f = \frac{1}{2} \cdot V \cdot \frac{\sigma^2}{E} = \frac{1}{2} \cdot \frac{F^2 \cdot l}{A \cdot E} = \frac{1}{2} \cdot \frac{(8.500.000\,\text{N})^2 \cdot 20.000\,\text{mm}}{59.600\,\text{mm}^2 \cdot 210.000 \frac{\text{N}}{\text{mm}^2}}$$
$$= 57.726.110{,}58\,\text{Nmm} = 57{,}7\,\text{kNm}$$

d) Masse m des Verbandes:

$$m = m_\mathrm{L} + m_\mathrm{Bl} = 4 \cdot m' \cdot l_\mathrm{L} + A_\mathrm{Bl} \cdot l_\mathrm{Bl} \cdot \rho_\mathrm{St}$$

$$= 4 \cdot 33{,}8\,\mathrm{kg/m} \cdot 20\,\mathrm{m} + 42.400\,\mathrm{mm}^2 \cdot 20.000\,\mathrm{mm} \cdot 7{,}85\,\mathrm{kg/dm}^3 \cdot 10^{-6}\,\mathrm{dm}^3/\mathrm{mm}^3$$

$$= 2704\,\mathrm{kg} + 6656{,}8\,\mathrm{kg}$$

$$m = 9360{,}8\,\mathrm{kg}$$

Materialkosten $K_\mathrm{M} = k_\mathrm{L} \cdot m_\mathrm{L} + k_\mathrm{Bl} \cdot m_\mathrm{Bl} = 1{,}80\,\text{€/kg} \cdot 2704\,\mathrm{kg} + 1{,}60\,\text{€/kg} \cdot 6656{,}8\,\mathrm{kg} = 4867{,}2\,\text{€} + 10.650{,}88\,\text{€}$; $K_\mathrm{M} = 4867{,}2\,\text{€} + 10.650{,}88\,\text{€} = 15.518{,}08\,\text{€}$

Aufgabe 1.7

Konstruktion des Dauerfestigkeitsschaubildes (DFS) nach Smith (Abb. 7.1):

Das Smith-Diagramm stellt die Abhängigkeit des Spannungsausschlags σ_a von der Mittelspannung σ_m dar.

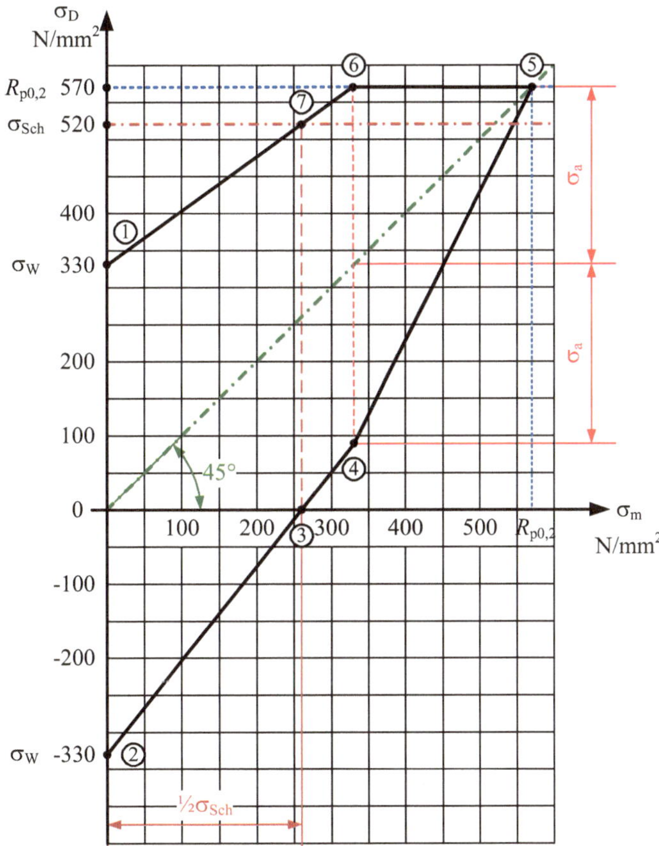

Abb. 7.1 Dauerfestigkeitsschaubild (DFS)

Für die Dauerfestigkeit werden über der Mittelspannung σ_m die Oberspannung $\sigma_o = \sigma_m + \sigma_a$ und die Unterspannung $\sigma_u = \sigma_m - \sigma_a$ aufgetragen. Die Oberspannung σ_o wird durch die Streckgrenze (R_e /$R_{p0,2}$) begrenzt.

Sind die Werte R_e /$R_{p0,2}$ bzw. R_m, σ_{Sch} und σ_W für einen Werkstoff bekannt, kann mit diesen Daten das Smith-Diagramm wie folgt konstruiert werden:

- Koordinatensystem mit der Mittelspannung σ_m (Abzisse) und der Dauerfestigkeit σ_D (Ordinate)
- Vom Ursprung (0;0) eine 45°-Gerade antragen
- Punkt 1: auf der Ordinate $+\sigma_W$ antragen
- Punkt 2: auf der Ordinate $-\sigma_W$ antragen
- Punkt 3: auf der Abzisse $\sigma_m = 1/2\sigma_{Sch}$ antragen
- Punkt 5: Linie $\sigma_m = R_{p0,2}$ und Linie $\sigma_D = R_{p0,2}$ mit der 45°-Geraden zum Schnitt bringen
- Punkt 7: $\sigma_m = 1/2\sigma_{Sch}$ und $\sigma_D = \sigma_{Sch}$
- Punkt 6: Schnittpunkt der Geraden durch 1 und 7 mit der Linie $\sigma_D = R_{p0,2}$
- Punkt 4: Senkrechte unter Punkt 6 mit der Geraden durch 23

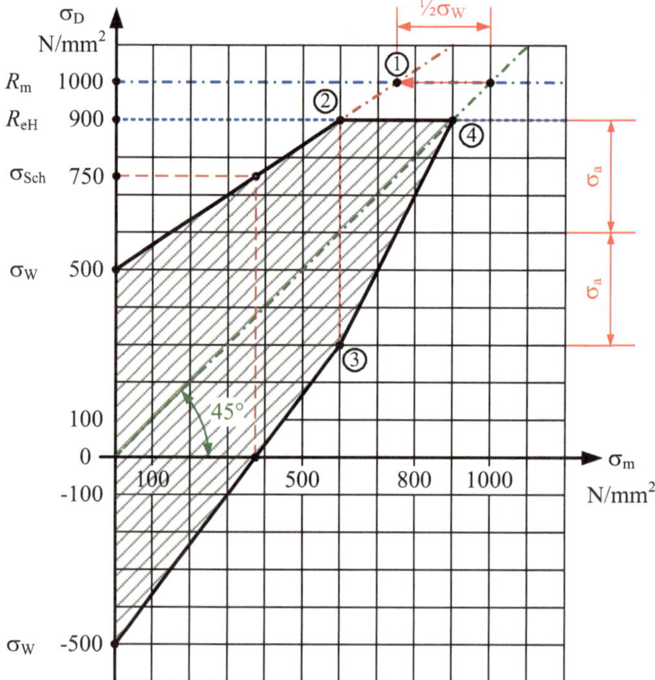

Abb. 7.2 Dauerfestigkeitsschaubild (DFS) für $R_{eH} = 900\,\text{N/mm}^2$; $R_m = 1000\,\text{N/mm}^2$; $\sigma_W = 500\,\text{N/mm}^2$

Aufgabe 1.8

Eine weitere Möglichkeit zur Konstruktion des DFS gegenüber der in Aufgabe 1.7 beschriebenen Vorgehensweise wird im Folgenden gezeigt (Abb. 7.2):

a) Konstruktion des Dauerfestigkeitsschaubildes (DFS) nach Smith:
 - Antragen der gegebenen Kenngrößen $+\sigma_W$, $-\sigma_W$, R_e (R_{eh} oder $R_{p0,2}$), R_m auf der senkrechten σ_D-Achse
 - 45°-Gerade durch den Ursprung legen
 - im Schnittpunkt der 45°-Geraden mit R_m wird $1/2\sigma_W$ in negativer Richtung nach links angetragen (Punkt 1)
 - Punkt 1 mit $+\sigma_W$ auf der σ_D-Achse verbinden, der Schnittpunkt mit der R_{eH}-Geraden ergibt den Punkt 2
 - Abstand Punkt 2 zur 45°-Geraden nach unten abtragen, ergibt den Punkt 3
 - $+\sigma_W$, mit Punkt 2, Punkt 4, Punkt 3 und $-\sigma_W$ verbinden. Der eingeschlossene Bereich begrenzt das Dauerfestigkeitsgebiet. Alle $\sigma_m - \sigma_a$-Kombinationen, die außerhalb dieses Bereiches liegen, führen zum Bruch.

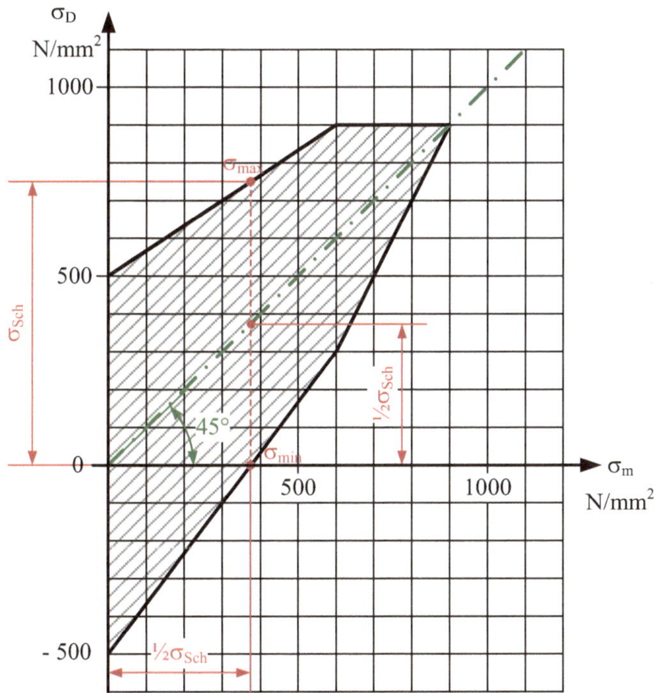

Abb. 7.3 Ermittlung der Schwellfestigkeit σ_{zSch}

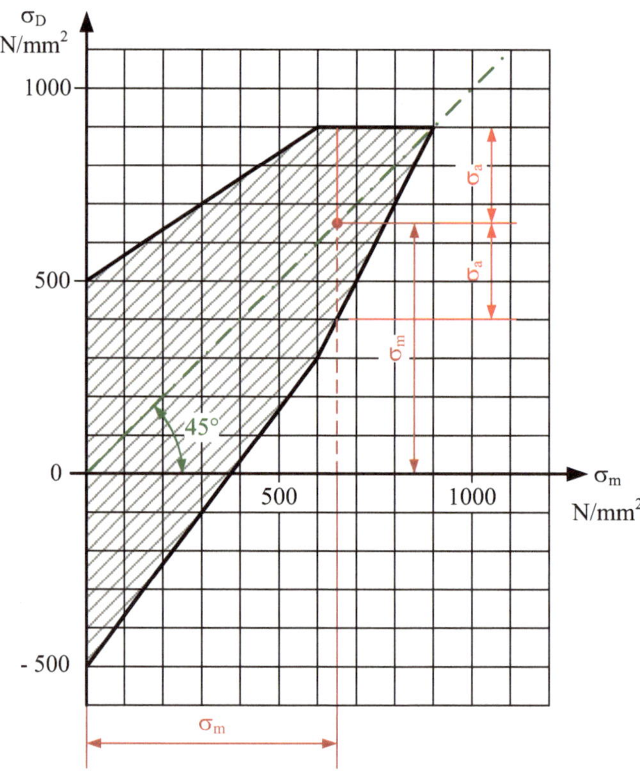

Abb. 7.4 Ermittlung der Ausschlagspannung σ_a aus dem DFS

b) Die Schwellfestigkeit σ_{Sch} (Abb. 7.3) ergibt sich aus der unteren Spannung $\sigma_{min} = 0$, der Mittelspannung $\sigma_m = 1/2\sigma_{Sch}$ und der Oberspannung $\sigma_{max} = \sigma_{Sch}$, sie beträgt $\sigma_{Sch} = 750\,N/mm^2$.

c) Die Ausschlagspannung σ_a (Abb. 7.4) erhält man, indem bei der Mittelspannung $\sigma_m = 650\,N/mm^2$ senkrecht nach oben gelotet wird. Aus dem senkrechten Abstand der R_{eh}-Geraden mit der 45°-Geraden ergibt sich die Ausschlagspannung $\sigma_a = 250\,N/mm^2$. Mit der geforderten Sicherheit $S_D = 2$ folgt daraus $\sigma_{a\,zul} = 125\,N/mm^2$.

Aufgabe 1.9

Hierzu müssen folgende Spannungen bestimmt werden:

Oberspannung σ_o: $\qquad \sigma_o = \dfrac{F_0}{A} = \dfrac{210.000\,N}{(120-40)\,mm \cdot 25\,mm} = 105\,\dfrac{N}{mm^2}$

Unterspannung σ_u: $\qquad \sigma_u = \dfrac{F_u}{A} = \dfrac{90.000\,N}{(120-40)\,mm \cdot 25\,mm} = 45\,\dfrac{N}{mm^2}$

Mittelspannung σ_m: $\qquad \sigma_m = \dfrac{\sigma_0 + \sigma_u}{2} = \dfrac{(105+45)\,\frac{N}{mm^2}}{2} = 75\,\dfrac{N}{mm^2}$

Ausschlagspannung σ_a: $\sigma_a = \dfrac{\sigma_0 - \sigma_u}{2} = \dfrac{(105-45)\,\frac{N}{mm^2}}{2} = 30\,\dfrac{N}{mm^2}$

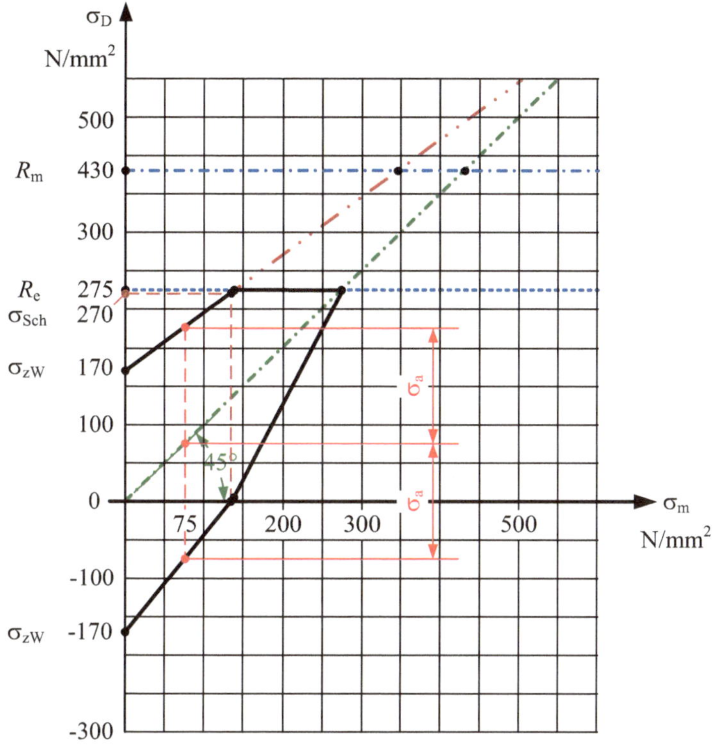

Abb. 7.5 Dauerfestigkeitsschaubild S275JR für Zug/Druck

Aus dem Dauerfestigkeitsschaubild (DFS, Abb. 7.5) ergibt sich für $\sigma_\mathrm{m} = 75\,\mathrm{N/mm^2}$ eine Ausschlagsspannung $\sigma_{\mathrm{a\,DFS}} = 150\,\mathrm{N/mm^2}$. Mit diesem Wert und der berechneten Ausschlagspannung $\sigma_\mathrm{a} = 30\,\mathrm{N/mm^2}$ errechnet sich die vorhandene Sicherheit $S_\mathrm{D\,vorh}$ zu:

$$S_\mathrm{D\,vorh} = \frac{\sigma_\mathrm{a\,DFS}}{\sigma_\mathrm{a}} = \frac{150\,\frac{\mathrm{N}}{\mathrm{mm^2}}}{30\,\frac{\mathrm{N}}{\mathrm{mm^2}}} = 5,\ \text{gegenüber einer geforderten Sicherheit } SD = 2\ldots4.$$

Aufgabe 1.10

a) Der benötigte Querschnitt A berechnet sich aus

$$\sigma = \frac{F}{A} \Rightarrow A = \frac{F}{\sigma} = \frac{100.000\,\mathrm{N}}{125\,\frac{\mathrm{N}}{\mathrm{mm^2}}} = 800\,\mathrm{mm^2}\ \text{und damit}$$

der Durchmesser $d = \sqrt{\frac{4\cdot A}{\pi}} = \sqrt{\frac{4\cdot800\,\mathrm{mm^2}}{\pi}} = 31,91\,\mathrm{mm}$, gewählt $d = 32\,\mathrm{mm}$

b) Die Sicherheit gegen Dauerbruch ergibt sich, da es sich um eine rein wechselnde Beanspruchung handelt zu

$$S_\mathrm{D} = \frac{\sigma_\mathrm{W}}{\sigma_\mathrm{vorh}} = \frac{400\,\frac{\mathrm{N}}{\mathrm{mm^2}}}{125\,\frac{\mathrm{N}}{\mathrm{mm^2}}} = 3,2$$

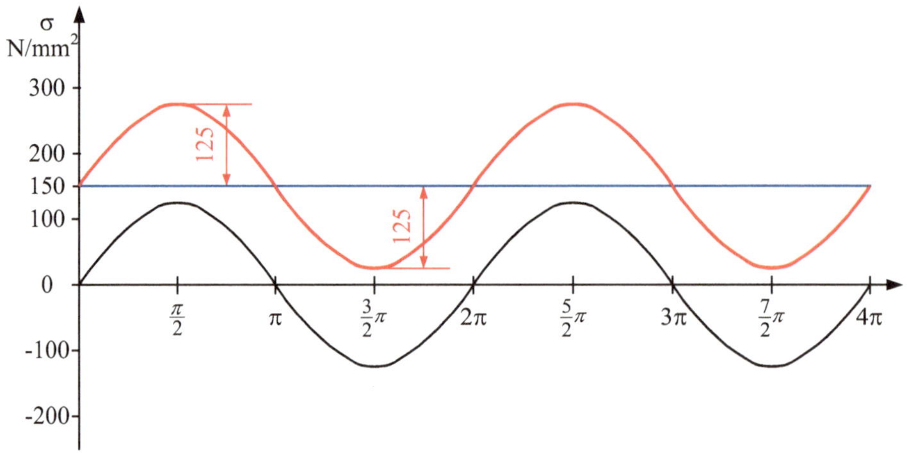

Abb. 7.6 Zeitlicher Spannungsverlauf

c) Die konstant wirkende Kraft verschiebt die Spannungskurve um
$\sigma = \frac{F}{A} = \frac{120.000\,\text{N}}{\frac{32^2\,\text{mm}^2 \cdot \pi}{4}} \approx 150\,\frac{\text{N}}{\text{mm}^2}$ in den Zugbereich. Mit einer um $150\,\text{N/mm}^2$ aus der Nulllage nach oben verschobenen Spannungskurve (Abb. 7.6) mit der Amplitude (Ausschlagspannung σ_a) von $\sigma_\text{a} = 125\,\text{N/mm}^2$.

Zur Bestimmung der maximal ertragbaren Ausschlagspannung ist hierfür ein Dauerfestigkeitsschaubild aus den gegebenen Werten $R_\text{m} = 1000\,\text{N/mm}^2$; $R_\text{p0,2} = 680\,\text{N/mm}^2$; $\sigma_\text{Sch} = 640\,\text{N/mm}^2$ und $\sigma_\text{W} = 400\,\text{N/mm}^2$ zu konstruieren.

Als ertragbare Amplitude bei einer Mittelspannung von $\sigma_\text{m} = 150\,\text{N/mm}^2$ (Punkt A, Abb. 6.7) wird ein Wert $\sigma_\text{a zul} = 362{,}5\,\text{N/mm}^2$ abgelesen.

Die Sicherheit gegen Dauerbruch kann mit folgenden Annahmen bestimmt werden:

Annahme 1:   Nur die zeitlich veränderten Anteile der Belastung werden betrachtet. Bei einer Mittelspannung von $\sigma_\text{m} = 125\,\text{N/mm}^2$ (Punkt B, Abb. 7.7) wird ein Wert $\sigma_\text{a zul} = 370\,\text{N/mm}^2$ abgelesen. Damit ergibt sich

$$S_\text{D} = \frac{\sigma_\text{a zul}}{\sigma_\text{vorh}} = \frac{370\,\frac{\text{N}}{\text{mm}^2}}{125\,\frac{\text{N}}{\text{mm}^2}} = 2{,}96$$

Annahme 2:   Bei einer Mittelspannung $\sigma_\text{m} = 275\,\text{N/mm}^2$ (Punkt C, Abb. 7.7) aus zeitlichem und konstanten Wert wird $\sigma'_\text{a zul} = 335{,}5\,\text{N/mm}^2$ abgelesen. Damit ergibt sich

$$S'_\text{D} = \frac{\sigma'_\text{a zul}}{\sigma_\text{vorh}} = \frac{335{,}5\,\frac{\text{N}}{\text{mm}^2}}{125\,\frac{\text{N}}{\text{mm}^2}} = 2{,}68$$

Die Sicherheit gegen Fließen beträgt $S_\text{F} = \frac{R_\text{p0,2}}{\sigma_\text{m}} = \frac{680\,\frac{\text{N}}{\text{mm}^2}}{275\,\frac{\text{N}}{\text{mm}^2}} = 2{,}47$.

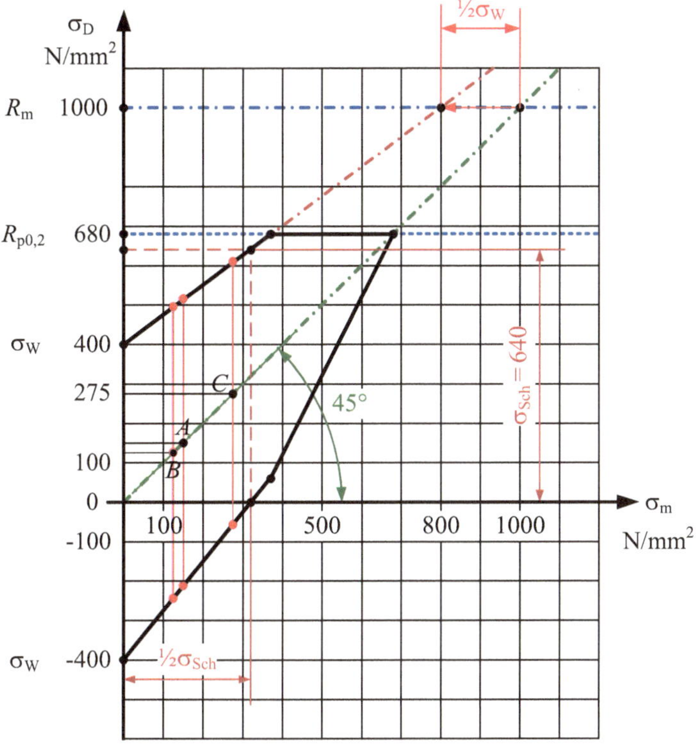

Abb. 7.7   DFS

7.2   Lösungshinweise zu Kapitel 2

7.2.1   Lösungshinweise zu Abschnitt 2.1

Aufgabe 2.1.1

Es handelt sich um eine reine Zugbeanspruchung.

a)   Die Zugspannung in den Querschnitten berechnet sich zu:

$$\sigma_{A-A} = \frac{F}{A_{A-A}} = \frac{F}{a_{A-A}^2 - \frac{d_{A-A}^2 \cdot \pi}{4}} = \frac{125.000\,\text{N}}{60^2\,\text{mm}^2 - \frac{30^2\,\text{mm}^2 \cdot \pi}{4}} = 43{,}21\,\frac{\text{N}}{\text{mm}^2}$$

$$\sigma_{B-B} = \frac{F}{A_{B-B}} = \frac{F}{a_{B-B}^2 - \frac{d_{B-B}^2 \cdot \pi}{4}} = \frac{125.000\,\text{N}}{40^2\,\text{mm}^2 - \frac{24^2\,\text{mm}^2 \cdot \pi}{4}} = 108{,}92\,\frac{\text{N}}{\text{mm}^2}$$

b) Gefährdet ist der Querschnitt $B{-}B$, da dort die größte Zugspannung auftritt:

$$F = A_{B-B} \cdot \sigma_{zul} = \left(a_{B-B}^2 - \frac{d_{B-B}^2 \cdot \pi}{4} \right) \cdot \sigma_{zul}$$

$$= \left(40^2 \, \text{mm}^2 - \frac{24^2 \, \text{mm}^2 \cdot \pi}{4} \right) \cdot 180 \, \frac{\text{N}}{\text{mm}^2} = 206.570 \, \text{N}$$

Aufgabe 2.1.2

Da Stahlkern und Kunststoffummantelung fest miteinander verbunden sind, handelt es sich um eine Parallelschaltung. Für die Kraft F bei der Parallelschaltung gilt:

$$F = F_K + F_{Um} = E_K \cdot \varepsilon_K \cdot A_K + E_{Um} \cdot \varepsilon_{Um} \cdot A_{Um} \quad \text{mit } \varepsilon_K = \varepsilon_{Um} = \varepsilon = \Delta l / l$$

$$F = \frac{\Delta l}{l} \left(E_K \cdot A_K + E_{Um} \cdot A_{Um} \right) \Rightarrow \Delta l = \frac{F \cdot l}{\left(E_K \cdot A_K + E_{Um} \cdot A_{Um} \right)}$$

$$\Delta l = \frac{1.500.000 \, \text{N} \cdot 100.000 \, \text{mm}}{\left(210.000 \, \frac{\text{N}}{\text{mm}^2} \cdot 60^2 \, \text{mm}^2 \cdot \frac{\pi}{4} + 12.000 \, \frac{\text{N}}{\text{mm}^2} \cdot \frac{\pi}{4} \left(65^2 - 60^2 \right) \text{mm}^2 \right)} = 250{,}15 \, \text{mm}$$

Zugspannung im Stahlkern:

$$\sigma_K = E_K \cdot \varepsilon = E_K \cdot \frac{\Delta l}{l} = 210.000 \, \frac{\text{N}}{\text{mm}^2} \cdot \frac{250{,}15 \, \text{mm}}{100.000 \, \text{mm}} = 525{,}32 \, \frac{\text{N}}{\text{mm}^2}$$

Zugspannung in der Kunststoffummantelung:

$$\sigma_{Um} = E_{Um} \cdot \varepsilon = E_{Um} \cdot \frac{\Delta l}{l} = 12.000 \, \frac{\text{N}}{\text{mm}^2} \cdot \frac{250{,}15 \, \text{mm}}{100.000 \, \text{mm}} = 30 \, \frac{\text{N}}{\text{mm}^2}$$

Aufgabe 2.1.3

Die Schweißnaht unter dem Winkel β wird durch eine Normal- und Tangentialspannung beansprucht. Anwendung der Gl. (2.7) und (2.8).

Normalspannung σ

$$\sigma = \sigma_0 \cdot \cos^2 \alpha = \frac{F}{A_0} \cdot \cos^2 (90° - \beta) = \frac{180.000 \, \text{N}}{40 \, \text{mm} \cdot 30 \, \text{mm}} \cdot \cos^2 (90° - 35°)$$

$$= 49{,}35 \, \frac{\text{N}}{\text{mm}^2}$$

Tangentialspannung τ

$$\tau = \frac{1}{2} \cdot \sigma_0 \cdot \sin 2\alpha = \frac{1}{2} \cdot \frac{F}{A_0} \sin 2 \, (90° - \beta) = \frac{1}{2} \cdot \frac{180.000 \, \text{N}}{40 \, \text{mm} \cdot 30 \, \text{mm}} \cdot \sin 2 (90° - 35°)$$

$$= 70{,}5 \, \frac{\text{N}}{\text{mm}^2}$$

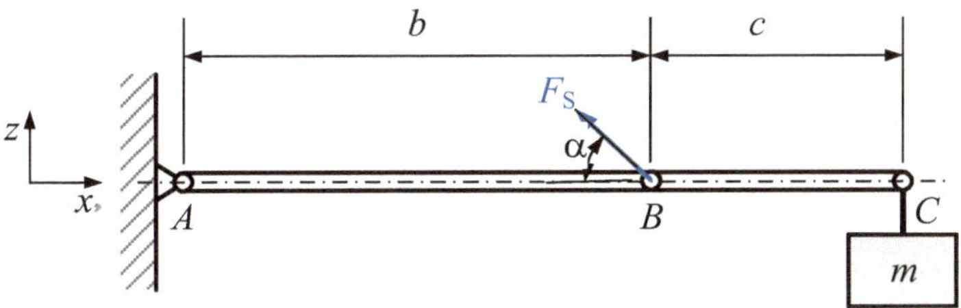

Abb. 7.8 Kräfte am Tragarm

Aufgabe 2.1.4

a) Bestimmung der Stabkraft F_S (Abb. 7.8):

$$\sum M_A = F_S \cdot \sin\alpha \cdot b - m \cdot g(b+c) = 0$$

$$\Rightarrow \tan\alpha = \frac{a}{b} \Rightarrow \alpha = \arctan\frac{a}{b} \Rightarrow \alpha = 41{,}63°$$

$$F_S = \frac{m \cdot g}{\sin\alpha} \cdot \frac{(b+c)}{b} = 2{,}51 \cdot m \cdot g = 24{,}61 \cdot m \cdot \left(\frac{\mathrm{m}}{\mathrm{s}^2}\right)$$

b) Zulässige Masse m:

$$\sigma = \frac{F}{A} = \frac{R_m}{S_B}, \; F_S = R_m \cdot \frac{A}{S_B} \quad \text{mit} \quad A = \frac{\pi}{4}\left(d_a^2 - d_i^2\right) = 863{,}94\,\mathrm{mm}^2$$

$$m = R_m \cdot \frac{A}{S_B} \cdot \frac{\sin\alpha}{g} \cdot \frac{b}{b+c} = 0{,}0406 \cdot R_m \cdot \frac{A}{S_B} = 8951{,}2\,\mathrm{kg}$$

c) Zulässige Masse m^*:

$$\Delta l = \frac{F_S \cdot l}{A \cdot E} \Rightarrow F_S = \frac{\Delta l \cdot A \cdot E}{l} = \frac{\Delta l \cdot A \cdot E}{\sqrt{a^2 + b^2}} = 120.534\,\mathrm{N}$$

$$m^* = \frac{F_S \cdot \sin\alpha \cdot b}{g(b+c)} = 4897{,}42\,\mathrm{kg}$$

d) $K_M = m \cdot k_{St} = 8951{,}2\,\mathrm{kg} \cdot 1{,}60\,\text{€/kg} = 14.321{,}92\,\text{€}$

Aufgabe 2.1.5

a) Spannungsverlauf $\sigma(x)$ über der Stablänge l:

An einem Volumenelement $dV = A \cdot dx$ greift die Gewichtskraft $dF_G = dm \cdot g = dV \cdot \rho \cdot g = \rho \cdot g \cdot A \cdot dx$ an, damit gilt: $\frac{dF_G}{dx} = q(x) = \rho \cdot g \cdot A =$ Streckenlast.

Da die Querschnittsfläche A konstant ist, gilt für den Spannungsverlauf $\sigma(x)$:

$$A \cdot \frac{d\sigma}{dx} = -\rho \cdot g \cdot A \Rightarrow d\sigma = -\rho \cdot g \cdot dx \Rightarrow \sigma = -\int \rho \cdot g \cdot dx = -\rho \cdot g \cdot x + C.$$

Mit der Randbedingung $\sigma(x=l) \cdot A = m \cdot g = (-\rho \cdot g \cdot l + C) \cdot A \Rightarrow C = \rho \cdot g \cdot l + m \cdot g/A$ und dem Spannungsverlauf:

$$\sigma(x) = -\rho \cdot g \cdot x + \rho \cdot g \cdot l + m \cdot g/A = \rho \cdot g \cdot (l-x) + m \cdot g/A$$

$$= \rho \cdot g \cdot l \cdot [1 - (x/l)] + m \cdot g/A$$

b) Spannung an der Einspannstelle (1):

$$\sigma_1 = \rho \cdot g \cdot l + \frac{m \cdot g}{A} = 7850 \,\frac{\mathrm{kg}}{\mathrm{m}^3} \cdot 9{,}81 \,\frac{\mathrm{m}}{\mathrm{s}^2} \cdot 12{,}5 \,\mathrm{m} \cdot 10^{-6} \,\frac{\mathrm{m}^2}{\mathrm{mm}^2} + \frac{250 \,\mathrm{kg} \cdot 9{,}81 \,\frac{\mathrm{m}}{\mathrm{s}^2}}{\frac{30^2 \,\mathrm{mm}^2 \cdot \pi}{4}}$$

$$= 4{,}43 \,\frac{\mathrm{N}}{\mathrm{mm}^2}$$

c) Längenänderung Δl:

Die Dehnung ε ergibt sich zu:

$$\varepsilon(x) = \frac{\sigma(x)}{E} = \frac{\rho \cdot g \cdot l}{E}\left(1 - \frac{x}{l}\right) + \frac{m \cdot g}{E \cdot A}$$

$$\Rightarrow \Delta l = \int\limits_{x=0}^{x=l} \varepsilon(x)\,dx = \frac{l \cdot g}{E \cdot A}\left(\frac{1}{2} \cdot \rho \cdot l \cdot A + m\right)$$

$$\Delta l$$
$$= \frac{12.500 \,\mathrm{mm} \cdot 9{,}81 \,\frac{\mathrm{m}}{\mathrm{s}^2}}{210.000 \,\frac{\mathrm{N}}{\mathrm{mm}^2} \cdot \frac{30^2 \,\mathrm{mm}^2 \cdot \pi}{4}}\left(\frac{1}{2} \cdot 7850 \,\frac{\mathrm{kg}}{\mathrm{m}^3} \cdot 12{,}5 \,\mathrm{m} \cdot \frac{30^2 \,\mathrm{mm}^2 \cdot \pi \cdot 10^{-6} \,\mathrm{m}^2}{4 \,\mathrm{mm}^2} + 250 \,\mathrm{kg}\right)$$

$$= 0{,}235 \,\mathrm{mm}$$

Aufgabe 2.1.6

a) Das Seil reißt am höchsten Punkt, infolge des Eigengewichtes und bei Überschreiten der Bruchfestigkeit. Es muss gelten:

$$R_{\mathrm{m\,erf}} \geq \sigma = \frac{F_G}{A} = \frac{m \cdot g}{A} = \frac{l \cdot m' \cdot g}{A} = \frac{1200 \,\mathrm{m} \cdot 22{,}2 \,\frac{\mathrm{kg}}{\mathrm{m}} \cdot 9{,}81 \,\frac{\mathrm{m}}{\mathrm{s}^2} \cdot \mathrm{N}}{2830 \,\mathrm{mm}^2 \,\frac{\mathrm{kg \cdot m}}{\mathrm{s}^2}}$$

$$= 92{,}35 \,\frac{\mathrm{N}}{\mathrm{mm}^2}$$

b) Zugfestigkeit des Stahles $R_{\mathrm{m}} = 1200 \,\mathrm{N/mm}^2$. Vorstehende Gleichung nach l auflösen:

$$l = \frac{R_{\mathrm{m}} \cdot A}{m' \cdot g} = \frac{1200 \,\frac{\mathrm{N}}{\mathrm{mm}^2} \cdot 2830 \,\mathrm{mm}^2}{22{,}2 \,\frac{\mathrm{kg}}{\mathrm{m}} \cdot 9{,}81 \,\frac{\mathrm{m}}{\mathrm{s}^2} \cdot \frac{\mathrm{N \cdot s}^2}{\mathrm{kg \cdot m}}} = 15.594 \,\mathrm{m}$$

c) Die Sicherheit gegen Bruch soll das Seilgewicht der Länge von $750 \,\mathrm{m}$ einschließen. Aus $S_{\mathrm{B}} = 10$ ergibt sich:

$$\sigma_{\mathrm{zul}} = \frac{R_{\mathrm{m}}}{S_{\mathrm{B}}} = \frac{1200 \,\frac{\mathrm{N}}{\mathrm{mm}^2}}{10} = 120 \,\frac{\mathrm{N}}{\mathrm{mm}^2} = \frac{F_G + F_{\mathrm{max}}}{A} = \frac{l \cdot m' \cdot g + F_{\mathrm{max}}}{A}$$

$$F_{\mathrm{max}} = \sigma_{\mathrm{zul}} \cdot A - l \cdot m' \cdot g$$

$$= 120 \,\frac{\mathrm{N}}{\mathrm{mm}^2} \cdot 2830 \,\mathrm{mm}^2 - 750 \,\mathrm{m} \cdot 22{,}2 \,\frac{\mathrm{kg}}{\mathrm{m}} \cdot 9{,}81 \,\frac{\mathrm{m}}{\mathrm{s}^2} \cdot \frac{\mathrm{N \cdot s}^2}{\mathrm{kg \cdot m}}$$

$$= 176.263{,}5 \,\mathrm{N}$$

Dies entspricht einer Masse $m = 17.968 \,\mathrm{kg}$.

Aufgabe 2.1.7

Für die Dehnung unter mechanischer und thermischer Beanspruchung gilt:

$$\varepsilon_{ges} = \varepsilon_{mech} + \varepsilon_{therm} = \frac{\sigma}{E} + \alpha \cdot \Delta\vartheta = \frac{F}{A \cdot E} + \alpha \cdot \Delta\vartheta$$

F ist entgegengesetzt gerichtet, damit wird $\varepsilon_{ges} = -\dfrac{\sigma}{E} + \alpha \cdot \Delta\vartheta = -\dfrac{F}{A \cdot E} + \alpha \cdot \Delta\vartheta$

Die Länge des Stabes ändert sich nicht, wenn $\varepsilon_{ges} = 0$ ist $\Rightarrow$

$$F = A \cdot E \cdot \alpha \cdot \Delta\vartheta = 60\,\text{mm}^2 \cdot 70.000\,\frac{\text{N}}{\text{mm}^2} \cdot 2{,}4 \cdot 10^{-5}\,\text{K}^{-1} \cdot 125\,\text{K} = 12.600\,\text{N}$$

Aufgabe 2.1.8

a) Spannungen σ und Pressdruck p:

Im montierten Zustand ist der Radius von Rohr 1 um Δd_1 größer und der Radius von Rohr 2 um Δd_2 kleiner. Es muss gelten: $\delta = \Delta d_1 + \Delta d_2$ mit $\varepsilon_1 = \frac{\Delta d_1}{d_1}$ und $\varepsilon_2 = \frac{-\Delta d_2}{d_2}$.

Für die Spannungen folgt: $\sigma_1 = E \cdot \varepsilon_1 = E \cdot \frac{\Delta d_1}{d_1}$, $\sigma_2 = E \cdot \varepsilon_2 = -E \cdot \frac{\Delta d_2}{d_2}$

Beide Rohre werden durch den gleichen Pressdruck belastet, wobei der Pressdruck bei Rohr 1 auf der Innenseite anliegt und nach außen gerichtet ist und bei Rohr 2 auf der Außenseite anliegt und nach innen gerichtet ist. Für die Spannungen gilt auch die Kesselformel:

$$\sigma_1 = \frac{p \cdot d_1}{2 \cdot s_1}, \sigma_2 = \frac{p \cdot d_2}{2 \cdot s_2} \Rightarrow p = \frac{2 \cdot s_1 \cdot \sigma_1}{d_1} = -\frac{2 \cdot s_2 \cdot \sigma_2}{d_2}$$

Einsetzen der Beziehungen für die Spannungen ergibt:

$$2E\frac{\Delta d_1}{d_1^2}s_1 = 2E\frac{\Delta d_2}{d_2^2}s_2 \Rightarrow \frac{\Delta d_1}{d_1^2}s_1 = \frac{\Delta d_2}{d_2^2}s_2 \Rightarrow \Delta d_1 = \frac{s_2}{s_1}\left(\frac{d_1}{d_2}\right)^2 \cdot \Delta d_2$$

Einsetzen in $\delta = \Delta d_1 + \Delta d_2 \Rightarrow$

$$\delta = \left[\frac{s_2}{s_1}\left(\frac{d_1}{d_2}\right)^2 + 1\right]\Delta d_2 \Rightarrow \Delta d_2 = \frac{\delta}{\frac{s_2}{s_1}\left(\frac{d_1}{d_2}\right)^2 + 1}\quad\text{und}$$

$$\Delta d_1 = \frac{\delta}{\frac{s_2}{s_1}\left(\frac{d_1}{d_2}\right)^2 + 1} \cdot \frac{s_2}{s_1}\left(\frac{d_1}{d_2}\right)^2$$

$$\frac{s_2}{s_1}\left(\frac{d_1}{d_2}\right)^2 = \frac{10\,\text{mm}}{10\,\text{mm}}\left(\frac{140\,\text{mm}}{120\,\text{mm}}\right)^2 = 1{,}361$$

$$\Delta d_2 = \frac{0{,}15\,\text{mm}}{1{,}361 + 1} = 0{,}0635\,\text{mm} \quad\text{und}\quad \Delta d_1 = 1{,}361 \cdot 0{,}0635\,\text{mm} = 0{,}0865\,\text{mm}$$

$\delta = 0{,}0865\,\text{mm} + 0{,}0635\,\text{mm} = 0{,}15\,\text{mm}$ (Kontrolle)

Spannungen σ_1 und σ_2 und Pressdruck p:

$$\sigma_1 = E \cdot \varepsilon_1 = E \cdot \frac{\Delta d_1}{d_1} = 210.000\,\frac{\text{N}}{\text{mm}^2} \cdot \frac{0{,}0865\,\text{mm}}{140\,\text{mm}} = 129{,}75\,\frac{\text{N}}{\text{mm}^2}$$

$$\sigma_2 = E \cdot \varepsilon_2 = -E \cdot \frac{\Delta d_2}{d_2} = -210.000\,\frac{\text{N}}{\text{mm}^2} \cdot \frac{0{,}0635\,\text{mm}}{120\,\text{mm}} = -111{,}125\,\frac{\text{N}}{\text{mm}^2}$$

$$p = \frac{2 \cdot s_1 \cdot \sigma_1}{d_1} = \frac{2 \cdot 10\,\text{mm} \cdot 129{,}75\,\frac{\text{N}}{\text{mm}^2}}{140\,\text{mm}} \approx 18{,}5\,\frac{\text{N}}{\text{mm}^2}$$

$$p = \frac{2 \cdot s_2 \cdot \sigma_2}{d_2} = \frac{2 \cdot 10\,\text{mm} \cdot 111{,}125\,\frac{\text{N}}{\text{mm}^2}}{120\,\text{mm}} \approx 18{,}5\,\frac{\text{N}}{\text{mm}^2} \quad \text{(Kontrolle)}$$

b) Temperaturerhöhung

Zum Montieren muss der Durchmesser des Rohres 1 um den Betrag δ vergrößert werden, d. h.

$$\varepsilon = \frac{\delta}{d_1} = \alpha \cdot \Delta\vartheta \;\Rightarrow\; \Delta\vartheta = \frac{\delta}{\alpha \cdot d_1} = \frac{0{,}15\,\text{mm}}{1{,}2 \cdot 10^{-5}\,\text{K}^{-1} \cdot 140\,\text{mm}} \approx 90\,\text{K}$$

Aufgabe 2.1.9

a) Es gilt die Bedingung $\Delta l = 0 = \Delta l_{\text{therm}} + \Delta l_{\text{mech}} + \Delta l_{\text{Feder}} = l \cdot \alpha \cdot \Delta\vartheta - \frac{F \cdot l}{E \cdot A} - \frac{F}{c}$

$$\Delta\vartheta = \frac{F}{l \cdot \alpha}\left(\frac{l}{E \cdot A} + \frac{1}{c}\right) = F\frac{E \cdot A + c \cdot l}{E \cdot A \cdot c \cdot l \cdot \alpha}, \quad \text{für die Fließgrenze gilt:}$$

$$\sigma_{\text{F}} = \frac{F}{A} \;\Rightarrow\; F = \sigma_{\text{F}} \cdot A = R_{\text{e}} \cdot A$$

mit $A = B \cdot H - b \cdot h = 60\,\text{mm} \cdot 100\,\text{mm} - 52\,\text{mm} \cdot 92\,\text{mm} = 1216\,\text{mm}^2$

$$\Delta\vartheta = R_{\text{e}}\frac{E \cdot A + c \cdot l}{E \cdot c \cdot l \cdot \alpha}$$

$$= 235\,\frac{\text{N}}{\text{mm}^2} \cdot \frac{2{,}1 \cdot 10^5\,\frac{\text{N}}{\text{mm}^2} \cdot 1216\,\text{mm}^2 + 125.000\,\frac{\text{N}}{\text{mm}} \cdot 2000\,\text{mm}}{2{,}1 \cdot 10^5\,\frac{\text{N}}{\text{mm}^2} \cdot 125.000\,\frac{\text{N}}{\text{mm}} \cdot 2000\,\text{mm} \cdot 1{,}2 \cdot 10^{-5}\,\text{K}^{-1}}$$

$$= 188{,}5\,\text{K}$$

b) Aufgrund der Einspannung handelt es sich um den Eulerfall 1 mit $l_{\text{K}} = 2l$

$$F_{\text{K}} = \frac{\pi^2 \cdot E \cdot I_{\min}}{l_{\text{K}}^2} = \frac{1}{4}\frac{\pi^2 \cdot E \cdot I_{\min}}{l^2} \quad \text{und}$$

$$\Delta\vartheta = F_{\text{K}}\frac{E \cdot A + c \cdot l}{E \cdot A \cdot c \cdot l \cdot \alpha} = \frac{\pi^2 \cdot I_{\min}}{4 \cdot l^2} \cdot \frac{E \cdot A + c \cdot l}{A \cdot c \cdot l \cdot \alpha}$$

$$I_{\min} = \frac{B \cdot H^3 - b \cdot h^3}{12} = \frac{100 \cdot 60^3\,\text{mm}^4 - 92 \cdot 52^3\,\text{mm}^4}{12} = 722.005{,}33\,\text{mm}^4$$

$$\Delta\vartheta = \frac{\pi^2 \cdot 722.005{,}33\,\text{mm}^4}{4 \cdot 2000^2\,\text{mm}^2} \cdot \frac{2{,}1 \cdot 10^5\,\frac{\text{N}}{\text{mm}^2} \cdot 1216\,\text{mm}^2 + 125.000\,\frac{\text{N}}{\text{mm}} \cdot 2000\,\text{mm}}{1216\,\text{mm}^2 \cdot 125.000\,\frac{\text{N}}{\text{mm}} \cdot 2000\,\text{mm} \cdot 1{,}2 \cdot 10^{-5}\,\text{K}^{-1}}$$

$$= 61{,}7\,\text{K}$$

Abb. 7.9 Kräfte am Bauteil

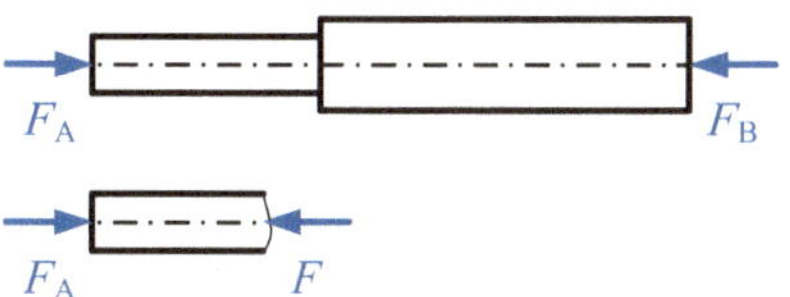

Aufgabe 2.1.10

a) Horizontale Lagerkräfte F_A und F_B (Abb. 7.9):

$$\sum F = 0 : F_\mathrm{A} - F_\mathrm{B} = 0 \Rightarrow F_\mathrm{A} = F_\mathrm{B}; \quad F_\mathrm{A} - F = 0 \Rightarrow F_\mathrm{A} = F$$

$$\Delta l_1 = \Delta l_{\mathrm{th}\,1} - \Delta l_{\mathrm{el}\,1} = \alpha \cdot l_1 \cdot \Delta\vartheta - \frac{F \cdot l_1}{E \cdot A_1} \quad \text{und}$$

$$\Delta l_2 = \Delta l_{\mathrm{th}\,2} - \Delta l_{\mathrm{el}\,2} = \alpha \cdot l_2 \cdot \Delta\vartheta - \frac{F \cdot l_2}{E \cdot A_2}$$

Es gilt die Bedingung: $\Delta l = \Delta l_1 + \Delta l_2 = 0$

$$\alpha \cdot l_1 \cdot \Delta\vartheta - \frac{F \cdot l_1}{E \cdot A_1} + \alpha \cdot l_2 \cdot \Delta\vartheta - \frac{F \cdot l_2}{E \cdot A_2} = 0 \Rightarrow F = \frac{\alpha \cdot \Delta\vartheta\,(l_1 + l_2)}{\frac{l_1}{E \cdot A_1} + \frac{l_2}{E \cdot A_2}}$$

$$F = F_\mathrm{A} = F_\mathrm{B} = \frac{1{,}2 \cdot 10^{-5}\,\mathrm{K}^{-1}\,(375 - 293)\,\mathrm{K}\,(400 + 600)\,\mathrm{mm}}{\frac{400\,\mathrm{mm}\cdot\mathrm{mm}^2}{2{,}1\cdot 10^5\,\mathrm{N}\cdot 25^2\,\mathrm{mm}^2} + \frac{600\,\mathrm{mm}\cdot\mathrm{mm}^2}{2{,}1\cdot 10^5\,\mathrm{N}\cdot 30^2\,\mathrm{mm}^2}} = 158.143\,\mathrm{N}$$

b) Verschiebung des Punktes C (Abb. 7.10):

$$w_\mathrm{C} = \Delta l_1 = \alpha \cdot l_1 \cdot \Delta\vartheta - \frac{F \cdot l_1}{E \cdot A_1} = \alpha \cdot l_1 \cdot \Delta\vartheta - \frac{\alpha \cdot \Delta\vartheta\,(l_1 + l_2)}{\frac{l_1}{E \cdot A_1} + \frac{l_2}{E \cdot A_2}} \cdot \frac{l_1}{E \cdot A_1}$$

$$= \alpha \cdot l_1 \cdot l_2 \Delta\vartheta \cdot \frac{A_1 - A_2}{l_1 \cdot A_2 + l_2 \cdot A_1}$$

$w_\mathrm{C} = -0{,}088\,\mathrm{mm}$; d. h. der Punkt C verschiebt sich nach links

c) Spannungen in 1 und 2:

$$\sigma_1 = \frac{F}{A_1} = \frac{158.143\,\mathrm{N}}{25^2\,\mathrm{mm}^2} = 253\,\frac{\mathrm{N}}{\mathrm{mm}^2}$$

$$\sigma_2 = \frac{F}{A_2} = \frac{158.143\,\mathrm{N}}{30^2\,\mathrm{mm}^2} = 175{,}71\,\frac{\mathrm{N}}{\mathrm{mm}^2}$$

Abb. 7.10 Verschiebung des Punktes C

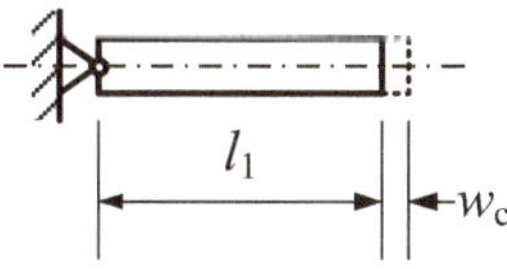

Aufgabe 2.1.11

a) Berechnung der Schubspannung τ_a (zweischnittige Verbindung):

$$\tau_a = \frac{F}{2 \cdot A} = \frac{F}{2 \cdot \frac{\pi}{4} d^2} = \frac{2 \cdot F}{\pi \cdot d^2}$$

Festigkeitsbedingung: $\tau_a \leq \tau_{a\,\text{zul}}$: $\quad \tau_a = \dfrac{2 \cdot F}{\pi \cdot d^2} = \dfrac{\tau_{aB}}{S_B}$

Damit folgt für den Durchmesser d:

$$d = \sqrt{\frac{2 \cdot F \cdot S_B}{\pi \cdot \tau_{aB}}} = \sqrt{\frac{2 \cdot 50.000\,\text{N} \cdot 2}{\pi \cdot 160\,\frac{\text{N}}{\text{mm}^2}}} = 19{,}94\,\text{mm}, \ \text{gewählt } d = 20\,\text{mm}$$

b) Die maximale Flächenpressung p tritt in der mittleren Fläche auf.

$$p = \frac{F}{b \cdot d} = \frac{50.000\,\text{N}}{30\,\text{mm} \cdot 20\,\text{mm}} = 83{,}33\,\frac{\text{N}}{\text{mm}^2}$$

Aufgabe 2.1.12

Anwendung der Kesselformeln Gln. (2.21) und (2.22): $\sigma_t = \frac{p_i \cdot r}{s}$ und $\sigma_a = \frac{p_i \cdot r}{2 \cdot s}$

a) Spannungen im Behälter:

Spannungen für den zylindrischen Behälterteil:

$$\sigma_t = \frac{p_i \cdot r}{s} = \frac{0{,}8\,\frac{\text{N}}{\text{mm}^2} \cdot 750\,\text{mm}}{8\,\text{mm}} = 75\,\frac{\text{N}}{\text{mm}^2} \ \text{und} \ \sigma_a = \frac{p_i \cdot r}{2 \cdot s}$$

$$= \frac{0{,}8\,\frac{\text{N}}{\text{mm}^2} \cdot 750\,\text{mm}}{2 \cdot 8\,\text{mm}} = 37{,}5\,\frac{\text{N}}{\text{mm}^2}$$

Spannung für den halbkugelförmigen Behälterteil:

$$\sigma_a = \frac{p_i \cdot r}{2 \cdot s} = \frac{0{,}8\,\frac{\text{N}}{\text{mm}^2} \cdot 750\,\text{mm}}{2 \cdot 8\,\text{mm}} = 37{,}5\,\frac{\text{N}}{\text{mm}^2}$$

b) Materialkosten K

$$K_M = (A_{\text{Kugel}} \cdot s + A_{\text{Zyl}} \cdot s) \cdot \rho \cdot k_{\text{St}} = (d + l) \cdot d \cdot \pi \cdot s \cdot \rho \cdot k_{\text{St}}$$

$$K_M = (1500 + 2500)\,\text{mm} \cdot 1500\,\text{mm} \cdot \pi \cdot 8\,\text{mm} \cdot 7{,}85\,\frac{\text{kg} \cdot \text{dm}^3}{\text{dm}^3 \cdot 10^6\,\text{mm}^3} \cdot 1{,}60\,\text{€/kg}$$

$$= 1894\,\text{€}$$

Aufgabe 2.1.13

Es handelt sich um Spannungen in Behältern, d. h. Anwendung der Kesselformeln (Gln. 2.21 und 2.22):

a) $1\,\text{bar} = 10^5\,\text{N/m}^2 = 0{,}1\,\text{N/mm}^2$

$$\sigma_t = \frac{p_i \cdot r}{s} \ \text{und} \ \sigma_a = \frac{p_i \cdot r}{2 \cdot s}, \sigma_{\text{zul}} = \frac{R_{\text{eH}}}{S} = \frac{350\,\frac{\text{N}}{\text{mm}^2}}{2} = 175\,\frac{\text{N}}{\text{mm}^2}$$

$$s \geq \frac{p_i \cdot r}{\sigma_{\text{zul}}} = \frac{35 \cdot 0{,}1\,\frac{\text{N}}{\text{mm}^2} \cdot 1250\,\text{mm}}{175\,\frac{\text{N}}{\text{mm}^2}} = 25\,\text{mm}$$

$$r_1 \geq \frac{\sigma_{\text{zul}} \cdot 2 \cdot s}{p_i} = \frac{175\,\frac{\text{N}}{\text{mm}^2} \cdot 2 \cdot 25\,\text{mm}}{3{,}5\,\frac{\text{N}}{\text{mm}^2}} = 2500\,\text{mm}$$

b) Spannungen gemäß Gl. (2.21) und (2.22):

$$\sigma_t = \frac{p_i \cdot r}{s} = \frac{3{,}5\,\frac{N}{mm^2} \cdot 1250\,mm}{25\,mm} = 175\,\frac{N}{mm^2}$$

$$\sigma_a = \frac{p_i \cdot r}{2 \cdot s} = \frac{3{,}5\,\frac{N}{mm^2} \cdot 1250\,mm}{2 \cdot 25\,mm} = 87{,}5\,\frac{N}{mm^2}$$

$$\sigma_{al} = \frac{p_i \cdot r}{2 \cdot s} = \frac{3{,}5\,\frac{N}{mm^2} \cdot 2500\,mm}{2 \cdot 25\,mm} = 175\,\frac{N}{mm^2}$$

Aufgabe 2.1.14

a) $1\,bar = 10^5\,\frac{N}{m^2} = 0{,}1\,\frac{N}{mm^2}$

$$\varepsilon_{ges} = \varepsilon_{mech} + \varepsilon_{therm}, \quad \text{mit } \sigma = E \cdot \varepsilon \text{ und } \sigma_{Kugel} = \frac{p_i \cdot r}{2 \cdot s} \text{ (Kesselformel)}$$

$$\varepsilon_1 = \varepsilon_{mech1} + \varepsilon_{therm1} = \frac{\sigma_1}{E_1} + \alpha_1 \cdot \Delta\vartheta = \frac{\Delta p \cdot r_1}{2 \cdot s_1 \cdot E_1} + \alpha_1 \cdot \Delta\vartheta$$

$$\varepsilon_2 = \varepsilon_{mech2} + \varepsilon_{therm2} = \frac{\sigma_2}{E_2} + \alpha_2 \cdot \Delta\vartheta = \frac{p_a \cdot r_2}{2 \cdot s_2 \cdot E_2} + \alpha_2 \cdot \Delta\vartheta$$

Es gilt: $\varepsilon_1 = \varepsilon_2$

$$\frac{(p_i - p_a) \cdot r_1}{2 \cdot s_1 \cdot E_1} + \alpha_1 \cdot \Delta\vartheta = \frac{p_a \cdot r_2}{2 \cdot s_2 \cdot E_2} + \alpha_2 \cdot \Delta\vartheta$$

$$\frac{p_i \cdot r_1}{2 \cdot s_1 \cdot E_1} + (\alpha_1 - \alpha_2)\,\Delta\vartheta = \frac{p_a \cdot r_1}{2 \cdot s_1 \cdot E_1} + \frac{p_a \cdot r_2}{2 \cdot s_2 \cdot E_2} \quad \left| \frac{2 \cdot s_1 \cdot E_1}{r_1} \right.$$

$$p_a = \frac{p_i + \frac{2 \cdot s_1 \cdot E_1}{r_1}(\alpha_1 - \alpha_2)\,\Delta\vartheta}{1 + \frac{r_2 \cdot s_1 \cdot E_1}{r_1 \cdot s_2 \cdot E_2}}$$

mit $\frac{r_2 \cdot s_1 \cdot E_1}{r_1 \cdot s_2 \cdot E_2} = \frac{1006\,mm \cdot 7\,mm \cdot 120\,kN\,mm^2}{1000\,mm \cdot 5\,mm \cdot 210\,kN\,mm^2} = 0{,}805$

b) $\Delta\vartheta = 0$

$$p_a = \frac{p_i}{1 + 0{,}805} = \frac{8\,bar}{1 + 0{,}805} = 4{,}43\,bar = 0{,}443\,\frac{N}{mm^2}$$

$$\Delta p = p_i - p_a = 8\,bar - 4{,}43\,bar = 3{,}57\,bar = 0{,}357\,\frac{N}{mm^2}$$

$$\sigma_1 = \frac{\Delta p \cdot r_1}{2 \cdot s_1} = \frac{0{,}357\,N \cdot 1000\,mm}{mm^2\,2 \cdot 7\,mm} = 25{,}5\,\frac{N}{mm^2}$$

$$\sigma_2 = \frac{p_a \cdot r_2}{2 \cdot s_2} = \frac{0{,}443\,N \cdot 1006\,mm}{mm^2\,2 \cdot 5\,mm} = 44{,}6\,\frac{N}{mm^2}$$

c) Der Stahlkessel ist für $p_a = 0$ spannungsfrei.

$$\Delta\vartheta = -p_i \cdot \frac{r_1}{2 \cdot s_1 \cdot E_1\,(\alpha_1 - \alpha_2)}$$

$$= -0{,}8\,\frac{N}{mm^2} \cdot \frac{1000\,mm\,mm^2}{2 \cdot 7\,mm \cdot 120.000\,N\,(17 - 12) \cdot 10^{-6}\,K^{-1}}$$

$$= -95{,}24\,K$$

$$\vartheta = \vartheta_0 + \Delta\vartheta = 293\,\mathrm{K} - 95{,}24\,\mathrm{K} = 197{,}76\,\mathrm{K} = -75{,}24\,^\circ\mathrm{C}$$

$$\sigma_1 = \frac{p_i \cdot r_1}{2 \cdot s_1} = \frac{0{,}8\,\mathrm{N} \cdot 1000\,\mathrm{mm}}{\mathrm{mm}^2\, 2 \cdot 7\,\mathrm{mm}} = 57{,}14\,\frac{\mathrm{N}}{\mathrm{mm}^2}$$

d) Materialkosten K_M

$$K_\mathrm{MCu} = A_\mathrm{Kugel1} \cdot s_1 \cdot \rho_\mathrm{Cu} \cdot k_\mathrm{Cu} = d_1^2 \cdot \pi \cdot s_1 \cdot \rho_\mathrm{Cu} \cdot k_\mathrm{Cu}$$

$$K_\mathrm{MCu} = 2000^2\,\mathrm{mm}^2 \cdot \pi \cdot 7\,\mathrm{mm} \cdot 8{,}74\,\frac{\mathrm{kg} \cdot \mathrm{dm}^3}{\mathrm{dm}^3 \cdot 10^6\,\mathrm{mm}^3} \cdot 7{,}05\,\frac{\text{\euro}}{\mathrm{kg}} = 5420{,}11\,\text{\euro}$$

$$K_\mathrm{MSt} = A_\mathrm{Kugel2} \cdot s_2 \cdot \rho_\mathrm{St} \cdot k_\mathrm{St} = d_2^2 \cdot \pi \cdot s_2 \cdot \rho_\mathrm{St} \cdot k_\mathrm{St}$$

$$K_\mathrm{MSt} = 2014^2\,\mathrm{mm}^2 \cdot \pi \cdot 5\,\mathrm{mm} \cdot 7{,}85\,\frac{\mathrm{kg} \cdot \mathrm{dm}^3}{\mathrm{dm}^3 \cdot 10^6\,\mathrm{mm}^3} \cdot 1{,}60\,\frac{\text{\euro}}{\mathrm{kg}} = 800{,}26\,\text{\euro}$$

Aufgabe 2.1.15

a) Der Drehpunkt M des Rotorblattes (Abb. 7.11) wird als Ursprung der x-Achse gewählt. Für die Streckenlast infolge der Fliehkraft gilt $q(x) = \omega^2 \cdot \rho \cdot A \cdot x$ (s. Streckenlast Aufgabe 2.1.5). Aus der Stabgleichung $\frac{dF}{dx} = -q(x) = -\omega^2 \cdot \rho \cdot A \cdot x$ folgt durch Integration $F(x) = -1/2 \cdot \omega^2 \cdot \rho \cdot A \cdot x^2 + C$. Am äußeren Ende muss die Kraft null sein: $F(x = l) = 0 = -1/2 \cdot \omega^2 \cdot \rho \cdot A \cdot l^2 + C \Rightarrow C = 1/2 \cdot \omega^2 \cdot \rho \cdot A \cdot l^2$. Somit gilt für die Kraft $F(x) = 1/2 \cdot \omega^2 \cdot \rho \cdot A \cdot (l^2 - x^2)$ und für die Spannung

$$\sigma(x) = \frac{F(x)}{A} = \frac{1}{2}\omega^2 \cdot \rho\left(l^2 - x^2\right) = \frac{1}{2}\omega^2 \cdot \rho \cdot l^2\left[1 - \left(\frac{x}{l}\right)^2\right]$$

Alternativlösung:

$$\sigma = \frac{F}{A} = \frac{m \cdot r_\mathrm{S}^2 \cdot \omega^2}{A} = \frac{\rho \cdot A\,(l - x) \cdot \frac{l+x}{2} \cdot \omega^2}{A} = \frac{1}{2} \cdot \omega^2 \cdot \rho\left(l^2 - x^2\right)$$

$$= \frac{1}{2} \cdot \omega^2 \cdot \rho \cdot l^2\left[1 - \left(\frac{x}{l}\right)^2\right]$$

Abb. 7.11 Angriffspunkt der Fliehkraft

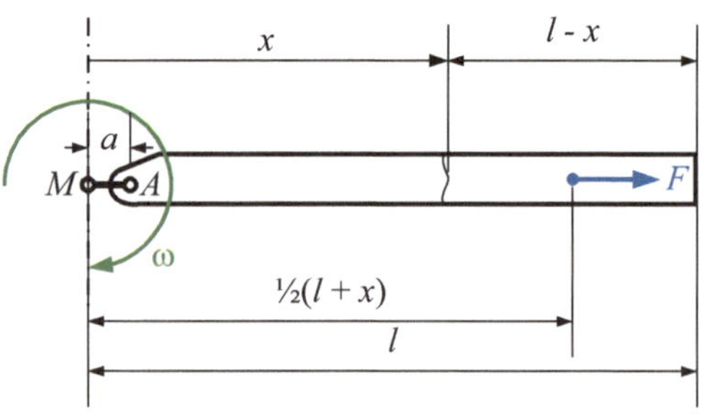

b) Spannung σ an der Stelle A:

$$\sigma_A = \tfrac{1}{2}\omega^2 \cdot \rho \cdot l^2 \left[1 - \left(\tfrac{a}{l}\right)^2\right]$$

$$\sigma_A = \frac{1}{2} \cdot \frac{325^2 \cdot 1{,}6\,\frac{\text{kg}}{\text{dm}^3} \cdot 8{,}1^2\,\text{m}^2}{\left(\text{min} \cdot 60\,\frac{\text{s}}{\text{min}}\right)^2} \cdot 10^3 \frac{\text{dm}^3}{\text{m}^3} \cdot 10^{-6} \frac{\text{m}^2}{\text{mm}^2} \cdot \frac{\text{N} \cdot \text{s}^2}{\text{kg} \cdot \text{m}} \left[1 - \left(\frac{150\,\text{mm}}{8100\,\text{mm}}\right)^2\right]$$

$$= 1{,}54\,\frac{\text{N}}{\text{mm}^2}$$

c) Längenänderung Δl des Rotorblattes:

Für die Dehnung gilt: $\varepsilon\left(x\right) = \frac{\sigma(x)}{E} = \tfrac{1}{2}\omega^2 \cdot \frac{\rho}{E}\left(l^2 - x^2\right)$. Die Längenänderung berechnet sich zu

$$\Delta l = \int\limits_a^l \varepsilon\left(x\right) dx = \frac{\omega^2}{2} \cdot \frac{\rho}{E} \int\limits_a^l \left(l^2 - x^2\right) dx = \frac{\omega^2}{2} \cdot \frac{\rho}{E}\left[l^2 x - \frac{x^3}{3}\right]_a^l$$

$$= \frac{\omega^2}{2} \cdot \frac{\rho}{E} \cdot l^3 \left[\frac{2}{3} - \frac{a}{l} + \frac{1}{3}\left(\frac{a}{l}\right)^3\right]$$

$$\Delta l = \frac{325^2}{2\left(\text{min} \cdot 60\frac{\text{s}}{\text{min}}\right)^2} \cdot \frac{1{,}6\,\text{kg} \cdot 10^{-6} \cdot 10^{-3}}{88.000\,\frac{\text{N}}{\text{mm}^2}\,\text{mm}^3} 8100^3\,\text{mm}^3 \frac{\text{m}}{\text{mm}}\frac{\text{N}\,\text{s}^2}{\text{kg}\,\text{m}}$$

$$\cdot \left[\frac{2}{3} - \frac{150\,\text{mm}}{8100\,\text{mm}} + \frac{1}{3}\left(\frac{150\,\text{mm}}{8100\,\text{mm}}\right)^3\right] \Delta l = 0{,}092\,\text{mm}$$

7.2.2   Lösungshinweise zu Abschnitt 2.2

Aufgabe 2.2.1

Momente: $M_{\text{bi}} = F_1 \cdot l_{1\text{i}} + F_2 \cdot l_{2\text{i}}$, Biegespannung $\sigma_{\text{bi}} = \frac{M_{\text{bi}}}{W_{\text{b}}}$ und $W_{\text{b}} = \frac{\pi}{32}\frac{d_{\text{a}}^4 - d_{\text{i}}^4}{d_{\text{a}}}$

$$W_{\text{b}} = \frac{\pi}{32} \frac{\left(406{,}4^4 - 381{,}4^4\right)\,\text{mm}^4}{406{,}4\,\text{mm}} = 1.477.887\,\text{mm}^3$$

Stelle	1	2	3	4	5	6	7	8	9
$l_{1\text{i}}$ mm	1800	2500	2500	3200	4600	5300	5300	6000	7300
$l_{2\text{i}}$ mm	0	700	3000	3700	3700	3000	700	0	0
M_{bi} kNm	22,5	36,5	53,75	67,75	85,25	88,75	71,5	75	91,25
σ_{bi} N/mm^2	15,2	24,7	36,4	45,8	57,7	60	48,4	50,75	61,7

Materialkosten

$$K_{\text{M}} = \frac{\pi}{4}\left(d_{\text{a}}^2 - d_{\text{i}}^2\right) \cdot l_{\text{ges}} \cdot \rho \cdot k_{\text{Rohr}}$$

$$K_{\mathrm{M}} = \frac{\pi}{4}\left(406,4^2 - 381,4^2\right)\,\mathrm{mm}^2 \cdot (2 \cdot 2300 + 1400 + 2 \cdot 700 \cdot \pi)\,\mathrm{mm}$$

$$\cdot\, 7{,}85\,\frac{\mathrm{kg} \cdot \mathrm{dm}^3}{\mathrm{dm}^3\,10^6\,\mathrm{mm}^3} \cdot 2{,}60\,\frac{\text{€}}{\mathrm{kg}}$$

$$= 3282{,}82\,\text{€}$$

Aufgabe 2.2.2

a) $\sigma_{\mathrm{by}} = \dfrac{M_{\mathrm{by}}}{W_{\mathrm{b}}} = \dfrac{M_{\mathrm{by}}}{I_{\mathrm{y}}}e = \dfrac{50.000.000\,\mathrm{Nmm}}{38.900.000\,\mathrm{mm}^4} \cdot 120\,\mathrm{mm} = 154{,}24\,\dfrac{\mathrm{N}}{\mathrm{mm}^2}$

b) $S_{\mathrm{F}} = \dfrac{R_{\mathrm{e}}}{\sigma_{\mathrm{by}}} = \dfrac{235\,\frac{\mathrm{N}}{\mathrm{mm}^2}}{154{,}24\,\frac{\mathrm{N}}{\mathrm{mm}^2}} = 1{,}52 > 1{,}5$

c) $M_{\mathrm{bz}} = \sigma_{\mathrm{by}} \cdot W_{\mathrm{z}} = 154{,}24\,\dfrac{\mathrm{N}}{\mathrm{mm}^2} \cdot 47.300\,\mathrm{mm}^3 = 7.295.552\,\mathrm{Nmm} \approx 7{,}3\,\mathrm{kNm}$

Aufgabe 2.2.3

Schwerpunktabstand y_{S}:

$$y_{\mathrm{S}} = \frac{\sum A_{\mathrm{i}} \cdot y_{\mathrm{i}}}{A_{\mathrm{ges}}} = \frac{29.724\,\mathrm{mm}^3}{1704\,\mathrm{mm}^2} = 17{,}44\,\mathrm{mm}$$

Teilfläche	A_{i} mm²	y_{Si} mm	$y_{\mathrm{Si}} \cdot A_{\mathrm{i}}$ mm³
1	55·9 = 495	27,5	13.612,5
2	7·102 = 714	3,5	2499
3	55·9 = 495	27,5	13.612,5
Σ	1704		29.724

Abb. 7.12 Bezugssystem und Aufteilung der U-Profilfläche (Aufgabe 2.2.3)

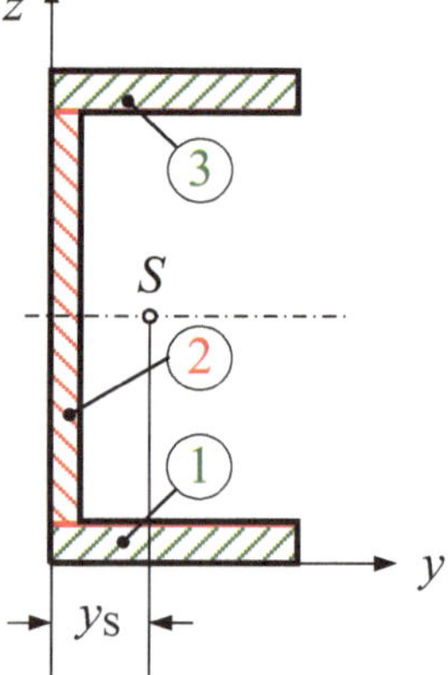

Abb. 7.13 Bezugssystem und
Aufteilung der U-Profilfläche
(Aufgabe 2.2.4)

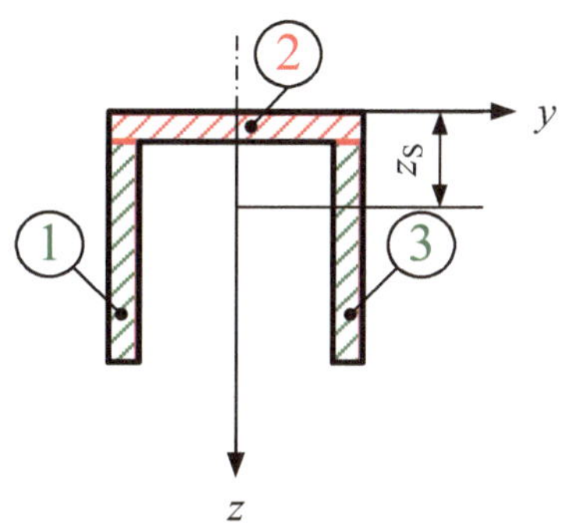

Aufgabe 2.2.4

Schwerpunktabstand z_S:

Teilfläche	A_i mm^2	z_{Si} mm	$z_{Si} \cdot A_i$ mm^3
1	$52 \cdot 8 = 416$	34	14.144
2	$60 \cdot 8 = 480$	4	1920
3	$52 \cdot 8 = 416$	34	14.144
Σ	1312		30.208

$$z_S = \frac{\sum A_i \cdot z_i}{A_{ges}} = \frac{30.208 \, \text{mm}^3}{1312 \, \text{mm}^2} = 23{,}02 \, \text{mm}$$

Flächenmomente I_y und I_z durch Anwendung des STEINER'schen Satzes:

	1	2	3	Σ	
A_i	416	480	416	1312	mm^2
y_{Si}	-26	0	26		mm
z_{Si}	10,98	$-19{,}02$	10,98		mm
I_{yi}	93.738,67	2560	93.738,67	190.037,34	mm^4
I_{zi}	2218,67	144.000	2218,67	148.437,34	mm^4
$z_{Si}^2 \cdot A_i$	50.153,13	173.645	50.153,13	273.951,26	mm^4
$y_{Si}^2 \cdot A_i$	281.216	0	281.216	562.432	mm^4

$$I_y = \sum \left(I_{yi} + z_{Si}^2 \cdot A_i \right) = 190.037{,}34 \, \text{mm}^4 + 273.951{,}26 \, \text{mm}^4 = 463.988{,}6 \, \text{mm}^4$$

$$I_z = \sum \left(I_{zi} + y_{Si}^2 \cdot A_i \right) = 148.437{,}34 \, \text{mm}^4 + 562.432 \, \text{mm}^4 = 710.869{,}34 \, \text{mm}^4$$

Aufgabe 2.2.5

a) Schwerpunktabstand (z_S bezogen auf die Unterseite des U-Profils):

$$z_S = \frac{\sum A_i \cdot z_i}{A_{ges}} = \frac{(2 \cdot 6 \cdot 45 \cdot 22{,}5 + 68 \cdot 6 \cdot 3) \, \text{mm}^3}{(2 \cdot 6 \cdot 45 + 68 \cdot 6) \, \text{mm}^2} = 14{,}11 \, \text{mm}$$

Abb. 7.14 Kräfte

Abb. 7.15 Momentenverlauf

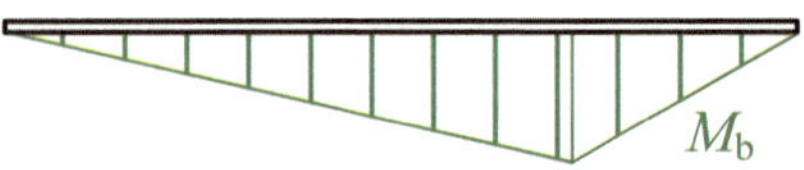

b) Flächenmoment 2. Grades I_y (Anwendung des STEINER'schen Satzes):

$$I_y = 2\left(I_\square + A_\square \cdot z_\square^2\right) + I_\square + A_\square \cdot z_\square^2$$

$$I_y = 2\left[\frac{6 \cdot 45^3}{12} + 6 \cdot 45\,(22,5 - 14,11)^2\right] \text{mm}^4 + \left(\frac{68 \cdot 6^3}{12} + 68 \cdot 6 \cdot 11,11^2\right) \text{mm}^4$$

$$= 180.721 \text{ mm}^4$$

c) Auflagerkräfte (Abb. 7.14)

$$\sum F_{ix} = 0 = -F_{Ax} + F \cdot \cos\alpha \;\Rightarrow\; F_{Ax} = F \cdot \cos\alpha$$

$$\sum F_{iz} = 0 = -F_{Az} + F_{Bz} - F \cdot \sin\alpha \;\Rightarrow\; F_{Bz} = F_{Az} + F \cdot \sin\alpha$$

$$\sum M_B = F_{Az} \cdot l - F \cdot \sin\alpha \cdot a \;\Rightarrow\; F_{Az} = F\frac{a}{l}\sin\alpha$$

$$F_{Bz} = F\frac{a}{l}\sin\alpha + F \cdot \sin\alpha \;\Rightarrow\; F_{Bz} = F\left(\frac{a}{l} + 1\right)\sin\alpha$$

d) Maximales Biegemoment in B (Abb. 7.15):

e) $M_{b\,\text{max}} = M_{bB} = F_{Az} \cdot l = F \cdot a \cdot \sin\alpha$

f) Maximale Biegezugspannung auf der Balkenoberseite

$$\sigma_{b\,\text{max}} = \sigma_{bz} = \frac{M_{b\,\text{max}}}{I_y} \cdot e_o = \frac{F \cdot a \cdot \sin\alpha}{I_y} \cdot e_o \quad \text{mit} \quad \sigma_z = \frac{F_{Ax}}{A} = \frac{F \cdot \cos\alpha}{A}$$

$$\sigma_{\text{max}} = \sigma_{bz} + \sigma_z = F\left(\frac{a \cdot \sin\alpha}{I_y} \cdot e_o + \frac{\cos\alpha}{A}\right)$$

Aufgabe 2.2.6

a) Flächenmoment 2. Grades um die waagerechte Symmetrieachse (Anwendung des STEINER'schen Satzes):

$$I_y = 2\frac{h \cdot b^3}{12} + 2\frac{b \cdot h^3}{12} + 2 \cdot A \cdot z_S^2$$

$$= 2\left(\frac{10 \cdot 150^3}{12} + \frac{150 \cdot 10^3}{12} + 10 \cdot 150 \cdot 80^2\right) \text{mm}^4$$

$$= 24.850.000 \text{ mm}^4$$

b) Auflagerkräfte $F_A = \frac{q \cdot l}{2}$, $F_B = \frac{q \cdot l}{2}$, größtes Biegemoment bei $l/2$: $M_{b\,max} = \frac{q \cdot l^2}{8}$

$$\sigma_{b\,vorh} = \frac{M_{b\,max}}{W_b}, \quad W_b = \frac{I_y}{z_{max}} = \frac{24.850.000\,mm^4}{85\,mm} = 292.353\,mm^3$$

$$M_{b\,max} = \frac{q \cdot l^2}{8} = \frac{25\,N \cdot 2500^2\,mm^2}{mm\quad 8} = 19.531.250\,Nmm$$

$$\sigma_{b\,vorh} = \frac{M_{b\,max}}{W_b} = \frac{19.531.250\,Nmm}{292.353\,mm^3} = 66{,}8\,\frac{N}{mm^2} \approx 67\,\frac{N}{mm^2}$$

c) $S = \frac{\sigma_{zul}}{\sigma_{vorh}} = \frac{R_e}{\sigma_{vorh}} = \frac{235\,\frac{N}{mm^2}}{67\,\frac{N}{mm^2}} = 3{,}5 > S_{erf} = 3$

Aufgabe 2.2.7

a) Biegemomentenverlauf (Abb. 7.16):

$$M_{b\,max} = F_A \cdot a = \frac{F}{2} \cdot a \quad und \quad \sigma_b = \frac{M_{b\,max}}{I_{ges}} \cdot e = \frac{\frac{F}{2} \cdot a}{I_{ges}} \cdot e \quad mit\ e = 14\,cm$$

$$I_{ges} = I_I + 2 \cdot \underbrace{\frac{b_1 \cdot h_1^3}{12}}_{\approx 0} + 2 \cdot A_1 \cdot z_1^2 + 2 \cdot \underbrace{\frac{b_2 \cdot h_2^3}{12}}_{\approx 0} + 2 \cdot A_2 \cdot z_2^2$$

$$I_{ges} = 3890\,cm^4 + 2 \cdot 10 \cdot 1\,cm^2 \cdot 12{,}5^2\,cm^2 + 2 \cdot 8 \cdot 1\,cm^2 \cdot 13{,}5^2\,cm^2 \approx 9931\,cm^4$$

$$F = \frac{2 \cdot \sigma_{zul} \cdot I_{ges}}{a \cdot e} = \frac{2 \cdot 120\,\frac{N}{mm^2} \cdot 99.310.000\,mm^4}{2500\,mm \cdot 140\,mm} = 68.098\,N \approx 68{,}1\,kN$$

b) $M_{b\,D-D} = \frac{F}{2} \cdot 150\,cm = 5.107.371{,}4\,Ncm \quad mit$

$$I_{D-D} = I_I + 2 \cdot A_1 \cdot z_1^2 = 3890\,cm^4 + 2 \cdot 10 \cdot 1\,cm \cdot 12{,}5^2\,cm^2 \approx 7015\,cm^4$$

$$\sigma_{b\,D-D} = \frac{M_{b\,D-D}}{I_{D-D}} \cdot e_{D-D} = \frac{5.107.371{,}4\,Ncm}{7015\,cm^4} \cdot 13\,cm \approx 9464{,}8\,\frac{N}{cm^2},$$

$$\sigma_{b\,D-D} \approx 95\,\frac{N}{mm^2}$$

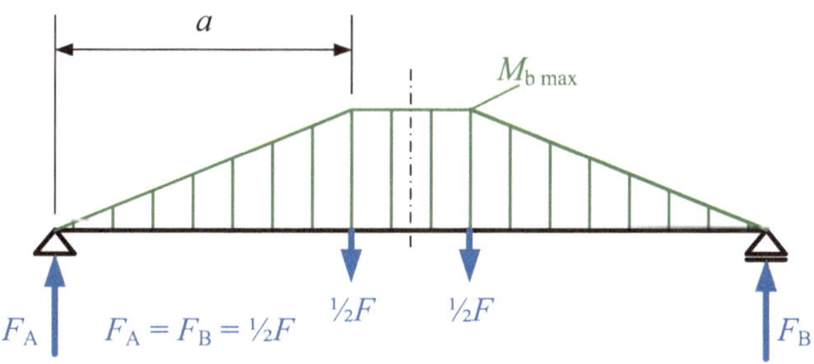

Abb. 7.16 Kraft- und Momentenverlauf

c) Materialkosten

$$K_M = l_I \cdot m' \cdot k_I + 2\,(l_1 \cdot b_1 \cdot h_1 + l_2 \cdot b_2 \cdot h_2)\,\rho \cdot k_{\text{Flach}}$$

$$K_M = 5{,}9\,\text{m} \cdot 30{,}1\,\frac{\text{kg}}{\text{m}} \cdot 1{,}85\,\frac{\text{€}}{\text{kg}} + 2\,(2500 \cdot 80 \cdot 10 + 4000 \cdot 100 \cdot 10)\,\text{mm}^3$$

$$\cdot\,7{,}85\,\frac{\text{kg} \cdot \text{dm}^3}{\text{dm}^3 10^6 \text{mm}^3} \cdot 1{,}60\,\frac{\text{€}}{\text{kg}} = 479{,}26\,\text{€}$$

Aufgabe 2.2.8

Gesamtschwerpunkt z_S: $z_S = \frac{\sum A_i \cdot z_i}{A_{\text{ges}}}$, gewähltes Bezugssystem obere Profilkante

Teilfläche	A_i mm^2	z_i mm	$A_i \cdot z_i$ mm^3	$s_i = \lvert z_i - z_S \rvert$ mm	$I_{yi} =$ $(b_i \cdot h_i^3)/12$ mm^4	$z_{Si}^2 \cdot A_i$ mm^4
	1200	5	6000	59,26	10.000	4.214.097,12
	800	60	48.000	4,26	666.666,67	14.518,08
	1440	116	167.040	51,74	17.280	3.854.919,74
Σ	3440	–	221.040	–	693.946,67	8.083.534,94

$$z_S = \frac{\sum A_i \cdot z_i}{A_{\text{ges}}} = \frac{221.040\,\text{mm}^3}{3440\,\text{mm}^2} = 64{,}26\,\text{mm}$$

Flächenmoment 2. Grades, durch Anwendung des STEINER'schen Satzes:

$$I_{y\,\text{ges}} = I_{y1} + s_1^2 \cdot A_1 + I_{y2} + s_2^2 \cdot A_2 + I_{y3} + s_3^2 \cdot A_3 = 8.777.481{,}6\,\text{mm}^4$$

Widerstandsmomente am oberen und unteren Flansch:

$$W_{yo} = \frac{I_{y\,\text{ges}}}{e_o} = \frac{8.777.481{,}6\,\text{mm}^4}{64{,}26\,\text{mm}} = 136.593{,}2\,\text{mm}^3$$

$$W_{yu} = \frac{I_{y\,\text{ges}}}{e_u} = \frac{8.777.481{,}6\,\text{mm}^4}{57{,}74\,\text{mm}} = 152.017{,}35\,\text{mm}^3$$

Biegespannungen in den Randfasern:

$$\sigma_{bo} = \frac{M_{by}}{W_{yo}} = \frac{F_1 \cdot l_1}{W_{yo}} \quad\text{und}\quad \sigma_{bu} = \frac{M_{by}}{W_{yu}} = \frac{F_2 \cdot l_2}{W_{yu}}$$

$$\sigma_{bo1} = \frac{F_1 \cdot l_1}{W_{yo}} \quad\text{und}\quad \sigma_{bu1} = \frac{F_1 \cdot l_1}{W_{yu}}$$

$$\sigma_{bo2} = \frac{F_2 \cdot l_2}{W_{yo}} \quad\text{und}\quad \sigma_{bu2} = \frac{F_2 \cdot l_2}{W_{yu}}$$

Maximal zulässige Kräfte:

$$\sigma_{o1} = \sigma_{\text{zul}}\,(\text{Zug}), \quad \sigma_{o2} = \sigma_{\text{zul}}\,(\text{Zug})$$

$$F_1 = \frac{\sigma_{\text{zul}}\,(\text{Zug}) \cdot W_{yo}}{l_1} = \frac{160\,\text{N} \cdot 136.593{,}2\,\text{mm}^3}{\text{mm}^2 \cdot 1500\,\text{mm}} = 14.569{,}94\,\text{N} \approx 14{,}6\,\text{kN}$$

$$F_2 = \frac{\sigma_{\text{zul}}\,(\text{Zug}) \cdot W_{yo}}{l_2} = \frac{160\,\text{N} \cdot 136.593{,}2\,\text{mm}^3}{\text{mm}^2 \cdot 550\,\text{mm}} = 39.736{,}2\,\text{N} \approx 39{,}7\,\text{kN}$$

Abb. 7.17 Kraft- und Momentenverlauf

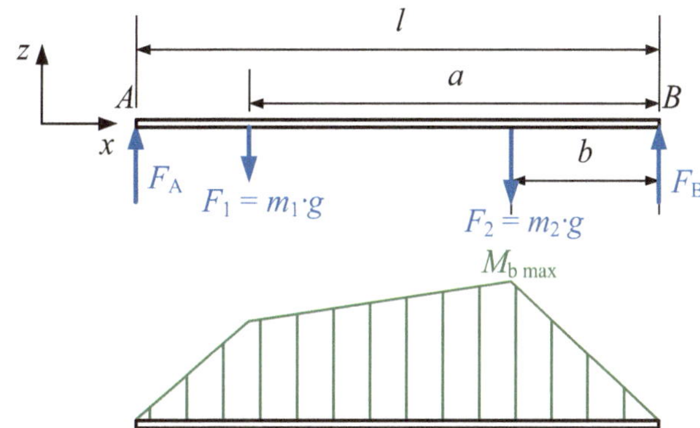

Abb. 7.18 Bezugssystem und Flächenaufteilung

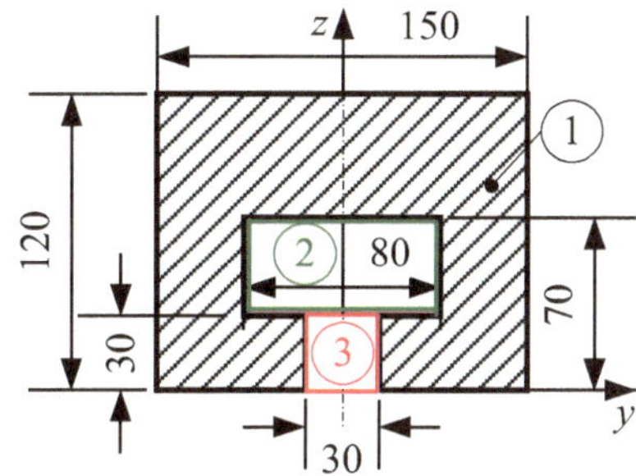

Aufgabe 2.2.9

a) Auflagerkräfte und Biegemomentenverlauf (Abb. 7.17)

$$\sum F_z = F_A - F_1 - F_2 - F_B = 0$$

$$F_1 = m_1 \cdot g = 450 \cdot 9{,}81 \, \frac{m}{s^2} = 4414{,}5 \, N$$

$$F_2 = m_2 \cdot g = 750 \cdot 9{,}81 \, \frac{m}{s^2} = 7357{,}5 \, N$$

$$\sum M_B = 0: \; -F_A \cdot l + F_1 \cdot a + F_2 \cdot b = 0$$

$$F_A = \frac{4414{,}5 \, N \cdot 2250 \, mm + 7357{,}5 \, N \cdot 1000 \, mm}{3000 \, mm} = 5763{,}375 \, N$$

$$F_B = F_1 + F_2 \quad F_A = 4414{,}5 \, N + 7357{,}5 \, N - 5763{,}375 \, N = 6008{,}625 \, N$$

$$M_{b\,max} = F_B \cdot b = 6008{,}625 \, N \cdot 1000 \, mm = 6.008.625 \, Nmm \approx 6 \, kNm$$

b) Lage der Schwerpunktachse (Abb. 7.18)

$$z_S = \frac{\sum A_i \cdot z_{S_i}}{A_{ges}} = \frac{A_1 \cdot z_1 - A_2 \cdot z_2 - A_3 \cdot z_3}{A_1 - A_2 - A_3}$$

$$z_S = \frac{150 \cdot 120 \cdot 60 \, mm^3 - 80 \cdot 40 \cdot 50 \, mm^3 - 30 \cdot 30 \cdot 15 \, mm^3}{150 \cdot 120 \, mm^2 - 30 \cdot 30 \, mm^2 - 80 \cdot 40 \, mm^2} = \frac{906.500 \, mm^3}{13.900 \, mm^2}$$

$$= 65{,}22 \, mm$$

c) Flächenmoment 2. Grades (Anwendung des STEINER'schen Satzes)

$$I_{y\,ges} = I_1 + z_1^2 \cdot A_1 - \left(I_2 + z_2^2 \cdot A_2\right) - \left(I_3 + z_3^2 \cdot A_3\right)$$

$$I_{y\,ges} = \frac{b_1 \cdot h_1^2}{12} + z_1^2 \cdot A_1 - \left(\frac{b_2 \cdot h_2^2}{12} + z_2^2 \cdot A_2\right) - \left(\frac{b_3 \cdot h_3^2}{12} + z_3^2 \cdot A_3\right)$$

$$I_{y\,ges} = \frac{150 \cdot 120^3}{12}\,mm^4 + 5{,}22^2 \cdot 150 \cdot 120\,mm^4$$

$$- \left(\frac{80 \cdot 40^3}{12}\,mm^4 + 15{,}22^2 \cdot 80 \cdot 40\,mm^4 + \frac{30 \cdot 30^3}{12}\,mm^4\right.$$

$$\left. + 50{,}22^2 \cdot 30 \cdot 30\,mm^4\right)$$

$$I_{y\,ges} = 18.585.186\,mm^4$$

d) Maximale Biegespannung ($e_u = 65{,}22\,mm$, $e_o = 54{,}78\,mm$)

$$\sigma_{b\,max} = \frac{M_{b\,max}}{I_{y\,ges}} \cdot e_u = \frac{6.008.625\,Nmm}{18.585.186\,mm^4} \cdot 65{,}22\,mm = 21{,}1\,\frac{N}{mm^2}$$

Aufgabe 2.2.10

a) Gesamtschwerpunkt

$$\bar{z}_{S\,ges} = \frac{\sum A_i \cdot z_i}{A_{ges}} = \frac{630\,mm^2 \cdot 31{,}3\,mm + 92 \cdot 3\,mm^2 \cdot 63{,}5\,mm}{630\,mm^2 + 276\,mm^2} = 41{,}1\,mm$$

b) Das Flächenmoment des Hutprofils um seine Schwerpunktachse muss ermittelt werden, und zwar bezogen auf den unteren Rand, durch Anwendung des STEINER'schen Satzes:

$$I_{S\,Hut} = I_{\bar{y}\,Hut} - A_{Hut} \cdot \bar{z}_S^2 = 969.286\,mm^4 - 630\,mm^2 \cdot 31{,}3^2\,mm^2 = 352.081\,mm^4$$

$$I_{y\,ges} = I_{S\,Hut} + A_{Hut}\left(\bar{z}_{S\,ges} - \bar{z}_S\right)^2 + I_{Blech} + A_{Blech} \cdot z_{S\,Blech}^2$$

$$I_{y\,ges} = 352.081\,mm^4 + 630\,mm^2 \cdot 9{,}8^2\,mm^2 + \frac{92 \cdot 3^3}{12}\,mm^4 + 276 \cdot 22{,}4^2\,mm^4$$
$$= 551.279\,mm^4$$

c) Maximales σ_b am unteren Rand ($z_u = 41{,}1\,mm$, $z_o = 24{,}9\,mm$)

$$\sigma_{b\,max} = \frac{M_y}{W_b} = \frac{M_y}{I_{ges}} \cdot z_u = \frac{925.000\,Nmm}{551.279\,mm^4} \cdot 41{,}1\,mm \approx 69\,\frac{N}{mm^2}$$

Aufgabe 2.2.11

a) Maximales Biegemoment $M_{b\,max}$

$$\sum F_z = 0: \quad F_A + F_B - F = 0$$

$$M_A = 0: \quad F_B \cdot l - F \cdot a = 0 \Rightarrow F_B = \frac{F \cdot a}{l} = \frac{30.000\,N \cdot 2{,}5\,m}{4\,m} = 18.750\,N$$

$$F_A = F - F_B = 11.250\,N \quad und \quad M_{bmax} = F_B \cdot a = 18.750\,N \cdot 1500\,mm$$
$$= 28.125.000\,Nmm = 28{,}125\,kNm$$

b) $z_\mathrm{S} = \frac{\sum A_\mathrm{i} \cdot z_\mathrm{i}}{A_\mathrm{ges}} = \frac{352.000\,\mathrm{mm}^3}{6000\,\mathrm{mm}^2} = 58{,}67\,\mathrm{mm}$, $y_\mathrm{S} = 0$

Teil-fläche	A_i mm^2	z_i mm	$A_\mathrm{i} \cdot z_\mathrm{i}$ mm^3	$z_\mathrm{Si} =$ $\lvert z_\mathrm{i} - z_\mathrm{S}\rvert$ mm	$I_\mathrm{yi} =$ $(b_\mathrm{i} \cdot h_\mathrm{i}^3)/12$ mm^4	$z_\mathrm{Si}^2 \cdot A_\mathrm{i}$ mm^4
1	$140 \cdot 20 = 2800$	10	28.000	48,67	93.333,33	6.632.552,92
2	$10 \cdot 80 = 800$	60	48.000	1,33	426.666,67	1415,12
3	$80 \cdot 30 = 2400$	115	276.000	56,33	180.000	7.615.365,36
Σ	6000	–	352.000	–	700.000	14.249.333,40

$$I_\mathrm{yges} = I_\mathrm{y1} + z_\mathrm{S1}^2 \cdot A_1 + I_\mathrm{y2} + z_\mathrm{S2}^2 \cdot A_2 + I_\mathrm{y3} + z_\mathrm{S3}^2 \cdot A_3 = 14.949.333{,}4\,\mathrm{mm}^4$$

c) Biegespannung in den Randfasern

$$\sigma_\mathrm{bo} = \frac{M_\mathrm{b\,max}}{I_\mathrm{y\,ges}} \cdot e_\mathrm{o} = \frac{28.125.000\,\mathrm{Nmm}}{14.949.333{,}4\,\mathrm{mm}^4} \cdot 71{,}33\,\mathrm{mm} = 134{,}2\,\frac{\mathrm{N}}{\mathrm{mm}^2}$$

$$W_\mathrm{bo} = \frac{I_\mathrm{y\,ges}}{e_\mathrm{o}} = \frac{14.949.333{,}33\,\mathrm{mm}^4}{71{,}33\,\mathrm{mm}} = 209.579{,}9\,\mathrm{mm}^3$$

$$\sigma_\mathrm{bu} = \frac{M_\mathrm{b\,max}}{I_\mathrm{y\,ges}} \cdot e_\mathrm{u} = \frac{28.125.000\,\mathrm{Nmm}}{14.949.333{,}4\,\mathrm{mm}^4} \cdot 58{,}67\,\mathrm{mm} = 110{,}4\,\frac{\mathrm{N}}{\mathrm{mm}^2}$$

$$W_\mathrm{bu} = \frac{I_\mathrm{y\,ges}}{e_\mathrm{u}} = \frac{14.949.333{,}33\,\mathrm{mm}^4}{58{,}67\,\mathrm{mm}} = 254.803{,}7\,\mathrm{mm}^3$$

d) $\sigma_\mathrm{bo} = \sigma_\mathrm{b\,max} = 134{,}2\,\dfrac{\mathrm{N}}{\mathrm{mm}^2} < \sigma_\mathrm{b\,zul} = 150\,\dfrac{\mathrm{N}}{\mathrm{mm}^2}$, gewählt E295

Aufgabe 2.2.12

a) Auflagerkräfte und $M_\mathrm{b\,max}$

$$\sum F_\mathrm{z} = 0: \quad F_\mathrm{A} + F_\mathrm{B} - F_1 - F_2 = 0$$

$$\sum M_\mathrm{A} = 0: \quad F_\mathrm{B} \cdot l - F_1 \cdot l_1 - F_2 \cdot l_2 = 0$$

$$F_\mathrm{B} = \frac{F_1 \cdot l_1 + F_2 \cdot l_2}{l} = \frac{32.000\,\mathrm{N} \cdot 1000\,\mathrm{mm} + 20.000\,\mathrm{N} \cdot 3250\,\mathrm{mm}}{4000\,\mathrm{mm}} = 24.250\,\mathrm{N}$$

$$F_\mathrm{A} = F_1 + F_2 - F_\mathrm{B} = 32.000\,\mathrm{N} + 20.000\,\mathrm{N} - 24.250\,\mathrm{N} = 27.750\,\mathrm{N}$$

$$M_{\mathrm{b}F_1} = F_\mathrm{A} \cdot l_1 = 27.750\,\mathrm{N} \cdot 1000\,\mathrm{mm} = 27.750.000\,\mathrm{Nmm} = M_\mathrm{b\,max}$$

$$M_{\mathrm{b}F_2} = F_\mathrm{B} \cdot l_2 = 24.250\,\mathrm{N} \cdot 750\,\mathrm{mm} = 18.187.500\,\mathrm{Nmm}$$

b) Flächenmoment 2. Grades (Anwendung des STEINER'schen Satzes):

$$I_\mathrm{y} = I_\mathrm{y1} - I_\mathrm{y2} - \left(4 \cdot I_\mathrm{y2} + s_2^2 \cdot A\right) = I_\mathrm{y1} - 5 I_\mathrm{y2} - 4 s_2^2 \cdot A$$

$$I_\mathrm{y} = \frac{b_1 \cdot h_1^3}{12} - 5\frac{\pi}{64} \cdot d^4 - 4 \cdot s_2^2 \cdot \frac{\pi}{4} \cdot d^2$$

$$= \frac{160\,\mathrm{mm} \cdot 120^3\,\mathrm{mm}^3}{12} - 5\frac{\pi}{64} \cdot 40^4\,\mathrm{mm}^4 - 30^2\,\mathrm{mm}^2 \cdot \pi \cdot 40^2\,\mathrm{mm}^2$$

$$= 17.887.788\,\mathrm{mm}^4$$

c) $\sigma_b = \dfrac{M_b}{W_b} = \dfrac{M_b}{I_y} \cdot e = \dfrac{27.750.000\,\text{Nmm}}{17.887.788\,\text{mm}^4} \cdot 60\,\text{mm} = 93,1\,\dfrac{\text{N}}{\text{mm}^2}$

d) $S_F = \dfrac{R_{p0,2}}{S \cdot \sigma_b} = \dfrac{255\,\frac{\text{N}}{\text{mm}^2}}{1,5 \cdot 93,1} = 1,83 > 1,5$

$$S_B = \frac{R_m}{S \cdot \sigma_b} = \frac{310\,\frac{\text{N}}{\text{mm}^2}}{1,5 \cdot 93,1} = 2,22 > 2$$

Aufgabe 2.2.13

a) Biegemomentenverlauf und $M_{b\,max}$ (Abb. 7.19)

$$\sum F_z = 0 : F_A + F_B - F_1 - F_2 = 0$$

$$\sum M_A = 0 : F_B \cdot l - F_1 \cdot a - F_2 \cdot (l - b) = 0$$

$$F_B = \frac{F_1 \cdot a + F_2 \cdot (l - b)}{l} = \frac{15.000\,\text{N} \cdot 2350\,\text{mm} + 6000\,\text{N} \cdot 4300\,\text{mm}}{7400\,\text{mm}}$$

$$= 8250\,\text{N}$$

$$F_A = F_1 + F_2 - F_B = 15.000\,\text{N} + 6000\,\text{N} - 8250\,\text{N} = 12.750\,\text{N}$$

$$M_{bmax} = F_A \cdot a = 12.750\,\text{N} \cdot 2350\,\text{mm} = 29.962.500\,\text{Nmm}$$

b) Biegespannung in der Randfaser

$$\sigma_{bzul} = \frac{40\,\%}{100\,\%} \cdot \sigma_P = 0,4 \cdot 0,8 \cdot R_e = 0,32 \cdot 335\,\frac{\text{N}}{\text{mm}^2} = 107,2\,\frac{\text{N}}{\text{mm}^2}$$

$\sigma_b = \dfrac{M_b}{W_b}$ Es handelt sich um ein symmetr. Profil!

$I_y = I_1 - I_2 - 2 \cdot I_3 - 2 \cdot I_4$ (Abb. 7.20)

Abb. 7.19 Momentenverlauf

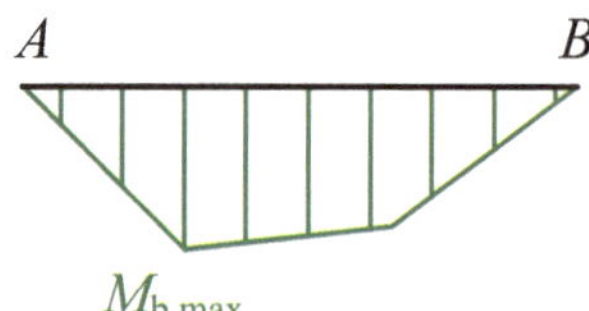

Abb. 7.20 Flächeneinteilung zur Flächenmomentberechnung (Anwendung des STEINER'schen Satzes)

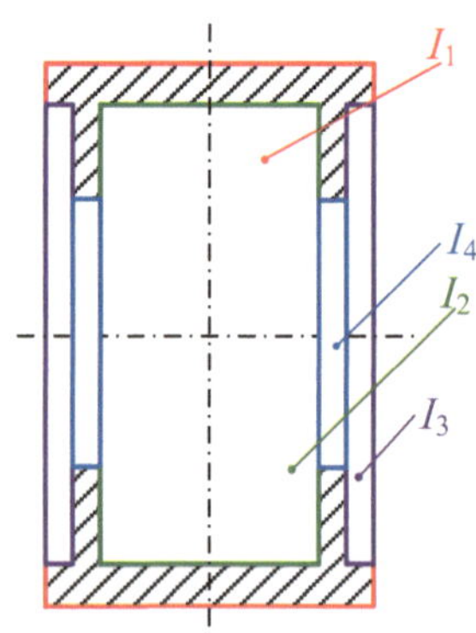

$$I_1 = \frac{b_1 \cdot h_1^3}{12} = \frac{120\,\text{mm} \cdot 200^3\,\text{mm}^3}{12} = 80.000.000\,\text{mm}^4$$

$$I_2 = \frac{b_2 \cdot h_2^3}{12} = \frac{80\,\text{mm} \cdot 170^3\,\text{mm}^3}{12} = 32.753.333,33\,\text{mm}^4$$

$$I_3 = \frac{b_3 \cdot h_3^3}{12} = \frac{10\,\text{mm} \cdot 170^3\,\text{mm}^3}{12} = 4.094.166,67\,\text{mm}^4$$

$$I_4 = \frac{b_4 \cdot h_4^3}{12} = \frac{10\,\text{mm} \cdot 100^3\,\text{mm}^3}{12} = 833.333,33\,\text{mm}^4$$

$$I_y = 37.391.666,67\,\text{mm}^4$$

$$e = e_o = e_u$$

$$\sigma_b = \frac{M_{b\max}}{W_b} = \frac{M_{b\max}}{I_y} \cdot e = \frac{29.962.500\,\text{Nmm}}{37.391.666,67\,\text{mm}^4} \cdot 100\,\text{mm} = 80,13\,\frac{\text{N}}{\text{mm}^2} \le \sigma_{zul}$$

$$= 107,2\,\frac{\text{N}}{\text{mm}^2}$$

c) Biegespannung in Höhe der Schweißnaht σ_{bSchw}

$$\sigma_{bSchw} = \frac{M_{b\max}}{W_b} = \frac{M_{b\max}}{I_y} \cdot e_{Schw} = \frac{29.962.500\,\text{Nmm}}{37.391.666,67\,\text{mm}^4} \cdot 85\,\text{mm} = 68,11\,\frac{\text{N}}{\text{mm}^2}$$

d) Sicherheit gegen Fließen

$$S_{vorh} = \frac{R_e}{\sigma_b} = \frac{335\,\frac{\text{N}}{\text{mm}^2}}{80,13\,\frac{\text{N}}{\text{mm}^2}} = 4,18$$

Aufgabe 2.2.14

a) Biegespannungen im Schnitt A–A und B–B:

$$M_{bA-A} = F \cdot l = 400.000\,\text{N} \cdot 3000\,\text{mm} = 1.200.000.000\,\text{Nmm} = 1,2\,\text{MNm}$$

$$M_{bB-B} = F \cdot (l - 500\,\text{mm}) = 400.000\,\text{N} \cdot 2500\,\text{mm} = 1.000.000.000\,\text{Nmm}$$

$$= 1\,\text{MNm}$$

$$\sigma_{bA-A} = \frac{M_{bA-A}}{I_{yA-A}} e_A$$

$$I_{yA-A} = \frac{B \cdot H^3}{12} - \frac{b \cdot h^3}{12} = \frac{400\,\text{mm} \cdot (600\,\text{mm})^3}{12} - \frac{370\,\text{mm} \cdot (570\,\text{mm})^3}{12}$$

$$= 1.489.882.500\,\text{mm}^4$$

$$\sigma_{bA-A} = \frac{1.200.000.000\,\text{Nmm}}{1.489.882.500\,\text{mm}^4} \cdot 300\,\text{mm} = 241,63\,\frac{\text{N}}{\text{mm}^2}$$

$$H_1 = 550\,\text{mm}, \; h_1 = 520\,\text{mm}$$

$$I_{yB-B} = \frac{B \cdot H_1^3}{12} - \frac{b \cdot h_1^3}{12} - 2\frac{s \cdot d_1^3}{12} - 2\left(\frac{d_2 \cdot s^3}{12} + s_1^2 \cdot d_2 \cdot s\right)$$

$$I_{yB-B} = \frac{400\,\text{mm} \cdot (550\,\text{mm})^3}{12} - \frac{370\,\text{mm} \cdot (520\,\text{mm})^3}{12} - 2\frac{15\,\text{mm} \cdot (250\,\text{mm})^3}{12}$$

$$- 2\left(\frac{100\,\text{mm} \cdot 15^3\,\text{mm}^3}{12} + 267{,}5^2\,\text{mm}^2 \cdot 100\,\text{mm} \cdot 15\,\text{mm}\right)$$

$$= 956.632.500\,\text{mm}^4$$

$$\sigma_{bB-B} = \frac{M_{bB-B}}{I_{yB-B}}e_B = \frac{1.000.000.000\,\text{Nmm}}{956.632.500\,\text{mm}^4} \cdot 275\,\text{mm} = 287{,}47\,\frac{\text{N}}{\text{mm}^2}$$

b) Werkstoff, der einer schwellenden Belastung und der geforderten Sicherheit von 1,5 genügt.

$\sigma_{bSch} = \sigma_{b\,B-B} \cdot S = 287{,}5\,\text{N/mm}^2 \cdot 1{,}5 = 431{,}25\,\text{N/mm}^2$

Gemäß Tab. 1.5 gewählt E295GC mit $\sigma_{bSch} = 440\,\text{N/mm}^2$

Aufgabe 2.2.15

a) Ermittlung der Auflagerkräfte und des maximalen Biegemomentes (Abb. 7.21)

$$\sum F_z = F_A - F_1 - F_2 + F_B = 0$$

$$\sum M_A = 0: \quad F_B \cdot l - F_1 \cdot a - F_2 \cdot (l - b)$$

$$F_B = \frac{F_1 \cdot a + F_2 \cdot (l - b)}{l} = \frac{18.000\,\text{N} \cdot 400\,\text{mm} + 30.000\,\text{N} \cdot 1200\,\text{mm}}{1500\,\text{mm}}$$

$$= 28.800\,\text{N}$$

$$F_A = F_1 + F_2 - F_B = 19.200\,\text{N}$$

$$M_{b\,max} = F_B \cdot b = 28.800\,\text{N} \cdot 300\,\text{mm} = 8.640.000\,\text{Nmm}$$

b) Gesamtschwerpunkt z_S

$$z_S = \frac{\sum A_i \cdot z_i}{A_{ges}} = \frac{812.500\,\text{mm}^3}{5100\,\text{mm}^2} = 159{,}31\,\text{mm}^4$$

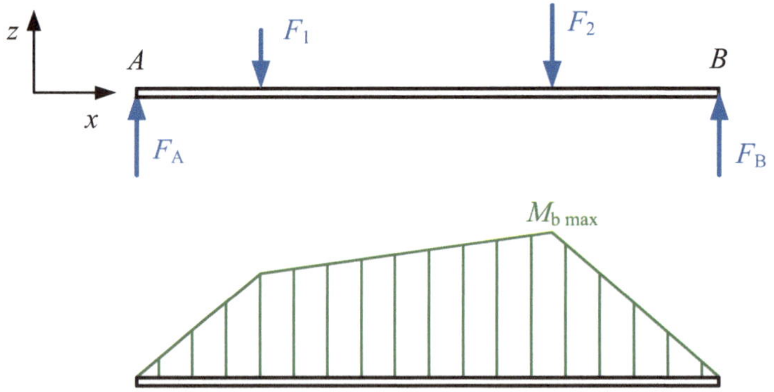

Abb. 7.21 Kraft- und Momentenverlauf

Teil-fläche	A_i mm²	z_i mm	$A_i \cdot z_i$ mm³	$s_i =$ $\lvert z_S - z_i \rvert$ mm	$I_{yi} =$ $\left(b_i \cdot h_i^3\right)/12$ mm⁴	$z_{Si}^2 \cdot A_i$ mm⁴
1	$80 \cdot 8 = 640$	4	2560	155,31	3413,33	15.437.565,5
2	$10 \cdot 230 = 2300$	123	282.900	36,31	10.139.166,67	3.032.357
3	$180 \cdot 12 = 2160$	244	527.040	84,69	25.920	15.492.375,58
Σ	5100	–	812.500	–	10.168.500	33.962.298,08

c) Flächenmoment 2. Grades (Anwendung des STEINER'schen Satzes):

$$I_{y\,\text{ges}} = \frac{b_1 \cdot h_1^3}{12} + (z_S - z_1)^2 \cdot A_1 + \frac{b_2 \cdot h_2^3}{12} + (z_S - z_2)^2 \cdot A_2 + \frac{b_3 \cdot h_3^3}{12} + (z_S - z_3)^2 \cdot A_3$$

$$I_{y\,\text{ges}} = 44.130.798 \, \text{mm}^4$$

d) Biegespannungen in den äußeren Randfasern

$$\sigma_{\text{bo}} = \frac{M_{\text{b max}}}{I_{y\,\text{ges}}} \cdot e_{\text{o}} = \frac{8.640.000 \, \text{Nmm}}{44.130.798 \, \text{mm}^4} \cdot 90,7 \, \text{mm} = 17,76 \, \frac{\text{N}}{\text{mm}^2} \approx 18 \, \frac{\text{N}}{\text{mm}^2}$$

$$\sigma_{\text{bu}} = \frac{M_{\text{b max}}}{I_{y\,\text{ges}}} \cdot e_{\text{u}} = \frac{8.640.000 \, \text{Nmm}}{44.130.798 \, \text{mm}^4} \cdot 159,31 \, \text{mm} = 31,2 \, \frac{\text{N}}{\text{mm}^2} \approx 31 \, \frac{\text{N}}{\text{mm}^2}$$

7.2.3 Lösungshinweise zu Abschnitt 2.3

Aufgabe 2.3.1

a) Die Kraft wird über zwei Scherflächen übertragen, es gilt:

$$\tau_{\text{a}} = \frac{F}{2A} \leq \tau_{\text{zul}} \Rightarrow F \leq 2 \cdot \tau_{\text{zul}} \cdot A$$

$$F \leq 2 \cdot 120 \, \frac{\text{N}}{\text{mm}^2} \cdot \frac{\pi}{4} \cdot 16^2 \, \text{mm}^2 = 48.255 \, \text{N}$$

b) Für die Klebfläche gilt: $A_K = d \cdot \pi \cdot l \Rightarrow l = \frac{A_K}{d \cdot \pi}$

Schubspannung in der Klebung:

$$\tau = \frac{F}{A_K} \leq \tau_{\text{zul}} \Rightarrow A_K = \frac{F}{\tau_{\text{zul}}} = \frac{48.255 \, \text{N}}{6 \, \frac{\text{N}}{\text{mm}^2}} = 8042,5 \, \text{mm}^2$$

$$\Rightarrow l = \frac{A_K}{d \cdot \pi} = \frac{8042,5 \, \text{mm}^2}{100 \, \text{mm} \cdot \pi} = 25,6 \, \text{mm}$$

Aufgabe 2.3.2

Für die kleinste Schweißnahtfläche (Abb. 7.22) gilt: $A = a \cdot l = z \cdot \cos 45° \cdot l = \frac{\sqrt{2}}{2} \cdot z \cdot l$

Die Kraft F verteilt sich auf 4 Schweißnahtflächen:

$$F \leq 4 \cdot A \cdot \tau_{\text{zul}} = 2\sqrt{2} \cdot z \cdot l \cdot \tau_{\text{zul}} = 2\sqrt{2} \cdot 4 \, \text{mm} \cdot 150 \, \text{mm} \cdot 120 \, \frac{\text{N}}{\text{mm}^2}$$

$$= 203.646,75 \, \text{N} \approx 204 \, \text{kN}$$

Abb. 7.22 Schweißnahtgeo-
metrie

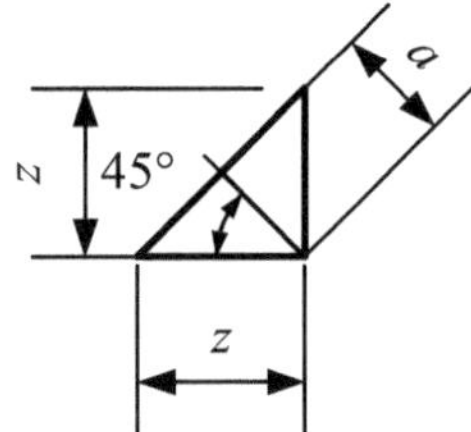

Aufgabe 2.3.3

Zur Berechnung der zu übertragenden Schubkraft pro Länge werden das Flächenträgheitsmoment I_y und das Flächenmoment $H(z)$ benötigt.

$$I_y = \frac{s \cdot h^3}{12} + 2\left[\frac{b \cdot t^3}{12} + \left(\frac{h}{2} + \frac{t}{2}\right)^2 \cdot b \cdot t\right]$$

$$I_y = \frac{15\,\text{mm} \cdot 240^3\,\text{mm}^3}{12}$$
$$+ 2\left[\frac{150\,\text{mm} \cdot 12^3\,\text{mm}^3}{12} + \left(\frac{240\,\text{mm}}{2} + \frac{12\,\text{mm}}{2}\right)^2 \cdot 150\,\text{mm} \cdot 12\,\text{mm}\right]$$

$$= 74.476.800\,\text{mm}^4$$

Flächenmoment 1. Grades für die untere und obere Schweißnaht:

$$H(z) = H(-z) = \left(\frac{h}{2} + \frac{t}{2}\right) \cdot b \cdot t = \left(\frac{240\,\text{mm}}{2} + \frac{12\,\text{mm}}{2}\right) \cdot 150\,\text{mm} \cdot 12\,\text{mm}$$

$$= 226.800\,\text{mm}^3$$

Schubspannung $\tau(x, z)$:

$$\tau(x, z) = \frac{F_q \cdot H(z)}{s \cdot I_y} = \frac{50.000\,\text{N} \cdot 226.800\,\text{mm}^3}{15\,\text{mm} \cdot 74.476.800\,\text{mm}^4} = 10{,}15\,\frac{\text{N}}{\text{mm}^2}$$

Schubkraft pro Länge: $q(x, z) = \tau(x, z) \cdot s = 10{,}15\,\dfrac{\text{N}}{\text{mm}^2} \cdot 15\,\text{mm} = 152{,}26\,\dfrac{\text{N}}{\text{mm}}$

Schubspannung in den Schweißnähten: $\tau_s = \dfrac{q(x, z)}{2 \cdot a} = \dfrac{152{,}26\,\frac{\text{N}}{\text{mm}}}{2 \cdot 6\,\text{mm}} = 12{,}7\,\dfrac{\text{N}}{\text{mm}^2}$

Aufgabe 2.3.4

Schubspannung Stelle 1: $\tau(z) = \frac{F_q \cdot H(z_1)}{b \cdot I_y}$

An der Stelle 1 haben wir die Breite $b_{1.1} = 150\,\text{mm}$ und $b_{1.2} = 150\,\text{mm} - 2 \cdot 20\,\text{mm} = 110\,\text{mm}$, d. h. wir haben dort sowohl einen Breiten- als auch Spannungssprung (Abb. 7.23).

Flächenmoment 1. Grades: $H(z)_1 = b \cdot h_1 \cdot z_{S1} = 150\,\text{mm} \cdot 40\,\text{mm} \cdot \left(\frac{40}{2} + 10\right)\text{mm}$

$$= 180.000\,\text{mm}^3$$

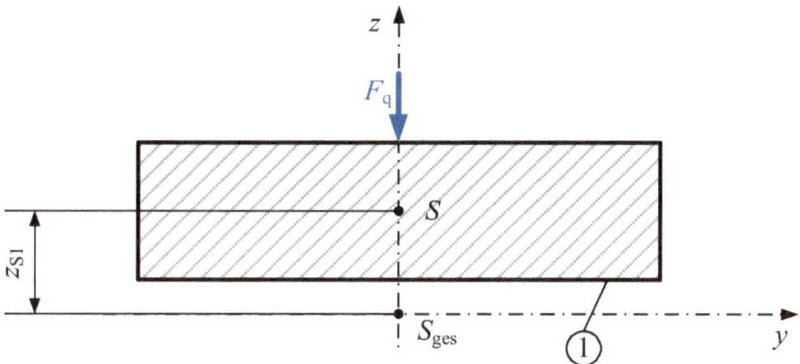

Abb. 7.23 Schwerpunktabstand z_{S1} der Restfläche 1 vom Gesamtschwerpunkt

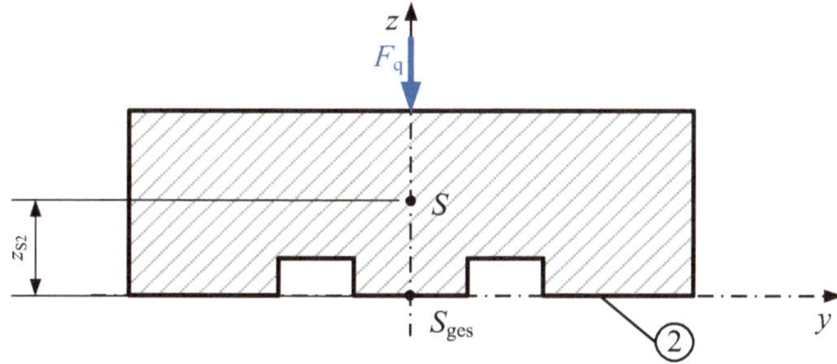

Abb. 7.24 Schwerpunktabstand der Restfläche 2 vom Gesamtschwerpunkt S_{ges}

Gesamtflächenmoment:
$$I_{\mathrm{y}} = \frac{b \cdot h^3}{12} - 2\frac{a^4}{12} = \frac{150\,\mathrm{mm} \cdot 100^3\,\mathrm{mm}^3}{12} - 2\frac{20^4\,\mathrm{mm}^4}{12}$$
$$= 12.473.333{,}3\,\mathrm{mm}^4$$

$$\tau(z)_{1.1} = \frac{F_{\mathrm{q}} \cdot H(z)_1}{b_{1.1} \cdot I_{\mathrm{y}}} = \frac{15.000\,\mathrm{N} \cdot 180.000\,\mathrm{mm}^3}{150\,\mathrm{mm} \cdot 12.473.333{,}3\,\mathrm{mm}^4} = 1{,}44\,\frac{\mathrm{N}}{\mathrm{mm}^2}$$

$$\tau(z)_{1.2} = \frac{F_{\mathrm{q}} \cdot H(z)_1}{b_{1.2} \cdot I_{\mathrm{y}}} = \frac{15.000\,\mathrm{N} \cdot 180.000\,\mathrm{mm}^3}{(150 - 2 \cdot 20)\,\mathrm{mm} \cdot 12.473.333{,}3\,\mathrm{mm}^4} = \underline{\underline{1{,}97\,\frac{\mathrm{N}}{\mathrm{mm}^2}}}$$

Schubspannung Stelle 2:

$$z_{\mathrm{S2}} = \frac{1}{A_{\mathrm{ges}}} \sum z_{\mathrm{Si}} \cdot A_{\mathrm{i}} = \frac{150 \cdot 50 \cdot 25\,\mathrm{mm}^3 - 2 \cdot 20 \cdot 10 \cdot 5\,\mathrm{mm}^3}{(150 \cdot 50 - 2 \cdot 20 \cdot 10)\,\mathrm{mm}^2} = 26{,}13\,\mathrm{mm}$$

$$H(z)_2 = A_2 \cdot z_{\mathrm{S2}} = (150 \cdot 50 - 2 \cdot 20 \cdot 10)\,\mathrm{mm} \cdot 26{,}13\,\mathrm{mm} = 185.523\,\mathrm{mm}^3$$

$$\tau(z)_2 = \frac{F_{\mathrm{q}} \cdot H(z)_2}{b_2 \cdot I_{\mathrm{y}}} = \frac{15.000\,\mathrm{N} \cdot 185.523\,\mathrm{mm}^3}{(150 - 2 \cdot 20)\,\mathrm{mm} \cdot 12.473.333{,}3\,\mathrm{mm}^4} = 2{,}03\,\frac{\mathrm{N}}{\mathrm{mm}^2}$$

Aufgabe 2.3.5

Schubspannungen an den Stelle 0–9: $\tau\,(z_\mathrm{i}) = \frac{F_\mathrm{q}\cdot H(z_\mathrm{i})}{b_\mathrm{i}\cdot I_\mathrm{y}}$

Vorgehensweise:

$$z_\mathrm{S} = \frac{\sum z_\mathrm{si}\cdot A_\mathrm{i}}{A_\mathrm{ges}} = \frac{24\cdot 4\cdot 2\,\mathrm{cm}^3 + 4\cdot 20\cdot 14\,\mathrm{cm}^3 + 16\cdot 4\cdot 26\,\mathrm{cm}^3}{24\cdot 4\,\mathrm{cm}^2 + 4\cdot 20\,\mathrm{cm}^2 + 16\cdot 4\,\mathrm{cm}^2} = 12{,}4\,\mathrm{cm}$$

Ermittlung des Gesamtflächenmoment I_y:

$$I_\mathrm{y} = I_\mathrm{y1} + z_\mathrm{S1}^2\cdot A_1 + I_\mathrm{y2} + z_\mathrm{S2}^2\cdot A_2 + I_\mathrm{y3} + z_\mathrm{S3}^2\cdot A_3$$

$$I_\mathrm{y} = \frac{24\cdot 4^3}{12}\,\mathrm{cm}^4 + (12{,}4 - 2)^2\,(24\cdot 4)\,\mathrm{cm}^4 + \frac{4\cdot 20^3}{12}\,\mathrm{cm}^4 + (12{,}4 - 14)^2\,(4\cdot 20)\,\mathrm{cm}^4$$

$$+ \frac{16\cdot 4^3}{12}\,\mathrm{cm}^2 + (12{,}4 - 26)^2\,(4\cdot 16)\,\mathrm{cm}^4 = 25.305{,}6\,\mathrm{cm}^4$$

Zur Berechnung der Schubspannungen an den Stellen 0 … 9 muss die jeweilige Restfläche A_i und der dazugehörige Schwerpunktabstand $\bar{z}_\mathrm{i}$ ober- und unterhalb der Schwerpunktachse y_S bestimmt werden (Abb. 7.25). Die Rechnung zur Ermittlung der Schubspannungen an den Stellen 0 … 9 erfolgt in tabellarischer Form:

Stelle	z_i cm	$\bar{z}_\mathrm{i}$ cm	ΔA_i cm^2	b_i cm	$\lvert\bar{z}_\mathrm{i}\cdot\Delta A_\mathrm{i}\rvert$ cm^3	$\frac{\lvert\bar{z}_\mathrm{i}\cdot\Delta A_\mathrm{i}\rvert}{I_\mathrm{y}\cdot b_\mathrm{i}}$ cm^{-2}	$\tau = F_\mathrm{q}\frac{\lvert\bar{z}_\mathrm{i}\cdot\Delta A_\mathrm{i}\rvert}{I_\mathrm{y}\cdot b_\mathrm{i}}$ N/cm^2	τ N/mm^2
0	15,6	15,6	0	16	0	0	0	0
1	13,6	14,6	32	16	467,2	0,00115	173	1,73
2a	11,6	13,6	64	16	870,4	0,00215	322	3,22
2b	11,6	13,6	64	4	870,4	0,0086	1289,8	12,9
3	6,6	12,53	84	4	1052,5	0,01039	1559,7	15,6
4	1,6	10,91	104	4	1134,6	0,01121	1681,3	16,8
5	0	10,32	110,4	4	1139,3	0,01126	1688,3	16,9
6	−3,4	−9,62	116	4	1116,4	0,01103	1654,4	16,5
7a	−8,4	−10,4	96	4	998,4	0,00986	1479,5	14,8
7b	−8,4	−10,4	96	24	998,4	0,00164	246,6	2,47
8	−10,4	−11,4	48	24	547,2	0,00009	135,1	1,35
9	−12,4	−12,4	0	24	0	0	0	0

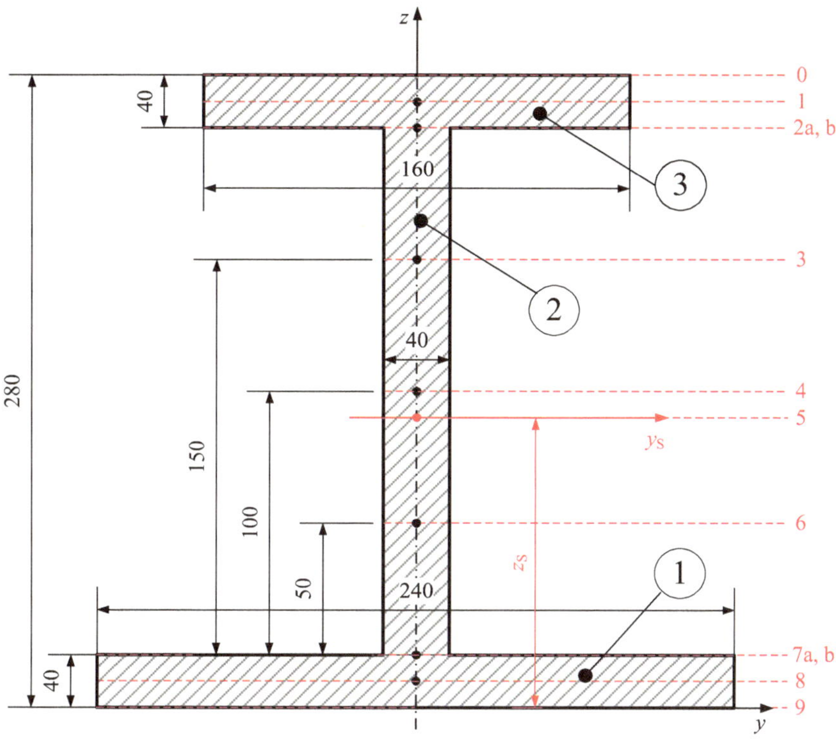

Abb. 7.25 Lage des Gesamtschwerpunktes z_S bezogen auf das vorgegebene y-z-Koordinatensystem

7.2.4   Lösungshinweise zu Abschnitt 2.4

Aufgabe 2.4.1

$$\tau_t = \frac{T}{W_p} \quad \text{mit} \quad W_p = \frac{\pi \cdot d^3}{16} \Rightarrow d \geq \sqrt[3]{\frac{16 \cdot T}{\pi \cdot \tau_{t_{zul}}}} = \sqrt[3]{\frac{16 \cdot 80.000\,\text{Nmm}}{\pi \cdot 35\,\frac{\text{N}}{\text{mm}}}} = 22{,}66\,\text{mm},$$

gewählt $d = 24\,\text{mm}$

Aufgabe 2.4.2

a) Die größte Torsionsspannung tritt in den dünneren Endteilen mit dem Durchmesser d auf.

$$\tau_t = \frac{T}{W_p} \quad \text{mit} \quad W_p = \frac{\pi}{16} \cdot d^3 = \frac{\pi}{16} \cdot 100^3\,\text{mm}^3 = 196.349{,}5\,\text{mm}^3$$

$$\Rightarrow \tau_t = \frac{12.000.000\,\text{Nmm}}{196.349{,}5\,\text{mm}^3} = 61{,}1\,\frac{\text{N}}{\text{mm}^2}$$

b) $\varphi = \frac{T \cdot l}{G \cdot I_p}$; $I_{p1} = I_{p3} = \frac{\pi}{32} \cdot d^4$ und $I_{p2} = \frac{\pi}{32} \cdot D^4 \approx 2 \cdot I_{p1}$

$$\varphi_{ges} = \varphi_1 + \varphi_2 + \varphi_3 = \frac{T}{G}\left(\frac{l}{I_{p1}} + \frac{12l}{I_{p2}} + \frac{3l}{I_{p3}}\right) = \frac{T \cdot 10 \cdot l}{G \cdot I_{p1}}$$

$$= \frac{10 \cdot 12.000.000\,\text{Nmm} \cdot 120\,\text{mm} \cdot 32}{81.000\,\frac{\text{N}}{\text{mm}^2} \cdot \pi \cdot 100^4\,\text{mm}^4}$$

$$\varphi_{ges} = 0{,}0181\,\text{rad} = 1{,}04°$$

c) Materialkosten der Welle:

$$K_M = \left(l_{ges} + 10\,\text{mm}\right) \cdot A_{We} \cdot \rho \cdot k_{We}$$

$$= 1930\,\text{mm}\frac{\pi}{4} \cdot 120^2\,\text{mm}^2 \cdot 7{,}85\,\frac{\text{kg} \cdot \text{dm}^3}{\text{dm}^3 \cdot 10^6 \cdot \text{mm}^3} \cdot 2{,}65\,\frac{€}{\text{kg}} = 454{,}07\,€$$

Aufgabe 2.4.3

a) $\tau_t = \frac{T}{W_t}$　mit　$W_t = 2 \cdot A_m \cdot s = 2 \cdot 62\,\text{mm} \cdot 45\,\text{mm} \cdot 3\,\text{mm} = 16.740\,\text{mm}^3$

$$\Rightarrow \tau_t = \frac{900.000\,\text{Nmm}}{16.740\,\text{mm}^3} \approx 54\,\frac{\text{N}}{\text{mm}^2}$$

b) $\varphi = \frac{T \cdot l}{G \cdot I_t}$　mit　$I_t = 4 \cdot A_m^2 \cdot \frac{s}{u_m}$ und $u_m = 2\,(62 + 45)\,\text{mm} = 214\,\text{mm}$

$$I_t = 4 \cdot 2790^2\,\text{mm}^4 \cdot \frac{3\,\text{mm}}{214\,\text{mm}} \approx 436.492\,\text{mm}^4$$

$$\varphi = \frac{900.000\,\text{Nmm} \cdot 3500\,\text{mm} \cdot \text{mm}^2}{436.492\,\text{mm}^4 \cdot 80.000\,\text{N}} = 0{,}0902\,\text{rad} \approx 5{,}17°$$

c) Mit Hilfe der Vergleichsspannung (GEH; $\alpha_0 = 1$) soll untersucht werden, ob die Sicherheit ausreichend ist.

$$\sigma_v = \sqrt{\sigma_b^2 + 3\left(\alpha_0 \cdot \tau_t^2\right)^2} = \sqrt{\left(80\,\frac{\text{N}}{\text{mm}^2}\right)^2 + 3 \cdot \left(54\,\frac{\text{N}}{\text{mm}^2}\right)^2} \approx 123\,\frac{\text{N}}{\text{mm}^2}$$

$$S = \frac{\sigma_{bSch}}{\sigma_v} = \frac{280\,\frac{\text{N}}{\text{mm}^2}}{123\,\frac{\text{N}}{\text{mm}^2}} \approx 2{,}28 > S_{min} = 1{,}5 \Rightarrow \text{richtig bemessen!}$$

Aufgabe 2.4.4

a) $\varphi = \frac{T \cdot l}{G \cdot I_t}$; I_t aus Tab. 2.5, Ziffer 7: $I_t = 1{,}847 \cdot \rho^4$ mit $2\rho = 5\,\text{mm} \Rightarrow \rho = 2{,}5\,\text{mm}$;

$I_t = 72{,}15\,\text{mm}^4$

$$\varphi = \frac{9000\,\text{Nmm} \cdot 110\,\text{mm}}{80.000\,\frac{\text{N}}{\text{mm}^2} \cdot 72{,}15\,\text{mm}^4} = 0{,}1715\,\text{rad} = 9{,}83°$$

b) $\varphi_{ges} = \varphi\frac{235\,\text{mm}}{110\,\text{mm}} \approx 21°$

c) $\tau_t = \frac{T}{W_t}$　mit　W_t aus Tab. 2.5, Ziffer 7: $W_t = 1{,}511 \cdot \rho^3 = 23{,}61\,\text{mm}^3$

$$\tau_t = \frac{9000\,\text{Nmm}}{23{,}61\,\text{mm}^3} = 381{,}2\,\frac{\text{N}}{\text{mm}^2}$$

$R_e \approx 360\,\text{N/mm}^2 \Rightarrow \tau_{tF} \approx 0{,}65 \cdot 360\,\text{N/mm}^2 = 234\,\text{N/mm}^2 < 381\,\text{N/mm}^2$, genügt nicht. Gemäß Tab. 1.5 würde ein E360 GC mit $\tau_{tF} = 390\,\text{N/mm}^2$ die Forderung erfüllen.

Aufgabe 2.4.5

a) Gesucht Durchmesser d, wenn $F = 10\,\text{kN}$ und $\varphi = 10°$

$$\varphi = \frac{T \cdot l}{G \cdot I_\text{p}} \quad \text{mit} \quad I_\text{p} = \frac{\pi}{32}d^3 \text{ und } \widehat{\varphi} = \frac{\pi \cdot \varphi°}{180°} \Rightarrow d \geq \sqrt[4]{\frac{32 \cdot 180° \cdot F \cdot a \cdot l}{G \cdot \pi^2 \cdot \varphi°}}$$

$$d \geq \sqrt[4]{\frac{32 \cdot 180° \cdot 10.000\,\text{N} \cdot 350\,\text{mm} \cdot 1400\,\text{mm}}{78.000\,\frac{\text{N}}{\text{mm}^2} \cdot \pi^2 \cdot 10°}} = 43{,}76\,\text{mm}$$

$$\Rightarrow \text{gewählt } d = 44\,\text{mm}$$

b) $\tau_\text{t} = \dfrac{T}{W_\text{p}} \quad \text{mit} \quad W_\text{p} = \dfrac{\pi}{16}d^3 \Rightarrow \tau_\text{t} = \dfrac{16 \cdot F \cdot a}{\pi \cdot d^3} = \dfrac{16 \cdot 10.000\,\text{N} \cdot 350\,\text{mm}}{\pi \cdot 44^3\,\text{mm}^3}$

$$\approx 209\,\frac{\text{N}}{\text{mm}^2} < \tau_{\text{t}_\text{zul}} = 750\,\frac{\text{N}}{\text{mm}^2}$$

c) Es treten die Spannungsarten Biegung und Schub auf.

$$\sigma_\text{b} = \frac{M_\text{b}}{W_\text{b}} = \frac{32 \cdot F \cdot a}{\pi \cdot d^3} = \frac{32 \cdot 10.000\,\text{N} \cdot 350\,\text{mm}}{\pi \cdot 44^3\,\text{mm}^3} = 418{,}5\,\frac{\text{N}}{\text{mm}^2}$$

$$\tau_\text{s} = \frac{F}{A} = \frac{4 \cdot F}{\pi \cdot d^2} = \frac{4 \cdot 10.000\,\text{N}}{\pi \cdot 44^2} = 6{,}6\,\frac{\text{N}}{\text{mm}^2},\ \tau_\text{s} \text{ ist gegenüber } \sigma_\text{b} \text{ vernachlässigbar.}$$

Aufgabe 2.4.6

a) Torsionsmomente in A und B.

Es handelt sich um ein statisch unbestimmtes System. Aus der Gleichgewichtsbedingung $\Sigma T = 0 = T - T_\text{A} - T_\text{B}$ und der Bedingung φ_C gleich dem Verdrehwinkel im rechten und linken Teil der Welle kann entsprechend umgestellt werden:

$$\varphi_\text{C} = \frac{T_\text{A} \cdot l_1}{G \cdot I_{\text{p}1}} = \frac{T_\text{B} \cdot l_2}{G \cdot I_{\text{p}2}} \Rightarrow T_\text{B} = \frac{l_1}{l_2} \cdot \frac{I_{\text{p}2}}{I_{\text{p}1}} \cdot T_\text{A} \Rightarrow T - T_\text{A} - \frac{l_1}{l_2} \cdot \frac{I_{\text{p}2}}{I_{\text{p}1}} \cdot T_\text{A} = 0$$

$$T - T_\text{A}\left(1 + \frac{l_1}{l_2} \cdot \frac{I_{\text{p}2}}{I_{\text{p}1}}\right) = 0 \Rightarrow T_\text{A} = \frac{T}{1 + \frac{l_1}{l_2} \cdot \frac{I_{\text{p}2}}{I_{\text{p}1}}} \text{ und } T_\text{B} = \frac{T}{1 + \frac{l_2}{l_1} \cdot \frac{I_{\text{p}1}}{I_{\text{p}2}}}$$

$$\frac{l_1}{l_2} \cdot \frac{I_{\text{p}2}}{I_{\text{p}1}} = \frac{l_1}{l_2} \cdot \frac{\frac{\pi}{32}d_2^4}{\frac{\pi}{32}d_1^4} = \frac{l_1}{l_2} \cdot \frac{d_2^4}{d_1^4} = \frac{500\,\text{mm}}{300\,\text{mm}} \cdot \frac{50^4\,\text{mm}^4}{60^4\,\text{mm}^4} = 0{,}803755$$

$$\frac{l_2}{l_1} \cdot \frac{I_{\text{p}1}}{I_2} = \frac{l_2}{l_1} \cdot \frac{\frac{\pi}{32}d_1^4}{\frac{\pi}{32}d_2^4} = \frac{l_2}{l_1} \cdot \frac{d_1^4}{d_2^4} = \frac{300\,\text{mm}}{500\,\text{mm}} \cdot \frac{60^4\,\text{mm}^4}{50^4\,\text{mm}^4} = 1{,}24416$$

$$T_\text{A} = \frac{T}{1 + \frac{l_1}{l_2} \cdot \frac{I_{\text{p}2}}{I_{\text{p}1}}} = \frac{F \cdot d}{1 + \frac{l_1}{l_2} \cdot \frac{I_{\text{p}2}}{I_{\text{p}1}}} = \frac{12.000\,\text{N} \cdot 300\,\text{mm}}{1 + 0{,}803755} = \frac{3.600.000\,\text{Nmm}}{1{,}803755}$$

$$= 1.995.836{,}46\,\text{Nmm}$$

$$T_\text{B} = 1.604.163{,}7\,\text{Nmm}$$

b) Torsionsspannung τ_t in A und B:

$$\tau_{\text{t}A} = \frac{T_\text{A}}{W_{\text{t}1}} = \frac{T_\text{A}}{\frac{\pi}{16} \cdot d_1^3} = \frac{1.995.836{,}46\,\text{Nmm}}{\frac{\pi}{16} \cdot 60^3\,\text{mm}^3} = 47{,}06\,\frac{\text{N}}{\text{mm}^2}$$

$$\tau_{\text{t}B} = \frac{T_\text{B}}{W_{\text{t}2}} = \frac{T_\text{B}}{\frac{\pi}{16} \cdot d_2^3} = \frac{1.604.163{,}70\,\text{Nmm}}{\frac{\pi}{16} \cdot 50^3\,\text{mm}^3} = 65{,}36\,\frac{\text{N}}{\text{mm}^2}$$

c) Verdrehwinkel an der Stelle C:

$$\varphi_C = \frac{T_A \cdot l_1}{G \cdot I_{p1}} = \frac{T_A \cdot l_1}{G \cdot \frac{\pi}{32} \cdot d_1^4} = \frac{1.995.836,46\,\text{Nmm} \cdot 500\,\text{mm}}{81.000\,\frac{\text{N}}{\text{mm}^2} \cdot \frac{\pi}{32} \cdot 60^4\,\text{mm}^3} = 0,00968 = 0,555°$$

$$\varphi_C = \frac{T_B \cdot l_2}{G \cdot I_{p2}} = \frac{T_B \cdot l_2}{G \cdot \frac{\pi}{32} \cdot d_2^4} = \frac{1.604.163,70\,\text{Nmm} \cdot 300\,\text{mm}}{81.000\,\frac{\text{N}}{\text{mm}^2} \cdot \frac{\pi}{32} \cdot 50^4\,\text{mm}^3}$$

$$= 0,00968 = 0,555° \text{ (Kontrolle)}$$

Aufgabe 2.4.7

a) Widerstandsmomente gemäß BREDT'scher Formel: $W_t \approx 2 \cdot A_m \cdot s$

Rohr: $A_{mR} = \frac{\pi}{4} \cdot 58^2\,\text{mm}^2 = 2642\,\text{mm}^2$; $W_{tR} = 2 \cdot 2642\,\text{mm}^2 \cdot 2\,\text{mm} = 10.568\,\text{mm}^3$

Torsionsfeder:

$$A_{mT} = A_{proj} - \frac{\pi}{4}\left(d_R^2 - d_m^2\right) = 430\,\text{mm}^2 - \frac{\pi}{4}\left(60^2 - 58^2\right)\text{mm}^2 \approx 245\,\text{mm}^2$$

$$W_{tT} \approx 2 \cdot 245\,\text{mm}^2 \cdot 2\,\text{mm} \approx 980\,\text{mm}^3$$

$$\frac{W_{tR}}{W_{tT}} \approx \frac{10.568\,\text{mm}^3}{980\,\text{mm}^3} \approx 10,78$$

b) $\varphi = \frac{T \cdot l}{G \cdot I_T}$; $\tau_t = \frac{T}{W_t} \Rightarrow T = \tau_t \cdot W_t \Rightarrow \varphi = \frac{\tau_t \cdot W_t \cdot l}{G \cdot I_T} \Rightarrow \tau_t = \frac{\varphi \cdot G \cdot I_t}{l \cdot W_t}$

$$W_t = 2 \cdot A_m \cdot s; \quad I_t = 4 \cdot A_m^2 \cdot \frac{s}{u_m} \quad \text{mit} \quad u_m = \pi \cdot d_m$$

$$\tau_t = \frac{G \cdot A_m}{6 \cdot l \cdot d_m} = \frac{81.000\,\frac{\text{N}}{\text{mm}^2} \cdot 245\,\text{mm}^2}{6 \cdot 900\,\text{mm} \cdot 58\,\text{mm}} = 63,4\,\frac{\text{N}}{\text{mm}^2}$$

Aufgabe 2.4.8

a) Torsionsmoment $T = 2 \cdot F \cdot \frac{a}{2} = F \cdot a = 4000\,\text{N} \cdot 37\,\text{mm} = 148.000\,\text{Nmm}$

b) $\varphi = \frac{T \cdot l}{G \cdot I_t}$ mit $I_{t\,voll} = 2\left(A_a + A_i\right) \cdot s \cdot \frac{A_m}{u_m}$

$$= 2\left(40^2 + 34^2\right)\text{mm}^2 \cdot 3\,\text{mm} \cdot \frac{37^2\,\text{mm}^2}{4 \cdot 37\,\text{mm}}$$

$$= 152.958\,\text{mm}^4$$

oder alternativ: $I_{t\,voll} \approx 4 \cdot A_m^2 \cdot \frac{s}{u_m} = 4 \cdot \left(37^2\right)^2\,\text{mm}^4 \cdot \frac{3\,\text{mm}}{4 \cdot 37\,\text{mm}} = 151.959\,\text{mm}^4$

$I_{t\,Schlitz} = \frac{\eta}{3} \sum b_i^3 \cdot h_i = \frac{1}{3}\left(2 \cdot 3^3 \cdot 18,5 + 2 \cdot 3^3 \cdot 34 + 3^3 \cdot 40\right)\text{mm}^4 = 1305\,\text{mm}^4$,

$\eta = 1$ gewählt

$$\varphi_{voll} = \frac{T \cdot l}{G \cdot I_{tvoll}} = \frac{148.000\,\text{Nmm} \cdot 300\,\text{mm}}{80.000\,\frac{\text{N}}{\text{mm}^2} \cdot 151.959\,\text{mm}^4} = 0,00365\,\text{rad} = 0,21°$$

$$\varphi_{Schlitz} = \frac{T \cdot l}{G \cdot I_{tSchlitz}} = \frac{148.000\,\text{Nmm} \cdot 300\,\text{mm}}{80.000\,\frac{\text{N}}{\text{mm}^2} \cdot 1305\,\text{mm}^4} = 0,425\,\text{rad} = 24,37°$$

$\varphi_{ges} = \varphi_{voll} + \varphi_{Schlitz}$

$$= 24,58° \quad \text{oder} \quad \varphi_{ges} = \frac{T \cdot l}{G}\left(\frac{1}{I_{tvoll}} + \frac{1}{I_{tSchlitz}}\right)$$

c) $\tau_t = \frac{T}{W_t}$; $\tau_{t\,\text{voll}} = \frac{T}{W_{t\,\text{voll}}}$ mit $W_{t\,\text{voll}} = 2 \cdot A_m \cdot s = 2 \cdot 37^2\,\text{mm}^2 \cdot 3\,\text{mm} = 8214\,\text{mm}^3$

$$W_{t\,\text{Schlitz}} = \frac{\eta}{3 \cdot b_{\max}} \sum b_i^3 \cdot h_i = \frac{I_{t\,\text{Schlitz}}}{b_{\max}} = \frac{1305\,\text{mm}^4}{3\,\text{mm}} = 435\,\text{mm}^3$$

$$\tau_{t\,\text{voll}} = \frac{T}{W_{t\,\text{voll}}} = \frac{148.000\,\text{Nmm}}{8214\,\text{mm}^3} = 18\,\frac{\text{N}}{\text{mm}^2} \quad \text{und}$$

$$\tau_{t\,\text{Schlitz}} = \frac{T}{W_{t\,\text{Schlitz}}} = \frac{148.000\,\text{Nmm}}{435\,\text{mm}^3} = 340{,}23\,\frac{\text{N}}{\text{mm}^2}$$

Aufgabe 2.4.9

a) Geschlossenes Profil, Anwendung der BREDT'schen Formel:

$$\tau_t = \frac{T}{W_t} = \frac{T}{2 \cdot A_m \cdot s}; \quad T = 2 \cdot F \cdot \frac{a}{2} = 2 \cdot 5000\,\text{N} \cdot \frac{60}{2}\,\text{mm} = 300.000\,\text{Nmm}$$

$$A_m = (60 - 2{,}5)\,\text{mm} \cdot (50 - 2{,}5)\,\text{mm} = 2731{,}25\,\text{mm}^2$$

$$\tau_t = \frac{T}{2 \cdot A_m \cdot s} = \frac{300.000\,\text{Nmm}}{2 \cdot 2731{,}25\,\text{mm}^2 \cdot 2{,}5\,\text{mm}} \approx 22\,\frac{\text{N}}{\text{mm}^2}$$

b) Offenes Profil, Anwendung Tab. 2.5, Ziffer 9

$$l_{\text{off}} = \frac{l}{4} = \frac{2000\,\text{mm}}{4} = 500\,\text{mm}$$

$$\Rightarrow T_{\text{off}} = \frac{1}{4} \cdot T = \frac{1}{4} \cdot 300.000\,\text{Nmm} = 75.000\,\text{Nmm}$$

$$\tau_t = \frac{T}{W_t}; \quad W_t = \frac{\eta}{3 \cdot b_{\max}} \sum b_i^3 \cdot h_i \text{ mit } \eta = 1$$

$$\sum b_i^3 \cdot h_i = 2 \cdot 2{,}5^3\,\text{mm}^3 \cdot 50\,\text{mm} + 2{,}5^3\,\text{mm}^3 \cdot 55\,\text{mm} + 2 \cdot 2{,}5^3\,\text{mm}^3 \cdot 22{,}5\,\text{mm}$$

$$= 2{,}5^3\,\text{mm}^3\,(2 \cdot 50\,\text{mm} + 55\,\text{mm} + 2 \cdot 22{,}5\,\text{mm}) = 3125\,\text{mm}^4$$

Abb. 7.26 Flächenaufteilung
Aufgabe 2.4.9

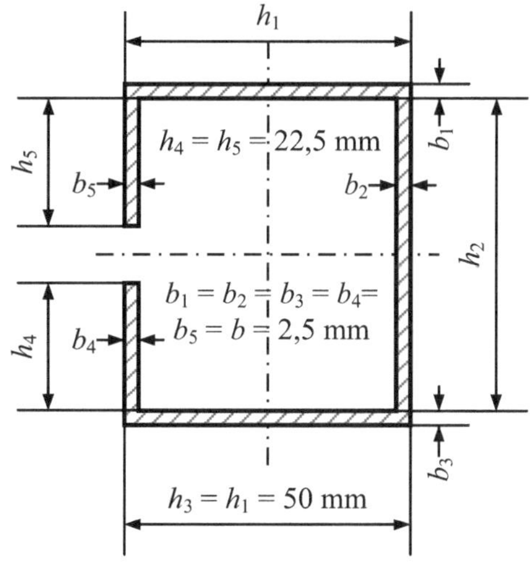

$$W_\mathrm{t} = \frac{\eta}{3 \cdot b_\mathrm{max}} \sum b_\mathrm{i}^3 \cdot h_\mathrm{i} = \frac{1}{3 \cdot 2{,}5\,\mathrm{mm}} \cdot 3125\,\mathrm{mm}^4 = 416{,}67\,\mathrm{mm}^3$$

$$\tau_\mathrm{t} = \frac{T}{W_\mathrm{t}} = \frac{75.000\,\mathrm{Nmm}}{416{,}67\,\mathrm{mm}^3} = 180\,\frac{\mathrm{N}}{\mathrm{mm}^2}$$

$$\varphi = \frac{T \cdot l}{G \cdot I_\mathrm{t}}\;;\quad \text{mit } I_\mathrm{t} = \frac{\eta}{3} \sum b_\mathrm{i}^3 \cdot h_\mathrm{i} = \frac{1}{3} \cdot 3125\,\mathrm{mm}^4 = 1041{,}67\,\mathrm{mm}^4$$

$$\varphi = \frac{T \cdot l}{G \cdot I_\mathrm{t}} = \frac{75.000\,\mathrm{Nmm} \cdot 500\,\mathrm{mm}}{81.000\,\frac{\mathrm{N}}{\mathrm{mm}^2} \cdot 1041{,}67\,\mathrm{mm}^4} = 0{,}444\,\mathrm{rad} \approx 25{,}5°$$

Aufgabe 2.4.10

a) Für das Drillflächenmoment gilt:

$$I_\mathrm{t} = \frac{\eta}{3} \sum b_\mathrm{i}^3 \cdot h_\mathrm{i} = \frac{\eta}{3} \left[s^3 \cdot h_1 + s^3 \cdot h_2 + s^3 \cdot h_3 + 2 \cdot s^3 \left(\frac{\pi}{2} \cdot r \right) \right]$$

$$= \frac{\eta \cdot s^3}{3} (2 \cdot h_1 + h_2 + \pi \cdot r)$$

Da s für das Profil konstant ist, gilt für das Drillwiderstandsmoment:

$$W_\mathrm{t} = \frac{I_\mathrm{t}}{s} = \frac{\eta \cdot s^2}{3} (2 \cdot h_1 + h_2 + \pi \cdot r) \quad \text{mit}\quad \eta = 1{,}12 \text{ für ein U-förmiges Profil}$$

$$I_\mathrm{t} = \frac{1{,}12 \cdot 3^3\,\mathrm{mm}^3}{3} (2 \cdot 20\,\mathrm{mm} + 150\,\mathrm{mm} + \pi \cdot 60\,\mathrm{mm}) = 3815{,}2\,\mathrm{mm}^4$$

$$W_\mathrm{t} = \frac{I_\mathrm{t}}{s} = \frac{3815{,}2\,\mathrm{mm}^4}{3\,\mathrm{mm}} = 1271{,}7\,\mathrm{mm}^3$$

b) Übertragbares Torsionsmoment T

$$\tau_\mathrm{t} = \frac{T}{W_\mathrm{t}} \Rightarrow T = \tau_\mathrm{t\,zul} \cdot W_\mathrm{t} = 35\,\frac{\mathrm{N}}{\mathrm{mm}^2} \cdot 1271{,}7\,\mathrm{mm}^3 \approx 44.510\,\mathrm{Nmm}$$

Aufgabe 2.4.11

a) Es handelt sich um einen dünnwandigen geschlossenen Querschnitt, d. h. Anwendung
der BREDT'schen Formel:

$$\tau_\mathrm{t\,zul} = \frac{T_\mathrm{a}}{2 \cdot A_\mathrm{m} \cdot s} \quad \text{mit}\quad A_\mathrm{m} = \frac{a \cdot h}{2} = \frac{a}{2} \sqrt{a^2 - \left(\frac{a}{2} \right)^2} = \frac{a^2}{4}\sqrt{3} = \frac{100^2\,\mathrm{mm}^2}{4}\sqrt{3}$$

$$= 4330{,}13\,\mathrm{mm}^2$$

$$T_\mathrm{a} = \tau_\mathrm{t\,zul} \cdot 2 \cdot A_\mathrm{m} \cdot s = 100\,\frac{\mathrm{N}}{\mathrm{mm}^2} \cdot 2 \cdot 4330{,}13\,\mathrm{mm}^2 \cdot 5\,\mathrm{mm} = 4.330.127\,\mathrm{Nmm}$$

$$= 4{,}33\,\mathrm{kNm}$$

Geschlitztes Profil:

$$\tau_\mathrm{t\,zul} = \frac{T_\mathrm{b}}{W_\mathrm{tb}} \quad \text{mit}\quad W_\mathrm{tb} = \frac{\eta}{3 \cdot b_\mathrm{max}} \cdot \sum b_\mathrm{i}^3 \cdot h_\mathrm{i} \text{ (Tab. 2.5, Ziffer 9),}$$

mit $b_\mathrm{i} = s$ und $h_\mathrm{i} = a$; $\eta = 1$ gewählt.

$$W_{tb} = \frac{1}{3 \cdot s}\left(2 \cdot s^3 \cdot a + 2 \cdot s^3 \frac{a}{2}\right) = s^2 \cdot a = 5^2\,\text{mm}^2 \cdot 100\,\text{mm} = 2500\,\text{mm}^3$$

$$T_b = \tau_{t\,zul} \cdot W_{tb} = 100\,\frac{\text{N}}{\text{mm}^2} \cdot 2500\,\text{mm}^3 = 250.000\,\text{Nmm}$$

b) $\varphi_a = \frac{T_a \cdot l}{G \cdot I_{ta}}$ mit $I_{ta} = 4 \cdot A_m^2 \cdot \frac{s}{u_m} = 4 \cdot \left(4330,13\,\text{mm}^2\right)^2 \cdot \frac{5\,\text{mm}}{3 \cdot 100\,\text{mm}} = 1.250.000\,\text{mm}^4$

$$\varphi_a = \frac{4.330.127\,\text{Nmm} \cdot 3000\,\text{mm}}{81.000\,\frac{\text{N}}{\text{mm}^2} \cdot 1.250.000\,\text{mm}^4} = 0,128\,\text{rad} = 7,35°$$

$$I_{tb} = \frac{\eta}{3} \cdot \sum b_i^3 \cdot h_i = \frac{1}{3}\left(2 \cdot s^3 \cdot a + 2 \cdot s^3 \frac{a}{2}\right) = s^3 \cdot a = 5^3\,\text{mm}^3 \cdot 100\,\text{mm}$$

$$= 12.500\,\text{mm}^4$$

$$\varphi_b = \frac{250.000\,\text{Nmm} \cdot 3000\,\text{mm}}{81.000\,\frac{\text{N}}{\text{mm}^2} \cdot 12.500\,\text{mm}^4} = 0,741\,\text{rad} = 42,44°$$

c) Vergleich der Drillflächenmomente: $\frac{I_{ta}}{I_{tb}} = \frac{1.250.000\,\text{mm}^4}{12.500\,\text{mm}^4} = 100$

7.3 Lösungshinweise zu Kapitel 3

Aufgabe 3.1

Die größte Beanspruchung tritt im Einspannquerschnitt oberhalb des Betonfundaments auf. Der Mast wird durch die Windlast an der Wegweisertafel auf Biegung und Torsion beansprucht.

Biegemoment am Mastfuß resultierend aus zwei Kräften zu je 3 kN an den Halterungen: $M_b = 27\,\text{kNm}$

Torsionsmoment am Mastfuß: $T = 9\,\text{kNm}$

Profilwerte aus Profiltabelle: $A = 38{,}7\,\text{cm}^2$; $W_b = 245\,\text{cm}^3$; $W_t = 362\,\text{cm}^3$

Spannungen am Mastfuß: $\sigma_b \approx 110\,\text{N/mm}^2$; $\tau_t \approx 25\,\text{N/mm}^2$. Die Schubspannung aus der Querkraft beträgt $\tau_s \approx 1{,}6\,\text{N/mm}^2$ und kann vernachlässigt werden.

Vergleichsspannung nach GEH (wegen Baustahl S235):

$$\sigma_v = \sqrt{\sigma_b^2 + 3 \cdot \tau_t^2} \approx 118\,\text{N/mm}^2$$

Aufgabe 3.2

Die größte Spannung tritt im Einspannquerschnitt auf. Dort wird das Rohr auf Biegung, Schub und Torsion beansprucht. Biegung wird durch die Streckenlast über A–B und die Einzelkraft in C hervorgerufen; der Rohrabschnitt A–B wird außerdem auf Torsion durch die mit dem Hebelarm $l/2$ angreifende Einzelkraft F beansprucht.

Auflagerreaktionen:

$$M_b = \frac{q \cdot l^2}{2} + F \cdot l = 62{,}5\,\text{kNm}; \quad T = F \cdot \frac{l}{2} = 25\,\text{kNm}; \quad F_q = q \cdot l + F = 15\,\text{kN}$$

Profilwerte (aus Profiltabelle): $A = 50{,}1\,\text{cm}^2$; $W_b = 393\,\text{cm}^3$; $W_t = 787\,\text{cm}^3$

Spannungen:

$$\sigma_b = 159\,\text{N/mm}^2; \quad \tau_t = 31{,}7\,\text{N/mm}^2; \quad \tau_s \approx 3\,\text{N/mm}^2; \quad \tau_{res} \approx 34{,}7\,\text{N/mm}^2$$

Vergleichsspannung nach GEH: $\sigma_v \approx 170\,\text{N/mm}^2$ (τ_s könnte auch vernachlässigt werden; dann: $\sigma_v \approx 168\,\text{N/mm}^2$)

Aufgabe 3.3

Die Antriebswelle wird auf Biegung und Torsion beansprucht. Gefährdete Querschnitte sind einmal die Radmittelebene und zum zweiten die Nut für den Wellensicherungsring. In der Radmittelebene tritt nur Torsion auf (den Querkraftschub mit an dieser Stelle $\tau_s \approx 3{,}7\,\text{N/mm}^2$ kann man vernachlässigen). An der Stelle der Nut für den Wellensicherungsring wird die Welle auf Biegung und Torsion (und wieder Querkraftschub) beansprucht. Für die Berechnung der Spannungen benötigt man den Kerndurchmesser. Er ist in DIN 471 in Abhängigkeit vom Wellendurchmesser gegeben (siehe z. B. [2], TB 9-7); $d_K = 37{,}5\,\text{mm}$.

Außerdem ist die Fließgrenze notwendig: $R_{p0,2} = 460\,\text{N/mm}^2$ ([2], TB 1-1).

1. Radebene:

Biegemoment in der Radebene:	$M_b = 0$;
Profilwert:	$W_t = 3068{,}0\,\text{mm}^3$ ($d = 25\,\text{mm}$)
Spannung:	$\tau_t \approx 146{,}7\,\text{N/mm}^2$
Torsionsfließgrenze:	$\tau_{tF} \approx 0{,}65 \cdot R_{p0,2} \approx 300\,\text{N/mm}^2$
Sicherheit gegen Fließen:	$S_F \approx 2{,}04 > S_{F\,min} = 1{,}8$

2. Wellennut:

Biegemoment am Wellensicherungsring:	$M_{b\,max} = 540.000\,\text{Nmm}$;
Profilwerte:	$W_b = 5177{,}2\,\text{mm}^3$; $W_t = 10.354{,}4\,\text{mm}^3$ ($d_K = 37{,}5\,\text{mm}$)
Spannungen:	$\sigma_b \approx 104{,}3\,\text{N/mm}^2$; $\tau_t \approx 43{,}5\,\text{N/mm}^2$; $\sigma_v \approx 128{,}7\,\text{N/mm}^2$ (nach GEH)
Sicherheit gegen Fließen:	$S_F \approx 3{,}57 > S_{F\,min} = 1{,}8$

Hinweis: Da die Welle wechselnd auf Biegung (Umlaufbiegung) beansprucht wird und die Nut für den Sicherungsring eine hohe Kerbwirkung besitzt, ist in der Praxis auf jeden Fall auch ein dynamischer Festigkeitsnachweis (Dauerfestigkeitsnachweis) notwendig.

Aufgabe 3.4

Der schraffierte Querschnitt wird auf Zug und Biegung beansprucht:

$\sigma_z = \frac{F}{A} = 32{,}34\,\text{N/mm}^2$ mit $A = \frac{\pi}{4} B \cdot H \approx 2474\,\text{mm}^2$

$\sigma_b = \frac{M_b}{W_b} = 258{,}70\,\text{N/mm}^2$ mit $M_b = F \cdot a$ $(a = 70\,\text{mm})$ und $W_b = \frac{\pi}{32} B \cdot H^2 \approx$ 21.647 mm³ (für ellipsenförmigen Querschnitt; $B = 45\,\text{mm}$, $H = 70\,\text{mm}$; Biegeachse ist in der gezeichneten Lage die senkrechte Symmetrieachse)

Auf der Innenseite ergibt sich eine Biegezugspannung, auf der Außenseite eine Biege-druckspannung.

Zug- und Biegespannung können direkt überlagert werden:

Innenseite, Zugspannung: $\sigma_{z\,res} = \sigma_z + \sigma_{bz} \approx 291\,\text{N/mm}^2$

Außenseite, Druckspannung: $\sigma_{d\,res} = \sigma_z - \sigma_{bd} \approx -226\,\text{N/mm}^2$

Aufgabe 3.5

Zunächst müssen die Auflagerreaktionen ermittelt werden: $F_{Ax} = -F/2$; $F_{Bx} = F/2$; $F_{By} = F$, siehe Abb. 7.27.

Aus den Auflagerreaktionen lassen sich der Biegemomentenverlauf sowie der Längs- und der Querkraftverlauf bestimmen, Abb. 7.28.

Aus den Biegemomenten an den zu betrachtenden Schnitten und aus dem Längskraft-verlauf können die Normalspannungen – Biegespannungen und Druckspannungen – berechnet werden.

Abb. 7.27 Auflagerreaktionen

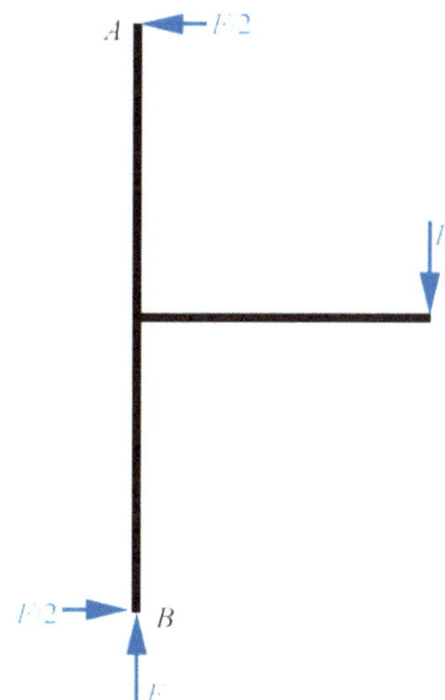

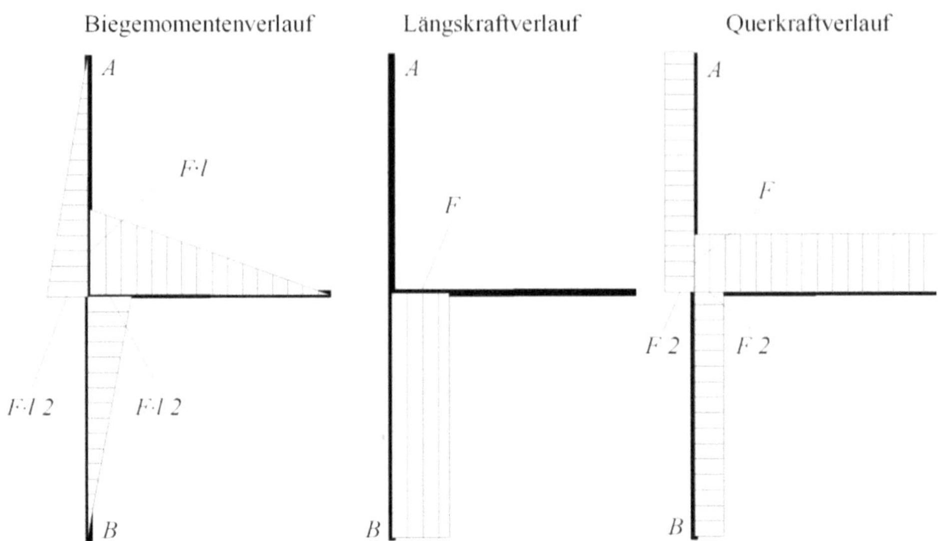

Abb. 7.28 Biegemomentverlauf, Längskraftverlauf und Querkraftverlauf

Aufgabe 3.6

Mit Hilfe der Gl. (2.92) ermittelt man durch Umstellen den erforderlichen Durchmesser der Welle. Mit dem gewählten Wert $d = 270$ mm lassen sich die Spannungen berechnen ($A \approx 57.256$ mm^2; $W_\mathrm{p} \approx 3.864.748$ mm^3). Die Vergleichsspannung ergibt sich über GEH nach Gl. (3.34). Für die Sicherheit gegen unzulässige Verformung – gleichbedeutend mit Sicherheit gegen Fließen – setzt man als Materialwert die Streckgrenze ($R_\mathrm{e} = 335$ N/mm^2) ein.

Zum Knicknachweis berechnet man zunächst den Schlankheitsgrad ($\lambda = 74{,}1$). Der Knicknachweis hat wegen $\lambda < 88$ nach TETMAJER zu erfolgen. Die Knickspannung beträgt $\sigma_\mathrm{K} = 289$ N/mm^2, so dass sich für die Sicherheit gegen Knicken ein zu kleiner Wert ergibt (Hinweis: Als vorhandene Spannung ist die Vergleichsspannung einzusetzen.). Die Knicksicherheit sollte beim vorhandenen Schlankheitsgrad bei $S_\mathrm{K} \approx 3$ liegen. Daher muss die Welle entweder einen größeren Durchmesser erhalten oder es muss z. B. zwischen den vorhandenen Lagern ein weiteres Radiallager eingebaut werden. Eine andere Möglichkeit wäre, das Axiallager direkt am Propeller anzuordnen. Damit würde der längere Teil der Welle nur auf Torsion beansprucht.

Aufgabe 3.7

Der waagerechte Teil des Schlüssels wird auf Biegung, der senkrechte Teil auf Biegung und Torsion beansprucht. Im Querschnitt direkt oberhalb des Schraubenkopfes betragen das Biegemoment $M_\mathrm{b} = 4000$ Nmm und das Torsionsmoment $T = 8000$ Nmm. Der Sechskantquerschnitt des Schlüssels wird um die in Abb. 3.10 eingezeichnete Achse x-x gebogen. Das dafür vorhandene Widerstandsmoment geht nicht aus der Tab. 2.3 des Lehrbuches hervor; es muss aus anderen Tabellenwerken entnommen werden und beträgt $W_x =$ $0{,}5413 \cdot R^3$ mit $R =$ Seitenlänge des Sechskants; hier: $R = 3{,}46\,$mm. Damit ergibt sich für $W_x = 22{,}42\,$mm^3.

Für das Torsionswiderstandsmoment erhält man nach Tab. 2.5 $W_t = 1{,}511 \cdot \rho^3$, wobei $s = 2 \cdot \rho = 6\,$mm. Für die Spannungen errechnet man folgende Werte: $\sigma_b \approx 178{,}4\,$N/mm^2; $\tau_t \approx 196{,}1\,$N/mm^2; $\sigma_v \approx 383{,}7\,$N/mm^2 nach GEH. Zur Ermittlung der Sicherheit gegen Fließen setzt man als Werkstoffgrenzwert die gegebene Biegefließgrenze σ_{bF} ein, da die Vergleichsspannung wie eine im Bauteil vorhandene Normalspannung betrachtet wird und die herrschende Normalspannung im Bauteil eine Biegespannung ist.

Aufgabe 3.8

Bauteil und Schweißnaht werden auf Biegung, Torsion und Schub beansprucht. Für die Berechnung der Spannungen im Bauteil entnimmt man die Profilwerte z. B. aus [2], TB 1-13: $A = 1520\,$mm^2; $W_x = 46.400\,$mm^3; $W_t = 68.200\,$mm^3. Das Biegemoment im Anschlussquerschnitt direkt an der Schweißnaht beträgt $M_b = 1.800.000\,$Nmm. Damit ergeben sich folgende Spannungen:

$$\sigma_b \approx 38{,}8\,\text{N/mm}^2; \quad \tau_t \approx 17{,}6\,\text{Nmm}^2; \quad \tau_s \approx 1{,}0\,\text{N/mm}^2;$$

$$\sigma_v \approx 50\,\text{N/mm}^2 \text{ (nach GEH)}$$

Für die Schweißnaht müssen die Fläche und die Widerstandsmomente berechnet werden:

$$A = 1600\,\text{mm}^2;$$

$$W_x \approx 51.364\,\text{mm}^3 \text{ (über Flächenmoment 2. Grades: } I_x \approx 2.670.933\,\text{mm}^4\text{)};$$

$$W_t = 80.000\,\text{mm}^3 \text{ (nach Bredt mit } A_m = 10.000\,\text{mm}^2 \text{ und } s \mathrel{\widehat{=}} a = \text{Schweißnahtdicke)}$$

Damit errechnen sich die Spannungen wie folgt:

$$\sigma_b \approx 35{,}0\,\text{N/mm}^2; \quad \tau_t \approx 15{,}0\,\text{Nmm}^2; \quad \tau_s \approx 0{,}9\,\text{N/mm}^2; \quad \sigma_v \approx 41\,\text{N/mm}^2$$

(nach NH, da Schweißnähte als spröde angesehen werden)

Die Schubspannung τ_s hätte auch vernachlässigt werden können.

Aufgabe 3.9

a) Mit den Belastungen $M_b = 120.000\,$Nmm (Biegemoment des Rohres an der Platte) und $T = 45.000\,$Nmm (Torsionsmoment des Rohres) ergeben sich die Teilspannungen zu:

$$\sigma_b = F \cdot c\,\frac{32 d_a}{\pi\left(d_a^4 - d_i^4\right)}; \quad \tau_t = F \cdot b\,\frac{16 d_a}{\pi(d_a^4 - d_i^4)}$$

Daraus bildet man die Vergleichsspannung nach Gestaltänderungsenergiehypothese (GEH):

$$\sigma_{v\,\text{GEH}} = F\,\frac{16 d_a}{\pi(d_a^4 - d_i^4)}\,\sqrt{4c^2 + 3b^2} \leq \sigma_{zul}$$

Nach d_i umgestellt erhält man schließlich:

$$d_i \leq \sqrt[4]{d_a^4 - \frac{16 F d_a}{\pi \cdot \sigma_{zul}} \sqrt{4c^2 + 3b^2}}$$

und als Zahlenwert $d_i \leq 27{,}27$ mm.

b) Die Schweißnähte am Hebel haben einen Außendurchmesser $d_{wa} = 33$ mm (Index „w"
   für „welding") und einen Innendurchmesser $d_{wi} = 27$ mm (der mittlere Durchmesser
   entspricht dem Rohrdurchmesser von $d_a = 30$ mm). Damit ist das Widerstandsmoment
   der beiden Schweißnähte zusammen $W_{wt} \approx 7788{,}3$ mm^3 und die Spannung beträgt
   $\tau_{wt} \approx 5{,}8$ N/mm^2.

c) Die Schweißnaht zwischen Rohr und Platte (links) wird auf Biegung, Torsion und
   Querkraftschub beansprucht, wobei der Schub kleiner als 1 N/mm^2 ist und vernachlässigt werden kann. Die Schweißnaht hat den Außendurchmesser $d_{wa} = 34$ mm und
   den Innendurchmesser $d_{wi} = 26$ mm. Damit ergeben sich das Widerstandsmoment gegen Biegung zu $W_{wb} = 2539{,}1$ mm^3 und das Widerstandsmoment gegen Torsion zu
   $W_{wt} = 5078{,}3$ mm^3. Die Biegespannung beträgt $\sigma_{wb} = 47{,}3$ N/mm^2 und die Torsionsspannung beträgt $\tau_{wt} = 8{,}9$ N/mm^2. Die Vergleichsspannung für Schweißnähte muss
   nach der Normalspannungshypothese (NH) errechnet werden:

$$\sigma_{wv\,NH} = 0{,}5 \left(\sigma_{wb} + \sqrt{\sigma_{wb}^2 + 4\tau_{wt}^2} \right) \approx 48{,}9\,\text{N/mm}^2$$

Aufgabe 3.10

Für die Berechnung des Biegemomentenverlaufs müssen zuerst die Auflagerkräfte (Rad-
aufstandskräfte auf den Schienen) ermittelt werden: $F_l = F + F_y \cdot \frac{r}{s}; \quad F_r = F - F_y \cdot \frac{r}{s}$

Der Sprung im Biegemomentenverlauf in Radmitte links (Punkt B) ergibt sich, weil
hier ein Moment $F_y \cdot r$ aus der Seitenkraft am Spurkranz auftritt.

a) Das größte Biegemoment tritt also in Radmitte links auf: $M_{bB} = 35$ kNm; damit ergibt sich hier die Biegespannung zu $\sigma_{bB} = 105{,}6$ N/mm^2. Das Torsionsmoment am
   linken Rad ist $T_B = 15$ kNm; mithin erhält man hier für die Torsionsspannung $\tau_{tB} =$
   $22{,}6$ N/mm^2. Das größte Torsionsmoment (gleich Bremsmoment) wirkt am Sitz der
   Bremsscheibe in Radsatzmitte: $T_C = 30$ kNm, was zu einer Torsionsspannung von
   $\tau_{tC} = 45{,}3$ N/mm^2 führt. An dieser Stelle beträgt das Biegemoment $M_{bC} = 25$ kNm
   und damit die Biegespannung $\sigma_{bC} = 75{,}5$ N/mm^2.

b) Die Vergleichsspannung muss nach GEH (aufgrund E335) berechnet werden. Da auf
   den ersten Blick nicht zu erkennen ist, wo die maximale Vergleichsspannung zu er-
   warten ist, werden die Vergleichsspannungen für die Punkte B und C ermittelt: $\sigma_{vB} =$
   $112{,}6$ N/mm^2 und $\sigma_{vC} = 108{,}9$ N/mm^2. Die größte Spannung liegt also am Punkt B
   vor.

Spannungen aus der Längskraft können vernachlässigt werden, da sie unter 1 N/mm^2
liegen.

Hinweis: Hier wurde nur eine statische Berechnung durchgeführt. Da die Räder drehfest auf der Radsatzwelle sitzen, tritt an der Radsatzwelle Umlaufbiegung auf. Die Biegespannungen sind daher Wechselspannungen. Deshalb ist in der Praxis ein Dauerfestigkeitsnachweis für Radsatzwellen notwendig.

Aufgabe 3.11

Wir berechnen zuerst das Antriebsmoment des Elektromotors:

$$P_{\mathrm{M}} = T_{\mathrm{M}} \cdot \omega \rightarrow T_{\mathrm{M}} = \frac{P_{\mathrm{M}} \cdot 30}{\pi\,n} \approx 1591{,}5\,\mathrm{Nm}$$

Damit ergeben sich die Kräfte im Getriebe:

$$F_{\mathrm{u}} = \frac{T_{\mathrm{M}}}{D_1/2} \approx 15.915\,\mathrm{N}; \quad F_{\mathrm{r}} = \frac{F_{\mathrm{u}}}{3} \approx 5305\,\mathrm{N}$$

Das Torsionsmoment der Welle erhalten wir zu $T = F_{\mathrm{u}} \cdot \frac{D_2}{2} \approx 5968{,}125\,\mathrm{Nm}$.

Die Welle muss außerdem Biegemomente in zwei Ebenen aufnehmen:

um die y-Achse: $M_{\mathrm{by}} = (F_{\mathrm{r}} + F_{\mathrm{G}}) \cdot l \approx 2731{,}75\,\mathrm{Nm}$

um die z-Achse: $M_{\mathrm{bz}} = F_{\mathrm{u}} \cdot \frac{D_2}{2} \approx 5968{,}125\,\mathrm{Nm}$

Die Biegemomente kann man geometrisch addieren, da ihre Drehachsen senkrecht zueinander stehen:

$$M_{\mathrm{b}} = \sqrt{M_{\mathrm{by}}^2 + M_{\mathrm{bz}}^2} \approx 6563{,}6\,\mathrm{Nm}$$

Für die Vergleichsspannung nach GEH gilt Gl. (3.34): $\sigma_{\mathrm{v}} = \sqrt{\sigma_{\mathrm{b}}^2 + 3(\alpha_0 \cdot \tau_{\mathrm{t}})^2}$

Mit $\sigma_{\mathrm{b}} = \frac{M_{\mathrm{b}}}{W_{\mathrm{b}}}$ und $\tau_{\mathrm{t}} = \frac{T}{W_{\mathrm{t}}}$ ergibt sich schließlich:

$$\sigma_{\mathrm{v}} = \frac{1}{\pi \cdot d^3} \sqrt{(32 M_{\mathrm{b}})^2 + 3(\alpha_0 \cdot 16 \cdot T)^2}$$

Für den erforderlichen Durchmesser erhält man:

$$d_{\mathrm{erf}} = \sqrt[3]{\frac{1}{\pi \cdot \sigma_{\mathrm{zul}}} \sqrt{(32 M_{\mathrm{b}})^2 + 3(\alpha_0 \cdot 16 \cdot T)^2}}$$

Aufgabe 3.12

a) Im Einspannquerschnitt der Konsole treten Biegespannungen sowie Schubspannungen aus Querkraft auf. Die Biegespannungen sind im Element 1 null (neutrale Faser), während hier nach Gl. (2.68) die Schubspannung maximal ist und für einen Rechteckquerschnitt gilt:

$$z = 0; \quad \sigma = 0; \quad \tau = \frac{3}{2}\tau_{\mathrm{m}} = \frac{3F}{2bh}$$

Im Element 2 am oberen Rand der Konsole ist die Biegespannung maximal und die Schubspannung ist null (zu Letzterem siehe auch Abb. 2.94 im Lehrbuch):

$$z = \frac{h}{2}: \sigma = \frac{M_{\mathrm{b}}}{W_{\mathrm{b}}} = \frac{6Fl}{bh^2}; \quad \tau = 0$$

b) Die MOHR'schen Spannungskreise lassen sich einfach konstruieren. Im Element 1 wird die senkrechte Achse beim berechneten τ (da $\sigma = 0$) geschnitten und legt damit den Kreis fest. Für das Element 2 ist das berechnete σ gleich dem Durchmesser des Spannungskreises, da hier $\tau = 0$ ist.

Aufgabe 3.13

a) Zur Konstruktion des MOHR'schen Spannungskreises tragen wir die Werte für σ_y und σ_x auf der Abszisse (σ-Achse) ab. In den gefundenen Punkten (150|0) und (100|0) errichten wir die Lote der Länge τ_{yx} in positiver (Endpunkt A) bzw. negativer Ordinatenrichtung. Wir verbinden die Endpunkte der Lote und finden den Mittelpunkt des MOHR'schen Spannungskreises als Schnittpunkt dieser Verbindung mit der Abszisse. Die Länge dieser Verbindungsstrecke ergibt den Durchmesser des Kreises, den wir nun einzeichnen können. Die Schnittpunkte des Kreises mit der Abszisse ergeben die Größen der Hauptspannungen σ_{min} und σ_{max}; der Radius des Kreises entspricht der Größe von τ_{max}. Den Hauptachsenwinkel α_h lesen wir als Winkel zwischen der Verbindungslinie des Punktes A und dem linken Schnittpunkt des Kreises mit der Abszisse ab.

b) Wir gehen entsprechend wie im Teil a) vor. Da die Tangentialspannung negativ ist, wird sie im Punkt (280|0) nach unten aufgetragen.

Aufgabe 3.14

Wir gehen entsprechend den Hinweisen zu Aufgabe 3.13 vor. Da für den Punkt B eine negative Spannung σ_x vorliegt, liegt der linke Schnittpunkt des MOHR'schen Spannungskreises auf der Abszisse in negativer Richtung.

Aufgabe 3.15

a) Wir ermitteln zunächst das Antriebsmoment T_{An} ($=$ Abtriebsmoment T_{Ab}), aus dem die Umfangskräfte berechnet werden können:

Antriebsmoment: $T_{An} = T_{Ab} = \frac{P}{\omega} = \frac{P \cdot 60}{2\pi \cdot n_A} = 15{,}63\,\text{Nm}$

Umfangskräfte: $F_{uR} \cdot \frac{D_R}{2} = F_{uS} \cdot \frac{D_S}{2} = T_{An} \rightarrow F_{uR} = 208{,}4\,\text{N}; \quad F_{uS} = 99{,}2\,\text{N}$

Die Axialkraft am Sägeblatt erzeugt ein Biegemoment am Wellenende:

$$M_{ba} = F_a \cdot \frac{D_S}{2} = 7{,}9\,\text{Nm}$$

Wir tragen nun alle Kräfte und Momente an der Welle an und berechnen die Lagerkräfte in A und B aus dem Kräfte- und Momentengleichgewicht, Abb. 7.29.

Es ergeben sich folgende Auflagerkräfte:

Auflager A (Loslager): $F_{Ay} = 410\,\text{N}; F_{Az} = 1074{,}8\,\text{N}$

Auflager B (Festlager): $F_{Bx} = 50\,\text{N}; F_{By} = -276{,}6\,\text{N}; F_{Bz} = -474\,\text{N}$

Als Nächstes berechnen wir die Beanspruchungsverläufe für Längskraft, Querkräfte und Biegemomente jeweils in der x-y- und x-z-Ebene sowie für das Torsionsmoment. Dies führen wir bereichsweise zwischen den Stellen 1-2, 2-3 und 3-4 durch. Das Ergebnis zeigt Abb. 6.10.

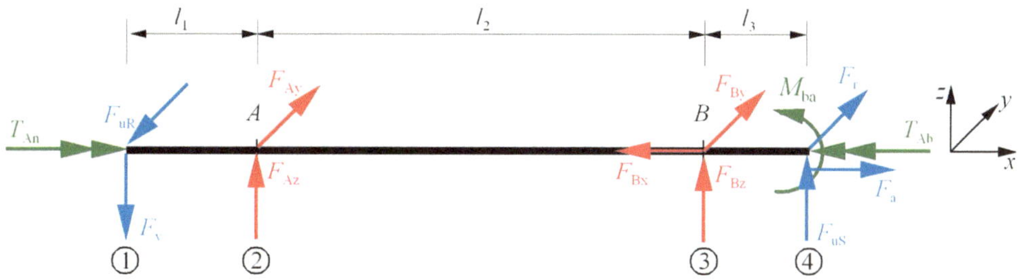

Abb. 7.29 Kräfte und Momente an der Kreissägewelle aus Aufgabe 3.15

b) Aus den Belastungsverläufen erkennt man, dass die größte Beanspruchung am Lager A auftritt.

Gesamtquerkraft: $F_{QA} = \sqrt{F_{QyA}^2 + F_{QzA}^2} = 230{,}36\,\mathrm{N}$

Mit der Querschnittsfläche der Welle $A = 78{,}5\,\mathrm{mm}^2$ ergibt sich daraus eine Schubspannung $\tau_s = 9{,}3\,\mathrm{N/mm}^2$.

Gesamtbiegemoment: $M_{bA} = \sqrt{M_{byA}^2 + M_{bzA}^2} = 36{,}5\,\mathrm{Nm}$

Daraus erhält man mit dem Widerstandsmoment $W_b = 98{,}17\,\mathrm{mm}^3$ eine Biegespannung $\sigma_b = 371{,}8\,\mathrm{N/mm}^2$.

Die Torsionsspannung beträgt mit $W_t = 196{,}35\,\mathrm{mm}^3$: $\tau_t = 79{,}6\,\mathrm{N/mm}^2$, so dass die Tangentialspannung insgesamt einen Wert von $\tau_{res} = 88{,}9\,\mathrm{N/mm}^2$ hat.

Für die Vergleichsspannung nach GEH ergibt sich damit zu $\sigma_v = 402{,}4\,\mathrm{N/mm}^2$.

Mit $R_e = 900\,\mathrm{N/mm}^2$ ([2], TB 1-1) kann man die Biegefließgrenze zu $\sigma_{bF} \approx 1{,}2 \cdot R_e \approx 1080\,\mathrm{N/mm}^2$ abschätzen. Damit erhält man eine Sicherheit gegen Fließen von $S_F \approx 2{,}68 > S_{erf} = 2$.

c) Zunächst muss der Durchmesser der Welle aus S235 ermittelt werden. Die Beanspruchungsverläufe aus Aufgabenteil a) gelten weiterhin.

Wir verwenden die Gl. (3.30) und setzen die Beziehungen für die Spannungen ein:

$$\sigma_v = \sqrt{\sigma_b^2 + 3\tau_t^2} = \sqrt{\left(\frac{M_b}{W_b}\right)^2 + 3\left(\frac{T}{W_t}\right)^2} = \sqrt{\left(\frac{32 M_b}{\pi d^3}\right)^2 + 3\left(\frac{16 T}{\pi d^3}\right)^2} \leq \sigma_{zul}$$

Diese Gleichung stellen wir nach dem erforderlichen d_{erf} um:

$$d_{erf} \geq \sqrt[3]{\frac{1}{\pi \cdot \sigma_{zul}} \sqrt{(32 M_b)^2 + 3(16 T)^2}}$$

Mit $\sigma_{bF} \approx 1{,}2 \cdot R_e \approx 280\,\mathrm{N/mm}^2$ wird $\sigma_{zul} = 140\,\mathrm{N/mm}^2$. Für den Durchmesser erhalten wir: $d_{erf} \geq 14{,}15\,\mathrm{mm}$. Wir wählen $d = 15\,\mathrm{mm}$.

Das Volumen, die Masse und die Halbzeugkosten der Wellen betragen:

42CrMo4 $V_1 = 0{,}01374\,\mathrm{dm}^3$; $m_1 = 0{,}108\,\mathrm{kg}$; $K_1 \approx 0{,}41\,€$

S235 $V_2 = 0{,}03922\,\mathrm{dm}^3$; $m_2 = 0{,}308\,\mathrm{kg}$; $K_2 \approx 0{,}37\,€$

Hinweis 1:

Die Halbzeugkosten der Welle aus S235 sind also geringfügig niedriger als die der Welle aus 42CrMo4. Auch die Bearbeitungskosten für S235 liegen aufgrund der geringeren Festigkeitswerte niedriger. Allerdings erfordert der größere Wellendurchmesser auch größere Lager mit höheren Kosten und dadurch mehr Platz im Gehäuse. Dies könnte sich ungünstig auf die maximale Schnitttiefe der Kreissäge auswirken. Schließlich ist die Masse der Welle aus S235 um ca. 200 g höher, was für eine Handkreissäge ungünstig ist. Die Entscheidung über den einzusetzenden Werkstoff ist demnach von vielen Einflussgrößen abhängig.

Hinweis 2:

Die aus den Beanspruchungen ermittelten Durchmesser sind die erforderlichen Kerndurchmesser. In der Praxis wäre außerdem noch der dynamische Festigkeitsnachweis zu führen.

Aufgabe 3.16

Die Getriebewelle wird auf Biegung, Schub, Torsion und Druck beansprucht. Für die Berechnung der Biegespannung müssen erst die Biegemomente in den 90° zueinander stehenden Ebenen berechnet werden:

$M_{b1} \approx 108$ Nm aus F_a und F_r

$M_{b2} \approx 400$ Nm aus F_u

Vektorielle Addition der Biegemomente; $M_{bges} \approx 414$ Nm; damit $\sigma_b \approx 33{,}8$ N/mm^2

Druckspannung $\sigma_D \approx 1{,}8$ N/mm^2 ergibt sich aus F_a

Größte Normalspannung $\sigma_N \approx 35{,}6$ N/mm^2

Torsionsspannung aus F_u ($\tau_t \approx 28{,}5$ N/mm^2) sowie

Querkraftschub aus F_a und F_r ($\tau_s \approx 7{,}2$ N/mm^2) ergibt $\tau_{res} \approx 35{,}7$ N/mm^2

Die Vergleichsspannung nach GEH ergibt sich zu $\sigma_v \approx 71{,}4$ N/mm^2.

Die Sicherheit gegen Fließen $S_F \approx 7{,}7$ ergibt sich aus TB 1-1 mit $R_e = 550$ N/mm^2 und der Vergleichsspannung.

Aufgabe 3.17

Die größte Spannung tritt an der Kickstarterwelle auf. Es wirken Biegung und Torsion.

Biegemoment $M_b \approx 300$ Nm

Torsionsmoment $T \approx 737{,}5$ Nm

Biegespannung $\sigma_b \approx 198{,}4$ N/mm^2

Torsionsspannung $\tau_t \approx 243{,}9$ N/mm^2

Für die Vergleichsspannung nach GEH gilt Gl. (3.34): $\sigma_v = \sqrt{\sigma_b^2 + 3(\alpha_0 \cdot \tau_t)^2}$

Mit $\sigma_b = \frac{M_b}{W_b}$ und $\tau_t = \frac{T}{W_t}$ ergibt sich schließlich:

$$\sigma_{\mathrm{v}} = \frac{1}{\pi \cdot d^3} \sqrt{(32 M_{\mathrm{b}})^2 + 3(\alpha_0 \cdot 16 \cdot T)^2}$$

Für den erforderlichen Durchmesser erhält man:

$$d_{\mathrm{erf}} = \sqrt[3]{\frac{1}{\pi \cdot \sigma_{\mathrm{zul}}} \sqrt{(32 M_{\mathrm{b}})^2 + 3(\alpha_0 \cdot 16 \cdot T)^2}}$$
$$d_{\mathrm{erf}} = 24{,}88\,\mathrm{mm}$$

Hinweis:
Schub $\tau_{\mathrm{s}} \approx 6{,}9\,\mathrm{N/mm}^2$ kann vernachlässigt werden

Aufgabe 3.18
An der Schraubzwinge ergibt sich durch die Umfangskraft eine Axialkraft, die am Hebel zu einem Biegemoment führt, so das Biegung und Druckbeanspruchung vorliegt.

a) Die axiale Spannkraft $F_{\mathrm{a}} \approx 1025\,\mathrm{N}$ berechnet sich nach [2], Kap. 8, aus $F_{\mathrm{a}} = \frac{F_{\mathrm{u}}}{\tan(\varphi + \rho)}$.
b) Widerstandsmoment $W_{\mathrm{b}} = 962{,}4\,\mathrm{mm}^3$ nach der Formel aus Tab. 2.3
c) Biegemoment aus $M_{\mathrm{b}} = F_{\mathrm{a}} \cdot l \approx 205\,\mathrm{Nm}$
   Mit $\sigma_{\mathrm{b}} = \frac{M_{\mathrm{b}}}{W_{\mathrm{b}}}$ erhält man die Biegespannung $\sigma_{\mathrm{b}} \approx 213\,\mathrm{N/mm}^2$
   und damit die Vergleichsspannung $\sigma_{\mathrm{v}} \approx 214{,}7\,\mathrm{N/mm}^2$
d) Die Sicherheit gegen Fließen $S_{\mathrm{F}} \approx 2{,}1$ ergibt sich aus TB 1-1 mit $R_{\mathrm{e}} = 460\,\mathrm{N/mm}^2$ und der Vergleichsspannung

Aufgabe 3.19
Querschnitt C am Hebel A wird auf Biegung und Schub durch die Handkraft beansprucht. Freischneiden am Querschnitt D am Hebel B ergibt eine Querkraft, die der Bowdenzug entgegensetzt sowie eine Axialkraft, die der Handkraft entspricht; dadurch Biegung, Druck und Schub.

Querschnitt C:
Biegemoment aus $M_{\mathrm{b}} = F_{\mathrm{Hand}} \cdot l_1 \approx 12{,}23\,\mathrm{Nm}$
Mit $\sigma_{\mathrm{b}} = \frac{M_{\mathrm{b}}}{W_{\mathrm{b}}}$ erhält man die Biegespannung $\sigma_{\mathrm{b}} \approx 114{,}6\,\mathrm{N/mm}^2$
Mit $\tau_{\mathrm{s}} = \frac{F_{\mathrm{Hand}}}{A}$ erhält man die Schubspannung $\tau_{\mathrm{s}} \approx 2{,}8\,\mathrm{N/mm}^2$
Vergleichsspannung nach GEH ergibt sich zu $\sigma_{\mathrm{v}} \approx 114{,}7\,\mathrm{N/mm}^2$
Querschnitt D:
Biegemoment aus $M_{\mathrm{b}} = F_{\mathrm{Bowden}} \cdot l_4 \approx 12{,}23\,\mathrm{Nm}$
Mit $\sigma_{\mathrm{b}} = \frac{M_{\mathrm{b}}}{W_{\mathrm{b}}}$ erhält man die Biegespannung $\sigma_{\mathrm{b}} \approx 51\,\mathrm{N/mm}^2$
Mit $\tau_{\mathrm{s}} = \frac{F_{\mathrm{Bowden}}}{A}$ erhält man die Schubspannung $\tau_{\mathrm{s}} \approx 5{,}6\,\mathrm{N/mm}^2$
Mit $\sigma_{\mathrm{D}} = \frac{F_{\mathrm{Hand}}}{A}$ erhält man die Druckspannung $\sigma_{\mathrm{D}} \approx 1{,}25\,\mathrm{N/mm}^2$
Vergleichsspannung nach GEH ergibt sich zu $\sigma_{\mathrm{v}} \approx 53{,}1\,\mathrm{N/mm}^2$
Die Sicherheiten $S_{\mathrm{FA}} \approx 1{,}7$ und $S_{\mathrm{FB}} \approx 3{,}8$ sind größer als $S_{\mathrm{F}} = 1{,}5$.

Aufgabe 3.20

Der Mixereinsatz wird auf Biegung, Torsion und Druck in der Einspannung (zwei kleine abgeflachte Nasen) beansprucht. Für die Berechnung der Biegespannung müssen entweder die Biegemomente in den $90°$ zueinander stehenden Ebenen berechnet oder die Kräfte F_u und F_r zu einer resultierenden Biegekraft zusammengefasst werden (Vektorielle Addition):

Biegemoment:	M_b	≈ 4025 Nmm
Biegespannung:	σ_b	$\approx 80{,}0$ N/mm^2
Druckspannung:	σ_D	$\approx 0{,}5$ N/mm^2
Größte Normalspannung:	σ_N	$\approx 80{,}5$ N/mm^2
Torsionsspannung:	τ_t	$\approx 7{,}5$ N/mm^2

Die Vergleichsspannung nach GEH ergibt sich zu $\sigma_\mathrm{v} \approx 81{,}1$ N/mm^2.
Sicherheit gegen Fließen $S_\mathrm{F} \approx 3{,}4$
Hinweis: Schub kann vernachlässigt werden, da < 1 N/mm^2.

Aufgabe 3.21

Für $\alpha = 90°$ ergibt sich Biegung und Torsion für den gefährdeten Querschnitt an der Wand.
Für $\alpha = 0°$ ergibt sich nur Biegung.
Berechnung für $\alpha = 90°$ und Profil als Rundrohr:

Biegemoment	M_b	≈ 172 Nm
Torsionsmoment	T	$\approx 34{,}3$ Nm
Biegespannung	σ_b	≈ 149 N/mm^2
Torsionsspannung	τ_t	$\approx 13{,}9$ N/mm^2

Vergleichsspannung nach GEH ergibt sich zu $\sigma_\mathrm{v} \approx 151$ N/mm^2; $S_\mathrm{F} \approx 1{,}6$
Berechnung für $\alpha = 0°$ und Profil als Rundrohr:

Biegemoment wie oben	M_b	≈ 206 Nm
Biegespannung aber	σ_b	≈ 178 N/mm^2; $S_\mathrm{F} \approx 1{,}3$

Fazit: Material erfüllt die Anforderungen nicht. Es müsste S275JR verwendet werden; $S_\mathrm{F} \approx 1{,}54$
Berechnung für $\alpha = 90°$ und Profil als Rechteckrohr:

Biegemoment	M_b	≈ 172 Nm
Torsionsmoment	T	$\approx 34{,}3$ Nm
Biegespannung	σ_b	$\approx 89{,}2$ N/mm^2
Torsionsspannung	τ_t	$\approx 12{,}5$ N/mm^2

Vergleichsspannung nach GEH ergibt sich zu $\sigma_v \approx 91{,}8\,\text{N/mm}^2$; $S_F \approx 2{,}6$

Berechnung für $\alpha = 0°$ und Profil als Rechteckrohr:

Biegemoment	M_b	$\approx$	$206\,\text{Nm}$
Biegespannung	σ_b	$\approx$	$107\,\text{N/mm}^2$; $S_F \approx 2{,}2$

Fazit: Material erfüllt die Anforderungen

Das Rechteckrohr weist bei beiden Winkeln erheblich größere Sicherheiten ($S_F \approx 2{,}6$; $S_F \approx 2{,}2$) auf, es ist aber entsprechend teurer als Rundrohr. Berechnung laut Aufgabenstellung nicht erforderlich.

Der Vollständigkeit halber ist sie hier trotzdem angegeben: Bei Rundrohr und S275JR gegenüber Rechteckrohr und S235JR ergibt sich eine prozentuale Ersparnis $\approx 27{,}8\,\%$; Gesamtkosten $K_{\text{Gesamt S275JR}} \approx 26.930\,\text{€}$ gegenüber $K_{\text{Gesamt S235JR}} \approx 37.303\,\text{€}$; Gewinn somit $\approx 10.373\,\text{€}$.

Aufgabe 3.22

Durch den Umgebungsdruck bei der Herstellung ergeben sich Axial- und Umfangskräfte an der Extruderschnecke. Die Axialkraft verursacht eine Druckspannung; die Umfangskraft verursacht Torsion. Diese wird gleichmäßig am Umfang angenommen. Es wird antriebsseitig gerechnet. Biegung und Schub entstehen nicht. Mittlerer Durchmesser $d_0 = (120\,\text{mm} + 80\,\text{mm})/2 = 100\,\text{mm}$. Die Mantelfläche, auf der der Umfangsdruck anliegt, ist damit $A_M = 251.327\,\text{mm}^2$. Die Axialfläche ergibt sich zu $A_A = 6283\,\text{mm}^2$.

$$F_u = F_N \cdot \mu = p \cdot A \cdot \mu = p \cdot d \cdot l \cdot \mu = 289\,\text{kN}$$

$$F_a = F_N \cdot \mu = p \cdot A \cdot \mu = p \cdot d^2 \cdot \frac{\pi}{4} \cdot \mu = 36{,}1\,\text{kN}$$

Damit ergeben sich folgende Momente und Spannungen:

Torsionsmoment mit $d = 80\,\text{mm}$	T	$\approx$	14.4513	Nm
Druckspannung	σ_d	$\approx$	$7{,}2$	N/mm^2
Torsionsspannung	τ_t	$\approx$	143	N/mm^2

Vergleichsspannung nach GEH ergibt sich zu $\sigma_v \approx 249\,\text{N/mm}^2$

Sicherheit $S_F \approx 2{,}8 > 2{,}5$; damit kann die Extruderschnecke verwendet werden.

Aufgabe 3.23

Der Walzenbrecher wird auf Biegung, Zug bzw. Druck und Torsion beansprucht. Die Zug- bzw. Druckbeanspruchung kann in beide Richtungen gehen, daher erfolgt die Berechnung antriebsseitig. Für die Berechnung der Biegespannung müssen zuerst die Biegemomente in den 90° zueinander stehenden Ebenen berechnet werden:

$$M_{b1} = \frac{q_r \cdot l^2}{8} = \frac{F_r \cdot l}{8} = \approx 300\,\text{kNm}$$

$$M_{b2} = \frac{q_u \cdot l^2}{8} = \frac{F_u \cdot l}{8} = \approx 450\,\text{kNm}$$

Vektorielle Addition der Biegemomente $M_{b\,ges} \approx 540\,\text{kNm}$

Biegespannung aus $\sigma_b = \frac{M_b}{W_b} = \approx 153\,\text{N/mm}^2$

Torsion und Zug bzw. Druck sind durchmesserabhängig. Zunächst Berechnung für $d = 330\,\text{mm}$:

Torsionsmoment $\qquad\qquad T = F_u \cdot \frac{d_0}{2} = q_u \cdot l \cdot \frac{d_0}{2} \approx 1065\,\text{kNm}$

Torsionsspannung aus $\qquad \tau_t \approx 151\,\text{N/mm}^2$

Zug- bzw. Druckspannung aus $\sigma_{zd} = \frac{F_a}{A};\, \sigma_d \approx 3{,}5\,\text{N/mm}^2$

Zusammen mit der Biegespannung ergibt sich die Vergleichsspannung nach GEH zu $\sigma_v \approx 305\,\text{N/mm}^2$

Sicherheiten: C40E: $S_F \approx 1{,}51$ und 46Cr2: $S_F \approx 2{,}13$

Fazit: Beide Materialien erfüllen die Anforderungen.

Berechnung für $d = 290\,\text{mm}$:

Torsionsmoment $\qquad\qquad T = F_u \cdot \frac{d_0}{2} = q_u \cdot l \cdot \frac{d_0}{2} \approx 945\,\text{kNm}$

Torsionsspannung aus $\qquad \tau_t \approx 197\,\text{N/mm}^2$

Zug bzw. Druckspannung aus $\sigma_{zd} = \frac{F_a}{A};\, \sigma_d \approx 4{,}5\,\text{N/mm}^2$

Zusammen mit der Biegespannung ergibt sich die Vergleichsspannung nach GEH zu $\sigma_v \approx 412\,\text{N/mm}^2$

Sicherheiten: C40E: $S_F \approx 1{,}12$ und 46Cr2: $S_F \approx 1{,}58$

Fazit:

Da für beide Walzenpaare das gleiche Material verwendet werden soll, ist die Wirtschaftlichkeitsberechnung hinfällig. Falls dieser Umstand (gleiches Material) aufgehoben werden könnte, ergäben sich folgende Kosten und Ersparnisse bei $d = 330\,\text{mm}$:

Kosten pro Paar bei $d = 330\,\text{mm}$: C40E $\approx 2659\,€$; 46Cr2 $\approx 3303\,€$

prozentuale Ersparnis für $d = 330\,\text{mm} \approx 24{,}2\,\%$ bzw. $\approx 645\,€$

Aufgabe 3.24

Die Scheitelrollen werden auf Biegung und Torsion beansprucht. Die Berechnung erfolgt wegen des Torsionsmomentes auf der Abtriebsseite.

Abtriebsmoment einer Scheitelrolle:

$$P = T \cdot \omega \rightarrow T = \frac{P \cdot 30}{\pi n} \approx 59{,}7\,\text{Nm}$$

Die Auflagerberechnung ergibt:

$$F_r = F_{\text{Achslast}} \cdot \frac{1}{2} = 25\,\text{kN}; \qquad F_u = \frac{2 \cdot T}{d_0} = 298{,}4\,\text{N}$$

Die Welle muss Biegemomente in zwei Ebenen aufnehmen:

$$M_{b1} = F_r \cdot \frac{l_1 - l_2}{4} \approx 2500\,\text{Nm}$$

$$M_{b2} = F_u \cdot \frac{l_1 - l_2}{4} \approx 29{,}8\,\text{Nm}$$

Biegemomente vektoriell addieren ergibt: $M_b = \sqrt{M_{b1}^2 + M_{b2}^2} \approx 2500{,}2\,\text{Nm}$

Alternativ kann das Biegemoment berechnet werden, indem zunächst die Kräfte vektoriell addiert werden um danach mit dem Abstand multipliziert zu werden;

$$F_{res} = \sqrt{F_r^2 + F_u^2} \approx 2500{,}2\,\text{N}$$

Für die Vergleichsspannung nach GEH gilt Gl. (3.34): $\sigma_v = \sqrt{\sigma_b^2 + 3(\alpha_0 \cdot \tau_t)^2}$

Mit $\sigma_b = \frac{M_b}{W_b}$ und $\tau_t = \frac{T}{W_t}$ ergibt sich schließlich:

$$\sigma_v = \frac{1}{\pi \cdot d^3} \sqrt{(32 M_b)^2 + 3(\alpha_0 \cdot 16 \cdot T)^2}$$

Für den erforderlichen Durchmesser erhält man:

$$d_{erf} = \sqrt[3]{\frac{1}{\pi \cdot \sigma_{zul}} \sqrt{(32 M_b)^2 + 3(\alpha_0 \cdot 16 \cdot T)^2}}$$

Durchmesser $d_{erf} = 63{,}39\,\text{mm}$

Aufgabe 3.25

Die Streckenlasten ergeben sich zu:

$$q_r = \frac{F_r}{l_2} = 4{,}6\,\frac{\text{N}}{\text{mm}}; \quad q_u = \frac{F_u}{l_2} = 18{,}5\,\text{N/mm}$$

Der Schlegelmäher wird generell auf Biegung, Torsion, Zug bzw. Druck sowie Schub beansprucht. Die Zug- bzw. eine Druckbeanspruchung wird durch die Axialkraft verursacht, welche wechseln kann. Sie deckt lediglich Unwägbarkeiten ab und wird über den Querschnitt als konstant angenommen. Es wird die Vergleichsspannung nach der GEH mit $\alpha = 1$ für die Mitte des Schlegelmähers berechnet. Hierbei entfällt die Schubbeanspruchung, wie man aus dem Verlauf der Querkraft erkennen kann. Das Torsionsmoment nimmt ab Beginn der Streckenlasten linear bis zum Ende der Streckenlast ab. Damit ist das Torsionsmoment in der Mitte nur halb so groß.

Für die Berechnung der Biegespannung müssen erst die Biegemomente in den 90° zueinander stehenden Ebenen berechnet werden; dabei ergeben sich zusätzliche Momente, weil die Streckenlasten nicht bis zur Lagerstelle reichen.

$$M_{b1} = \frac{q_r \cdot l^2}{8} + \frac{F_r \cdot (l_1 - l_2)}{4} = \frac{F_r \cdot l}{8} + \frac{F_r \cdot (l_1 - l_2)}{4} \approx 1275\,\text{Nm}$$

$$M_{b2} = \frac{q_u \cdot l^2}{8} + \frac{F_u \cdot (l_1 - l_2)}{4} = \frac{F_u \cdot l}{8} + \frac{F_r \cdot (l_1 - l_2)}{4} \approx 5100\,\text{Nm}$$

Vektorielle Addition der Biegemomente: $M_b \approx 5257\,\text{Nm}$

Biegespannung: $\sigma_b \approx 155{,}7\,\text{N/mm}^2$
Druckspannung $\sigma_D \approx 2{,}7\,\text{N/mm}^2$
Torsionsspannung: $\tau_t = \frac{T}{2 \cdot W_t} \approx 26{,}7\,\text{N/mm}^2$

Vergleichsspannung nach GEH ergibt sich zu $\sigma_v \approx 165\,\text{N/mm}^2$.

Damit ist die Vergleichsspannung kleiner als die zulässige Spannung und das Bauteil damit sicher.

Aufgabe 3.26

Die max. Belastung für die Tretlagerwelle ergibt sich, wenn die Kraft F senkrecht zum Pedal steht.

Sie wird dann auf Biegung, Torsion und Schub beansprucht.

Biegemoment $M_b \approx 180\,\text{Nm}$
Torsionsmoment $T \approx 340\,\text{Nm}$
Biegespannung $\sigma_b \approx 117{,}3\,\text{N/mm}^2$
Torsionsspannung $\tau_t \approx 110{,}8\,\text{N/mm}^2$

Vergleichsspannung nach GEH gilt Gl. (3.34): $\sigma_v = \sqrt{\sigma_b^2 + 3(\alpha_0 \cdot \tau_t)^2} = 233\,\text{N/mm}^2$

Die Sicherheit beträgt damit $S_F \approx 2{,}2$.

Aufgabe 3.27

Die Bohrmaschinenwelle an der Lagerstelle muss berechnet werden. Dazu müssen die Torsionsspannung, die Biegespannung sowie die Druckspannung berechnet werden. Die geringfügige Schubbeanspruchung kann vernachlässigt werden. Das Torsionsmoment berechnet sich aus der Leistungsangabe. Daraus kann dann die Torsionsspannung berechnet werden.

$$P = T \cdot \omega \rightarrow T = \frac{P \cdot 30}{\pi \cdot n} \approx 3{,}58\,\text{Nm}$$

Biegemoment: $M_b \approx 96\,\text{Nmm}$
Biegespannung: $\sigma_b \approx 290\,\text{N/mm}^2$
Druckspannung: $\sigma_D \approx 5{,}7\,\text{N/mm}^2$
Torsionsspannung: $\tau_t \approx 5{,}4\,\text{N/mm}^2$

Die Vergleichsspannung nach GEH ergibt sich zu $\sigma_v \approx 296\,\text{N/mm}^2$

Aufgabe 3.28

Zur Berechnung der Stangenkraft benötigen wir den Wasserdruck und den Durchmesser des Kolbens. Für die Umrechnung von bar auf Spannung gilt: 1 bar $= 0{,}1\,\text{N/mm}^2$. Der Zusammenhang zwischen Wasserdruck und Kolbengeometrie ist folgender:

$$p = \frac{F}{A} \rightarrow F = p \cdot A = p \cdot \frac{\pi \cdot d^2}{4} \approx 10.179\,\text{N}$$

Mit dem Zuschlag von 16 % ergibt sich die Stangenkraft $F_{St} \approx 11.807\,\text{N}$.

Das Torsionsmoment ergibt sich aus: $T = F_{St} \cdot \frac{h_K}{2} \approx 1181\,\text{Nm}$.

Zur Berechnung des erforlichen Antriebsmomentes muss das Torsionsmoment durch den Wirkungsgrad geteilt werden und ergibt sich dadurch zu: $T \approx 1687\,\text{Nm}$. Das daraus resultierende Torsionsmoment beträgt: $\tau_t \approx 13\,\text{N/mm}^2$. Die Triebwerkswelle wird zudem auf Biegung durch die Stangenkraft belastet. Hier ergibt sich durch die Lagerkraft und den Abstand ein Biegemoment $M_b \approx 2361\,\text{Nm}$. Die Biegespannung ist dann $\sigma_b \approx 36{,}5\,\text{N/mm}^2$. Da die zulässigen Werte $\sigma_{b\,zul} \approx 40\,\text{N/mm}^2$ und $\tau_{t\,zul} \approx 32\,\text{N/mm}^2$ sowie $\varphi = 1{,}73$ (GEH) gegeben sind, kann das Anstrengungsverhältnis berechnet werden:

$$\alpha_0 = \frac{\sigma_{b\,zul}}{\varphi \cdot \tau_{t\,zul}} \approx 0{,}722$$

([2], Kap. 3)

Für die Vergleichsspannung nach GEH gilt Gl. (3.34): $\sigma_v = \sqrt{\sigma_b^2 + 3(\alpha_0 \cdot \tau_t)^2}$

Mit $\sigma_b = \frac{M_b}{W_b}$ und $\tau_t = \frac{T}{W_t}$ ergibt sich schließlich:

$$\sigma_v = \frac{1}{\pi \cdot d^3} \sqrt{(32 M_b)^2 + 3(\alpha_0 \cdot 16 \cdot T)^2}$$

Für den erforderlichen Durchmesser erhält man:

$$d_{erf} = \sqrt[3]{\frac{1}{\pi \cdot \sigma_{zul}} \sqrt{(32 M_b)^2 + 3(\alpha_0 \cdot 16 \cdot T)^2}}$$

Durchmesser $d \approx 87{,}1\,\text{mm}$

Aufgabe 3.29

Der Lagerzapfen wird auf Biegung, Torsion und Druck beansprucht. Die Schubbeanspruchung liegt bei ca. $1\,\text{N/mm}^2$ und kann vernachlässigt werden. Da die Kräfte F_r und F_u jeweils die einzigen Biegemomente in den Ebenen bilden, kann über die vektorielle Addition eine resultierende Kraft berechnet und für die Biegebeanspruchung direkt verwendet werden:

$$F_{res} = \sqrt{F_r^2 + F_u^2} = 6\,\text{kN}$$

Biegespannung: $\quad \sigma_b = \frac{M_b}{W_b} = \frac{F_{res} \cdot (l_1 + l_w) \cdot 32}{\pi \cdot d^3} \approx 72{,}1\,\text{N/mm}^2$

Druckspannung: $\quad \sigma_d \approx 0{,}3\,\text{N/mm}^2$

Normalspannung: $\sigma_N = \sigma_b + \sigma_d \approx 72{,}4\,\text{N/mm}^2$

Torsionsspannung: $\tau_t = \frac{T}{W_t} = \frac{F_u \cdot 16}{\pi \cdot d^3} \approx 8{,}6\,\text{N/mm}^2$

Die Vergleichsspannung liegt dann bei $\sigma_v \approx 73{,}1\,\text{N/mm}^2$

Aufgabe 3.30

An der Einspannung des Kragarmes tritt die größte Belastung durch Biegung und Querkraftschub auf. Das Biegemoment ist an dieser Stelle $M_b = 7350\,\text{Nm}$. Die Biegespannung und der Querkraftschub können erst nach Auswahl eines Profils berechnet werden. Danach kann dann über die Vergleichsspannung die Sicherheit gegen Fließen ermittelt und festgestellt werden, ob das gewählte Profil den Anforderungen entspricht. Für die angegebenen Rechteckprofile finden wir in den Tabellen (siehe z. B. [2], TB 1-13) die Widerstandsmomente zu:

$W_{b1} = 23{,}2\,\text{cm}^3$; $W_{b2} = 26{,}2\,\text{cm}^3$; $W_{b3} = 41{,}5\,\text{cm}^3$; $W_{b4} = 50{,}4\,\text{cm}^3$; $W_{b5} = 62{,}9\,\text{cm}^3$
sowie die Flächen:
$A_1 = 9{,}08\,\text{cm}^2$; $A_2 = 9{,}72\,\text{cm}^2$; $A_3 = 13{,}6\,\text{cm}^2$; $A_4 = 15{,}2\,\text{cm}^2$; $A_5 = 16{,}8\,\text{cm}^2$
Mit diesen Werten können die Biegespannungen berechnet werden:
$\sigma_{b1} \approx 317\,\text{N/mm}^2$; $\sigma_{b2} \approx 281\,\text{N/mm}^2$; $\sigma_{b3} \approx 177\,\text{N/mm}^2$; $\sigma_{b4} \approx 146\,\text{N/mm}^2$; $\sigma_{b5} \approx 117\,\text{N/mm}^2$
Für den Querkraftschub rechnet man $\tau_s = 2\,\tau_m$ und die berechneten Werte dazu sind:
$\tau_{s1} = 46{,}3\,\text{N/mm}^2$; $\tau_{s2} = 43{,}2\,\text{N/mm}^2$; $\tau_{s3} = 30{,}9\,\text{N/mm}^2$; $\tau_{s4} = 27{,}6\,\text{N/mm}^2$; $\tau_{s5} = 25\,\text{N/mm}^2$
Nach Berechnung der Vergleichsspannungen stellen wir fest, welche Profile die Sicherheiten der Materialien erfüllen. Gewählte Profile:

S235JR   = Profil 4
E335   = Profil 3
38Cr2   = Profil 1
MgAl8Zn F31 = Profil 5

Damit ergeben sich die Kosten für die Rechteckprofile:
$K_{S235JR} \approx 5{,}0\,€$; $K_{E335} \approx 6{,}7\,€$; $K_{38Cr2} \approx 6{,}5\,€$; $K_{MgAl8Zn\,F31} \approx 5{,}1\,€$;
günstigste Variante damit S235JR
Verteuerung Rechteckprofil zu S235JR:
$V_{E335} \approx 34{,}2\,\%$; $V_{38Cr2} \approx 29{,}4\,\%$; $V_{MgAl8Zn\,F31} \approx 1{,}3\,\%$
Für das Rundrohr können wir analog vorgehen. Für die angegebenen Rundrohrprofile finden wir in Tabellen (siehe z. B. [2], TB 1-13) die Widerstandsmomente zu:
$W_{b1} = 17{,}8\,\text{cm}^3$; $W_{b2} = 23{,}6\,\text{cm}^3$; $W_{b3} = 30{,}2\,\text{cm}^3$; $W_{b4} = 56{,}2\,\text{cm}^3$
sowie die Flächen:
$A_1 = 8{,}62\,\text{cm}^2$; $A_2 = 9{,}9\,\text{cm}^2$; $A_3 = 11{,}2\,\text{cm}^2$; $A_4 = 17{,}1\,\text{cm}^2$
Mit diesen Werten können die Biegespannungen berechnet werden:
$\sigma_{b1} \approx 413\,\text{N/mm}^2$; $\sigma_{b2} \approx 311\,\text{N/mm}^2$; $\sigma_{b3} \approx 243\,\text{N/mm}^2$; $\sigma_{b4} \approx 131\,\text{N/mm}^2$
Für den Querkraftschub rechnet man wie angegeben mit $\tau_s = 2\,\tau_m$ und die berechneten Werte dazu sind:
$\tau_{s1} = 48{,}7\,\text{N/mm}^2$; $\tau_{s2} = 42{,}5\,\text{N/mm}^2$; $\tau_{s3} = 37{,}5\,\text{N/mm}^2$; $\tau_{s4} = 24{,}6\,\text{N/mm}^2$
Nach Berechnung der Vergleichsspannungen stellen wir fest, welche Profile die Sicherheiten der Materialien erfüllen. Gewählte Profile:

S235JR   = Profil 4
E335   = Profil 4

38Cr2 = Profil 2
MgAl8Zn F31 = Profil 4

Damit ergeben sich die Kosten für die Rundrohre:

$K_{\text{S235JR}} \approx 5,7\,€$; $K_{\text{E335}} \approx 8,5\,€$; $K_{\text{38Cr2}} \approx 7,1\,€$; $K_{\text{MgAl8Zn F31}} \approx 5,2\,€$; günstigste Variante damit MgAl8Zn F31

Verteuerung Rundrohr zu MgAl8Zn F31:

$V_{\text{S235JR}} \approx 9,2\,\%$; $V_{\text{E335}} \approx 63,8\,\%$; $V_{\text{38Cr2}} \approx 36,8\,\%$

7.4 Lösungshinweise zu Kapitel 4

Aufgabe 4.1

Schritt 1 Gesucht ist die Durchsenkung eines Trägers auf zwei Stützen mit mittiger Einzelkraft und die Biegespannung. Dafür benötigen wir entsprechende Gleichungen. Die übrigen Berechnungen sind mit dem „gesunden Menschenverstand" zu bewältigen.

Schritt 2 Für die Durchsenkung bei unserem Lagerungs- und Belastungsfall finden wir die Lösung in Tab. 4.1, Ziffer 6:

$$w_{\text{F}} = \frac{F \cdot l^3}{48 E I}$$

Für die Biegespannung gilt die Grundgleichung der Biegung:

$$\sigma_{\text{b}} = \frac{M_{\text{b}}}{W_{\text{b}}}$$

Aus Tab. 1.1 holen wir uns die benötigten Materialkonstanten:

$E_{\text{St}} = 210\,\text{kN/mm}^2 \,\hat{=}\, 2,1 \cdot 10^5\,\text{N/mm}^2 \qquad E_{\text{Al}} = 70\,\text{kN/mm}^2 \,\hat{=}\, 0,7 \cdot 10^5\,\text{N/mm}^2$

$\rho_{\text{St}} = 7,85\,\text{kg/dm}^3 \qquad\qquad\qquad\qquad \rho_{\text{Al}} = 2,75\,\text{kg/dm}^3$

Schließlich benötigen wir noch die Profilwerte. Sie sind in [2], TB 1-13, tabelliert. Da laut Abb. 4.2 die Vierkantrohre hochkant eingesetzt sind, gelten folgende Werte:

$A = 3,82\,\text{cm}^2 \qquad W_{\text{x}} = 4,87\,\text{cm}^3 \qquad I_{\text{x}} = 12,2\,\text{cm}^4 \qquad m' = 3,0\,\text{kg/m}$ (für Stahl)

Schritt 3 kann entfallen, da die Formeln für die gesuchten Größen vorhanden sind.

Schritt 4 Wir setzen für die Lösung a) die vorhandenen Größen in die Gleichung für die Durchsenkung ein. Die Gewichtskraft beträgt $F = 800\,\text{N}$. Nicht vergessen: Die Leiter hat zwei Holme! Für Stahl gilt:

$$w_{\text{F St}} = \frac{F \cdot l^3}{48 E \cdot I} = \frac{800\,\text{N} \cdot (400\,\text{cm})^3}{48 \cdot 2,1 \cdot 10^7\,\frac{\text{N}}{\text{cm}^2} \cdot 2 \cdot 12,2\,\text{cm}^4} = 2,08\,\text{cm}$$

Für Aluminium könnten wir die Formel erneut durchrechnen. Da der Elastizitätsmodul für Stahl dreimal so groß ist wie der für Aluminium, verdreifacht sich die Durchsenkung für die gleichen Profile und dieselbe Belastung:

$$w_{\mathrm{F\,Al}} = 3 \cdot w_{\mathrm{F\,St}} = 6{,}24\,\mathrm{cm}$$

Im Teil b) sollen die Biegespannungen berechnet werden. Spannungen sind nicht vom Material abhängig; für beide Werkstoffe ergibt sich im vorliegenden Fall dieselbe Biegespannung. Um diese ermitteln zu können, brauchen wir zuerst das maximale Biegemoment. In unserem Belastungsfall liegt es an der Stelle des Angriffspunktes der Gewichtskraft F. Wir berechnen zunächst die Auflagerkräfte; aufgrund der Symmetrie beträgt jede der beiden Auflagerkräfte $F_{\mathrm{links}} = F_{\mathrm{rechts}} = F/2$. Damit können wir das Schnittmoment in Leitermitte bestimmen; es beträgt

$$M_{\mathrm{b\,max}} = \frac{F \cdot l}{4} = 80.000\,\mathrm{Ncm}$$

Für die Biegespannung ergibt sich somit

$$\sigma_{\mathrm{b\,max}} = \frac{M_{\mathrm{b\,max}}}{W_{\mathrm{x}}} = \frac{80.000\,\mathrm{Ncm}}{4{,}87\,\mathrm{cm}^3} = 16.427\,\mathrm{N/cm}^2 \,\hat{=}\, 164\,\mathrm{N/mm}^2$$

Dieser Wert gilt wie gesagt für die Leiterholme aus Stahl wie aus Aluminium und wäre z. B. sowohl für S235 als auch für bestimmte Aluminiumlegierungen zulässig.

Für den Aufgabenteil c) erstellen wir selbst zwei Formeln für die Masse:

$$m = m' \cdot l \quad \text{und} \quad m = A \cdot \rho \cdot l$$

Für die Stahlrohre ist die spezifische Masse m' gegeben (s. o.): $m' = 3{,}0\,\mathrm{kg/m}$. Mit $l = 4\,\mathrm{m}$ und unter Berücksichtigung zweier Holme ergibt sich: $m_{\mathrm{St}} = 24{,}0\,\mathrm{kg}$

Für Aluminium benötigen wir die Dichte $\rho = 2{,}75\,\mathrm{kg/dm}^3$ und die Querschnittsfläche der Rohre ($A = 3{,}82\,\mathrm{cm}^2$) und erhalten damit $m_{\mathrm{Al}} = 8{,}24\,\mathrm{kg}$.

Der Werkstoff Aluminium bietet hier also deutliche Gewichtsvorteile.

Zur Lösung des Teils d) multiplizieren wir die berechneten Massen mit den gegebenen Kosten und erhalten:

$$K_{\mathrm{St}} = 76{,}80\,€ \quad \text{und} \quad K_{\mathrm{Al}} = 75{,}81\,€$$

Beide Werkstoffausführungen unterscheiden sich von den Halbzeugkosten her nur unwesentlich.

Der Aufgabenteil e) ist nur durch Probieren zu lösen. Da die Durchbiegung der Aluminium-Holme bei gleichem Flächenmoment 2. Grades dreimal so groß ist wie die der Stahl-Holme, verdreifachen wir das Flächenmoment:

$$I_{\mathrm{Al,erf}} = 3 \cdot I = 36{,}6\,\mathrm{cm}^4$$

und suchen ein entsprechendes Vierkantrohr: Mit den Maßen $60 \times 40 \times 4$ ergibt sich für das Flächenmoment 2. Grades:

$$I = \frac{B \cdot H^3}{12} - \frac{b \cdot h^3}{12} = \frac{4 \cdot 6^3}{12} - \frac{3{,}2 \cdot 5{,}2^3}{12} = 34{,}5\,\mathrm{cm}^4$$

Die Durchsenkung dafür beträgt $w_{\mathrm{Al}} = 2{,}2\,\mathrm{cm}$, ist also ungefähr gleich der Durchsenkung der Stahl-Leiter mit dem Ausgangsprofil. Für dieses Vierkantrohr ergeben sich folgende weitere Profilwerte:

$$A = 7{,}36\,\text{cm}^2; \quad m'_{\text{Al}} = 1{,}99\,\text{kg/m}$$

Damit ist die Masse der neu ausgelegten Aluminium-Holme $m_{\text{Al}} = 15{,}92\,\text{kg}$; die Halbzeugkosten betragen jetzt $K_{\text{Al}} = 146{,}46\,\text{€}$. Die Masse der Aluminium-Holme liegt auch jetzt noch deutlich unter der Masse der Stahl-Holme. Wird wie hier auf Steifigkeit und nicht auf Festigkeit dimensioniert, braucht der Werkstoff Aluminium wegen seines kleineren Elastizitätsmoduls größere Querschnitte als Stahl. Mit dem größeren Querschnitt erhöhen sich die Halbzeugkosten. In diesem Fall hat die Aluminium-Ausführung gegenüber Stahl fast die doppelten Kosten.

Aufgabenteil f) sieht ein dünnwandiges Stahlrohr größerer Querschnittshöhe vor ($65 \times 30 \times 1{,}5$). Dafür ergeben sich nach den bereits angewendeten Formeln folgende Werte:

$$I_{\text{x}} = 15{,}03\,\text{cm}^4; \qquad W_{\text{x}} = 4{,}62\,\text{cm}^3; \qquad A = 2{,}76\,\text{cm}^2; \qquad m' = 2{,}17\,\text{kg/m}$$

Für die Durchsenkung in der Mitte der Holme erhält man $w_{\text{St}} = 1{,}69\,\text{cm}$. Die Biegespannung beträgt $\sigma_{\text{b}} = 173\,\text{N/mm}^2$, die Masse der Holme $m_{\text{St}} = 17{,}36\,\text{kg}$ und die Halbzeugkosten betragen $K_{\text{St}} = 55{,}55\,\text{€}$.

Mit dem dünnwandigen Stahl-Vierkantrohr mit größerer Höhe (günstig für Biegebeanspruchung!) erhält man eine leichte Konstruktion mit geringen Kosten. Die Stahl-Holme besitzen so nur wenig mehr Masse als die Aluminium-Holme aus Teil e), sind aber deutlich steifer und deutlich kostengünstiger.

Aufgabe 4.2
Wir gehen vor entsprechend Abb. 4.1.

Schritt 1 Die Aufgabenstellung zeigt einen Biegeträger, der in zwei Gelenklagern statisch bestimmt gestützt ist und eine Streckenlast aufzunehmen hat. Der Biegeträger besteht aus zwei gleichen, parallel angeordneten I-Profilen. Gegeben sind die Profilgröße (IPE400) und der Werkstoff (Stahl S235).

Gesucht ist im Teil a) die Streckenlast q, bei der sich der Biegeträger um $L/300$ seiner Länge durchsenkt. Wir benötigen also einen Zusammenhang zwischen der Streckenlast und der Durchsenkung für einen entsprechenden Biegeträger.

Schritt 2 Allgemein sind diese Beziehungen in Tab. 4.1 zu finden; Ziffer 12 zeigt das passende Beispiel (Träger auf zwei Stützen mit konstanter Streckenlast):

$$w_{\text{max}} = \frac{5ql^4}{384E \cdot I}$$

Schritt 3 Diese Gleichung nach q umgestellt liefert das gewünschte Ergebnis, wobei wir für w_{max} den gegebenen Wert $L/300$ einsetzen:

$$q = \frac{384 E \cdot I \cdot L}{5 L^4 \cdot 300} = \frac{32 E \cdot I}{125 L^3}$$

Jetzt benötigen wir für das numerische Ergebnis noch den E-Modul von Stahl (Tab. 1.1 $E = 2{,}1 \cdot 10^5 \, \text{N/mm}^2$) und das Flächenmoment 2. Grades. Diese findet man für IPE-Profile z. B. in [2], TB 1-11: $I = 23.130 \, \text{cm}^4$.

Schritt 4 Damit lässt sich die gesuchte Streckenlast berechnen:

$$q = 24{,}87 \, \text{N/mm} = 24{,}87 \, \text{kN/m}$$

Kommen wir nun zum Aufgabenteil b).

Schritt 1 Gesucht ist hier die Sicherheit gegen Fließen bei der gerade berechneten Streckenlast.

Schritt 2 Wir benötigen demnach die Gleichung zur Bestimmung der Sicherheit gegen Fließen:

$$S_{\mathrm{F}} = \frac{R_{\mathrm{e}}}{\sigma_{\mathrm{vorh}}} = \frac{R_{\mathrm{e}}}{\sigma_{\mathrm{b}}}$$

Als vorhandene Spannung ist die Biegespannung aufgrund der Streckenlast zu ermitteln:

$$\sigma_{\mathrm{b}} = \frac{M_{\mathrm{b\,max}}}{W_{\mathrm{b}}}$$

Erforderlich ist das größte Biegemoment M_{b}. Es tritt in der Mitte des Biegeträgers auf. Um das Schnittmoment an dieser Stelle zu ermitteln, wird der Träger freigemacht und es werden zunächst die Auflagerkräfte ermittelt, Abb. 7.30.

Für die Auflagerkräfte erhält man:

$$F_{\mathrm{A}} = F_{\mathrm{B}} = \frac{q \cdot L}{2}$$

und für das Schnittmoment

$$M_{\mathrm{b}} - F_{\mathrm{A}} \cdot x + q \cdot x = 0$$
$$M_{\mathrm{b}} = \frac{q \cdot L \cdot x}{4}$$

Für das größte Biegemoment in Trägermitte ($x = L/2$) ergibt sich also: $M_{\mathrm{b}} = (q \cdot L^2)/8$ („Architektenformel"). Wir benötigen jetzt noch das Widerstandsmoment für den IPE-Träger, das wir wieder aus [2], TB 1-11, entnehmen: $W_{\mathrm{b}} = 1160 \, \text{cm}^3$. Unser Biegeträger besteht allerdings aus zwei parallelen Profilen. Da beide gleich sind und beide mit ihrem Schwerpunkt auf der Biegeachse liegen, können wir W_{b} einfach verdoppeln: $W_{\mathrm{b\,ges}} = 2320 \, \text{cm}^3 = 2.320.000 \, \text{mm}^3$. Dies wäre nicht zulässig bei unterschiedlichen Profilen und wenn die Einzelschwerpunkte nicht auf der gemeinsamen Schwerpunktachse liegen. Dann müsste man über die Flächenmomente 2. Grades (unter eventueller Berücksichtigung der Steiner-Anteile) das Widerstandsmoment ermitteln.

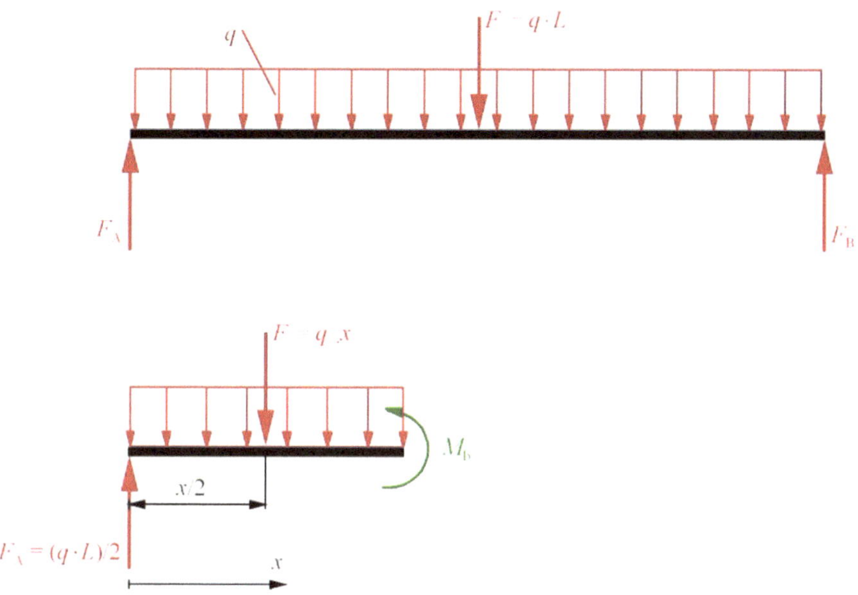

Abb. 7.30 Ermittlung der Auflagerkräfte und des Schnittmomentes

Schritt 3/Schritt 4 Wir erhalten schließlich

$$S_F = \frac{8 \cdot R_e \cdot W_{b\,ges}}{q \cdot L^2} \geq S_{F\,erf} = 1{,}5$$

und mit Zahlenwerten

$$S_F = 1{,}75 > S_{F\,erf} = 1{,}5$$

Aufgabe 4.3

Schritt 1 Die Aufgabenstellung zeigt einen einseitig eingespannten Biegeträger (unten)
mit einem freien Ende oben), der durch eine dreieckige Streckenlast belastet ist. Gesucht
sind die Gleichung der Biegelinie, das Einspannmoment, ein geeignetes IPB-Profil und die
seitliche Verschiebung des Trägers am oberen Ende. Letztere kann man aus der Biegelinie
berechnen.

Schritt 2 Wir wollen die Gleichung der Biegelinie nach der Integrationsmethode ermitteln. Dabei hilft uns die Gl. (4.2):

$$w'' = -\frac{M_b(x)}{E \cdot I}$$

Wir benötigen also den Biegemomentenverlauf $M_b(x)$. Durch zweimalige Integration
erhält man hieraus die Biegelinie $w(x)$. Geschickter Weise gehen wir dazu vom freien Ende
aus vor. Wir schneiden den Balken entsprechend Abb. 7.31 und setzen für die Dreieckslast
die resultierende Kraft an. Sie greift im Schwerpunkt des Dreiecks an, also bei $2/3 \cdot x$ vom

Abb. 7.31 Schnittgrößen am Profil nach Abb. 4.4

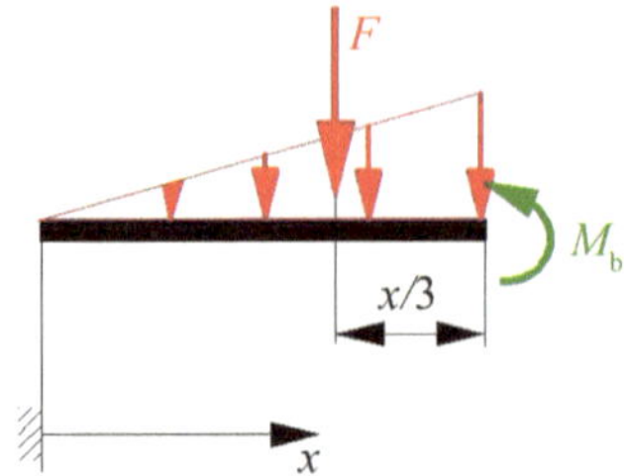

freien Ende aus gesehen. Die Resultierende aus der dreieckigen Streckenlast entspricht der Fläche des Dreiecks, siehe Abb. 7.31. Zunächst benötigen wir noch eine mathematische Beschreibung des Verlaufs der Streckenlast in Abhängigkeit der Längskoordinate x. Die Streckenlast folgt vom freien Ende aus einer Geraden mit der Gleichung ($m =$ Steigung)

$$q\left(x\right) = m \cdot x = \frac{q_0}{h} \cdot x$$

Somit erhält man für die Resultierende F der Streckenlast:

$$F = \frac{q_0}{h} \cdot x \cdot \frac{x}{2} = \frac{q_0}{2h}x^2$$

Aus dem Momentengleichgewicht am Teilbalken folgt:

$$M_\mathrm{b}\left(x\right) + \frac{q_0}{2h} \cdot x^2 \cdot \frac{1}{3}x = 0 \rightarrow M_\mathrm{b}(x) = -\frac{q_0}{6h} \cdot x^3$$

Mit der Gl. (4.2) gilt also:

$$w'' = -\frac{M_\mathrm{b}\left(x\right)}{E \cdot I} = \frac{q_0}{6h \cdot E \cdot I}x^3$$

$$w'\left(x\right) = \frac{q_0}{24h \cdot E \cdot I}x^4 + C_1$$

$$w\left(x\right) = \frac{q_0}{120h \cdot E \cdot I}x^5 + C_1x + C_2$$

Die Integrationskonstanten C_1 und C_2 bestimmen wir über die Randbedingungen: Am Einspannende ist die Durchsenkung $w(x = h) = 0$ und die Tangentenneigung (hier aus Sicht der Balkenachse) ist ebenfalls null, $w'(x = h) = 0$.

$$w'\left(x = h\right) = 0 = \frac{q_0}{24h \cdot E \cdot I}h^4 + C_1 \rightarrow C_1 = -\frac{q_0}{24E \cdot I}h^3$$

$$w\left(x = h\right) = 0 = \frac{q_0}{120h \cdot E \cdot I}h^5 - C_1h + C_2 = \frac{q_0}{120E \cdot I}h^4 - \frac{q_0}{24 \cdot E \cdot I}h^4 + C_2$$

$$\rightarrow C_2 = \frac{4q_0}{120E \cdot I}h^4$$

Damit lautet die Gleichung der Biegelinie:

$$w\left(x\right) = \frac{q_0 \cdot h^4}{120E \cdot I} \cdot \left[\frac{x^5}{h^5} - 5\frac{x}{h} + 4\right]$$

Wir können diese Gleichung noch überprüfen für $x = h$; dort muss $w = 0$ sein:

$$w\left(x = h\right) = \frac{q_0 \cdot h^4}{120E \cdot I} \cdot \left[1 - 5 + 4\right] = 0$$

Somit haben wir den Aufgabenteil a) gelöst.

Für Teil b) benötigen wir keine weiteren Formeln. Wir setzen in die Formel für das Schnittmoment $x = h$ ein (Moment an der Einspannstelle). Das Einspannmoment ist gleich dem negativen Schnittmoment an dieser Stelle. Mit den gegebenen Zahlenwerten erhalten wir:

$$M_{\mathrm{b}}(x) = -\frac{q_0}{6h} \cdot x^3 \rightarrow -M_{\mathrm{b}}(x = h) = \frac{q_0 h^2}{6} = \frac{40\,\mathrm{N} \cdot (2000\,\mathrm{mm})^2}{\mathrm{mm} \cdot 6}$$

$$M_{\mathrm{b}} = 2{,}67 \cdot 10^7\,\mathrm{Nmm} \;\hat{=}\; 2{,}67 \cdot 10^6\,\mathrm{Ncm}$$

Im Aufgabenteil c) wird ein geeignetes IPB-Profil gesucht. Dies kann man über das erforderliche Biegewiderstandsmoment auswählen. Dazu benötigen wir die Grundgleichung der Biegung und stellen diese nach W_{b} um:

$$\sigma_{\mathrm{b}} = \frac{M_{\mathrm{b}}}{W_{\mathrm{b}}} \rightarrow W_{\mathrm{b\,erf}} = \frac{M_{\mathrm{b}}}{\sigma_{\mathrm{b\,zul}}}$$

Da die Profiltabelle (siehe z. B. [2], TB 1-11) Profilwerte basierend auf der Einheit cm bereithält, setzen wir die gegebenen Zahlenwerte entsprechend ein:

$$W_{\mathrm{b\,erf}} = \frac{2{,}67 \cdot 10^6\,\mathrm{Ncm} \cdot \mathrm{cm}^2}{1{,}5 \cdot 10^4\,\mathrm{N}} = 178\,\mathrm{cm}^3$$

Wir wählen ein Profil mit einem Widerstandsmoment $W_{\mathrm{x}} \geq 178\,\mathrm{cm}^3$ und finden: IPB 140-DIN 1025-2 mit $W_{\mathrm{x}} = 216\,\mathrm{cm}^3$.

Für den Unterpunkt d) der Aufgabe, in dem die (hier) seitliche Verschiebung des oberen Trägerpunktes gesucht ist, verwenden wir die Gleichung der Biegelinie (s. o.) und setzen $x = 0$ ein:

$$w(x) = \frac{q_0 \cdot h^4}{120 E \cdot I} \cdot \left[\frac{x^5}{h^5} - 5\frac{x}{h} + 4 \right] \rightarrow w(x = 0) = \frac{q_0 \cdot h^4}{30 E \cdot I}$$

Da es sich um den Werkstoff Stahl handelt, ist $E = 210.000\,\mathrm{N/mm}^2$ und für das Flächenmoment 2. Grades des gewählten IPB-Profils finden wir $I_{\mathrm{x}} = 1510\,\mathrm{cm}^4$.

Damit lautet das Ergebnis: $w(x = 0) = 6{,}72\,\mathrm{mm}$.

Aufgabe 4.4

Aus der Tab. 4.1 des Lehrbuchs ist keine entsprechende Lösung zu entnehmen. Es gibt lediglich eine Formel für die Durchsenkung und die Tangentenneigung am Ende eines einseitig eingespannten Balkens mit konstanter Streckenlast (Tab. 4.1, Ziffer 3):

$$w = \frac{q \cdot l^4}{8 E \cdot I}; \quad \varphi = \frac{q \cdot l^3}{6 E \cdot I}$$

Die Durchsenkung im Punkt C erhält man, wenn man zunächst einen Träger der Länge $2 \cdot l$ mit konstanter Streckenlast betrachtet. Davon subtrahiert man die Durchsenkung im Punkt C für einen Träger der Länge $2 \cdot l$ mit Streckenlast über dem Teilstück $\overline{AB}$ (Abb. 7.32):

$$w_{\mathrm{C}} = w_{\mathrm{C1}} - w_{\mathrm{B2}} - \varphi_{\mathrm{B2}} \cdot l = \frac{41}{24}\frac{q \cdot l^4}{E \cdot I}$$

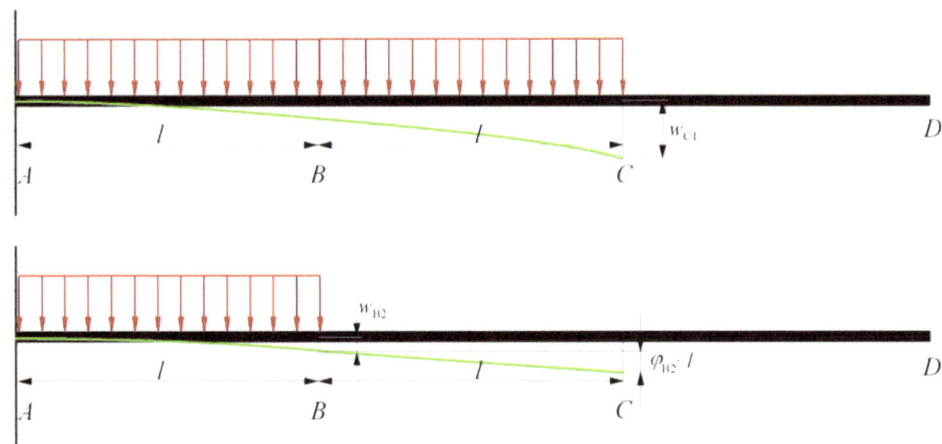

Abb. 7.32 Ermittlung der Durchsenkung für Aufgabe 4.4

Durch die Tangentenneigung im Punkt B ergibt sich bei der Streckenlast über $\overline{AB}$ im Punkt C eine „starre" Durchsenkung der Größe $\varphi_{B2} \cdot l$. Die Gesamt-Durchsenkung im Punkt D erhält man schließlich als

$$w_D = w_C + \varphi_C \cdot l \text{ mit } \varphi_C = \varphi_{C1} - \varphi_{C2}$$

Für die Ermittlung des korrekten Ergebnisses muss man beachten, dass der Balken insgesamt die Länge $3 \cdot l$ hat, während die Werte aus der Tab. 4.1 immer für Balken der Länge l gelten.

Aufgabe 4.5

Die maximale Durchsenkung tritt im Punkt A auf. Sie kann durch Superposition aus den Durchsenkungen der Teilbalken ermittelt werden. Zu beachten ist, dass auf den rechten Teilbalken sowohl die Kraft F wirkt und im Punkt B eine Durchsenkung hervorruft, als auch ein „Versatzmoment" $M_b = F \cdot a$, das eine weitere Durchsenkung in B bewirkt. Durch die Tangentenneigung im Punkt B ergibt sich im Punkt A zusätzlich eine „starre" Verschiebung. Für die Gesamt-Durchsenkung im Punkt A lautet das formelmäßige Ergebnis:

$$w_A = \frac{F \cdot b^3}{3E \cdot I_2}\left[1 + 3\frac{(a+b)}{b} \cdot \frac{a}{b} + \left(\frac{a}{b}\right)^3 \cdot \frac{I_2}{I_1}\right] \text{ (s. Lehrbuch Beispiel 4.8)}$$

Aufgabe 4.6

Für Aufgabenteil a) benutzt man die Formel für w_{max} aus Tab. 4.1, Ziffer 7. Teil b) lässt sich mit der Formel für w_{max} aus Tab. 4.1, Ziffer 12, lösen. Man stellt die Formel nach der gesuchten Kraft F um.

Aufgabe 4.7

Der Aufgabenteil a) ist direkt mithilfe Tab. 4.1, Ziffer 9, zu lösen.

Für Teil b) gilt: $w_D = w_C + \varphi_F \cdot b$ mit $w_C = w_F$ nach Tab. 4.1, Ziffer 9.

Die Durchsenkung in der Mitte zwischen den Auflagern (Teil c) kann aus der in Tab. 4.1, Ziffer 9, angegebenen Gleichung für die Biegelinie durch Einsetzen von $x = l/2$ ermittelt werden. Ein anderer Weg ist die Verwendung der Gleichung für die Biegelinie aus Tab. 4.1, Ziffer 10, mit dem äußeren Moment $M = F \cdot a$ sowie $x = l/2$.

Teil d) ergibt sich, da nur nach der zusätzlichen Durchsenkung gefragt ist, aus Tab. 4.1, Ziffer 9, durch Einsetzen von $F/2$.

Aufgabe 4.8

Die Lösung zum Aufgabenteil a) kann aus Tab. 4.1, Ziffer 7 und 9, ermittelt werden:

$$w_A = w_{F1}(\text{Ziffer } 7) - w_{F2}(\text{Ziffer } 9)$$

Für den Teil b) wird die Lösung aus a) nach der gesuchten Länge c umgestellt und $a = l/2$ eingesetzt.

Aufgabe 4.9

Der Träger ist einfach statisch überbestimmt gestützt. Wir entfernen das überflüssige Auflager – die Feder im Punkt B. Dann ermitteln wir die Durchsenkung w_F aufgrund F am Trägerende bei B. Nun wird die Auflagerkraft F_B als äußere Kraft eingesetzt und die dadurch hervorgerufene Durchsenkung w_B bestimmt. Die resultierende Durchsenkung w im Punkt B ergibt sich aus der Differenz:

$$w = w_F - w_B$$

Abb. 7.33 erläutert die Vorgehensweise. Formeln zur Ermittlung der Durchsenkungen liefert die Tab. 4.1

$$w_F = w_1 + (l - a) \cdot \varphi = \frac{F \cdot a^2}{6E \cdot I}(3l - a)$$
$$w_B = \frac{F_B \cdot l^3}{3E \cdot I}$$

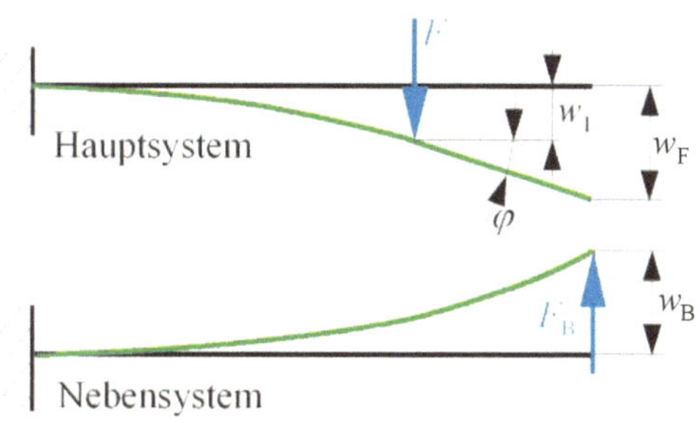

Abb. 7.33 Vorgehensweise zur Lösung der Aufgabe 4.9

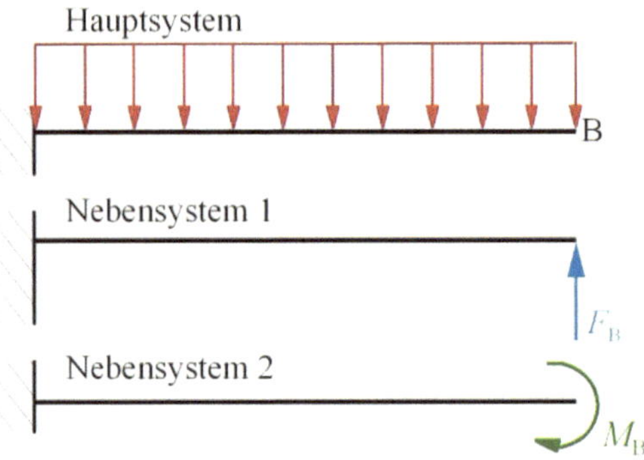

Abb. 7.34 Aufteilung des statisch zweifach überstimmt gestützten Trägers in Hauptsystem und Nebensysteme

Die Feder wird um den Betrag w zusammengedrückt:

$$w = \frac{F_\mathrm{B}}{c}$$

Damit kann die Kraft F_B bestimmt werden:

$$F_\mathrm{B} = \frac{\frac{1}{2} F \cdot \left(\frac{a}{l}\right)^2 \cdot \left(3 - \frac{a}{l}\right)}{1 + \frac{3E \cdot I}{c \cdot l^3}} = 5349{,}53\,\mathrm{N}$$

Schließlich ergibt sich $w = F_\mathrm{B} / c = 4{,}46\,\mathrm{mm}$.

Aufgabe 4.10

Der Träger ist zweifach statisch überbestimmt gelagert. Zur Lösung werden ein Hauptsystem und zwei Nebensysteme benötigt, Abb. 7.34.

Für das Auflager rechts im Punkt B gilt: $w_\mathrm{B} = 0$ und $\varphi_\mathrm{B} = 0$. Mit diesen beiden Bedingungen bestimmt man die Auflagerreaktionen F_B und M_B:

$$F_\mathrm{B} = \frac{1}{2} q \cdot l; \quad M_\mathrm{B} = -\frac{1}{12} q \cdot l^2$$

Die Durchsenkung in Balkenmitte ergibt sich schließlich zu:

$$w_\mathrm{M} = w_\mathrm{M}\,(q) - w_\mathrm{M}\,(F_\mathrm{B}) - w_\mathrm{M}(M_\mathrm{B})$$

Dabei ermittelt man die einzelnen Summanden aus den jeweiligen Gleichungen für die Biegelinien mit $x = l / 2$.

Aufgabe 4.11

Als erstes ermittelt man die Durchsenkung des Punktes P_3. Hierfür benötigt man die Kraft F_3 in diesem Punkt: $F_3 = \frac{4}{3} F$. Zu dieser Kraft gehört die Durchsenkung (Balken auf zwei Stützen mit mittiger Einzellast)

$$w_3 = \frac{F \cdot b^3}{36 E \cdot I}$$

Das gesuchte w_5 setzt sich zusammen aus drei Anteilen:

„starre" Durchsenkung in P_5 aufgrund w_3 $\quad \rightarrow w_{53}$

Durchsenkung aufgrund Moment in P_4 $\quad \rightarrow w_{5M}$

Durchsenkung aufgrund F in P_5 $\quad\quad \rightarrow w_{5F}$

$$w_5 = w_{53} + w_{5M} + w_{5F}$$

$$w_{53} = \frac{F \cdot b^3}{54 E \cdot I}; \quad w_{5M} = \frac{8F \cdot l^3}{243 E \cdot I}; \quad w_{5F} = \frac{4F \cdot l^3}{243 E \cdot I}$$

Aufgabe 4.12

Man verwendet für eine Blattfeder mit der dem Schwingsieb entsprechenden Lagerung das Ersatzmodell entsprechend Abb. 7.35. Die Blattfeder ist am linken Ende fest eingespannt und besitzt rechts eine Schiebehülse, die nur eine waagerechte Tangente der Biegelinie in diesem Auflager zulässt, aber keine senkrechte Kraft aufnehmen kann. Dann ermittelt man die Auflagerkraft im Punkt A sowie die daraus resultierende Querkraft F_q und integriert den Querkraftverlauf $F_q(x)$ dreimal entsprechend den Gln. (4.4) bis (4.6).

$$F_A = -F$$

$$F_q(x) = -F_A = F$$

Durch dreimalige Integration folgt:

$$w(x) = -\frac{F}{6 \cdot E \cdot I} x^3 - \frac{1}{2} C_1 \cdot x^2 + C_2 \cdot x + C_3$$

Über die Randbedingungen $w(x=0)=0$, $w'(x=0)=0$ und $w'(x=l)=0$ erhält man die Integrationskonstanten. Zweimaliges Ableiten der Biegelinie ergibt schließlich den Biegemomentenverlauf, aus dem man das Moment am Sieb ermitteln kann.

Abb. 7.35 Ersatzmodell zur Berechnung der Biegefeder am Schwingsieb

Abb. 7.36 Ersatzsystem zu
Aufgabe 4.14 (Autobahnweg-
weiser mit Windlast)

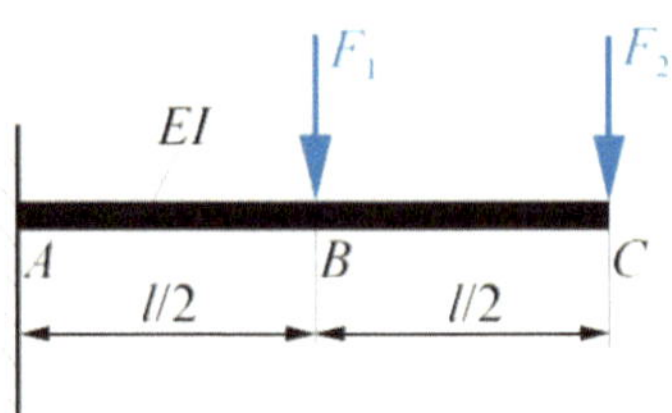

Aufgabe 4.13

Man geht aus von der Biegelinie aus Aufgabe 4.12, aus der man die Durchsenkung am
Sieb (für $x = l$) ermittelt:

$$w\,(x = l) = \frac{F \cdot l^3}{12E \cdot I} \hat{=} f$$

mit $I = \frac{b \cdot h^3}{12}$ (für die Blattfeder mit Rechteckquerschnitt)

Durch Umstellen dieser Gleichung nach F und Einsetzen der gegebenen Werte erhält
man die gesuchte Kraft F.

Die Biegespannung ergibt sich aus

$$\sigma_b = \frac{M_b}{W_b} = \frac{3F \cdot l}{b \cdot h^2}$$

mit $M_b = \frac{1}{2}F \cdot l$ aus Aufgabe 4.12 und $W_b = \frac{b \cdot h^2}{6}$ (für einen Rechteckquerschnitt)

Aufgabe 4.14

Man geht von folgendem Ersatzsystem aus (Abb. 7.36):

Die Durchsenkung im Punkt C setzt sich aus drei Anteilen zusammen:

$$w_C = w_B\,(F_1) + \varphi_B\,(F_1) \cdot \frac{l}{2} + w_C(F_2)$$

Die Formeln für die Durchsenkungen und Tangentenneigungen kann man Tab. 4.1 entnehmen. F_1 und F_2 sind gleich groß. Das Flächenmoment 2. Grades entnimmt man einer
Profiltabelle ($I_x = 2445\ \text{cm}^4$).

Das größte Biegemoment tritt am Mastfuß an der Einspannung auf: $M_A = \frac{3}{2}F \cdot l$.
Daraus erhält man die größte Biegespannung mit $W_b = 245\,\text{cm}^3$ aus einer Profiltabelle.

Aufgabe 4.15

Abb. 7.37 erläutert die Verschiebungen der drei Punkte. Die im Punkt D wirkende Kraft F
führt zu einer Momentenbelastung $M = F \cdot l$ des waagerechten Balkens im Punkt B. Daraus resultieren die Verformungen w_M und φ_M. Der Teilbalken B–C hat keine Verformung;
er verläuft nur mit der Tangentenneigung φ_M im Punkt B „starr" nach unten. Der senkrechte Teilbalken B–D wird um die Tangentenneigung in B „starr" nach rechts gekippt
und zusätzlich durch die Kraft F im Punkt D verformt. Die entsprechenden Verformungs-
größen entnimmt man der Tab. 4.1

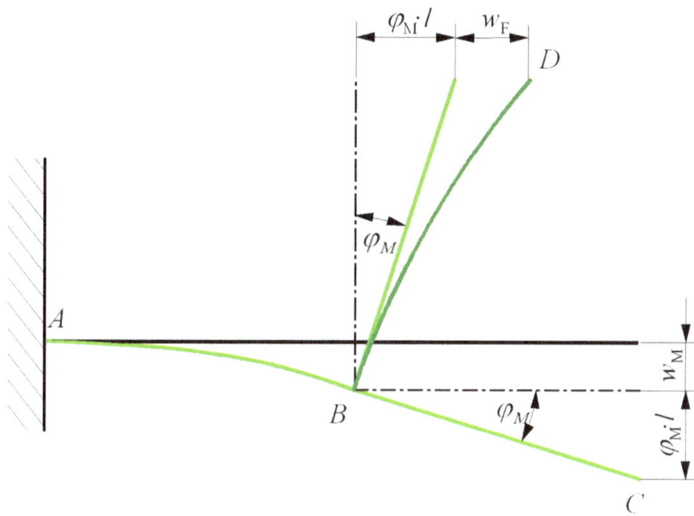

Abb. 7.37   Verformungen und Verschiebungen des Balkens aus Aufgabe 4.15

Aufgabe 4.16

Der Träger ist solange statisch bestimmt gestützt, wie das linke Ende bei A nicht auf dem Lager aufliegt. Daher kann man die Durchsenkung im Punkt B aus Tab. 4.1, Ziffer 1 ermitteln:

$$w_B = \frac{F \cdot \left(\frac{l}{2}\right)^3}{3E \cdot I}$$

Mit der Tangentenneigung im Punkt B

$$\varphi_B = \frac{F \cdot \left(\frac{l}{2}\right)^2}{2E \cdot I}$$

lässt sich die Durchsenkung des Punktes A berechnen:

$$w_A = w_B + \varphi_B \cdot \frac{l}{2} = \frac{5F \cdot l^3}{48E \cdot I} \leq a$$

Daraus ergibt sich für die Kraft F:

$$F \leq \frac{48E \cdot I \cdot a}{5l^3}$$

Das größte Biegemoment tritt im Punkt C (Einspannquerschnitt) auf:

$$M_C = F \cdot \frac{l}{2}$$

Die Biegespannung im Punkt C ist damit:

$$\sigma_b = \frac{M_b}{W_b} = \frac{24E \cdot I \cdot a}{5l^2 \cdot W_b}$$

Mithin erhalten wir die maximal zulässige Absenkung des linken Auflagers zu

$$a \leq \frac{\sigma_{b\,zul} \cdot 5 \cdot l^2 \cdot W_b}{24E \cdot I}$$

Die notwendigen Profilwerte entnehmen wir z. B. [2], TB 1-11:

$I = 4250\,\text{cm}^4$; $W_b = 354\,\text{cm}^3$.

Da der Träger lt. Aufgabenstellung aus Stahl besteht, gilt: $E = 2,1 \cdot 10^5\,\text{N/mm}^2$.

Hinweis: Man kann sich den Rechenaufwand vereinfachen, wenn man berücksichtigt, dass

$$W_b = \frac{I}{h/2}$$

ist; in diesem Fall mit $h/2 = 120\,\text{mm}$ für das Profil I240. Dann erhält man für a:

$$a \leq \frac{\sigma_{b\,zul} \cdot 5 \cdot l^2}{12E \cdot h}$$

Das Heraussuchen der Profilwerte entfällt damit auch.

Aufgabe 4.17

a) Die Durchsenkung im Punkt B setzt sich aus vier Anteilen zusammen, die der Tab. 4.1 entnommen werden können:

Durchsenkung aufgrund Kraft F_1 an der Kraftangriffsstelle und „starre" Durchsenkung in B aufgrund Tangentenneigung im Kraftangriffspunkt:

$$w_{BF1} = \frac{F_1 \cdot a^3}{3E \cdot I} + \frac{F_1 \cdot a^2}{2E \cdot I}(l - a)$$

Durchsenkung aufgrund Kraft F_2:

$$w_{BF2} = \frac{F_2 \cdot l^3}{3E \cdot I}$$

Durchsenkung aufgrund Balkenmasse (zu berücksichtigen wie Streckenlast):

$$w_{m'} = \frac{m' \cdot g \cdot l^4}{8E \cdot I}$$

b) Wir berechnen zunächst das Einspannmoment in A:

$$M_A = F_2 \cdot l + F_1 \cdot a + \frac{m' \cdot g \cdot l^2}{2} = 55{,}625 \cdot 10^6\,\text{Nmm}$$

Damit und mit dem gegebenen W_y erhalten wir für die Biegespannung:

$$\sigma_b = 129{,}662\,\text{N/mm}^2 \approx 130\,\text{N/mm}^2$$

Schließlich ergibt sich mit $R_e = 235\,\text{N/mm}^2$ (Fließgrenze): $S_F \approx 1{,}81$.

Aufgabe 4.18

Der linke Teil der Welle kann sich in den Lagern A und B nicht durchsenken. Es ergeben sich in diesen Punkten aber jeweils Tangentenneigungen. Die Durchsenkung im Punkt C erhält man aus der „starren" Durchsenkung aufgrund der Tangentenneigung im Punkt B und aus der Durchsenkung aufgrund der Kraft F_2.

$$w_C = \varphi_B \cdot l_2 + w_{CF2}$$

Die Tangentenneigung im Punkt B berechnet man aus der Überlagerung der Tangentenneigung φ_{BF1} aufgrund F_1 sowie φ_{BM2} aufgrund des Versatzmomentes $M_2 = F_2 \cdot l_2$ im Punkt B. Die Werte können der Tab. 4.1 entnommen werden:

$$\varphi_{\mathrm{BF1}} = \frac{F_1 \cdot l_1^2}{16 E \cdot I_1}$$

$$\varphi_{\mathrm{BM2}} = -\frac{2 M_2 \cdot l_1}{3 E \cdot I_1} = -\frac{2 F_2 \cdot l_2 \cdot l_1}{3 E \cdot I_1}$$

$$w_{\mathrm{CF2}} = \frac{F_2 \cdot l_2^3}{3 E \cdot I_2}$$

Aufgabe 4.19

Die Durchsenkung im Punkt C setzt sich aus vier Anteilen zusammen: Durchsenkung w_{Bq} aufgrund der Streckenlast über A–B, Durchsenkung w_{BF} aufgrund der Kraft F über A–B, Durchsenkung w_{CF} in C aufgrund der Einzelkraft am Ende von B–C sowie Verdrehwinkel φ aufgrund des Torsionsmomentes $F \cdot l/2$ über A–B, was in C zu einer „starren“ Durchsenkung $w_{\mathrm{C}\varphi}$ führt:

$$w_{\mathrm{C}} = w_{\mathrm{Bq}} + w_{\mathrm{BF}} + w_{\mathrm{CF}} + w_{\mathrm{C}\varphi}$$

Dabei sind

$$w_{\mathrm{Bq}} = \frac{q \cdot l^4}{8 E \cdot I}; \quad w_{\mathrm{BF}} = \frac{F \cdot l^3}{3 E \cdot I}; \quad w_{\mathrm{CF}} = \frac{F \cdot l^3}{24 E \cdot I}; \quad \varphi = \frac{F \cdot l^2}{2 G \cdot I_{\mathrm{p}}} \rightarrow w_{\mathrm{C}\varphi} = \frac{F \cdot l^3}{4 G \cdot I_{\mathrm{p}}}$$

Die Tangentenneigung im Punkt B aufgrund der Streckenlast q über A–B spielt in diesem Fall keine Rolle: Sie führt nur zu einer „starren“ Verdrehung des Rohrabschnitts B–C um seine Längsachse.

Aufgabe 4.20

Wir schneiden das System am Gelenk und setzen die Gelenkkraft F_{B} als äußere Kraft sowohl am linken als auch am rechten Teilbalken an. Für den linken Teilbalken der Länge $2l$ können wir dann die Durchsenkung in B berechnen (Abb. 7.38):

$$w_{\mathrm{BI}} = w_{\mathrm{q}} + w_{\mathrm{B}} = \frac{2 q \cdot l^4}{E \cdot I} - \frac{8 F_{\mathrm{B}} \cdot l^3}{3 E \cdot I}$$

Die Durchsenkung des rechten Teilbalkens ergibt sich zu:

$$w_{\mathrm{BII}} = \frac{F_{\mathrm{B}} \cdot l^3}{3 E \cdot I}$$

Im Gelenk müssen die Durchsenkungen des linken und rechten Teilbalkens gleich sein: $w_{\mathrm{BI}} = w_{\mathrm{BII}}$. Aus dieser Beziehung lässt sich die Gelenkkraft berechnen und mit der Gelenkkraft auch die Durchsenkung in B.

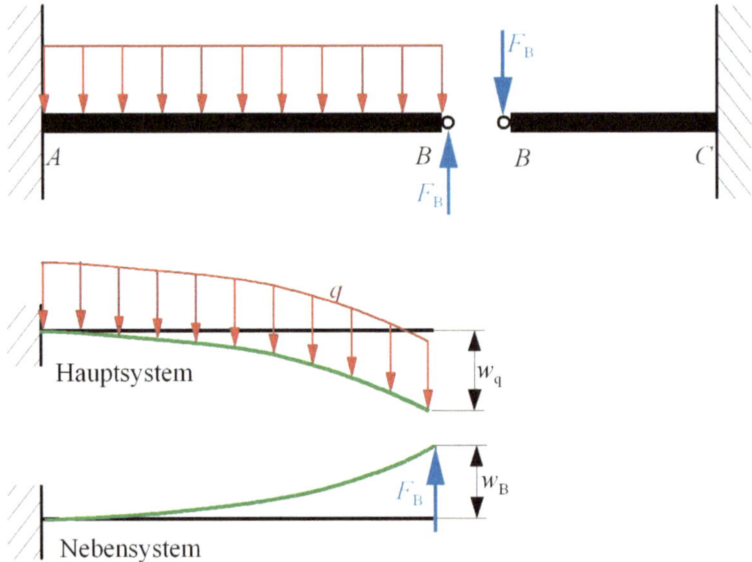

Abb. 7.38 Schneiden der Teilbalken am Gelenk (*oben*), Haupt- und Nebensystem für die Berechnung der Durchsenkung (*unten*)

Aufgabe 4.21

Der Rahmen der Spindelpresse ist dreifach statisch überbestimmt (sechs Lagerreaktionen). Für die Lösung machen wir uns die Symmetrie zu Nutze, Abb. 7.39:

Im Punkt C behält der Rahmen auch bei Verformung durch die Kraft F eine waagerechte Tangente. Somit können wir uns den halben Rahmen als im Punkt C durch eine Schiebehülse gelagert denken (Abb. 7.39, Mitte). Diese Schiebehülse kann ein Moment M_C und eine waagerechte Kraft F_{Cx} aufnehmen. Beide tragen wir mit der äußeren

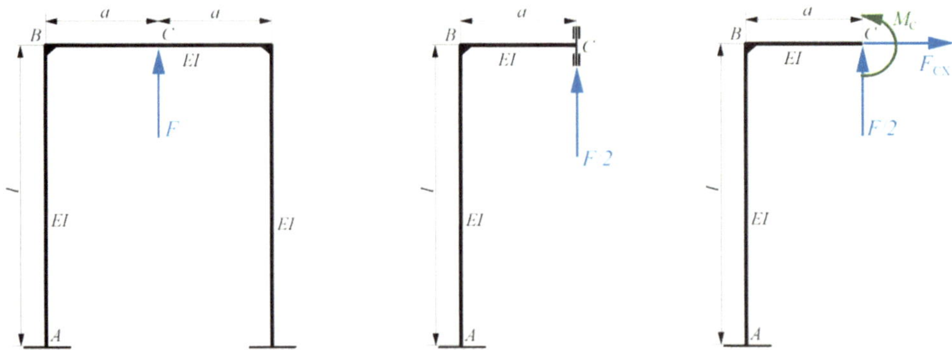

Abb. 7.39 Ausnutzung der Symmetrie des Rahmens zur Vereinfachung der Berechnung

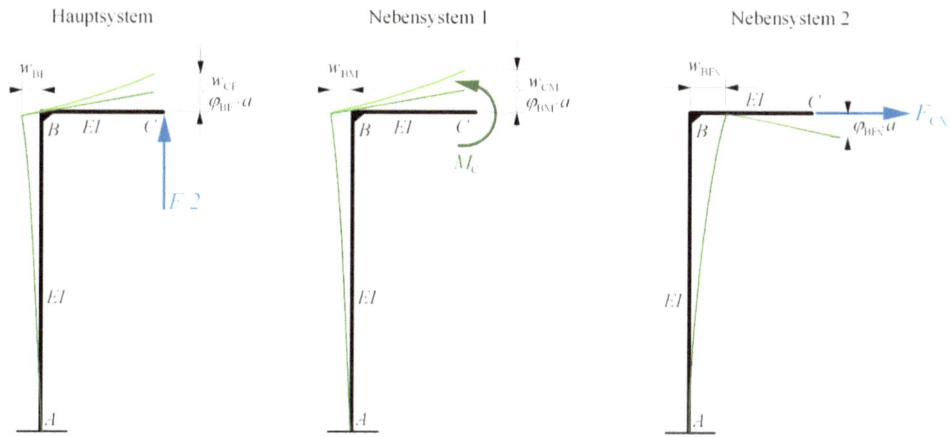

Abb. 7.40 Verformungen im Hauptsystem und in den Nebensystemen 1 und 2

Kraft F zusammen als äußere Belastungen an. Jetzt können wir das Überlagerungsprinzip anwenden: Wir ermitteln zunächst die Verformungen in B und C aufgrund der äußeren (Spindel-)Kraft $F/2$ („Hauptsystem"). Dann setzen wir M_C als äußeres Moment an und bestimmen dafür die Verformungen in B und C („Nebensystem 1"). Schließlich wird die Kraft F_{Cx} als äußere Belastung angenommen („Nebensystem 2") und dafür werden die Verformungen in B und C berechnet. Die Größe der Durchsenkungen und Tangentenwinkel für die Einzelbelastungen entnimmt man der Tab. 4.1.

Die Schnittgrößen M_C und F_{Cx} erhält man dann durch folgende Bedingungen: Die waagerechte Verschiebung des Punktes B muss null sein und in C muss eine waagerechte Tangente an die Biegelinie vorliegen. Abb. 7.40 zeigt die zu überlagernden Verschiebungen.

Hauptsystem (beachte: Die äußere Kraft ist $F/2$!):

$$w_{BF} = \frac{F \cdot a l^2}{4E \cdot I}; \quad \varphi_{BF} = \frac{F \cdot a l}{2E \cdot I}; \quad w_{CF} = \frac{F \cdot a^3}{6E \cdot I}$$

$$w_{CH} = \frac{F \cdot a^2}{6E \cdot I}(3l + a); \quad \varphi_{CH} = \frac{F \cdot a}{4E \cdot I}(2l + a)$$

Nebensystem 1:

$$w_{BM} = \frac{M_C \cdot l^2}{2E \cdot I}; \quad \varphi_{BM} = \frac{M_C \cdot l}{E \cdot I}; \quad \varphi_{CM} = \frac{M_c \cdot a}{E \cdot I}$$

$$w_{C1} = \frac{M_c \cdot a}{2E \cdot I}(2l + a); \quad \varphi_{C1} = \frac{M_c}{E \cdot I}(l + a)$$

Nebensystem 2:

$$w_{BFCx} = -\frac{F_{Cx} \cdot l^3}{3E \cdot I}; \quad \varphi_{BFCx} = -\frac{F_{Cx} \cdot l^2}{2E \cdot I} = \varphi_{C2}$$

$$w_{C2} = -\frac{F_{Cx} \cdot a l^2}{2E \cdot I}$$

Mit den Bedingungen $w_B = 0$ und $\varphi_C = 0$ (siehe oben) erhält man schließlich zwei Gleichungen für die beiden Unbekannten M_C und F_{Cx}.

Das Einspannmoment in A berechnen wir über die Gleichgewichtsbedingung

$$M(A) = 0 = M_A + \frac{F}{2}a + M_C - F_{Cx}l$$

Aufgabe 4.22

Die Verschiebung des Radaufstandspunktes ergibt sich aus dem Tangentenwinkel der Biegelinie. Um diesen zu berechnen, gehen wir aus von Gl. (4.2):

$$w'' = -\frac{M_b(x)}{E \cdot I}$$

Zunächst benötigen wir demnach den Biegemomentenverlauf (Abb. 7.41).

Da der Biegemomentenverlauf eine unstetige Funktion ist, können wir nur bereichsweise integrieren.

Bereich 1:

$$w_1'' = -\frac{F \cdot x_1}{E \cdot I}; \quad w_1' = -\frac{F \cdot x_1^2}{2E \cdot I} + C_{11}; \quad w_1 = -\frac{F \cdot x_1^3}{6E \cdot I} + C_{11} \cdot x_1 + C_{21}$$

An der Lagerstelle bei $x_1 = a$ ist die Durchsenkung null:

$$w_1(x_1 = a) = 0 = -\frac{F \cdot a^3}{6E \cdot I} + C_{11} \cdot a + C_{21} \quad (1)$$

Bereich 2:

$$w_2'' = -\frac{F \cdot a}{E \cdot I}; \quad w_2' = -\frac{F \cdot a \cdot x_2}{E \cdot I} + C_{12}; \quad w_2 = -\frac{F \cdot a \cdot x_2^2}{2E \cdot I} + C_{12} \cdot x_2 + C_{22}$$

An der Lagerstelle bei $x_2 = 0$ ist die Durchsenkung null: $C_{22} = 0$

An der Lagerstelle sind die Tangentenneigungen im Bereich 1 und im Bereich 2 gleich:

$$w_1'(x_1 = a) = w_2'(x_2 = 0): \quad -\frac{F \cdot a^2}{2E \cdot I} + C_{11} = C_{12} \quad (2)$$

Für $x_2 = b$ ist die Durchsenkung null (rechte Lagerstelle):

$$C_{12} = \frac{F \cdot a \cdot b}{2E \cdot I} \quad (3)$$

(3) in (2) eingesetzt:

$$C_{11} = \frac{F \cdot a(a + b)}{2E \cdot I}$$

Abb. 7.41 Biegemomentenverlauf für die Radsatzwelle

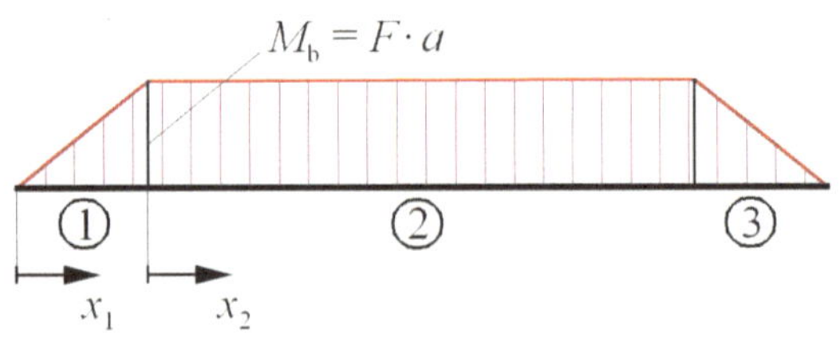

Damit gilt für w_2:

$$w_2 = -\frac{F \cdot a \cdot x_2^2}{2E \cdot I} + \frac{F \cdot a \cdot b}{2E \cdot I} \cdot x_2 \quad (4)$$

Die Neigung der Tangente der Radsatzwelle am Rad ($x_1 = 0$) soll maximal sein:

$$w_1'\,(x_1 = 0) = \frac{\Delta s}{2r} = \frac{F \cdot a(a + b)}{2E \cdot I} \quad (5)$$

(5) umgestellt nach I:

$$I_{\mathrm{erf}} = \frac{F \cdot a\,(a + b)\,r}{\Delta s \cdot E}$$

Für einen Vollkreisquerschnitt gilt:

$$I = \frac{\pi}{64}d^4,$$

womit sich dann der notwendige Wellendurchmesser d_{erf} berechnen lässt.

Über die Gleichung $\sigma_b = \frac{M_b}{W_b}$ ergibt sich mit einem gewählten „glatten" Wert $d = 90\,\mathrm{mm}$ die genannte Spannung. Sie ist relativ niedrig. In dieser Aufgabe wurde auch nur die statische Belastung berücksichtigt. In der Praxis gibt es dagegen zusätzliche dynamische Belastungen aus den Vertikal- und Horizontal-Schwingungen des Fahrzeugs. Radsatzwellen werden dauerfest ausgelegt, womit die zulässigen Spannungen deutlich niedriger sind als bei statischer Belastung.

Die Durchsenkung der Radsatzwelle in der Mitte ergibt sich durch Einsetzen von $x_2 = b/2$ in (4):

$$w_2\left(x_2 = \frac{b}{2}\right) = -\frac{F \cdot a \cdot \left(\frac{b}{2}\right)^2}{2E \cdot I} + \frac{F \cdot a \cdot b}{2E \cdot I} \cdot \frac{b}{2} = \frac{F \cdot a \cdot b^2}{8E \cdot I}$$

Aufgabe 4.23

Die Dehnungen infolge der Normalkräfte sollen vernachlässigt werden. Da das System symmetrisch ist, ist die sich aufgrund der Temperaturerhöhung ergebende Verlängerung der Balken 1 und 2 gleich. Das Verbindungsgelenk wird infolge der Wärmedehnung verschoben; beide Balken werden um denselben Betrag verbogen.

Einspannmoment: $M_1 = M_2 = F \cdot l$

Durchsenkung am Gelenk jeweils:

$$w = \Delta l = l \cdot \alpha \cdot \Delta \vartheta = \frac{F \cdot l^3}{3E \cdot I} \rightarrow F = \frac{3\alpha \cdot \Delta \vartheta \cdot E \cdot I}{l^2} = 317{,}5\,\mathrm{N}$$

Aufgabe 4.24

Beide Balken erfahren am jeweiligen Ende dieselbe Durchsenkung w. Die dazu notwendigen Kräfte F_1 und F_2 sind aber aufgrund der unterschiedlichen Steifigkeiten (unterschiedliche Länge l bei gleichem EI) unterschiedlich; ihre Summe ergibt die Gesamtkraft F:

$$F = F_1 + F_2$$

Allgemein gilt für die Durchsenkung eines einseitig eingespannten Balkens:

$$w = \frac{F \cdot l^3}{3E \cdot I}$$

und damit

$$w_1 = \frac{F_1 \cdot 2^3 \cdot l^3}{3E \cdot I} = w_2 = \frac{F_2 \cdot l^3}{3E \cdot I} \rightarrow 8 \cdot F_1 = F_2 \rightarrow F = F_1 + 8 \cdot F_1 = 9 \cdot F_1$$

$$\rightarrow F_1 = \frac{F}{9} = 11{,}11\,\text{N}$$

Das Flächenmoment 2. Grades für die Balken ergibt sich zu

$$I = \frac{B \cdot H^3 - b \cdot h^3}{12} = 12.072\,\text{mm}^4$$

Durch Einsetzen aller bekannten Werte in die Gleichung für w_1 erhält man schließlich die Lösung.

Aufgabe 4.25

a) Aufgrund des Höhenversatzes ergibt sich eine Durchsenkung der Welle. Dazu ist am Lager C eine Kraft F_C erforderlich. Aus dem Kräftegleichgewicht ergeben sich die Lagerkräfte F_A und F_B:

$$F_A = F_B = 1/2 \cdot F_C$$

Die Kraft F_C lässt sich über die gegebene Durchsenkung in Wellenmitte nach Tab. 4.1, Ziffer 6, ermitteln:

$$w_C = \frac{F_C \cdot l^3}{48E \cdot I} \rightarrow F_C = \frac{48 w_C \cdot E \cdot I}{l3}$$

b) Das maximale Biegemoment (in Wellenmitte am Lager C) beträgt:

$$M_b = F_A \cdot \frac{l}{2} = 5.700.750\,\text{Nmm}$$

Für das Biege-Widerstandmoment erhält man: $W_b = 169.646\,\text{mm}^3$.

c) Den Neigungswinkel der Tangenten in A und B ermittelt man nach Tab. 4.1, Ziffer 6:

$$\varphi_A = \varphi_B = \frac{F_C \cdot l^2}{16E \cdot I}$$

7.5　Lösungshinweise zu Kapitel 5

Aufgabe 5.1

Der Stab ist beidseitig gelenkig gelagert $\Rightarrow$ Knickfall 2 mit $l_K = l$

$$I = \frac{a^4}{12},\ A = a^2 \text{ und damit wird der Trägkeitsradius } i = \sqrt{\frac{I}{A}} = \frac{a}{2\sqrt{3}}$$

$$\text{Schlankheitsgrad } \lambda = \frac{l_K}{i} = \frac{l}{\frac{a}{2\sqrt{3}}} = 138{,}6 \approx 139 \Rightarrow \text{Euler-Knickung}$$

$$F_K = \frac{\pi^2 \cdot E \cdot I}{l^2} = \frac{\pi^2 \cdot 210.000\,\frac{\text{N}}{\text{mm}^2} \cdot 50^4\,\text{mm}^4}{\text{mm}^2\ 2000^2\,\text{mm}^2\ 12} = 269.872\,\text{N} \approx 270\,\text{kN}$$

$$\sigma_{\mathrm{d}} = \frac{F}{A} = \frac{50.000\,\mathrm{N}}{50^2\,\mathrm{mm}^2} = 20\,\frac{\mathrm{N}}{\mathrm{mm}^2} \quad \text{und}$$

$$\sigma_{\mathrm{K}} = \frac{\pi^2 \cdot E}{\lambda^2} = \frac{\pi^2 \cdot 210.000\,\frac{\mathrm{N}}{\mathrm{mm}^2}}{139^2} = 107{,}3\,\frac{\mathrm{N}}{\mathrm{mm}^2}$$

$$S_{\mathrm{K}} = \frac{\sigma_{\mathrm{K}}}{\sigma_{\mathrm{d}}} = \frac{107{,}3\,\frac{\mathrm{N}}{\mathrm{mm}^2}}{20\,\frac{\mathrm{N}}{\mathrm{mm}^2}} = 5{,}36 \quad \Rightarrow \quad \text{knicksicher und}$$

$$S_{\mathrm{F}} = \frac{R_{\mathrm{p0,2}}}{\sigma_{\mathrm{d}}} = \frac{235\,\frac{\mathrm{N}}{\mathrm{mm}^2}}{20\,\frac{\mathrm{N}}{\mathrm{mm}^2}} = 11{,}75$$

Aufgabe 5.2

Es muss gelten: $\sigma_{\mathrm{d}} \leq \sigma_{\mathrm{zul}}$

$$\frac{F}{A} = \frac{\sigma_{\mathrm{dF}}}{S_{\mathrm{F}}} \approx \frac{R_{\mathrm{e}}}{S_{\mathrm{F}}};\ \sigma_{\mathrm{dF}} \approx R_{\mathrm{e}} \Rightarrow \frac{F}{\frac{\pi}{4} \cdot \left(d_{\mathrm{a}}^2 - d_{\mathrm{i}}^2\right)} = \frac{R_{\mathrm{e}}}{S_{\mathrm{F}}}$$

$$d_{\mathrm{i}} = \sqrt{d_{\mathrm{a}}^2 - \frac{4 \cdot F \cdot S_{\mathrm{F}}}{\pi \cdot R_{\mathrm{e}}}} = \sqrt{(80\,\mathrm{mm})^2 - \frac{4 \cdot 120.000\,\mathrm{N} \cdot 2\,\mathrm{mm}^2}{\pi \cdot 275\,\mathrm{N}}} = \sqrt{5288{,}8\,\mathrm{mm}^2}$$

$$= 72{,}72\,\mathrm{mm}$$

Erforderliche Wanddicke s:

$$s = \frac{d_{\mathrm{a}} - d_{\mathrm{i}}}{2} = \frac{80\,\mathrm{mm} - 72{,}72\,\mathrm{mm}}{2} = 3{,}64\,\mathrm{mm}$$

Versagensfall Knickung (Knickfall 1):

Festigkeitsbedingung: $\sigma_{\mathrm{d}} \leq \sigma_{\mathrm{zul}} = \frac{\sigma_{\mathrm{K}}}{S_{\mathrm{K}}}$

$$\frac{F}{A} = \frac{F_{\mathrm{K}}}{A} \cdot \frac{1}{S_{\mathrm{K}}} \Rightarrow F = \frac{\pi^2}{4} \cdot \frac{E \cdot I_{\min}}{l_{\mathrm{K}}^2} \cdot \frac{1}{S_{\mathrm{K}}} = \frac{\pi^2}{4} \cdot \frac{E}{l_{\mathrm{K}}^2} \cdot \frac{\pi}{64} \left(d_{\mathrm{a}}^4 - d_{\mathrm{i}}^4\right) \cdot \frac{1}{S_{\mathrm{K}}}$$

$$= \frac{\pi^3 \cdot E \left(d_{\mathrm{a}}^4 - d_{\mathrm{i}}^4\right)}{256 \cdot l_{\mathrm{K}}^2 \cdot S_{\mathrm{K}}}$$

$$d_{\mathrm{i}} = \sqrt[4]{d_{\mathrm{a}}^4 - \frac{256 \cdot F \cdot l_{\mathrm{K}}^2 \cdot S_{\mathrm{K}}}{\pi^3 \cdot E}} = \sqrt[4]{(80\,\mathrm{mm})^4 - \frac{256 \cdot 120.000\,\mathrm{N} \cdot 1300^2\,\mathrm{mm}^2 \cdot 3{,}5}{\pi^3 \cdot 210.000\,\frac{\mathrm{N}}{\mathrm{mm}^2}}}$$

$$= 60{,}11\,\mathrm{mm}$$

$$s = \frac{d_{\mathrm{a}} - d_{\mathrm{i}}}{2} = \frac{80\,\mathrm{mm} - 60{,}11\,\mathrm{mm}}{2} = 9{,}95\,\mathrm{mm};\quad s = 10\,\mathrm{mm}\ \text{gewählt}$$

Aufgabe 5.3

Es liegt Knickfall 4 vor $\Rightarrow l_{\mathrm{K}} = 0{,}5l$

$$I = \frac{\pi \cdot d^4}{64},\ A = \frac{\pi \cdot d^2}{4} \Rightarrow \text{Trägheitsradius } i = \sqrt{\frac{I}{A}} = \frac{d}{4}$$

$$\lambda = \frac{l_{\mathrm{K}}}{i} = \frac{4 \cdot 0{,}5l}{d} = \frac{2 \cdot 3500\,\mathrm{mm}}{30\,\mathrm{mm}} = 233{,}33 \Rightarrow \text{Knickung nach Euler}$$

$$\sigma_K = \frac{\pi^2 \cdot E}{\lambda^2} \approx 38 \ \frac{N}{mm^2} \quad \text{und} \quad \sigma_d = \frac{F}{A} = \frac{4500 \ N}{\frac{\pi}{4} \cdot 30^2 \ mm^2} = 6{,}4 \ \frac{N}{mm^2}$$

$$S_K = \frac{\sigma_K}{\sigma_d} = \frac{38 \ \frac{N}{mm^2}}{6{,}4 \ \frac{N}{mm^2}} = 5{,}94 > 5{,}5 \ \Rightarrow \ \text{knicksicher}$$

Aufgabe 5.4

a) Fließen mit einer Sicherheit von $S_F = 1{,}5$ soll ausgeschlossen sein, es gilt die Bedingung $\sigma_d \leq \sigma_{zul}$:

$$\frac{F}{A} = \frac{\sigma_{dF}}{S_F} \approx \frac{R_e}{S_F} \Rightarrow F = A \frac{R_e}{S_F} = \frac{\pi}{4}\left(D^2 - d^2\right)\frac{R_e}{S_F} = 123.587 \ N$$

b) Ein Ausknicken mit einer Sicherheit von $S_K = 4$ soll ausgeschlossen sein. Es liegt Knickfall 4 mit $l_K = 0{,}5l$ vor. Es muss die Bedingung $\sigma_d \leq \sigma_{zul} = \sigma_K / S_K$ gelten.

$$\frac{F}{A} = \frac{F_K}{A \cdot S_K} \quad \text{mit } F_K = \frac{\pi^2 \cdot E \cdot I_{min}}{l_K^2}$$

$$\Rightarrow F = \frac{\pi^2 \cdot E \cdot I_{min}}{l_K^2 \cdot S_K} = \frac{\pi^3}{16} \cdot \frac{E\left(D^4 - d^4\right)}{l^2 \cdot S_K} = 44.355 \ N$$

c) Verkürzung infolge der Druckkraft: Verkürzung Δl:

$$\sigma_d = -E \cdot \varepsilon = -E\frac{\Delta l}{l} \Rightarrow \Delta l = -\frac{\sigma_d \cdot l}{E} = -\frac{F \cdot l}{A \cdot E} = -1{,}017 \ mm$$

Aufgabe 5.5

Es liegt Knickfall 2 mit $l_K = l$ vor.

Minimaler Schlankheitsgrad λ_{min}:

$$\lambda_{min} = \pi \sqrt{\frac{E}{\sigma_P}} \quad \text{mit} \quad \sigma_P \approx 0{,}8 \cdot R_e = 0{,}8 \cdot 355 \ \frac{N}{mm^2} = 284 \ \frac{N}{mm^2} \Rightarrow \lambda_{min} = 85{,}4$$

$$i_{min} = 20{,}4 \ mm \ \text{gemäß Profiltabelle} \ \Rightarrow \lambda = \frac{l_K}{i_{min}} = \frac{1800 \ mm}{20{,}4 \ mm} = 88{,}2$$

$$\Rightarrow \ \text{Knickung nach Euler}$$

Druckspannung $\sigma_d = \frac{F}{A} = \frac{32.000 \ N}{471 \ mm^2} \approx 68 \ \frac{N}{mm^2}$

Sicherheit gegen Knicken:

$$S_K = \frac{\sigma_K}{\sigma_d} \quad \text{mit } \sigma_K = \frac{\pi^2 \cdot E}{\lambda^2} = 266{,}4 \ \frac{N}{mm^2} \Rightarrow S_K = 3{,}92 \ \Rightarrow \ \text{knicksicher!}$$

Aufgabe 5.6

Ermittlung der Kräfte in A und B: $\sum F_z = F_G - F_A - F_B = 0$ und

$$\sum M_A = F_G \cdot 5 \ m - F_B \cdot 8 \ m = 0 \Rightarrow F_B = \frac{5}{8}F_G \ \text{und} \ F_A = \frac{3}{8}F_G$$

Stab A: Knickfall 2 mit $l_K = l = 4m$, Trägheitsradius $i = \sqrt{\frac{I}{A}} = \sqrt{\frac{250 \ cm^4}{25 \ cm^2}} = 3{,}16 \ cm$

$$\lambda = \frac{l_\mathrm{K}}{i} = \frac{400\,\mathrm{cm}}{3,16\,\mathrm{cm}} = 126,6 > 104 \Rightarrow \text{Knickung nach Euler}$$

$$F_\mathrm{K} = \sigma_\mathrm{K} \cdot A = \frac{\pi^2 \cdot E \cdot A}{\lambda^2} = \frac{\pi^2 \cdot 210.000\,\frac{\mathrm{N}}{\mathrm{mm}^2} \cdot 2500\,\mathrm{mm}^2}{126,6^2} = 323.290\,\mathrm{N}$$

$$S_\mathrm{K} = \frac{F_\mathrm{K}}{F_{\mathrm{A\,zul}}} \ (\text{mit } S_\mathrm{K} = 4) \Rightarrow F_{\mathrm{A\,zul}} = \frac{F_\mathrm{K}}{S_\mathrm{K}} = 80.822,5\,\mathrm{N} \Rightarrow F_{\mathrm{A\,zul}} = \frac{3}{8} F_\mathrm{G}$$

$$\Rightarrow F_\mathrm{G} = \frac{8}{3} F_{\mathrm{A\,zul}} = 215.527\,\mathrm{N}$$

Stab B: Knickfall 3 mit $l_\mathrm{K} = 0,7 \cdot l = 2,8\,\mathrm{m}$

$$\lambda = \frac{l_\mathrm{K}}{i} = \frac{280\,\mathrm{cm}}{3,16\,\mathrm{cm}} = 88,6 < 104 \Rightarrow \text{Knickung nach Tetmajer}$$

$$\sigma_\mathrm{K} = 310 - 1,14\,\lambda = 310 - 1,14 \cdot 88,6 = 209\,\frac{\mathrm{N}}{\mathrm{mm}^2}$$

$$F_\mathrm{K} = \sigma_\mathrm{K} \cdot A = 209\,\frac{\mathrm{N}}{\mathrm{mm}^2} \cdot 2500\,\mathrm{mm}^2 = 522.490\,\mathrm{N}$$

$$F_{\mathrm{B\,zul}} = \frac{F_\mathrm{K}}{S_\mathrm{K}} = 130.622,5\,\mathrm{N} \Rightarrow F_{\mathrm{B\,zul}} = \frac{5}{8} F_\mathrm{G} \Rightarrow F_\mathrm{G} = \frac{8}{5} F_{\mathrm{B\,zul}} = 208.996\,\mathrm{N}$$

F_G am Stab B ist somit die zulässige Gewichtskraft und damit die zul. Masse m_{zul} des Körpers $= 21.304\,\mathrm{kg}$.

Aufgabe 5.7

Das Flächenmoment 2. Grades für das Kreuzprofil ist für die y- und z-Achse gleich, d. h.

$$I_\mathrm{y} = I_\mathrm{z} = \frac{b \cdot h^3}{12} + \frac{(b-s) \cdot h^3}{12} = \frac{s \cdot (5s)^3}{12} + \frac{4s \cdot s^3}{12} = \frac{s^4 (5^3 + 4)}{12} = 10,75 s^4$$

Es liegt Knickfall 2 vor $\Rightarrow l_\mathrm{K} = l = 750\,\mathrm{mm}$. Mittelwert für den E-Modul nach Tab. 1.1: $E_{\mathrm{GJL}} = 110.000\,\mathrm{N/mm}^2$

$$F_\mathrm{K} = \frac{\pi^2 \cdot E \cdot I_{\min}}{S_\mathrm{K} \cdot l_\mathrm{K}^2} \Rightarrow I_{\min} = \frac{F_\mathrm{K} \cdot S_\mathrm{K} \cdot l_\mathrm{K}^2}{\pi^2 \cdot E} = 259.060\,\mathrm{mm}^4 \Rightarrow$$

$$s = \sqrt[4]{\frac{259.060\,\mathrm{mm}^4}{10,75}} = 12,46\,\mathrm{mm}$$

$s = 14\,\mathrm{mm}$ gewählt $\Rightarrow b = 5 \cdot 14\,\mathrm{mm} = 70\,\mathrm{mm}$ und

$$A = 70\,\mathrm{mm} \cdot 14\,\mathrm{mm} + 56\,\mathrm{mm} \cdot 14\,\mathrm{mm} = 1764\,\mathrm{mm}^2$$

$$I = 10,75 \cdot s^4 = 10,75 \cdot 14^4\,\mathrm{mm}^4 = 412.972\,\mathrm{mm}^4$$

$$\lambda = \frac{l_\mathrm{K}}{\sqrt{\frac{I}{A}}} = \frac{750\,\mathrm{mm}}{\sqrt{\frac{412.972\,\mathrm{mm}^4}{1764\,\mathrm{mm}^2}}} = 49 < 80 \Rightarrow \text{Rechnung der Spannung nach Tetmajer}$$

$$\sigma_\mathrm{K} = 776 - 12\lambda + 0,053\lambda^2 = 776 - 12 \cdot 49 + 0,053 \cdot 49^2 = 315,25\,\frac{\mathrm{N}}{\mathrm{mm}^2}$$

$$\sigma_\mathrm{d} = \frac{F}{A} = \frac{125.000\,\mathrm{N}}{1764\,\mathrm{mm}^2} = 70,9\,\frac{\mathrm{N}}{\mathrm{mm}^2} \Rightarrow S_\mathrm{K} = \frac{\sigma_\mathrm{K}}{\sigma_\mathrm{d}} = \frac{315,25\,\frac{\mathrm{N}}{\mathrm{mm}^2}}{70,9\,\frac{\mathrm{N}}{\mathrm{mm}^2}} = 4,45 > 4$$

$$\Rightarrow \text{knicksicher!}$$

Aufgabe 5.8

a) Volumen des Kugelbehälters:

$$V = \frac{4}{3} \cdot \pi \cdot r^3 = \frac{\pi \cdot D^3}{6} \Rightarrow D = \sqrt[3]{\frac{6 \cdot V}{\pi}} = \sqrt[3]{\frac{6 \cdot 15.000 \, \text{m}^3}{\pi}} = 30,6 \, \text{m}$$

$$1 \, \text{bar} = 0,1 \, \frac{\text{N}}{\text{mm}^2} \Rightarrow 12 \, \text{bar} = 1,2 \, \frac{\text{N}}{\text{mm}^2}$$

$$\sigma = \frac{p \cdot D}{4 \cdot s} \Rightarrow s_{\text{erf}} = \frac{p \cdot D}{4 \cdot \sigma_{\text{zul}}} = \frac{1,2 \, \text{N} \cdot 30,6 \, \text{m} \cdot 10^3 \, \text{mm}}{\text{mm}^2 4 \cdot 250 \, \frac{\text{N}}{\text{mm}^2} \, \text{m}} = 36,72 \, \text{mm},$$

$$\text{gewählt } s = 40 \, \text{mm}$$

b) $V_{\text{Kugel}} = A \cdot s = \pi \cdot D^2 \cdot s = \pi \cdot 30,6^2 \, \text{m}^2 \cdot 0,04 \, \text{m} = 117,67 \, \text{m}^3$

$\Rightarrow m_{\text{Kugel}} \cdot \rho_{\text{St}} = 117,67 \, \text{m}^3 \cdot 7,85 \, \text{t} / \text{m}^3 = 923,682 \, \text{t}$

$F_{\text{ges}} = (m_1 + m_2) \cdot g = (923.682 \, \text{kg} + 130.000 \, \text{kg}) \cdot 9,81 \, \text{m/s}^2 = 10.336.620 \, \text{N}$

$F_{\text{Stütze}} = 1 / 8 \, F_{\text{ges}} = 1.292.078 \, \text{N}$

Knickfall 4 mit $l_{\text{K}} = 0,5l = 0,5 \cdot 20 \, \text{m} = 10 \, \text{m}$

$$F_{\text{K}} = \frac{\pi^2 \cdot E \cdot I_{\min}}{l_{\text{K}}^2} \Rightarrow I_{\min} = \frac{F_{\text{K}} \cdot l_{\text{K}}^2}{\pi^2 \cdot E} = \frac{1.292.078 \, \text{N} \cdot 10.000^2 \, \text{mm}^2}{\pi^2 \cdot 210.000 \, \frac{\text{N}}{\text{mm}^2}}$$

$$= 62.340.415 \, \text{mm}^4$$

$$I_{\text{Stütze}} = \frac{\pi}{64} \left(D^4 - d^4 \right) = \frac{\pi}{64} \left(406,4^4 - 382,4^4 \right) \text{mm}^4 = 289.370.135,75 \, \text{mm}^4$$

$$A_{\text{Stütze}} = \frac{\pi}{4} \left(D^2 - d^2 \right) = \frac{\pi}{4} \left(406,4^2 - 382,4^2 \right) \text{mm}^2 = 14.868,53 \, \text{mm}^2$$

$$i = \sqrt{\frac{I}{A}} = \sqrt{\frac{289.370.135,75 \, \text{mm}^4}{14.868,53 \, \text{mm}^2}} = 139,51 \, \text{mm}$$

$$\text{mit} \quad \lambda = \frac{l_{\text{K}}}{i} = \frac{10.000 \, \text{mm}}{139,51 \, \text{mm}} = 71,68 < 88 \Rightarrow \text{Tetmajer}$$

$$\sigma_{\text{K}} = 335 - 0,62\lambda = 335 - 0,62 \cdot 71,68 = 290,56 \, \frac{\text{N}}{\text{mm}^2}$$

$$\sigma_{\text{d}} = \frac{F}{A} = \frac{1.292.078 \, \text{N}}{14.868,53 \, \text{mm}^2} = 86,9 \, \frac{\text{N}}{\text{mm}^2} \text{ mit } S_{\text{K}} = \frac{\sigma_{\text{K}}}{\sigma_{\text{d}}} = 3,34 \Rightarrow \text{knicksicher!}$$

c) $K_{\text{Kugel}} = m_{\text{Kugel}} \cdot k_{\text{St}} = 953.682 \, \text{kg} \cdot 1,80 \, \text{€/kg} = 1.662.627,60 \, \text{€}$

$K_{\text{Rohr}} = n \cdot A_{\text{Rohr}} \cdot l_{\text{Rohr}} \cdot \rho_{\text{St}} \cdot k_{\text{Rohr}} = n \cdot 1/4 \cdot \pi \cdot (d_{\text{a}}^2 - d_{\text{i}}^2) \cdot l_{\text{Rohr}} \cdot \rho_{\text{St}} \cdot k_{\text{Rohr}}$

$\qquad = 8 \cdot 1/4 \cdot \pi \cdot (406,4^2 - 382,4^2) \, \text{mm}^2 \cdot 20.000 \, \text{mm} \cdot 7,85 \, \text{kg/dm}^3$

$\qquad \quad \cdot 10^{-6} \, \text{dm}^3/\text{mm}^3 \cdot 2,60 \, \text{€/kg}$

$\qquad = 48.554,67 \, \text{€}$

$K_{\text{M}} = K_{\text{Kugel}} + K_{\text{Rohr}} = 1.711.182,27 \, \text{€}$

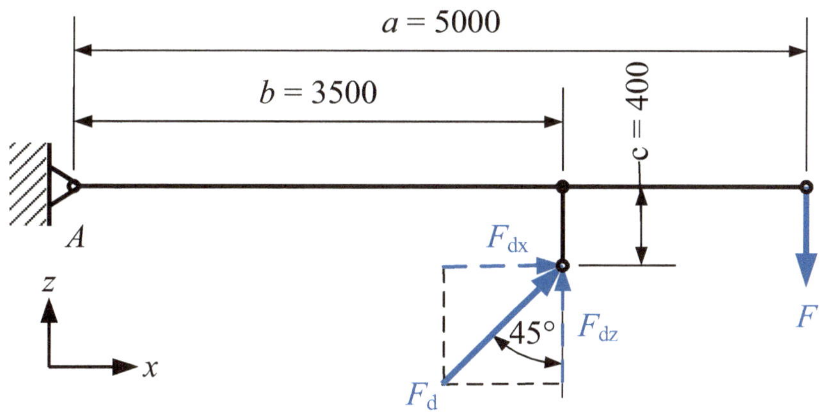

Abb. 7.42 Kräfte am Druckstab

Aufgabe 5.9

a) Berechnung der Druckkraft F_d auf den Stützstab (Abb. 7.42):

$$\sum M_A = F_{dz} \cdot b + F_{dx} \cdot c - F \cdot a = F_d \cdot \cos\alpha \cdot b + F_d \cdot \sin\alpha \cdot c - F \cdot a = 0$$

$$F_d = \frac{F \cdot a}{\cos\alpha \cdot b + \sin\alpha \cdot c} = \frac{F \cdot a}{\cos 45° \cdot b + \sin 45° \cdot c} = \frac{1.500.000\,\text{N} \cdot 5000\,\text{mm}}{\frac{1}{2}\sqrt{2}\,(3500\,\text{mm} + 400\,\text{mm})}$$

$$= 2.719.641,47\,\text{N} \approx 2720\,\text{kN}$$

b) Sicherheit gegen Fließen:

Bedingung: $\sigma_d \leq \sigma_{zul}$

$$\frac{F_d}{A} = \frac{\sigma_{dF}}{S_F} \approx \frac{R_e}{S_F}$$

$$S_F = \frac{R_e \cdot A}{F_d} = \frac{335\,\text{N} \cdot 14.900\,\text{mm}^2}{\text{mm}^2\,2.719.642\,\text{N}} = 1,835 \quad (\text{ausreichend, da } S_F > 1,5)$$

Sicherheit gegen Knickung (Knickfall 2):

$$\sigma_d \leq \sigma_{zul} = \frac{\sigma_K}{S_K}; \quad \frac{F_d}{A} = \frac{F_K}{A \cdot S_K}$$

$$S_K = \frac{F_K}{F_d} = \frac{\pi^2 \cdot E \cdot I_{min}}{l^2 \cdot F_d} = \frac{\pi^2 \cdot 210.000\,\text{N} \cdot 85.600.000\,\text{mm}^4}{\text{mm}^2\,4950^2\,\text{mm}^2 \cdot 2.719.642\,\text{N}} = 2,66 > 2$$

Die Sicherheit gegen Drücken und Knicken ist ausreichend.

c) Materialkosten $K_M = (l_{Ausl} + l_{Stütz}) \cdot m' \cdot k_I = (5,2\,\text{m} + 5,1\,\text{m}) \cdot 117\,\text{kg/m} \cdot 1,80\,\text{€/kg} =$ 2169,18 € (**IPB 300**)

Zur Prüfungsvorbereitung unter realen Bedingungen sind die nachfolgenden sechs Klausuren zusammengestellt.

Zulässige Hilfsmittel: nichtprogrammierbarer Taschenrechner, Tabellen aus dem Klausurtrainer, ein Blatt eigene Formelsammlung, Bearbeitungszeit 90 min. Der Lösungsweg ist übersichtlich und nachvollziehbar unter Angabe der Formeln darzustellen.

Die Klausuren bestehen aus jeweils vier Aufgaben und beziehen sich auf den Stoff der fünf Kapitel des Lehrbuches und des Klausurentrainers. Versuchen Sie die Aufgaben erst einmal selbständig zu lösen, möglichst ohne Lösungshilfe. Wenn dieser Weg nicht zum Ziel führt, dann sollte die Lösungshilfe in Anspruch genommen werden. Darüber hinaus sollte überlegt werden, ob es eventuell andere oder kürzere Lösungswege gibt, die zum besseren Verständnis des Problems und zur Vertiefung des gelehrten Stoffes beitragen.

8.1 Klausur 1

Aufgabe 1

Eine Getriebewelle aus E335 ist wie dargestellt gelagert. Während des Betriebes erwärmen sich das Gehäuse und die Welle. Der Temperaturunterschied zwischen Gehäuse und Welle beträgt max. 40 °C.

a) Welches Lagerspiel ist notwendig, um die Dehnung aufzunehmen?
b) Welche axiale Kraft entsteht, wenn kein Lagerspiel vorhanden ist?
c) Wie groß sind dabei die Spannungen in den Getriebewellenabschnitten 1, 2 und 3?
d) Wie groß ist die Mindestsicherheit der Welle gegen Fließen?

Gegeben: $E = 2{,}1 \cdot 10^5 \, \text{N/mm}^2$

© Springer Fachmedien Wiesbaden GmbH, ein Teil von Springer Nature 2020

221

K.-D. Arndt et al., *Klausurentrainer zur Festigkeitslehre für Wirtschaftsingenieure*,
https://doi.org/10.1007/978-3-658-28902-7_8

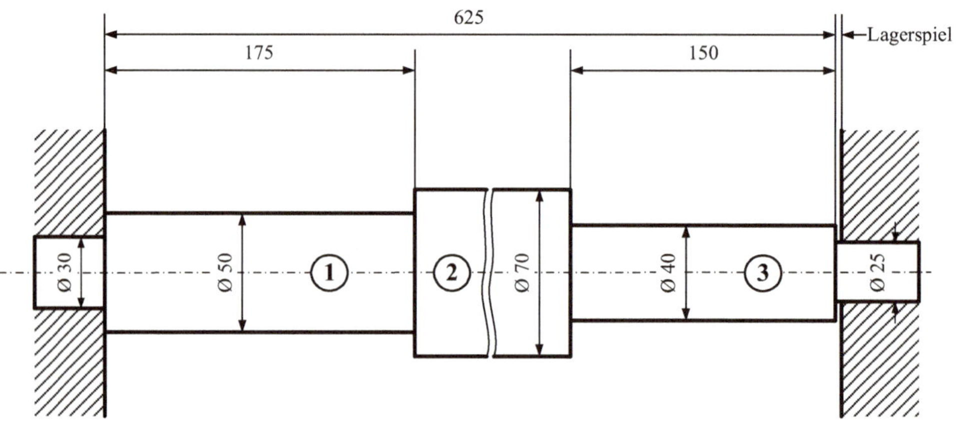

Aufgabe 2

Das einseitig fest eingespannte geschlossene Profil konstanter Biegesteifigkeit aus S235 wird mit einer Kraft $F = 10\,\text{kN}$ wie dargestellt belastet.

a) Wie groß sind die Randspannungen 1 und 2 an der Stelle A?
b) Aus funktionellen Gründen soll im unteren Bereich das Profil über die gesamte Breite wie dargestellt offen sein. Sind die vorhandenen Randspannungen in 3 und 4 noch zulässig, wenn die Randspannungen von 1 und 2 nicht überschritten werden dürfen? Sollten diese Biegespannungen den Wert von a) überschreiten, so sind Änderungsvorschläge zu unterbreiten.

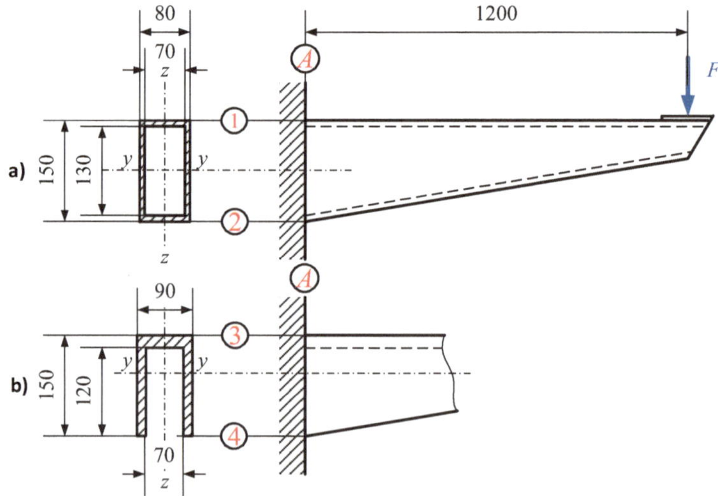

Aufgabe 3

Der dargestellte Sechskantsteckschlüssel dient zum Eindrehen von Innensechskantschrauben. Zu ermitteln sind

a) das Verhältnis der maximalen Torsionsspannungen der Bereiche 1 und 2
b) der maximale Verdrehwinkel φ_{max} bezogen auf die Länge l
c) das Längenverhältnis l_1 / l_2, wenn $\varphi_1 = \varphi_2$ ist.

Gegeben: F; d; D; l_1; l_2; s $(s \ll d)$; G

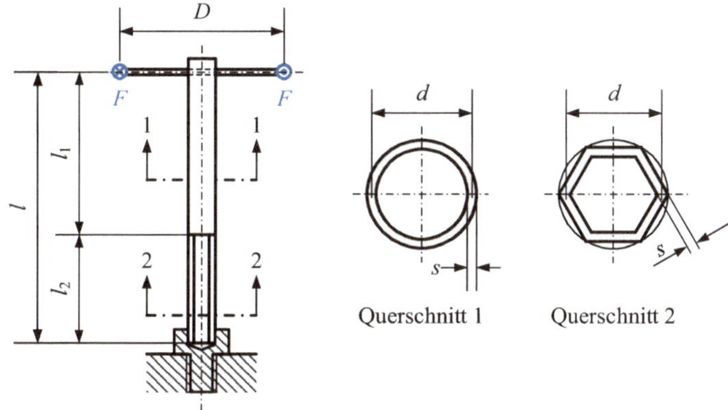

Aufgabe 4

Der dargestellte Träger IPE-500 aus S235JR wird mit einer Streckenlast aus der Kraft F_q (die Gewichtskraft des Trägers ist darin mit enthalten) belastet.

a) Zu bestimmen ist die Durchsenkung des Trägers für die Punkte C, D und E sowie die Neigungswinkel in A, B, C und E.
b) Für welche Länge a wird die maximale Durchsenkung und die Durchsenkung in C und E null?

Gegeben: $F_q = 120\,\text{kN}$; $E = 2{,}1 \cdot 10^5\,\text{N/mm}^2$; $l = 18\,\text{m}$; $a = 1{,}5\,\text{m}$; $b = 15\,\text{m}$.

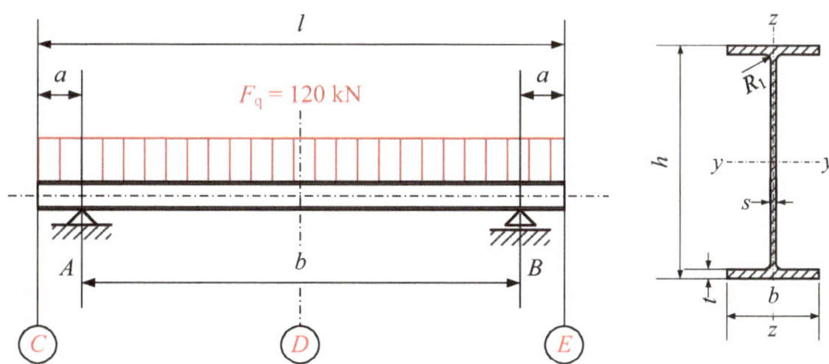

8.2   Klausur 2

Aufgabe 1

Ein Träger mit sechseckigen Durchbrüchen im Steg (Wabenträger) wird durch zwei gleichgroße Kräfte $F = 50\,\text{kN}$ wie dargestellt belastet.

a) Skizieren Sie den Biegemomentenverlauf.
b) Wie groß ist die maximale Biegespannung, wenn der Träger keine Durchbrüche hat?
c) Wie groß ist die maximale Biegespannung für den Träger mit Durchbrüchen?
d) Ist die Sicherheit gegen Fließen gegeben, wenn der Träger aus S235JR gefertigt wird und die Mindestsicherheit $S_{\text{min}} = 1{,}5$ beträgt? Wenn nicht, welche Maßnahme schlagen Sie vor?

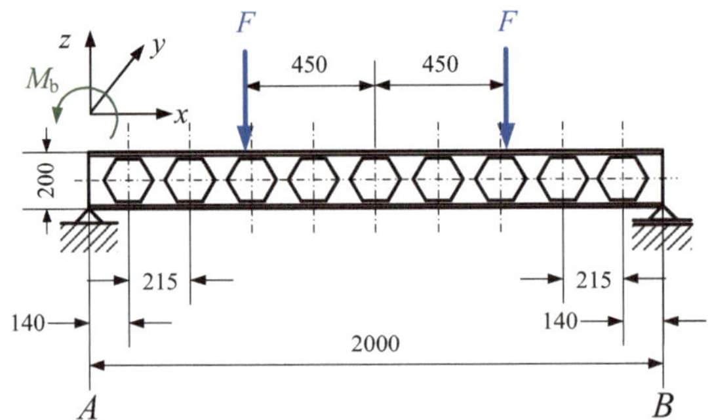

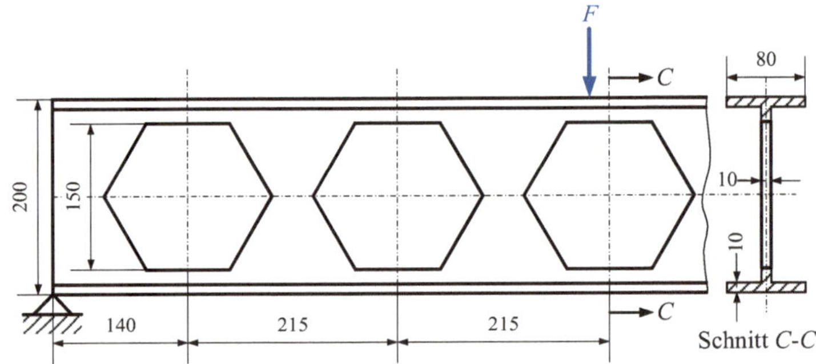

Aufgabe 2

Eine Torsionsfeder, die aus einem Rohr (1) und einem zylindrischen Stab (2) besteht, ist an den Enden durch zwei starre Platten fest miteinander verbunden. An den Endplatten greift jeweils ein Torsionsmoment $T = 10\,\text{kNm}$ an.

a) Wie groß sind die vom Rohr (1) und vom zylindrischen Stab (2) aufzunehmenden Torsionsmomente?

b) Wie groß ist der Verdrehwinkel an den Endplatten?

c) Wie groß sind die maximalen Spannungen im Rohr und im Stab?

Gegeben: $d_1 = 120\,\text{mm}$; $s = 3\,\text{mm}$; $d_2 = 40\,\text{mm}$; $l = 1000\,\text{mm}$; $G_1 = 81.000\,\text{N/mm}^2$;
$\qquad\quad G_2 = 42.000\,\text{N/mm}^2$

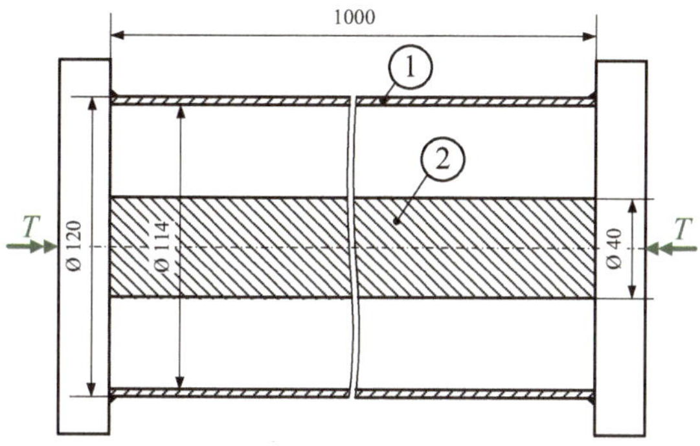

Aufgabe 3

Die 1,5 m lange Spindel einer Reibspindelpresse soll aus E335 hergestellt werden. Das Reibmoment an der Druckplatte kann vernachlässigt werden.

a) Welcher Spindelkerndurchmesser d_{Kern} ist bei einer Sicherheit $S_K = 3$ mindestens erforderlich?

b) Ist die Sicherheit gegen Knicken ausreichend? Wenn nicht, was ist zu tun?

Gegeben: $F = 1\,\text{MN}$

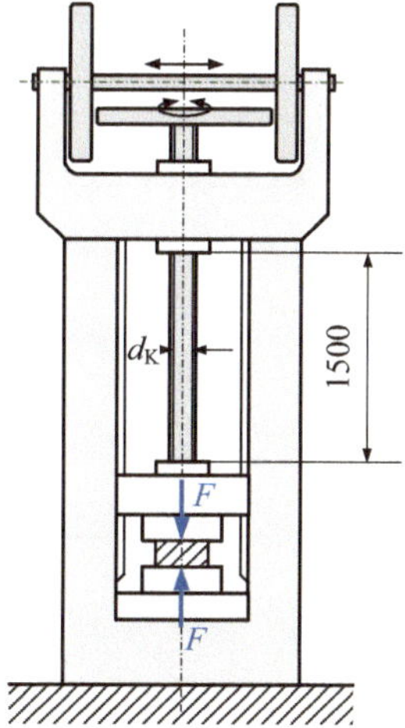

Aufgabe 4

Für den skizzierten Breitflanschträger mit der konstanten Biegesteifigkeit $E \cdot I$ ist die Durchsenkung und die Neigung an der Stelle D zu bestimmen.

Gegeben: F; q; $E \cdot I$; $a = 0,25 \cdot l$; $b = 0,4 \cdot l$; $c = 0,3 \cdot l$; l

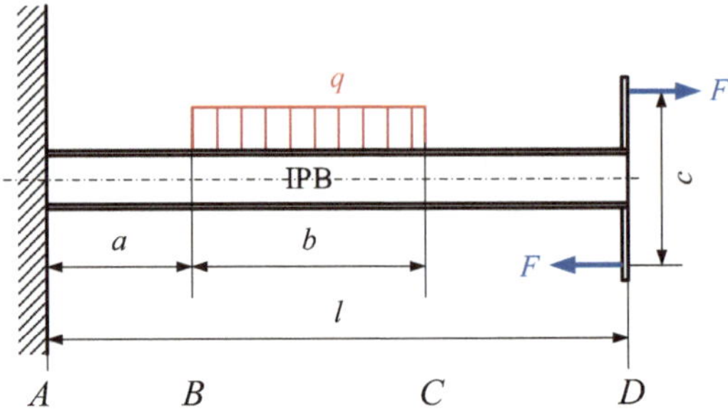

8.3 Klausur 3

Aufgabe 1

Der dargestellte starre Balken ist an zwei parallelen, elastischen Stäben aufgehängt und wird mit der Kraft F belastet. Stab A hat einen Kreis- und Stab B einen quadratischen Querschnitt.

a) In welchem Abstand c von der Mitte (C) aus muss die Kraft F angreifen, damit der starre Balken waagerecht bleibt?
b) Wie groß sind die Spannungen in den Stäben?

Gegeben: $d_A = 30\,\text{mm}$; $E_A = 210.000\,\text{N/mm}^2$; $a_B = 25\,\text{mm}$; $E_B = 175.000\,\text{N/mm}^2$
$\qquad\qquad F = 60\,\text{kN}$; $b = 600\,\text{mm}$; $l = 1000\,\text{mm}$

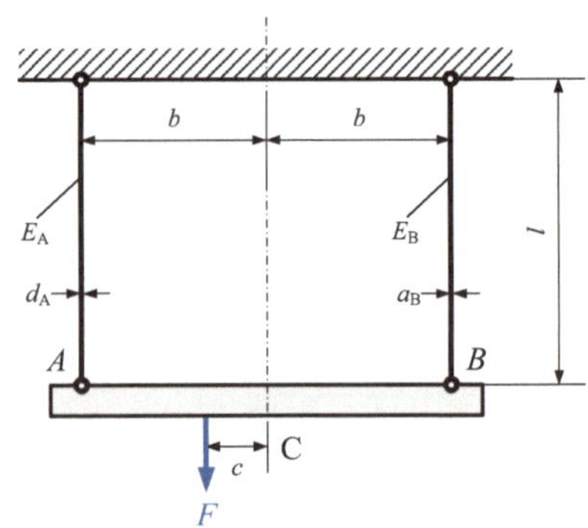

Aufgabe 2

Der Träger einer Lastaufnahmeeinrichtung wird wie dargestellt belastet.
Die Querschnitte der Schweißnähte sind zu vernachlässigen.

a) Skizzieren Sie den Biegemomentenverlauf.
b) Wie groß ist das max. Biegemoment?
c) Wie groß ist die max. Biegespannung?
d) Ist die Sicherheit gegen Fließen ausreichend, wenn der Träger aus S235JR gefertigt wird?

Gegeben: $F = 350\,\text{kN}$; $l = 6\,\text{m}$; $a = 0{,}4 \cdot l$

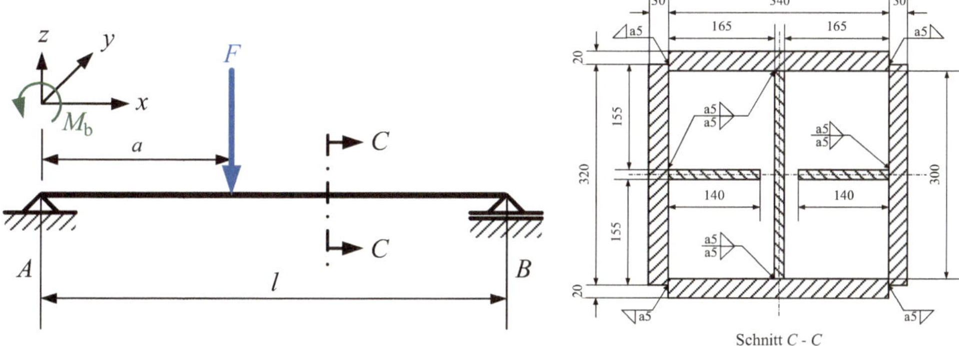

Aufgabe 3

Der dargestellte Stab wird mit einem Torsionsmoment $T = 150.000\,\text{Nmm}$ belastet.

a) Wie groß muss der Durchmesser d mindestens sein, damit $\tau_{t\,max} \leq \tau_{t\,zul}$ im Stab nicht überschritten wird?
b) Wie groß ist der Gesamtverdrehwinkel φ_{ges}?

Gegeben: $h/b = 2{,}5$; $\tau_{t\,zul} = 50\,\text{N/mm}^2$; $G = 81.000\,\text{N/mm}^2$

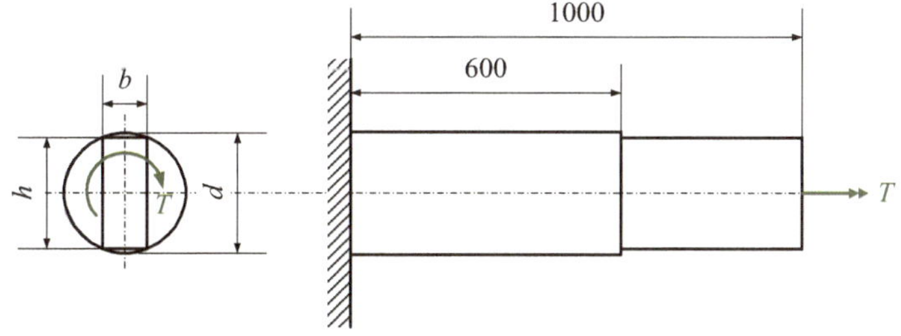

Aufgabe 4

Für den skizzierten Breitflanschträger mit der konstanten Biegesteifigkeit $E \cdot I$ sind die Durchsenkung und die Neigung an der Stelle B zu bestimmen. Wie groß muss die Kraft F_1 sein, damit sich der Träger an der Stelle B nicht durchbiegt?

Gegeben: F; $F_1 = F/2$; q; $E \cdot I$; $b = 0{,}4 \cdot l$; l

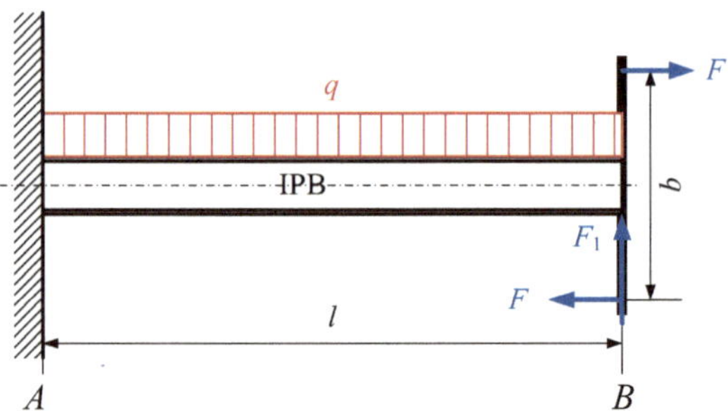

8.4   Klausur 4

Aufgabe 1

Das Profil wird durch die Kraft F wie dargestellt belastet.

a) Wie groß ist die Biegespannung in den Randfasern des Profils?
b) Welchen Werkstoff würden Sie einsetzen, wenn die Sicherheit gegen Fließen 1,5 betragen soll?

Gegeben: $F = 30\,\text{kN}$; $l = 1{,}5\,\text{m}$; $a = 0{,}6\,\text{m}$

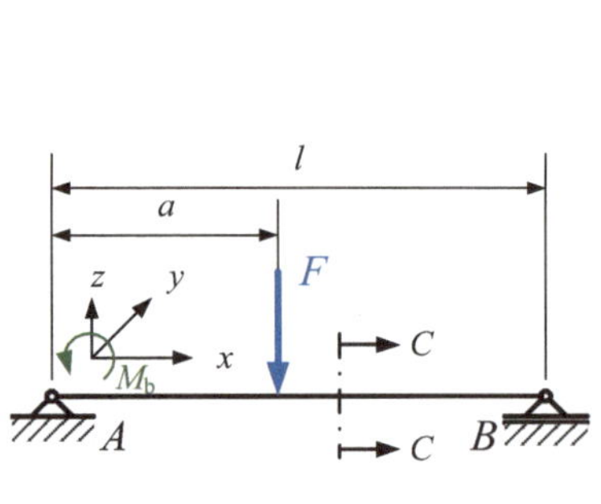

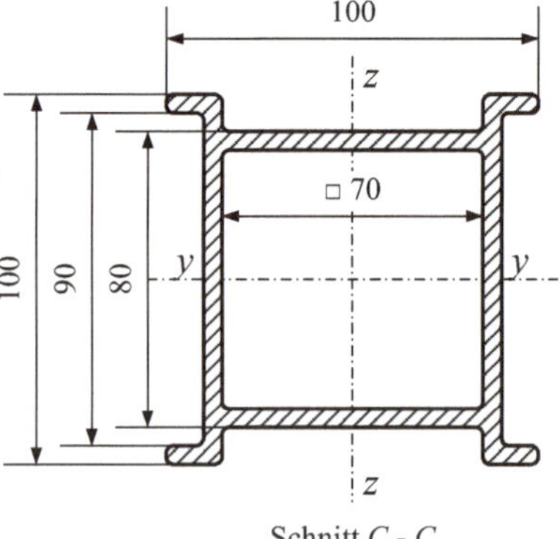

Schnitt C - C

Aufgabe 2

Das U-Profil ist wie dargestellt links wölbfrei eingespannt und wird am rechten Ende durch ein Kräftepaar beansprucht. Wie groß darf die Kraft F höchstens sein, damit $\tau_{t\,zul}$ und φ_{zul} nicht überschritten werden?

Gegeben: $\tau_{t\,zul} = 60\,\text{N/mm}^2$; $\varphi_{zul} = 2°/\text{m}$; $G = 81.000\,\text{N/mm}^2$

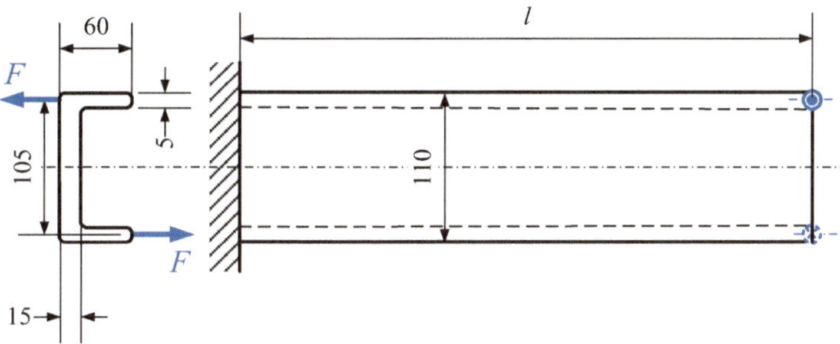

Aufgabe 3

Für das dargestellte System sind zu bestimmen:

a) Handelt es sich im vorliegenden Fall um eine elastische oder unelastische Beanspruchung, wenn als Werkstoff ein E360 eingesetzt werden soll?
b) Wie weit darf die Kraft F_1 um den Abstand l_1 nach rechts verschoben werden, damit der Stab BC bei einer Sicherheit von 4 nicht ausknickt? Der Stab BC ist oben und unten gelenkig gelagert und hat einen Kreuzquerschnitt.
c) Wie groß ist dann die Spannung im Stab BC?

Gegeben: $F_1 = 75\,\text{kN}$; $E = 2{,}1 \cdot 10^5\,\text{N/mm}^2$; Stabwerkstoff E360.

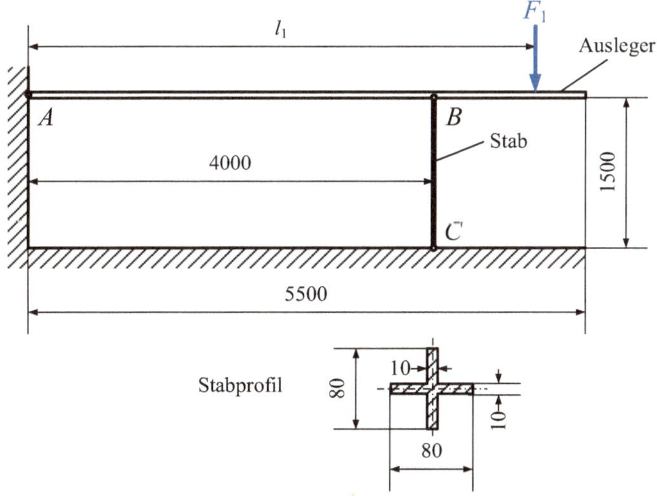

Aufgabe 4

Das dargestellte System wird mit einer Kraft $F = 15.000\,\text{N}$ belastet. Aufgrund von Vorgaben darf die größte Lagerneigung $\varphi = 0{,}5°$ und die größte Durchbiegung $w = 0{,}3\,\text{mm}$ nicht überschritten werden. Für welchen Durchmesser d ist die Welle auszulegen und welches Kriterium ist maßgebend?

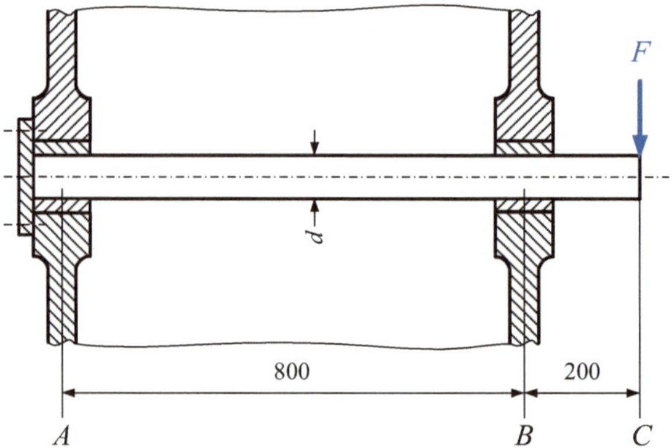

8.5   Klausur 5

Aufgabe 1

Der Querträger einer Schiebebühne zum Transport von Eisenbahnwaggons wird mit einer Radlast von je $45\,\text{kN}$ pro Wagenachse gemäß Abbildung beansprucht.

a) Skizzieren Sie den Biegemomentenverlauf! Wie groß ist das max. Biegemoment?
b) Wie groß sind die Biegespannungen im gefährdeten Querschnitt?
c) Welcher Werkstoff ist zu wählen, wenn eine Sicherheit gegen Biegung $S_F = 1{,}5$ eingehalten werden soll?

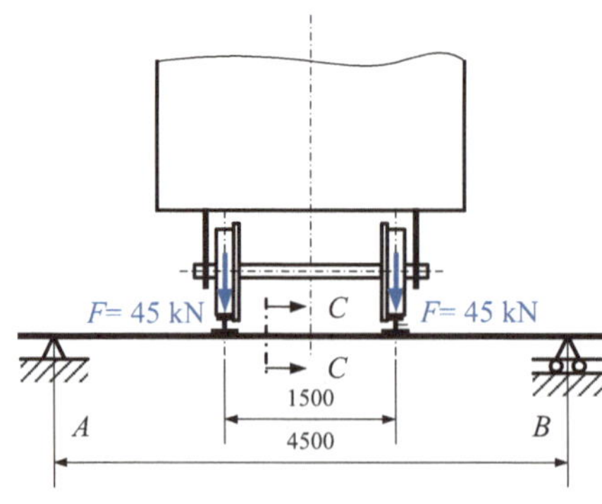

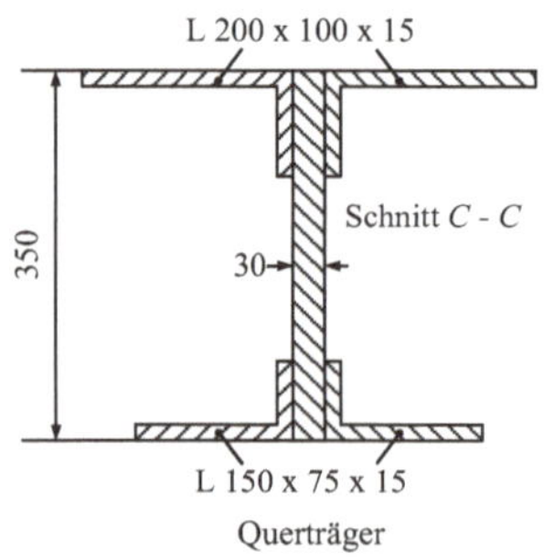

Aufgabe 2

Der dargestellte Stab wird in einem Torsionsversuch durch die Momente T beansprucht. Dabei wird über die Länge $l = 150\,\text{mm}$ ein Verdrehwinkel $\varphi = 2°$ gemessen.

a) Wie groß sind die Momente T_i und die Schubspannungen τ_{ti} in den einzelnen Abschnitten des Torsionsstabes?

b) Der Stab soll durch einen Stab mit gleichbleibendem Durchmesser bei gleicher Länge l ersetzt werden. Wie groß ist hierfür der Durchmesser bei gleichem Moment T und gleichem Verdrehwinkel φ wie unter a) zu wählen? Wie groß wird dann die Torsionsspannung τ_t?
$G = 81.000\,\text{N/mm}^2$

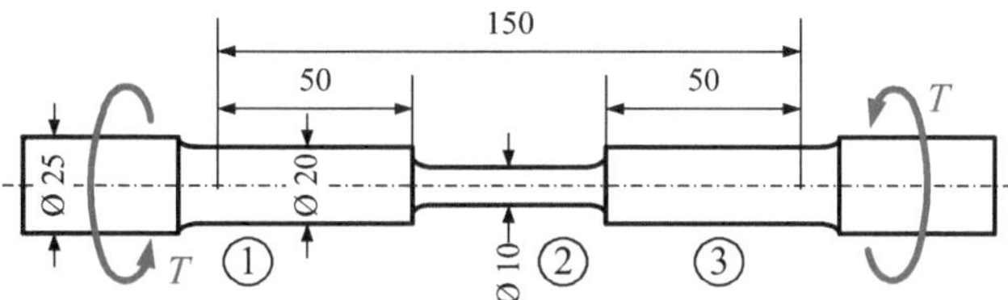

Aufgabe 3

Das 3 m breite Podest ist gemäß Abbildung auf dem Gebäudemauervorsprung und auf einem Langträger gelagert. Der Langträger wiederum wird durch 4,5 m lange Profile im Abstand von 6 m abgestützt. Die Podestbelastung einschließlich des Podesteigengewichtes beträgt $10\,\text{kN/m}^2$.

a) Wie groß ist die Belastung einer Stütze, wenn die Podestbelastung nur von den Stützen aufgenommen wird?

b) Welches Profil ist nach DIN 1025-5 (IPE-Reihe) bzw. DIN 1025-2 (IPB-Reihe) bei 3facher Sicherheit zu wählen?

c) Wird die Stütze elastisch oder inelastisch beansprucht?

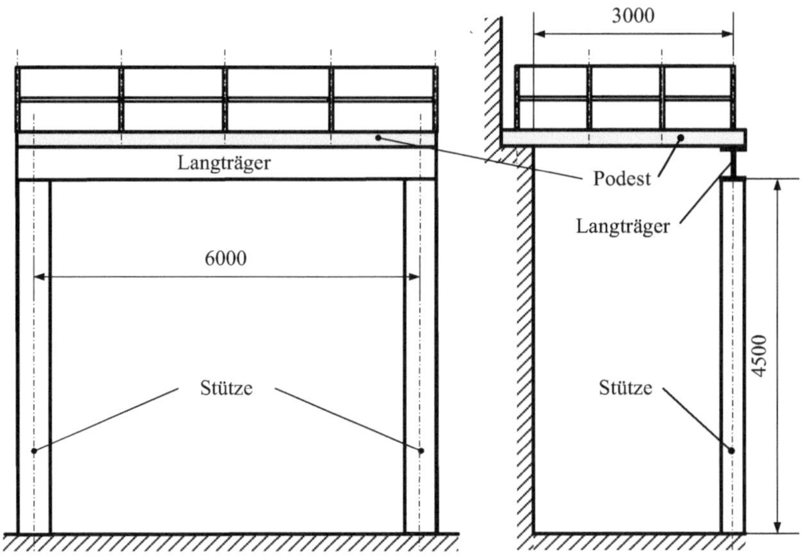

Aufgabe 4

Für den in Aufgabe 1 dargestellten Querträger einer Schiebebühne sind zu bestimmen:

a) die maximale Durchsenkung
b) die Durchsenkung an der Krafteinleitungsstelle
c) der Neigungswinkel in A und an der Krafteinleitungsstelle.

$$E = 210.000\,\text{N/mm}^2$$

8.6   Klausur 6

Aufgabe 1

Das dargestellte fest eingespannte Profil wird am freien Ende mit der Kraft $F = 30\,\text{kN}$ belastet. Die Kraft wirkt in Richtung der z-Achse durch den Profilschwerpunkt S. Der Schubmittelpunkt M hat vom Schwerpunkt den Abstand y_M.

Zu bestimmen sind:

a) die Koordinaten des Schwerpunktes S
b) das Flächenmoment I_y des Profils
c) die auftretenden Spannungen, wenn $y_\text{M} = 120\,\text{mm}$ ist
d) der Werkstoff, wenn eine Sicherheit $S = 1{,}5$ bei wechselnder Beanspruchung gefordert wird
e) die Maßnahme, damit die Verdrillung des Profils durch das Torsionsmoment nicht entsteht.

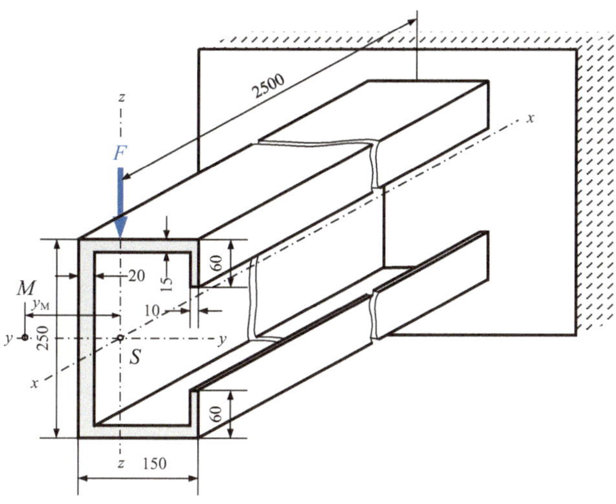

Aufgabe 2

Das dargestellte System bestehend aus den Balken B_1 und B_2 mit den Querschnittsflächen A_1 und A_2 ist bei Raumtemperatur (20 °C) spannungsfrei gelagert. Das gesamte System wird homogen auf die Temperatur 40 °C aufgeheizt.

a) Wie groß ist die Längenänderung vom Balken 1?
b) Wie groß ist die Kraft, bedingt durch die Eigenspannung, die bei der Temperatur 40 °C auftritt?
c) Welcher Balken knickt zuerst und bei welcher Temperatur tritt dies ein?

Gegeben: $l = 800\,\text{mm}$; $r = 5\,\text{mm}$; $E = 2{,}1 \cdot 10^5\,\text{N/mm}^2$; $\alpha = 12 \cdot 10^{-6}\,\text{K}^{-1}$

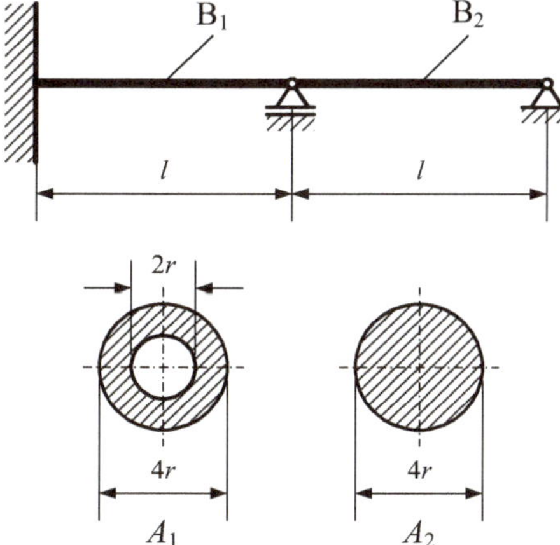

Aufgabe 3

Ein Torsionsstab mit der skizzierten Querschnittsfläche wird mit einem Torsionsmoment $T = 500\,\text{Nm}$ belastet.

a) Wie groß ist die maximale Torsionsspannung im Stab?
b) Wie groß ist die Sicherheit, wenn die Schubspannungsgrenze $\tau_{\text{Grenz}} = 100\,\text{MPa}$ nicht überschritten werden darf?

Gegeben: $R = 50\,\text{mm}$; $t = 2\,\text{mm}$

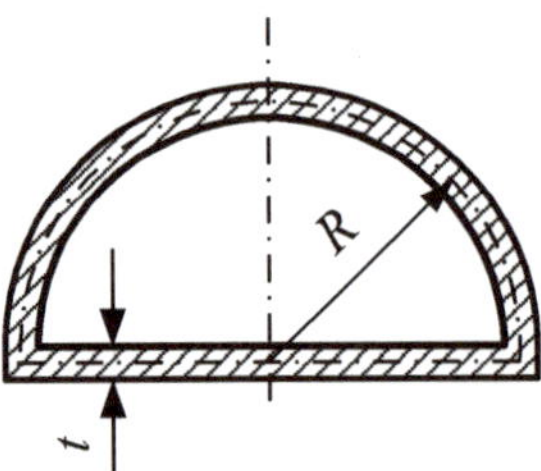

Aufgabe 4

Der dargestellte Drehkran trägt 75 kN Nutzlast in 5 m Ausladung von der feststehenden Säule. Das Eigengewicht von 30 kN des um die Säule drehenden Auslegers greift in dessen Schwerpunkt S im Abstand 1,67 m von der Säulenachse an.

a) Welche waagerechte Kraft F_B hat der Säulenkopf in B aufzunehmen?
b) Wie groß ist die Durchsenkung und die Neigung im Punkt B der 2,5 m langen Säule, wenn sie als Zylinder mit einem mittleren Durchmesser $d_\text{m} = 300\,\text{mm}$ ausgeführt wird?

$E = 2,1 \cdot 10^5\,\text{N/mm}^2$

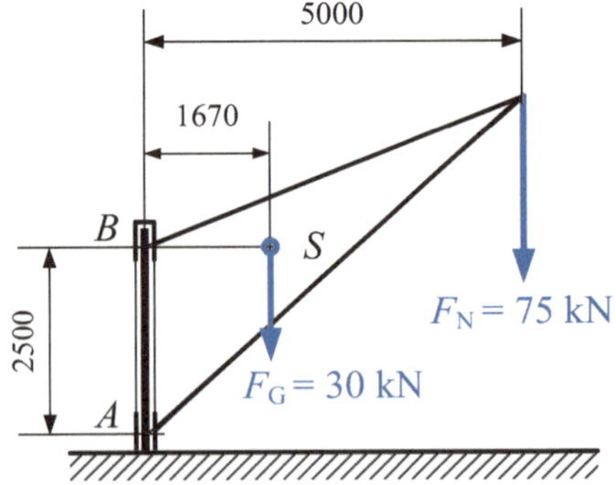

8.7 Lösungen der Klausuren

8.7.1 Klausur 1

a) Notwendiges Lagerspiel zur Aufnahme der Dehnung.
Die Abschnitte der Welle sind in Reihe geschaltet.

$$\Delta l = \alpha \cdot \Delta\vartheta \cdot l \quad (\alpha \text{ aus Tab. 2.1})$$
$$\Delta l_{\text{ges}} = \Delta l_1 + \Delta l_2 + \Delta l_3 = \alpha \cdot \Delta\vartheta \cdot l_{\text{ges}}$$
$$\Delta l_{\text{ges}} = 1{,}2 \cdot 10^{-5}\,\text{K}^{-1} \cdot 40\,\text{K} \cdot 625\,\text{mm} = \underline{\underline{0{,}3\,\text{mm}}}$$

b) Axiale Kraft ohne jegliches Lagerspiel

$$\Delta l = \frac{F \cdot l}{E \cdot A} \text{ und } \Delta l = \alpha \cdot \Delta\vartheta \cdot l$$
$$\alpha \cdot \Delta\vartheta \cdot l_1 + \alpha \cdot \Delta\vartheta \cdot l_2 + \alpha \cdot \Delta\vartheta \cdot l_3 = \frac{F \cdot l_1}{E \cdot A_1} + \frac{F \cdot l_2}{E \cdot A_2} + \frac{F \cdot l_3}{E \cdot A_3}$$
$$\alpha \cdot \Delta\vartheta \,(l_1 + l_2 + l_3) = \frac{F}{E}\left(\frac{l_1}{A_1} + \frac{l_2}{A_2} + \frac{l_3}{A_3}\right) = \alpha \cdot \Delta\vartheta \cdot l_{\text{ges}}$$
$$F = \frac{\alpha \cdot \Delta\vartheta \cdot l_{\text{ges}} \cdot E}{\left(\frac{l_1}{A_1} + \frac{l_2}{A_2} + \frac{l_3}{A_3}\right)} = \frac{\alpha \cdot \Delta\vartheta \cdot l_{\text{ges}} \cdot E}{\left(\frac{l_1}{\frac{\pi}{4}d_1^2} + \frac{l_2}{\frac{\pi}{4}d_2^2} + \frac{l_3}{\frac{\pi}{4}d_3^2}\right)} = \frac{\alpha \cdot \Delta\vartheta \cdot l_{\text{ges}} \cdot E}{\left[\frac{\pi}{4}\left(\frac{l_1}{d_1^2} + \frac{l_2}{d_2^2} + \frac{l_3}{d_3^2}\right)\right]}$$
$$= \frac{1{,}2 \cdot 10^{-5}\,\text{K}^{-1} \cdot 40\,\text{K} \cdot 625\,\text{mm} \cdot 2{,}1 \cdot 10^5\,\text{N}}{\frac{4}{\pi}\left(\frac{175\,\text{mm}}{50^2\,\text{mm}^2} + \frac{300\,\text{mm}}{70^2\,\text{mm}^2} + \frac{150\,\text{mm}}{40^2\,\text{mm}^2}\right)\text{mm}^2}$$
$$F = \frac{63.000\,\text{N}}{0{,}28645} = \underline{\underline{219.936{,}74\,\text{N} \approx 220\,\text{kN}}}$$

c) Vorhandene Spannungen

$$\sigma_1 = \frac{F}{A_1} = \frac{219.936{,}74\,\text{N}}{\frac{\pi}{4} \cdot 50^2\,\text{mm}^2} = \underline{\underline{112{,}01\,\frac{\text{N}}{\text{mm}^2}}}$$
$$\sigma_2 = \frac{F}{A_2} = \frac{219.936{,}74\,\text{N}}{\frac{\pi}{4} \cdot 70^2\,\text{mm}^2} = \underline{\underline{57{,}15\,\frac{\text{N}}{\text{mm}^2}}}$$
$$\sigma_3 = \frac{F}{A_3} = \frac{219.936{,}74\,\text{N}}{\frac{\pi}{4} \cdot 40^2\,\text{mm}^2} = \underline{\underline{175{,}02\,\frac{\text{N}}{\text{mm}^2}}}$$

d) Mindestsicherheit gegen Fließen

$$S_{\text{F}} = \frac{R_{\text{e}}}{\sigma_3} = \frac{335\,\text{N}}{175{,}02\,\frac{\text{N}}{\text{mm}^2}} = \underline{\underline{1{,}91 > 1{,}5}} \text{ die Sicherheit gegen Fließen ist gegeben.}$$

Aufgabe 2

a) Randspannungen an der Stelle A

$$\sigma_{\text{b}_A} = \frac{M_{\text{b}_A}}{W_{\text{b}_A}} = \frac{M_{\text{b}_A}}{I_{\text{y}_A}} \cdot e_{1,2}$$
$$I_{\text{y}_A} = \frac{B \cdot H^3 - b \cdot h^3}{12}$$
$$M_{\text{b}_A} = F \cdot l = 10.000\,\text{N} \cdot 1200\,\text{mm} = \underline{\underline{12.000.000\,\text{Nmm} = 12\,\text{kNm}}}$$

$$I_{y_A} = \frac{80\,\text{mm} \cdot 150^3\,\text{mm}^3 - 70\,\text{mm} \cdot 130^3\,\text{mm}^3}{12} = \underline{\underline{9.684.166{,}66\,\text{mm}^4}}$$

$$\sigma_{b_{1,2}} = \frac{12.000.000\,\text{Nmm}}{9.684.166{,}66\,\text{mm}^4} \cdot \frac{150\,\text{mm}}{2} = 92{,}94\,\frac{\text{N}}{\text{mm}^2} \approx \underline{\underline{93\,\frac{\text{N}}{\text{mm}^2}}}$$

b) In diesem Fall liegt der Schwerpunkt nicht mehr in der Mitte der Anschlussfläche, deshalb zuerst Bestimmung des Gesamtschwerpunktes:

$$z_S = \frac{\sum_{i=1}^{2} z_i \cdot A_i}{A_{ges}} = \frac{2 \cdot \left(60\,\text{mm} \cdot 10 \cdot 120\,\text{mm}^2\right) + 135\,\text{mm} \cdot 90\,\text{mm} \cdot 30\,\text{mm}}{2 \cdot 10 \cdot 120\,\text{mm}^2 + 90 \cdot 30\,\text{mm}^2}$$

$$z_S = \frac{508.500\,\text{mm}^3}{5100\,\text{mm}^2} = \underline{\underline{99{,}71\,\text{mm}}}$$

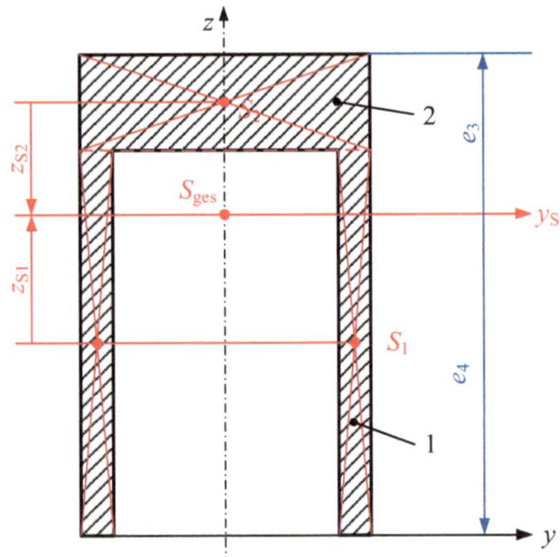

$$z_{S_1} = z_1 - z_S = 60\,\text{mm} - 99{,}71\,\text{mm} = \underline{\underline{-39{,}71\,\text{mm}}}$$

$$z_{S_2} = z_2 - z_S = 125\,\text{mm} - 99{,}71\,\text{mm} = \underline{\underline{25{,}29\,\text{mm}}}$$

$$I_{y_{ges}} = 2\left(I_{y_1} + z_{S_1}^2 \cdot A_1\right) + I_{y_2} + z_{S_2}^2 \cdot A_2$$

$$I_{y_{ges}} = 2\left(\frac{10 \cdot 120^3\,\text{mm}^4}{12} + 39{,}71^2 \cdot 10 \cdot 120\,\text{mm}^4\right) + \frac{90 \cdot 30^3\,\text{mm}^4}{12}$$

$$+\, 25{,}29^2 \cdot 90 \cdot 30\,\text{mm}^4$$

$$I_{y_{ges}} = 6.664.521{,}84\,\text{mm}^4 + 1.929.377{,}07 = \underline{\underline{8.593.898{,}91\,\text{mm}^4}}$$

$$e_3 = 150\,\text{mm} - 99{,}71\,\text{mm} = \underline{\underline{50{,}29\,\text{mm}}}$$

$$e_4 = z_S = \underline{\underline{99{,}71\,\text{mm}}}$$

$$\sigma_{b_3} = \frac{M_{b_A}}{I_{y_{ges}}} \cdot e_3 = \frac{12.000.000\,\text{Nmm}}{8.593.898,91\,\text{mm}^4} \cdot 50,29\,\text{mm} = 70,22\,\frac{\text{N}}{\text{mm}^2} \approx 70\,\frac{\text{N}}{\text{mm}^2}$$

$$\sigma_{b_4} = \frac{M_{b_A}}{I_{y_{ges}}} \cdot e_4 = \frac{12.000.000\,\text{Nmm}}{8.593.898,91\,\text{mm}^4} \cdot 99,71\,\text{mm} = 139,23\,\frac{\text{N}}{\text{mm}^2} \approx 140\,\frac{\text{N}}{\text{mm}^2}$$

Da $\sigma_{b_4} > \sigma_{b_{1,2}}$ müssen entweder der obere Flansch oder die unteren Stege dicker ausgeführt werden, damit $\sigma_{b_4} \leq \sigma_{b_{1,2}}$ wird!

Aufgabe 3

a) Verhältnis der beiden maximalen Torsionsspannungen τ_{t1} und τ_{t2}

Torsionsmoment $T = F{\cdot}D \quad i = 1,2$

$$\tau_{t_{i\,max}} = \frac{T}{W_{t_i}}, \quad \text{mit } W_{t_i} = 2 \cdot A_{m_i} \cdot s \text{ (Anwendung der Bredt'schen Formel)}$$

$$\tau_{t_{i\,max}} = \frac{T}{2 \cdot A_{m_i} \cdot s}$$

Kreis (Querschnitt 1): $A_{m_1} = \dfrac{\pi \cdot d^2}{4}$

Sechskant (Querschnitt 2):

Die vom Sechskantprofil eingeschlossene mittlere Fläche kann man sich aus

sechs Dreiecken mit der Spitze im Mittelpunkt zusammengesetzt denken:

$$A_{m_2} = 6 \cdot A_{\text{Dreieck}} = 6 \cdot \frac{a \cdot h}{2} \quad \text{mit} \quad a = \frac{d}{2}$$

$$A_{m_2} = 3 \cdot \frac{d}{2} \cdot \sqrt{\left(\frac{d}{2}\right)^2 - \left(\frac{d}{4}\right)^2} = \frac{3}{2} \cdot d \cdot \sqrt{\frac{3}{16}d^2} = \frac{3}{8} \cdot d^2 \cdot \sqrt{3}$$

$$\tau_{t_{1\,max}} = \frac{F \cdot D}{2 \cdot \frac{\pi}{4} \cdot d^2 \cdot s} = \frac{2 \cdot F \cdot D}{\pi \cdot d^2 \cdot s}$$

$$\tau_{t_{2\,max}} = \frac{F \cdot D}{2 \cdot \frac{3}{8} \cdot d^2 \cdot \sqrt{3} \cdot s} = \frac{4 \cdot F \cdot D}{3 \cdot d^2 \cdot \sqrt{3} \cdot s}$$

$$\frac{\tau_{t_{2\,max}}}{\tau_{t_{1\,max}}} = \frac{\frac{4 \cdot F \cdot D}{3 \cdot d^2 \cdot \sqrt{3} \cdot s}}{\frac{2 \cdot F \cdot D}{\pi \cdot d^2 \cdot s}} = \frac{2 \cdot \pi}{3 \cdot \sqrt{3}} = \underline{\underline{1,21}}$$

b) Maximaler Verdrehwinkel

Die Verdrehwinkel addieren sich:

$$\varphi_{max} = \varphi_1 + \varphi_2$$

$$\varphi_i = \frac{T \cdot l_i}{G \cdot I_{t_i}}$$

$$I_{t_i} = \frac{4 \cdot A_{m_i} \cdot s}{u_{m_i}}$$

$$u_{m_1} = \pi \cdot d \quad u_{m_2} = 6 \cdot \frac{d}{2}$$

$$A_{m_1} = \frac{\pi \cdot d^2}{4} \quad A_{m_2} = \frac{3}{8} \cdot d^2 \cdot \sqrt{3}$$

$$\varphi_1 = \frac{F \cdot D \cdot l_1 \cdot d \cdot \pi \cdot 16}{G \cdot 4 \cdot \pi^2 \cdot d^4 \cdot s} = \underline{\frac{4 \cdot F \cdot D \cdot l_1}{\pi \cdot d^3 \cdot G \cdot s}}$$

$$\varphi_2 = \frac{F \cdot D \cdot l_2 \cdot d \cdot 3 \cdot 64}{G \cdot 4 \cdot 9 \cdot \left(\sqrt{3}\right)^2 \cdot d^4 \cdot s} = \underline{\frac{16 \cdot F \cdot D \cdot l_2}{9 \cdot d^3 \cdot G \cdot s}}$$

$$\varphi_{max} = \underline{\underline{\left(\frac{l_1}{\pi} + \frac{4 \cdot l_2}{9}\right) \cdot \frac{4 \cdot F \cdot D}{G \cdot d^3 \cdot s}}}$$

c) Längenverhältnis l_1 zu l_2

$$\varphi_1 = \varphi_2$$

$$\frac{4 \cdot \cancel{F} \cdot \cancel{D} \cdot l_1}{\pi \cdot \cancel{d^3} \cdot \cancel{G} \cdot \cancel{s}} = \frac{16 \cdot \cancel{F} \cdot \cancel{D} \cdot l_2}{9 \cdot \cancel{d^3} \cdot \cancel{G} \cdot \cancel{s}}$$

$$\frac{l_1}{l_2} = \frac{4 \cdot \pi}{9} = \underline{\underline{1{,}396 \approx 1{,}4}}$$

Aufgabe 4

a) Durchsenkung in C, D und E:

Gemäß Tab. 4.1, Ziffer 14: $w_D = w_{max} = \dfrac{q \cdot b^4}{16 E \cdot I}\left[\dfrac{5}{24} - \left(\dfrac{a}{b}\right)^2\right]$;

$$F_q = 120\,\text{kN} \Rightarrow q = \frac{F_q}{b + 2a} = \frac{120.000\,\text{N}}{1800\,\text{cm}} = \underline{66{,}67\,\frac{\text{N}}{\text{cm}}}$$

Aus Profiltabelle: $I_y \,\hat{=}\, I_x = 48.200\,\text{cm}^4$;

$$E = 2{,}1 \cdot 10^5\,\frac{\text{N}}{\text{mm}^2} \cdot \frac{10^2\,\text{mm}^2}{\text{cm}^2} = 2{,}1 \cdot 10^7\,\frac{\text{N}}{\text{cm}^2}$$

$$w_D = w_{max} = \frac{q \cdot b^4}{16 E \cdot I}\left[\frac{5}{24} - \left(\frac{a}{b}\right)^2\right]$$

$$w_{max} = \frac{66{,}67\,\text{N} \cdot 1500^4\,\text{cm}^4\,\text{cm}^2}{\text{cm}\,16 \cdot 2{,}1 \cdot 10^7\,\text{N} \cdot 48.200\,\text{cm}^4}\left[\frac{5}{24} - \left(\frac{150\,\text{cm}}{1500\,\text{cm}}\right)^2\right] = \underline{\underline{4{,}133\,\text{cm}}}$$

$$w_{C,E} = \frac{q \cdot b^3 \cdot a}{24 E \cdot I}\left[6\left(\frac{a}{b}\right)^2 + 3\left(\frac{a}{b}\right)^3 - 1\right] \quad \text{(Tab. 4.1, Ziffer 14)}$$

$$w_{C,E} = \frac{66{,}67\,\text{N} \cdot 1500^3\,\text{cm}^3 \cdot 150\,\text{cm}\,\text{cm}^2}{\text{cm}\,24 \cdot 2{,}1 \cdot 10^7\,\text{N} \cdot 48.200\,\text{cm}^4}\left[6\left(\frac{150\,\text{cm}}{1500\,\text{cm}}\right)^2 + 3\left(\frac{150\,\text{cm}}{1500\,\text{cm}}\right)^3 - 1\right]$$

$$w_{C,E} = \underline{\underline{-1{,}3\,\text{cm}}}$$

Negatives Vorzeichen: Die „Durchsenkungen" in C und E liegen oberhalb der Mittellinie des unbelasteten Trägers.

Neigungswinkel in A, B, C und E

$$\varphi_A = -\varphi_B = \frac{q \cdot b^3}{24E \cdot I}\left[1 - 6\left(\frac{a}{b}\right)^2\right]$$

$$= \frac{66{,}67\,\text{N} \cdot 1500^3\,\text{cm}^3 \cdot \text{cm}^2}{\text{cm}\ 24 \cdot 2{,}1 \cdot 10^7\,\text{N} \cdot 48.200\,\text{cm}^4}\left[1 - 6\left(\frac{150\,\text{cm}}{1500\,\text{cm}}\right)^2\right]$$

$$\varphi_A = -\varphi_B = \underline{\underline{0{,}00871 \mathrel{\widehat{=}} 0{,}499° \approx 0{,}5°}}$$

$$|\varphi_{C,E}| = \frac{q}{24E \cdot I}\left(4a^3 + 6a^2 b - b^3\right)$$

$$= \frac{66{,}67\,\text{Ncm}^2\,\text{cm}^3}{\text{cm}\ 24 \cdot 2{,}1 \cdot 10^7\,\text{N} \cdot 48.200\,\text{cm}^4}\left(4 \cdot 150^3 + 6 \cdot 150^2 \cdot 1500 - 1500^3\right)$$

$$|\varphi_{C,E}| = |-0{,}00867| = \underline{\underline{0{,}497°}}$$

b) Abstand a, bei dem die Durchsenkungen null werden.

$$w_{\max} = w_D = 0,\ \text{wenn}\ a = b \cdot \sqrt{\frac{5}{24}} = 1500\,\text{cm} \cdot \sqrt{\frac{5}{24}} = \underline{\underline{684{,}65\,\text{cm} \approx 685\,\text{cm}}}$$

$$w_{C,E} = 0,\ \text{wenn}\ a = 0{,}3747 \cdot b = 0{,}3747 \cdot 1500\,\text{cm} = \underline{\underline{562{,}05\,\text{cm} \approx 562\,\text{cm}}}$$

8.7.2 Klausur 2

Aufgabe 1

a) Ermittlung der Auflagerkräfte, des max. Biegemomentes und des Biegemomentenverlaufs

$$\sum F_z = 0:\quad F_A + F_B - 2F = 0$$

$$\sum M_A = 0:\quad -F \cdot a - F \cdot b + F_B \cdot l = 0$$

$$F_B = \frac{F\,(a + b)}{l} = \frac{50.000\,\text{N} \cdot (550 + 1450)\,\text{mm}}{2000\,\text{mm}} = \underline{\underline{50.000\,\text{N}}}$$

$$F_B = F$$

$$F_A = 2F - F_B = F = \underline{\underline{50.000\,\text{N}}}$$

$$\sum M_F = F_A \cdot a = 50.000\,\text{N} \cdot 550\,\text{mm} = \underline{\underline{27.500.000\,\text{Nmm}}}$$

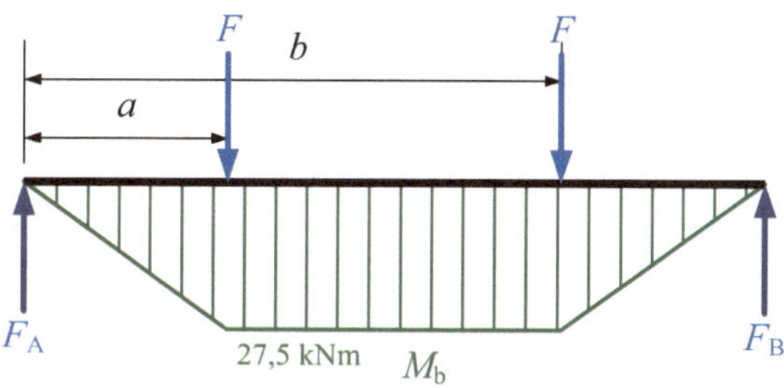

b) Maximale Biegespannung, wenn der Träger keine Durchbrüche hat

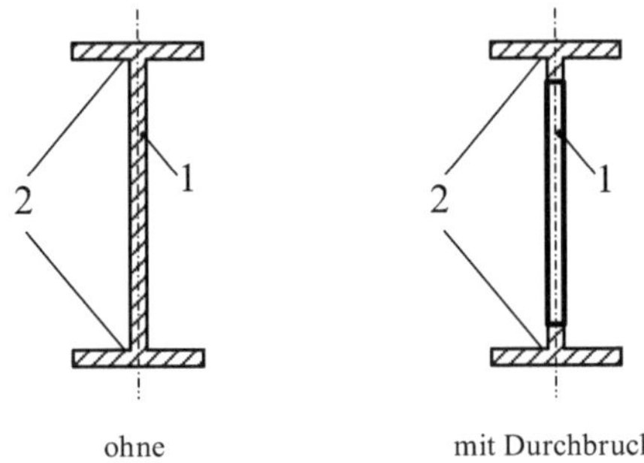

ohne   mit Durchbruch

Flächenmoment 2. Grades

$$I_{y_{\text{voll}}} = I_1 + 2\left(I_2 + s_2^2 \cdot A_2\right) = \frac{b_1 \cdot h_1^3}{12} + 2\left(\frac{b_2 \cdot h_2^3}{12} + s_2^2 \cdot b_2 \cdot h_2\right)$$

$$= \frac{10\,\text{mm} \cdot 180^3\,\text{mm}^3}{12} + 2\left(\frac{80\,\text{mm} \cdot 10^3\,\text{mm}^3}{12} + 95^2\,\text{mm}^2 \cdot 80\,\text{mm} \cdot 10\,\text{mm}\right)$$

$$= 4.860.000\,\text{mm}^4 + 2\left(6666{,}67\,\text{mm}^4 + 7.220.000\,\text{mm}^4\right)$$

$$I_{y_{\text{voll}}} = \underline{\underline{19.313.333{,}4\,\text{mm}^4}}$$

$$\sigma_b = \frac{M_b}{W_b} = \frac{M_b}{I_{y_{\text{voll}}}} \cdot e = \frac{27.500.000\,\text{Nmm}}{19.313.333{,}4\,\text{mm}^4} \cdot 100\,\text{mm} = \underline{\underline{142{,}39\,\frac{\text{N}}{\text{mm}^2}}}$$

c) Maximale Biegespannung für den Träger mit Durchbrüchen

   1. Lösungsweg:

$$I_{y_{\text{Wabe}}} = \left(I_{\text{Steg}} - I_{\text{Durchbr}}\right) + 2\left(I_2 + s_2^2 \cdot A_2\right)$$

$$= \left(\frac{b_1 \cdot h_1^3}{12} - \frac{b_1 \cdot h_{1\,\text{Durchbr}}^3}{12}\right) + 2\left(\frac{b_2 \cdot h_2^3}{12} + s_2^2 \cdot b_2 \cdot h_2\right)$$

$$= \left(\frac{10\,\text{mm} \cdot 180^3\,\text{mm}^3}{12} - \frac{10\,\text{mm} \cdot 150^3\,\text{mm}^3}{12}\right)$$

$$+ 2\left(\frac{80\,\text{mm} \cdot 10^3\,\text{mm}^3}{12} + 95^2\,\text{mm}^2 \cdot 80\,\text{mm} \cdot 10\,\text{mm}\right)$$

$$= 2.047.500\,\text{mm}^4 + 2\left(6666{,}67\,\text{mm}^4 + 7.220.000\,\text{mm}^4\right)$$

$$= \underline{\underline{16.500.833{,}34\,\text{mm}^4}}$$

Hinweis: 2. Lösungsweg:

$$I_{y_{\text{Wabe}}} = I_{y_{\text{voll}}} - I_{\text{Durchbruch}} = I_{y_{\text{voll}}} - \frac{b_1 \cdot h_{1\,\text{Durchbruch}}^3}{12}$$

$$\sigma_b = \frac{M_b}{W_b} = \frac{M_b}{I_{y_{\text{Wabe}}}} \cdot e = \frac{27.500.000\,\text{Nmm}}{16.500.833{,}34\,\text{mm}^4} \cdot 100\,\text{mm} = \underline{\underline{166{,}66\,\frac{\text{N}}{\text{mm}^2}}}$$

d) Sicherheit gegen Fließen

$$S_{\text{vorh}_{\text{voll}}} = \frac{R_{\text{e}}}{\sigma_{\text{vorh}_{\text{voll}}}} = \frac{235\,\frac{N}{mm^2}}{142{,}39\,\frac{N}{mm^2}} = \underline{1{,}65} \geq 1{,}5 \ \text{Sicherheit ist gegeben}$$

$$S_{\text{vorh}_{\text{Wabe}}} = \frac{R_{\text{e}}}{\sigma_{\text{vorh}_{\text{Wabe}}}} = \frac{235\,\frac{N}{mm^2}}{166{,}66\,\frac{N}{mm^2}} = \underline{1{,}41} \leq 1{,}5 \ \text{Sicherheit ist nicht gegeben}$$

Weil die Sicherheit für den Bereich des Durchbruchs für $M_{\text{b}_{\max}}$ nicht gegeben ist, wäre ein Werkstoff mit höherer Festigkeit (S295 oder E335) oder ein Profil mit stärkeren Steg- bzw. Flanschdicken zu wählen. Auch eine geringere Höhe der Wabendurchbrüche würde zum Ziel führen.

Aufgabe 2

a) Torsionsmomente

Da das Rohr (1) und der zylindr. Stab (2) fest miteinander verbunden sind, werden beide Bauteile um den gleichen Winkel φ verdreht. Rohr (1) und Stab (2) sind parallel geschaltete Torsionsfedern.

Es gilt die geometr. Bedingung: $\varphi_1 = \varphi_2$

$$\frac{T_1 \cdot l_1}{G_1 \cdot I_{\text{p}_1}} = \frac{T_2 \cdot l_2}{G_2 \cdot I_{\text{p}_2}} \Rightarrow \frac{T_1}{G_1 \cdot I_{\text{p}_1}} = \frac{T_2}{G_2 \cdot I_{\text{p}_2}} \quad \text{mit} \quad l = l_1 = l_2$$

Freischneiden des Körpers:

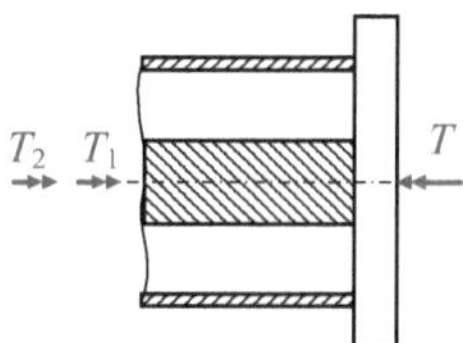

$$T_1 + T_2 - T = 0 \Rightarrow T = T_1 + T_2$$

$$T_1 = T_2 \cdot \frac{G_1 \cdot I_{\text{p}_1}}{G_2 \cdot I_{\text{p}_2}}$$

$$T = T_2 \cdot \frac{G_1 \cdot I_{\text{p}_1}}{G_2 \cdot I_{\text{p}_2}} + T_2 = T_2 \left(1 + \frac{G_1 \cdot I_{\text{p}_1}}{G_2 \cdot I_{\text{p}_2}}\right)$$

$$T_2 = \frac{T}{1 + \frac{G_1 \cdot I_{\text{p}_1}}{G_2 \cdot I_{\text{p}_2}}}$$

$$I_{\text{p}_1} = \frac{\pi}{32}\left(d_{1_{\text{a}}}^4 - d_{1_{\text{i}}}^4\right) = \frac{\pi}{32}\left(120^4 - 114^4\right)\,mm^4 = \frac{\pi}{32}\,38.463.984\,mm^4$$

$$= \underline{\underline{3.776.192{,}8\,mm^4}}$$

$$W_{\text{p}_1} = \frac{I_{\text{p}_1}}{\frac{d_{1_{\text{a}}}}{2}} = \frac{3.776.192{,}8\,mm^4 \cdot 2}{120\,mm} = \underline{\underline{62.936{,}55\,mm^3}}$$

$$I_{p_2} = \frac{\pi}{32} \cdot d_2^4 = \frac{\pi}{32} \cdot 40^4 \, \text{mm}^4 = \underline{\underline{251.327,41 \, \text{mm}^4}}$$

$$W_{p_2} = \frac{I_{p_2}}{\frac{d_2}{2}} = \frac{251.327,41 \, \text{mm}^4 \cdot 2}{40} = \underline{\underline{12.566,37 \, \text{mm}^3}}$$

$$T_2 = \frac{10.000.000 \, \text{Nmm} \cdot \text{mm}^2}{1 + \frac{81.000 \, \text{N} \cdot 3.776.192,8 \, \text{mm}^4}{42.000 \, \text{Nmm}^2 \cdot 251.327,41 \, \text{mm}^4}} = \underline{\underline{333.591,6 \, \text{Nmm}}}$$

$$T_1 = T - T_2 = 10.000.000 \, \text{Nmm} - 333.591,6 \, \text{Nmm} = \underline{\underline{9.666.408,4 \, \text{Nmm}}}$$

b) Verdrehwinkel an den Endplatten

$$\varphi = \varphi_1 = \varphi_2 = \frac{T_1 \cdot l}{G_1 \cdot I_{p_1}} = \frac{9.666.408,4 \, \text{Nmm} \cdot 1000 \, \text{mm} \cdot \text{mm}^2}{81.000 \, \text{N} \cdot 3.776.192,8 \, \text{mm}^4}$$

$$= \underline{\underline{0,0316 \, \text{rad} \mathrel{\hat=} 1,81°}}$$

c) Maximale Spannungen im Rohr und im Stab

$$\tau_{t_1} = \frac{T_1}{W_{p_1}} = \frac{9.666.408,4 \, \text{Nmm}}{62.936,55 \, \text{mm}^3} = \underline{\underline{153,59 \, \frac{\text{N}}{\text{mm}^2}}}$$

$$\tau_{t_2} = \frac{T_2}{W_{p_2}} = \frac{333.591,6 \, \text{Nmm}}{12.566,37 \, \text{mm}^3} = \underline{\underline{26,55 \, \frac{\text{N}}{\text{mm}^2}}}$$

Aufgabe 3

a) Spindelkerndurchmesser d_{Kern} für $S_K = 3$

$$I_{\min} = \frac{\pi}{64} \cdot d_{\text{Kern}}^4; \quad F_K = \frac{\pi^2 \cdot E \cdot I_{\min}}{l_K^2} \Rightarrow I_{\min} = \frac{F_K \cdot l_K^2}{\pi^2 \cdot E}$$

$$I_{\min} = \frac{\pi}{64} \cdot d_{\text{Kern}}^4 = \frac{F_K \cdot l_K^2 \cdot S_K}{\pi^2 \cdot E}$$

Knickfall 3, mit $l_K = 0,7 \cdot l = 0,7 \cdot 1500 \, \text{mm} = \underline{\underline{1050 \, \text{mm}}}$

$$d_{\text{Kern}} = \sqrt[4]{\frac{64 \cdot F_K \cdot l_K^2 \cdot S_K}{E \cdot \pi^3}}$$

$$d_{\text{Kern}} = \sqrt[4]{\frac{64 \cdot 1.000.000 \, \text{N} \cdot 1050^2 \, \text{mm}^2 \cdot 3 \, \text{mm}^2}{210.000 \, \text{N} \cdot \pi^3}} = \sqrt[4]{32.509.546,71 \, \text{mm}^4}$$

$$= \underline{\underline{75,51 \, \text{mm}}}$$

$$d_{\text{Kern}} \approx \underline{\underline{76 \, \text{mm}}}$$

$$i_{\min} = \sqrt{\frac{I_{\min}}{A}} = \sqrt{\frac{\frac{\pi}{64} \cdot d^4}{\frac{\pi}{4} \cdot d^2}} = \sqrt{\frac{d^2}{16}} = \underline{\underline{\frac{d}{4}}}$$

$$\lambda = \frac{l_K}{i_{\min}} = \frac{1050 \, \text{mm} \cdot 4}{76} = \underline{\underline{55,26}} \leq 88 \Rightarrow \text{Tetmajer}$$

$$\sigma_K = (335 - 0,62 \cdot \lambda) = 335 - 0,62 \cdot 55,26 = \underline{\underline{300,74 \, \frac{\text{N}}{\text{mm}^2}}}$$

$$\sigma_\mathrm{d} = \frac{F_\mathrm{K}}{A} = \frac{1.000.000\,\mathrm{N}}{\frac{\pi \cdot 76^2\,\mathrm{mm}^2}{4}} = 220{,}44\,\frac{\mathrm{N}}{\mathrm{mm}^2}$$

$$S_{\mathrm{K}_\mathrm{vorh}} = \frac{\sigma_\mathrm{K}}{\sigma_\mathrm{d}} = \frac{300{,}74\,\frac{\mathrm{N}}{\mathrm{mm}^2}}{220{,}44\,\frac{\mathrm{N}}{\mathrm{mm}^2}} = 1{,}36 \leq 3 \Rightarrow \text{nicht ausreichend!}$$

Da die Sicherheit nicht gegeben ist, muss der Kerndurchmesser noch einmal neu berechnet werden.

$$S_\mathrm{K} = \frac{\sigma_\mathrm{K} \cdot A}{F_\mathrm{K}} = \frac{\sigma_\mathrm{K} \cdot \frac{\pi}{4} \cdot d_\mathrm{Kern}^2}{F_\mathrm{K}} \Rightarrow d_{\mathrm{Kern}_\mathrm{erf}} = \sqrt{\frac{4 \cdot S_\mathrm{K} \cdot F_\mathrm{K}}{\pi \cdot \sigma_\mathrm{K}}}$$

$$d_{\mathrm{Kern}_\mathrm{erf}} = \sqrt{\frac{4 \cdot 3 \cdot 1.000.000\,\mathrm{Nmm}^2}{\pi \cdot 300{,}74\,\mathrm{N}}} = \sqrt{12.701{,}066\,\mathrm{mm}^2} = 112{,}7\,\mathrm{mm} \leq 113\,\mathrm{mm}$$

$$\lambda = \frac{l_\mathrm{K}}{i_\mathrm{min}} = \frac{1050\,\mathrm{mm} \cdot 4}{113} = 37{,}17 \leq 88 \Rightarrow \text{Tetmajer}$$

$$\sigma_\mathrm{K} = (335 - 0{,}62 \cdot \lambda) = 335 - 0{,}62 \cdot 37{,}17 = 311{,}95\,\frac{\mathrm{N}}{\mathrm{mm}^2}$$

$$\sigma_\mathrm{d} = \frac{F_\mathrm{K}}{A} = \frac{1.000.000\,\mathrm{N}}{\frac{\pi \cdot 113^2\,\mathrm{mm}^2}{4}} = 99{,}71\,\frac{\mathrm{N}}{\mathrm{mm}^2}$$

$$S_{\mathrm{K}_\mathrm{vorh}} = \frac{\sigma_\mathrm{K}}{\sigma_\mathrm{d}} = \frac{311{,}95\,\frac{\mathrm{N}}{\mathrm{mm}^2}}{99{,}71\,\frac{\mathrm{N}}{\mathrm{mm}^2}} = 3{,}13 \geq 3 \Rightarrow \text{ist gegeben!}$$

Aufgabe 4

Die Ermittlung der Durchsenkung erfolgt nach dem Überlagerungsprinzip gemäß Abb. und mit Hilfe der Tab. 4.1, Ziffer 2 und 3:

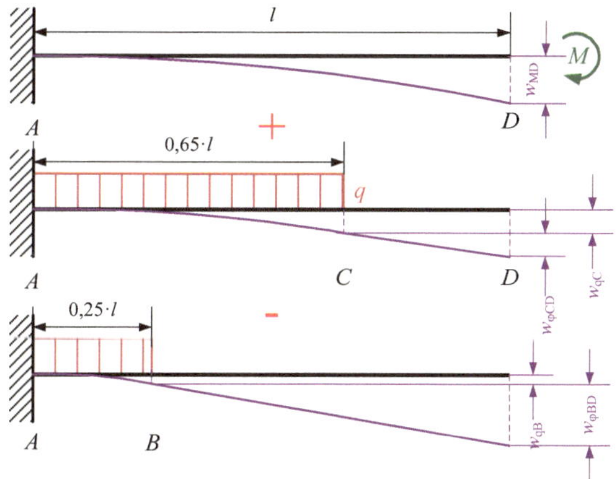

$$w_\mathrm{M} = \frac{M \cdot l^2}{2E \cdot I}; \quad w_\mathrm{q} = \frac{q \cdot l^4}{8E \cdot I}; \quad \varphi_\mathrm{q} = \frac{q \cdot l^3}{6E \cdot I}$$

$$w_{\mathrm{D}} = w_{\mathrm{M_D}} + w_{\mathrm{q_C}} + w_{\varphi_{\mathrm{CD}}} - \left(w_{\mathrm{q_B}} + w_{\varphi_{\mathrm{BD}}}\right)$$

$$w_{\mathrm{D}} = w_{\mathrm{M_D}} + w_{\mathrm{q_C}} + \varphi_{\mathrm{C}} \cdot l_{\mathrm{CD}} - \left(w_{\mathrm{q_B}} + \varphi_{\mathrm{B}} \cdot l_{\mathrm{BD}}\right)$$

Längen: $a = l_{\mathrm{AB}} = 0{,}25 \cdot l; \; a + b = l_{\mathrm{AC}} = 0{,}25 \cdot l + 0{,}4 \cdot l = 0{,}65 \cdot l; \; l_{\mathrm{BD}} = 075 \cdot l$

$\qquad\qquad l_{\mathrm{CD}} = 0{,}35 \cdot l; \; c = 0{,}3 \cdot l$

$$w_{\mathrm{M_D}} = \frac{M \cdot l^2}{2E \cdot I} = \frac{F \cdot c \cdot l^2}{2E \cdot I} = \frac{F \cdot 0{,}3 \cdot l \cdot l^2}{2E \cdot I} = 0{,}15 \frac{F \cdot l^3}{E \cdot I}$$

$$w_{\mathrm{q_C}} = \frac{q \cdot l_{\mathrm{AC}}^4}{8E \cdot I} = \frac{q \cdot (0{,}65 \cdot l)^4}{8E \cdot I} = 0{,}1785 \frac{q \cdot l^4}{8E \cdot I} = 0{,}0223 \frac{q \cdot l^4}{E \cdot I}$$

$$w_{\varphi_{\mathrm{CD}}} = \varphi_{\mathrm{C}} \cdot l_{\mathrm{CD}} = \frac{q \cdot l_{\mathrm{AC}}^3}{6E \cdot I} \cdot l_{\mathrm{CD}} = \frac{q \cdot (0{,}65 \cdot l)^3}{6E \cdot I} \cdot 0{,}35 \cdot l = 0{,}0160 \frac{q \cdot l^4}{E \cdot I}$$

$$w_{\mathrm{q_B}} = \frac{q \cdot l_{\mathrm{AB}}^4}{8E \cdot I} = \frac{q \cdot (0{,}25 \cdot l)^4}{8E \cdot I} = 0{,}00049 \frac{q \cdot l^4}{E \cdot I}$$

$$w_{\varphi_{\mathrm{BD}}} = \varphi_{\mathrm{B}} \cdot l_{\mathrm{BD}} = \frac{q \cdot l_{\mathrm{AB}}^3}{6E \cdot I} \cdot l_{\mathrm{BD}} = \frac{q \cdot (0{,}25 \cdot l)^3}{6E \cdot I} \cdot 0{,}75 \cdot l = 0{,}0019 \frac{q \cdot l^4}{E \cdot I}$$

$$w_{\mathrm{D}} = 0{,}15 \frac{F \cdot l^3}{E \cdot I} + 0{,}0223 \frac{q \cdot l^4}{E \cdot I} + 0{,}0160 \frac{q \cdot l^4}{E \cdot I} - 0{,}00049 \frac{q \cdot l^4}{E \cdot I} - 0{,}0019 \frac{q \cdot l^4}{E \cdot I}$$

$$w_{\mathrm{D}} = 0{,}15 \frac{F \cdot l^3}{E \cdot I} + 0{,}0359 \frac{q \cdot l^4}{E \cdot I} = \frac{l^3}{E \cdot I} (0{,}15 \cdot F + 0{,}0359 \cdot q \cdot l)$$

$$\varphi_{\mathrm{M}} = \frac{M \cdot l}{E \cdot I}; \varphi_{\mathrm{q}} = \frac{q \cdot l^3}{6E \cdot I}$$

$$\varphi_{\mathrm{D}} = \varphi_{\mathrm{M_D}} + \varphi_{\mathrm{q_C}} - \varphi_{\mathrm{q_B}}$$

$$\varphi_{\mathrm{M_D}} = \frac{M \cdot l}{E \cdot I} = \frac{F \cdot c \cdot l}{E \cdot I} = \frac{F \cdot 0{,}3 \cdot l \cdot l}{E \cdot I} = 0{,}3 \frac{F \cdot l^2}{E \cdot I}$$

$$\varphi_{\mathrm{q_C}} = \frac{q \cdot l_{\mathrm{AC}}^3}{6E \cdot I} = \frac{q \cdot (0{,}65 \cdot l)^3}{6E \cdot I} = 0{,}0458 \frac{q \cdot l^3}{E \cdot I}$$

$$\varphi_{\mathrm{q_B}} = \frac{q \cdot l_{\mathrm{AB}}^3}{6E \cdot I} = \frac{q \cdot (0{,}25 \cdot l)^3}{6E \cdot I} = 0{,}0026 \frac{q \cdot l^3}{E \cdot I}$$

$$\varphi_{\mathrm{D}} = 0{,}3 \frac{F \cdot l^2}{E \cdot I} + 0{,}0458 \frac{q \cdot l^3}{E \cdot I} - 0{,}0026 \frac{q \cdot l^3}{E \cdot I} = \frac{l^2}{E \cdot I} (0{,}3 \cdot F + 0{,}0432 \cdot q \cdot l)$$

8.7.3   Klausur 3

Aufgabe 1

a) Freimachen des Systems und Ermittlung von Maß c:

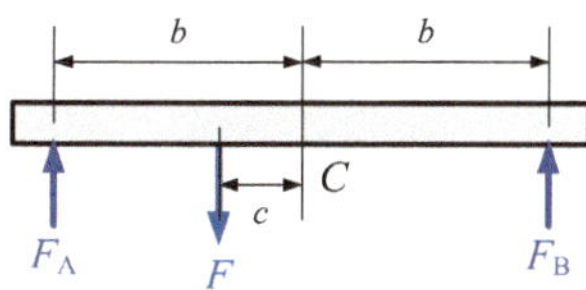

$$\sum F = F - F_A - F_B = 0$$

$$\sum M_C = F \cdot c - F_A \cdot b + F_B \cdot b = 0$$

$$c = \frac{F_A - F_B}{F} \cdot b$$

Es gilt $\Delta l_A = \Delta l_B$ mit $\Delta l_A = \dfrac{F_A \cdot l}{E_A \cdot A_A}$ und $\Delta l_B = \dfrac{F_B \cdot l}{E_B \cdot A_B}$

$$\frac{F_A \cdot l}{E_A \cdot A_A} = \frac{F_B \cdot l}{E_B \cdot A_B} \Rightarrow F_A = F_B \cdot \frac{E_A \cdot A_A}{E_B \cdot A_B}$$

$$F = F_A + F_B = F_B \cdot \frac{E_A \cdot A_A}{E_B \cdot A_B} + F_B = F_B \left(1 + \frac{E_A \cdot A_A}{E_B \cdot A_B}\right)$$

$$F_B = \frac{F}{\left(1 + \frac{E_A \cdot A_A}{E_B \cdot A_B}\right)}$$

$$c = \frac{F_A - F_B}{F} \cdot b \Rightarrow c = \frac{\dfrac{\cancel{F}}{\left(1 + \frac{E_A \cdot A_A}{E_B \cdot A_B}\right)} \cdot \frac{E_A \cdot A_A}{E_B \cdot A_B} - \dfrac{\cancel{F}}{\left(1 + \frac{E_A \cdot A_A}{E_B \cdot A_B}\right)}}{\cancel{F}} \cdot b$$

$$c = \frac{\frac{E_A \cdot A_A}{E_B \cdot A_B} - 1}{\left(1 + \frac{E_A \cdot A_A}{E_B \cdot A_B}\right)} \cdot b = \frac{E_A \cdot A_A - E_B \cdot A_B}{E_B \cdot A_B + E_A \cdot A_A} \cdot b$$

$$c = \frac{210.000 \, \frac{\text{N}}{\text{mm}^2} \cdot \frac{\pi}{4} \cdot 30^2 \, \text{mm}^2 - 175.000 \frac{\text{N}}{\text{mm}^2} \cdot 25^2 \, \text{mm}^2}{175.000 \frac{\text{N}}{\text{mm}^2} \cdot 25^2 \, \text{mm}^2 + 210.000 \, \frac{\text{N}}{\text{mm}^2} \cdot \frac{\pi}{4} \cdot 30^2 \, \text{mm}^2} \cdot 600 \, \text{mm}$$

$$c = \frac{148.440.252,88 \, \text{N} - 109.375.000 \, \text{N}}{109.375.000 \, \text{N} + 148.440.252,88 \, \text{N}} \cdot 600 \, \text{mm} = \frac{39.065.252,88 \, \text{N}}{257.815.252,88 \, \text{N}} \cdot 600 \, \text{mm}$$

$$\underline{\underline{c = 90{,}91 \, \text{mm} \approx 91 \, \text{mm}}}$$

b) Spannungen in den Stäben

$$\sigma_A = \frac{F_A}{A_A} \text{ und } \sigma_B = \frac{F_B}{A_B}$$

$$F_B = \frac{F}{\left(1 + \frac{E_A \cdot A_A}{E_B \cdot A_B}\right)} = \frac{60.000\,\text{N}}{\left(1 + \frac{210.000\,\frac{\text{N}}{\text{mm}^2} \cdot \frac{\pi}{4} \cdot 30^2\,\text{mm}^2}{175.000\,\frac{\text{N}}{\text{mm}^2} \cdot 25^2\,\text{mm}^2}\right)}$$

$$F_B = \frac{60.000\,\text{N}}{\left(1 + \frac{148.440.252,88\,\text{N}}{109.375.000\,\text{N}}\right)} = \frac{60.000\,\text{N}}{(1 + 1,35716)} = \underline{\underline{25454,27\,\text{N} \mathrel{\widehat{=}} 25,45\,\text{kN}}}$$

$$F_A = F - F_B = 60.000\,\text{N} - 25.454,27\,\text{N} = \underline{\underline{34.545,73\,\text{N} \mathrel{\widehat{=}} 34,55\,\text{kN}}}$$

$$\sigma_A = \frac{34.545,73\,\text{N}}{\frac{\pi}{4} \cdot 30^2\,\text{mm}^2} = 48,87\,\underline{\underline{\frac{\text{N}}{\text{mm}^2}}}$$

$$\sigma_B = \frac{25.454,27\,\text{N}}{25^2\,\text{mm}^2} = 40,73\,\underline{\underline{\frac{\text{N}}{\text{mm}^2}}}$$

Aufgabe 2

a) Biegemomentenverlauf

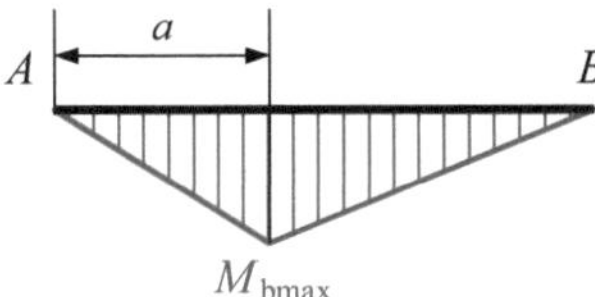

b) Max. Biegemoment M_{bmax}

$$\sum F = F - F_A - F_B = 0$$

$$\sum M_A = F_B \cdot l - F \cdot 0{,}4l = 0 \Rightarrow F_B = \underline{\underline{0{,}4F}}$$

$$F_B = 0{,}4F = 0{,}4 \cdot 350.000\,\text{N} = \underline{\underline{140.000\,\text{N} \mathrel{\widehat{=}} 140\,\text{kN}}}$$

$$F_A = F - F_B = 350.000\,\text{N} - 140.000\,\text{N} = \underline{\underline{210.000\,\text{N} \mathrel{\widehat{=}} 210\,\text{kN}}}$$

$$M_{\text{bmax}} = F_A \cdot 0{,}4l = 210.000\,\text{N} \cdot 0{,}4 \cdot 6000\,\text{mm} = \underline{\underline{504.000.000\,\text{Nmm} \mathrel{\widehat{=}} 504\,\text{kNm}}}$$

c) Max. Biegespannung

$$\sigma_{\mathrm{b}} = \frac{M_{\mathrm{b_{max}}}}{W_{\mathrm{b}}} = \frac{M_{\mathrm{b_{max}}}}{I_{\mathrm{y}}} \cdot e$$

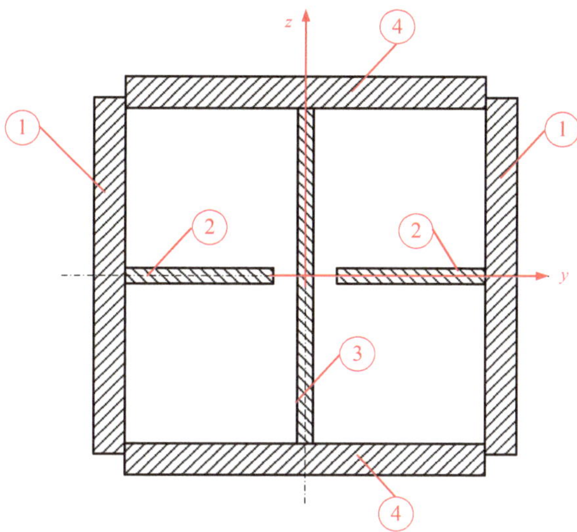

Gesamtflächenmoment 2. Grades des Profils:

$$I_{\mathrm{y}} = 2I_{\mathrm{y_1}} + 2I_{\mathrm{y_2}} + I_{\mathrm{y_3}} + 2\left(I_{\mathrm{y_4}} + s_4^2 \cdot A_4\right)$$

$$I_{\mathrm{y}} = 2\frac{b_1 \cdot h_1^3}{12} + 2\frac{b_2 \cdot h_2^3}{12} + \frac{b_3 \cdot h_3^3}{12} + 2\left(\frac{b_4 \cdot h_4^3}{12} + s_4^2 \cdot b_4 \cdot h_4\right)$$

$$I_{\mathrm{y}} = 2\frac{30 \cdot 320^3}{12}\,\mathrm{mm}^4 + 2\frac{140 \cdot 10^3}{12}\,\mathrm{mm}^4 + \frac{10 \cdot 300^3}{12}\,\mathrm{mm}^4$$

$$+\ 2\left(\frac{340 \cdot 30^3}{12}\,\mathrm{mm}^4 + 165^2 \cdot 340 \cdot 30\,\mathrm{mm}^4\right)$$

$$I_{\mathrm{y}} = 163.840.000\,\mathrm{mm}^4 + 23.333{,}33\,\mathrm{mm}^4 + 22.500.000\,\mathrm{mm}^4$$

$$+\ 2\,(765.000 + 277.695.000)\,\mathrm{mm}^4 = \underline{\underline{743.283.333{,}33\,\mathrm{mm}^4}}$$

$$\sigma_{\mathrm{b}} = \frac{M_{\mathrm{b_{max}}}}{I_{\mathrm{y}}}e = \frac{504.000.000\,\mathrm{Nmm}}{743.283.333{,}33\,\mathrm{mm}^4} \cdot 180\,\mathrm{mm} = \underline{\underline{122{,}05\,\frac{\mathrm{N}}{\mathrm{mm}^2}}}$$

d) Sicherheit gegen Fließen

$$S_{\mathrm{F}} = \frac{R_{\mathrm{e}}}{\sigma_{\mathrm{b_{vorh}}}} = \frac{235\,\frac{\mathrm{N}}{\mathrm{mm}^2}}{122{,}05\,\frac{\mathrm{N}}{\mathrm{mm}^2}} = \underline{\underline{1{,}925 \geq 1{,}5}}\ \text{die Sicherheit ist gegeben.}$$

Aufgabe 3

a) Berechnung von $d_{\min}$

Schubspannung im Kreisquerschnitt

$$\tau_{t_{\max}} = \frac{T}{W_t} \leq \tau_{t_{zul}}$$

$$W_t = W_p = \frac{\pi}{16} \cdot d^3$$

$$\tau_{t_{zul}} = \frac{16 \cdot T}{\pi \cdot d^3} \Rightarrow d = \sqrt[3]{\frac{16 \cdot T}{\pi \cdot \tau_{t_{zul}}}} = \sqrt[3]{\frac{16 \cdot 150.000\,\mathrm{Nmm}}{\pi \cdot 50\,\frac{\mathrm{N}}{\mathrm{mm}^2}}} = \underline{\underline{24{,}81\,\mathrm{mm} \approx 25\,\mathrm{mm}}}$$

Schubspannung im Rechteckquerschnitt

$$\tau_{t_{\max}} = \frac{T}{W_t} \leq \tau_{t_{zul}}$$

$$W_t = \frac{c_1}{c_2} \cdot h \cdot b^2 = \frac{c_1}{c_2} \cdot n \cdot b^3 \quad \text{(Tab. 2.5, Ziffer 5)}$$

$$c_1 = \frac{1}{3}\left(1 - \frac{0{,}630}{n} + \frac{0{,}052}{n^5}\right) = \frac{1}{3}\left(1 - \frac{0{,}630}{2{,}5} + \frac{0{,}052}{2{,}5^5}\right) = \underline{\underline{0{,}24951}}$$

$$c_2 = 1 - \frac{0{,}625}{1 + n^3} = 1 - \frac{0{,}625}{1 + 2{,}5^3} = \underline{\underline{0{,}9624}}$$

$$\frac{c_1}{c_2} = \frac{0{,}24951}{0{,}9624} = \underline{\underline{0{,}25926}}$$

$$\tau_{t_{zul}} = \frac{T}{\frac{c_1}{c_2} \cdot n \cdot b^3} \Rightarrow b = \sqrt[3]{\frac{T}{\frac{c_1}{c_2} \cdot n \cdot \tau_{t_{zul}}}} = \sqrt[3]{\frac{150.000\,\mathrm{Nmm}}{0{,}25926 \cdot 2{,}5 \cdot 50\,\frac{\mathrm{N}}{\mathrm{mm}^2}}} = \underline{\underline{16{,}67\,\mathrm{mm}}}$$

$$b = \underline{\underline{17\,\mathrm{mm}}} \text{ gewählt}$$

$$h = 2{,}5 \cdot b = 2{,}5 \cdot 17\,\mathrm{mm} = \underline{\underline{42{,}5\,\mathrm{mm}}}$$

$$d = \sqrt{b^2 + h^2} = \sqrt{17^2\,\mathrm{mm}^2 + 42{,}5^2\,\mathrm{mm}^2} = \underline{\underline{45{,}77\,\mathrm{mm}}}$$

$$d = \underline{\underline{46\,\mathrm{mm}}} \text{ gewählt}$$

b) Gesamtverdrehwinkel φ_{ges}

$$\varphi_{ges} = \varphi_1 + \varphi_2 = \frac{T \cdot l_1}{G \cdot I_{t_1}} + \frac{T \cdot l_2}{G \cdot I_{t_2}}$$

$$I_{t_1} = I_{p_1} = \frac{\pi}{32} \cdot d^4 = \frac{\pi}{32} \cdot 46^4\,\mathrm{mm}^4 = \underline{\underline{439.573{,}21\,\mathrm{mm}^4}}$$

$$I_{t_2} = c_1 \cdot n \cdot b^4 = 0{,}24951 \cdot 2{,}5 \cdot 17^4\,\mathrm{mm}^4 = \underline{\underline{52.098{,}31\,\mathrm{mm}^4}}$$

$$\varphi_{ges} = \frac{T}{G}\left(\frac{l_1}{I_{t_1}} + \frac{l_2}{I_{t_2}}\right) = \frac{150.000\,\mathrm{Nmm}}{81.000\,\frac{\mathrm{N}}{\mathrm{mm}^2}}\left(\frac{600\,\mathrm{mm}}{439.573{,}21\,\mathrm{mm}^4} + \frac{400\,\mathrm{mm}}{52.098{,}31\,\mathrm{mm}^4}\right)$$

$$\varphi_{ges} = \underline{\underline{0{,}016745 \,\hat{=}\, 0{,}959^\circ}}$$

Aufgabe 4

Bestimmung der Durchsenkung nach dem Überlagerungsprinzip und Tab. 4.1, Ziffern 1, 2 und 3:

$$w_{\text{ges}} = w_{\text{M}} + w_{\text{q}} - w_{\text{F}_1}$$

$$w_{\text{M}} = \frac{M \cdot l^2}{2E \cdot I} \quad \text{mit} \quad M = F \cdot b \Rightarrow w_{\text{M}} = \frac{F \cdot b \cdot l^2}{2E \cdot I} = \frac{0{,}2F \cdot l^3}{E \cdot I} = \frac{F \cdot l^3}{5E \cdot I}$$

$$w_{\text{q}} = \frac{q \cdot l^4}{8E \cdot I}$$

$$w_{\text{F}_1} = \frac{F_1 \cdot l^3}{3E \cdot I} \quad \text{mit} \quad F_1 = \frac{F}{2} \Rightarrow w_{\text{F}_1} = \frac{F \cdot l^3}{6E \cdot I}$$

$$w_{\text{ges}} = \frac{F \cdot l^3}{5E \cdot I} + \frac{q \cdot l^4}{8E \cdot I} - \frac{F \cdot l^3}{6E \cdot I} = \frac{l^3}{E \cdot I}\left(\frac{F}{5} - \frac{F}{6} + \frac{q \cdot l}{8}\right)$$

$$w_{\text{ges}} = \frac{l^3}{2E \cdot I}\left(\frac{F}{15} + \frac{q \cdot l}{4}\right)$$

Neigung an der Stelle B

$$\varphi_{\text{ges}} = \varphi_{\text{M}} + \varphi_{\text{q}} - \varphi_{\text{F}_1}$$

$$\varphi_{\text{M}} = \frac{M \cdot l}{E \cdot I} = \frac{F \cdot b \cdot l}{E \cdot I} = \frac{0{,}4F \cdot l^2}{E \cdot I} = \frac{4F \cdot l^2}{10E \cdot I} = \frac{2F \cdot l^2}{5E \cdot I}$$

$$\varphi_{\text{q}} = \frac{q \cdot l^3}{6E \cdot I}$$

$$\varphi_{\text{F}_1} = \frac{F_1 \cdot l^2}{2E \cdot I} = \frac{F \cdot l^2}{4E \cdot I}$$

$$\varphi_{\text{ges}} = \frac{2F \cdot l^2}{5E \cdot I} + \frac{q \cdot l^3}{6E \cdot I} - \frac{F \cdot l^2}{4E \cdot I} = \frac{l^2}{E \cdot I}\left(\frac{2F}{5} - \frac{F}{4} + \frac{q \cdot l}{6}\right)$$

$$\varphi_{\text{ges}} = \frac{l^2}{2E \cdot I}\left(\frac{3F}{10} + \frac{q \cdot l}{3}\right)$$

$$w_{\text{ges}} = w_{\text{M}} + w_{\text{q}} - w_{\text{F}_1} = 0 \Rightarrow w_{\text{F}_1} = w_{\text{M}} + w_{\text{q}}$$

$$\frac{F_1 \cdot l^3}{3E \cdot I} = \frac{F \cdot l^3}{5E \cdot I} + \frac{q \cdot l^4}{8E \cdot I}$$

$$F_1 = \frac{3F}{5} + \frac{3q \cdot l}{8} = 3\left(\frac{F}{5} + \frac{q \cdot l}{8}\right)$$

8.7.4   Klausur 4

Aufgabe 1

a) Biegespannungen in den Randfasern des Profils.

$$\sum F_z = F - F_A - F_B = 0$$

$$\sum M_A = F_B \cdot l - F \cdot a = 0$$

$$F_B = \frac{F \cdot a}{l} = \frac{30.000\,\text{N} \cdot 600\,\text{mm}}{1500\,\text{mm}} = \underline{\underline{12.000\,\text{N}}}$$

$$F_A = F - F_B = 30.000\,\text{N} - 12.000\,\text{N} = \underline{\underline{18.000\,\text{N}}}$$

$$M_{b\max} = F_A \cdot a = 180.000\,\text{N} \cdot 600\,\text{mm} = \underline{\underline{10.800.000\,\text{Nmm}}}$$

Für die Berechnung des Flächenmomentes 2. Grades des Profils ist es am einfachsten, die Flächenmomente der Profilausschnitte vom Flächenmoment des umschreibenden Quadrats abzuziehen.

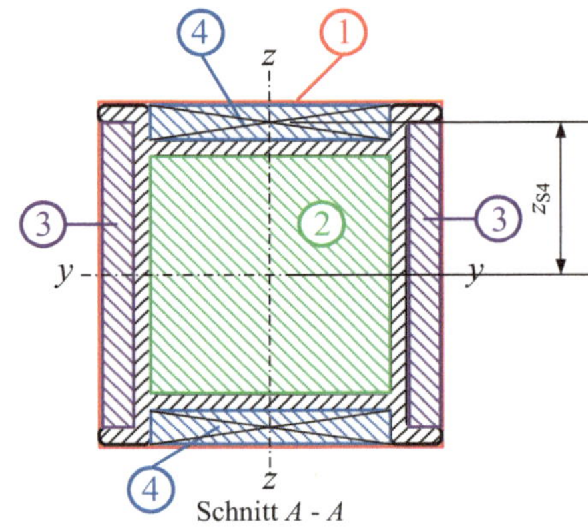

$$I_y = \frac{b_1 \cdot h_1^3}{12} - \frac{b_2 \cdot h_2^3}{12} - 2\frac{b_3 \cdot h_3^3}{12} - 2\left(\frac{b_4 \cdot h_4^3}{12} + z_{S_4}^2 \cdot b_4 \cdot h_4\right)$$

$$= \frac{100^4\,\text{mm}^4}{12} - \frac{70^4\,\text{mm}^4}{12} - 2\frac{10 \cdot 90^3\,\text{mm}^4}{12}$$

$$- 2\left(\frac{70 \cdot 10^3\,\text{mm}^4}{12} + 45^2 \cdot 70 \cdot 10\,\text{mm}^4\right)$$

$$= 8.333.333,33\,\text{mm}^4 - 2.000.833,33\,\text{mm}^4 - 1.215.000\,\text{mm}^4 - 2.846.666,67\,\text{mm}^4$$

$$I_y = \underline{\underline{2.270.833,33\,\text{mm}^4}}$$

$$\sigma_b = \frac{M_b}{W_b} = \frac{M_b}{I_y}e_o = \frac{10.800.000\,\text{Nmm}}{2.270.833,33\,\text{mm}^4} \cdot 50\,\text{mm} = \underline{\underline{237,8\,\frac{\text{N}}{\text{mm}^2}}}$$

b) Gemäß Tab. 1.5 gewählt E335 mit $\sigma_{bF} = 400\,\text{N/mm}^2$

$$S_{F_{vor}} = \frac{\sigma_{bF}}{\sigma_b} = \frac{400}{237,8} = \underline{\underline{1,68 \geq 1,5}}$$

Aufgabe 2

Berechnung von F_{max}

Aufteilung der Querschnittsfläche:

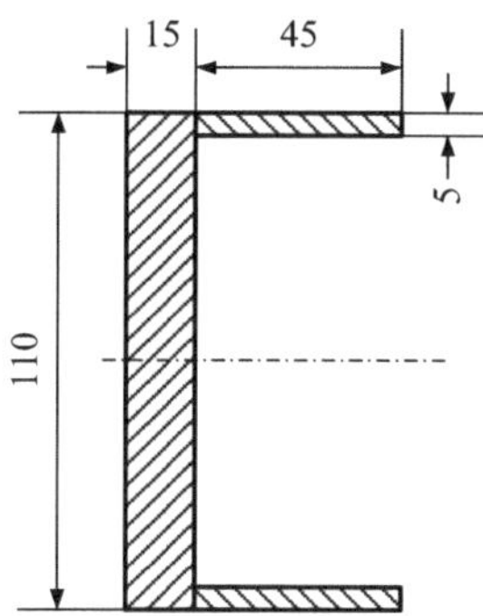

$$\tau_{t_{zul}} = \frac{T}{W_t} = \frac{F \cdot a}{W_t} \quad \text{mit} \quad W_t = \frac{\eta}{3 \cdot b_{max}} \sum b_i^3 \cdot h_i$$

$$W_t = \frac{1{,}12}{3 \cdot 15\,\text{mm}} \left(15^3\,\text{mm}^3 \cdot 110\,\text{mm} + 2 \cdot 5^3\,\text{mm}^3 \cdot 45\,\text{mm}\right) = \underline{\underline{9520\,\text{mm}^3}}$$

$$F = \frac{\tau_{t_{zul}} \cdot W_t}{a} = \frac{60\,\text{N} \cdot 9520\,\text{mm}^3}{\text{mm}^2 \quad 105\,\text{mm}} = \underline{\underline{5440\,\text{N}}}$$

$$\varphi = \frac{T \cdot l}{G \cdot I_t} = \frac{F \cdot a \cdot l}{G \cdot I_t}$$

$$I_t = \frac{\eta}{3} \sum b_i^3 \cdot h_i = \frac{1{,}12}{3} \left(15^3\,\text{mm}^3 \cdot 110\,\text{mm} + 2 \cdot 5^3\,\text{mm}^3 \cdot 45\,\text{mm}\right) = \underline{\underline{142.800\,\text{mm}^4}}$$

$$F = \frac{\varphi \cdot G \cdot I_t}{a \cdot l} = \frac{2° \cdot 81.000\,\text{N} \cdot 142.800\,\text{mm}^4 \cdot \pi\,\text{m}}{\text{m}\,\text{mm}^2 105\,\text{mm} \cdot 1000\,\text{mm}\,180°} = \underline{\underline{3845{,}31\,\text{N}}}$$

Maßgebend ist der Verdrehwinkel φ, d. h. die Kraft darf $\approx 3845\,\text{N}$ nicht überschreiten.

Aufgabe 3

a) Art der Beanspruchung

Es handelt sich um den Knickfall 2, $l_K = 1500\,\text{mm}$

$$\lambda_{min} = \pi \sqrt{\frac{E}{\sigma_P}} = \pi \sqrt{\frac{E}{0{,}8 \cdot R_e}} = \pi \sqrt{\frac{210.000\,\text{Nmm}^2}{0{,}8 \cdot 360\,\text{mm}^2\,\text{N}}} = \underline{\underline{84{,}83}}$$

$$\lambda = \frac{l_K}{i} = \frac{l_K}{\sqrt{\frac{I}{A}}}, \quad \text{da das Profil symmetrisch ist, gilt } I_y = I_z$$

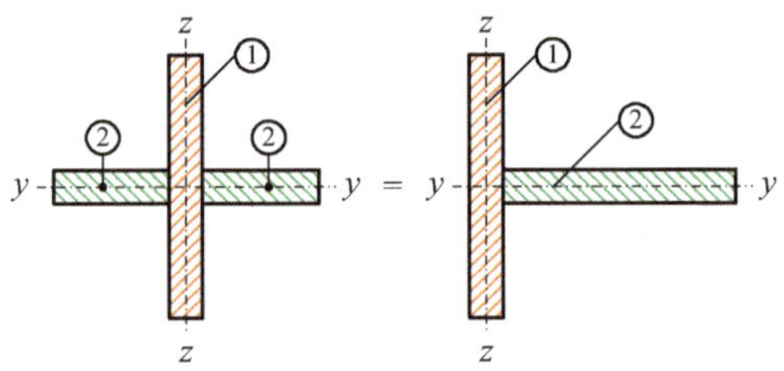

$$I_y = \frac{b_1 \cdot h_1^3}{12} + \frac{b_2 \cdot h_2^3}{12} = \frac{10\,\text{mm} \cdot 80^3\,\text{mm}^3}{12} + \frac{70\,\text{mm} \cdot 10^3\,\text{mm}^3}{12} = \underline{\underline{432.500\,\text{mm}^4}}$$

$$A = b_1 \cdot h_1 + b_2 \cdot h_2 = 10\,\text{mm} \cdot 80\,\text{mm} + 70\,\text{mm} \cdot 10\,\text{mm} = \underline{\underline{1500\,\text{mm}^2}}$$

$$\lambda = \frac{l_K}{i} = \frac{1500\,\text{mm}}{\sqrt{\frac{432.500\,\text{mm}^4}{1500\,\text{mm}^2}}} = \underline{\underline{88{,}34}} \geq \lambda_{\min} \Rightarrow \text{Knickung nach Euler}$$

b) Maximaler Abstand von F_1, wenn $S_K = 4$

$$S_K = \frac{F_K}{F_{zul}} \Rightarrow F_{zul} = \frac{F_K}{S_K}$$

$$F_{K_{zul}} = \frac{\pi^2 \cdot E \cdot I_{\min}}{l_K^2 \cdot S_K} = \frac{\pi^2 \cdot 210.000\,\text{N} \cdot 432.500\,\text{mm}^4}{\text{mm}^2\,1500^2\,\text{mm}^2 \cdot 4} = \underline{\underline{99.600{,}76\,\text{N}}}$$

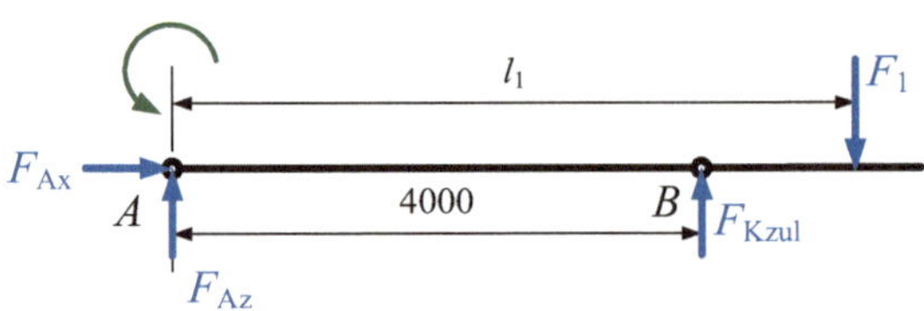

$$\sum M_A = 0 = F_{K_{zul}} \cdot 4\,\text{m} - F_1 \cdot l_1$$

$$l_1 = \frac{F_{K_{zul}} \cdot 4\,\text{m}}{F_1} = \frac{99.600{,}76\,\text{N} \cdot 4\,\text{m}}{75.000\,\text{N}} = \underline{\underline{5{,}31\,\text{m}}}$$

c) Druckspannung in Stab BC

$$\sigma_d = \frac{F_{K_{zul}}}{A} = \frac{99.600{,}76\,\text{N}}{1500\,\text{mm}^2} = \underline{\underline{66{,}4\,\frac{\text{N}}{\text{mm}^2}}}$$

Aufgabe 4

Gemäß Tab. 4.1, Ziffer 9 ist:

$$w_C = \frac{F \cdot l^3}{3E \cdot I} \left(\frac{a}{l}\right)^2 \left(1 + \frac{a}{l}\right)$$

$$F = \frac{3E \cdot I \cdot w_C}{l^3 \cdot \left(\frac{a}{l}\right)^2 \left(1 + \frac{a}{l}\right)} = \frac{3E \cdot I \cdot w_C}{l \cdot a^2 \left(1 + \frac{a}{l}\right)} = \frac{3E \cdot I \cdot w_C}{a^2 \left(l + a\right)}$$

$$I = \frac{F \cdot a^2 \left(l + a\right)}{3E \cdot w_C} \quad \text{mit} \quad I = \frac{\pi}{64} d^4$$

$$d^4 = \frac{64 \cdot F \cdot a^2 \left(l + a\right)}{\pi \cdot 3 \cdot E \cdot w_C}$$

$$d = \sqrt[4]{\frac{64 \cdot F \cdot a^2 \left(l + a\right)}{\pi \cdot 3 \cdot E \cdot w_C}} = \sqrt[4]{\frac{64 \cdot 15.000\,\text{N} \cdot 200^2\,\text{mm}^2 \left(800 + 200\right)\text{mm}\,\text{mm}^2}{\pi \cdot 3 \cdot 210.000\,\text{N} \cdot 0{,}3\,\text{mm}}}$$

$$d = \underline{\underline{89{,}677\,\text{mm}}} \Rightarrow \text{ gewählt } d = \underline{\underline{90\,\text{mm}}}$$

$$\varphi_B = 2\frac{F \cdot l^2}{6E \cdot I}\frac{a}{l} = 2\frac{F \cdot l^2 \cdot 64}{6E \cdot d^4 \cdot \pi}\frac{a}{l} = \frac{F \cdot l \cdot 64 \cdot a}{3E \cdot d^4 \cdot \pi}$$

$$d^4 = \frac{F \cdot l \cdot 64 \cdot a}{3E \cdot \varphi_B \cdot \pi} \Rightarrow$$

$$d = \sqrt[4]{\frac{64 \cdot F \cdot l \cdot a}{3 \cdot \pi \cdot E \cdot \varphi_B}} = \sqrt[4]{\frac{64 \cdot 15.000\,\text{N} \cdot 800\,\text{mm} \cdot 200\,\text{mm}\,\text{mm}^2 \cdot 180°}{3 \cdot \pi \cdot 210.000\,\text{N} \cdot 0{,}5° \cdot \pi}}$$

$$d = \underline{\underline{54{,}61\,\text{mm}}} \Rightarrow d = \underline{\underline{55\,\text{mm}}} \text{ gewählt}$$

Für die Dimensionierung des Durchmessers d ist die Kraft F maßgebend.

8.7.5   Klausur 5

Aufgabe 1

a) Biegemomentenverlauf und max. Biegemoment:

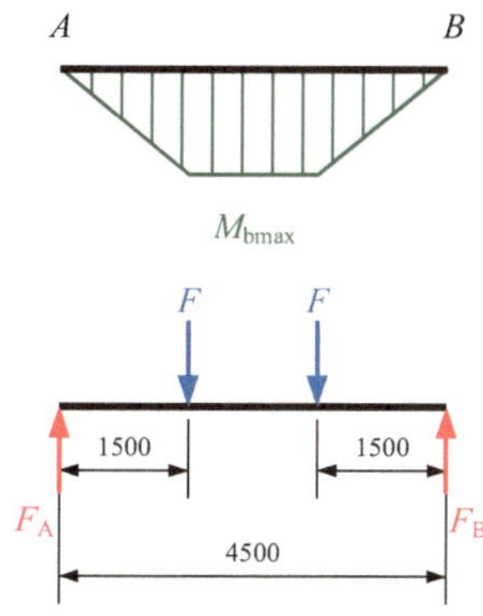

$$\sum F_z = F + F - F_A - F_B = 0$$

$$\sum M_A = F_B \cdot l - F \cdot 1{,}5\,\text{m} - F \cdot 3\,\text{m} = 0$$

$$F_B = \frac{F\,(1{,}5\,\text{m} + 3\,\text{m})}{4{,}5\,\text{m}} = F = F_A = \underline{\underline{45\,\text{kN}}}$$

$$M_{b_{max}} = F_A \cdot 1{,}5\,\text{m} = 45\,\text{kN} \cdot 1{,}5\,\text{m} = \underline{\underline{67{,}5\,\text{kNm} \,\widehat{=}\, 67.500.000\,\text{Nmm}}}$$

b) Berechnung der Biegespannungen

Gesamtschwerpunkt:

Bezugskoordinatensystem und Teilflächen:

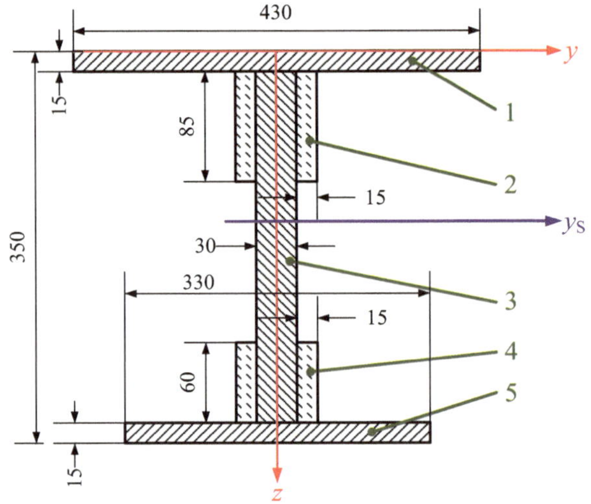

Teilfläche	A_i mm^2	z_i mm	$z_i \cdot A_i$ mm^3	z_{Si} mm
1	$430 \cdot 15 = 6450$	7,5	48.375	-155
2	$2 \cdot 15 \cdot 85 = 2550$	57,5	146.625	-105
3	$30 \cdot 320 = 9600$	175	1.680.000	12,5
4	$2 \cdot 15 \cdot 60 = 1800$	305	549.000	142,5
5	$330 \cdot 15 = 4950$	342,5	1.695.375	180
Σ	25.350		4.119.375	

$$z_S = \frac{\sum_1^5 z_{Si} \cdot A_i}{A_{ges}} = \frac{4.119.375\,\text{mm}^3}{25.350\,\text{mm}^2} = \underline{\underline{162{,}5\,\text{mm}}}$$

Gesamtflächenmoment 2. Grades

$$I_{y_{ges}} = I_{y_1} + z_{S_1}^2 \cdot A_1 + 2\left(I_{y_2} + z_{S_2}^2 \cdot A_2\right) + I_{y_3} + z_{S_3}^2 \cdot A_3 + 2\left(I_{y_4} + z_{S_4}^2 \cdot A_4\right)$$
$$+ I_{y_5} + z_{S_5}^2 \cdot A_5$$

$$I_{y_{ges}} = \frac{430 \cdot 15^3}{12}\,\mathrm{mm}^4 + (-155\,\mathrm{mm})^2 \cdot 6450\,\mathrm{mm}^2$$
$$+ 2\left[\frac{15 \cdot 85^3}{12}\,\mathrm{mm}^4 + (-105\,\mathrm{mm})^2 \cdot 1275\,\mathrm{mm}^2\right]$$
$$+ \frac{30 \cdot 320^3}{12}\,\mathrm{mm}^4 + (12{,}5\,\mathrm{mm})^2 \cdot 9600\,\mathrm{mm}^2$$
$$+ 2\left[\frac{15 \cdot 60^3}{12}\,\mathrm{mm}^4 + (142{,}5\,\mathrm{mm})^2 \cdot 900\,\mathrm{mm}^2\right]$$
$$+ \frac{330 \cdot 15^3}{12}\,\mathrm{mm}^4 + (180\,\mathrm{mm})^2 \cdot 4950\,\mathrm{mm}^2$$
$$= 120.937{,}5\,\mathrm{mm}^4 + 154.961.250\,\mathrm{mm}^4 + 2\,(767.656{,}25 + 14.056.875)\,\mathrm{mm}^4$$
$$+ 81.920.000\,\mathrm{mm}^4 + 1.500.000\,\mathrm{mm}^4 + 2\,(270.000 + 18.275.625)\,\mathrm{mm}^4$$
$$+ 92.812{,}5\,\mathrm{mm}^4 + 160.380.000\,\mathrm{mm}^4 = \underline{\underline{465.715.312{,}5\,\mathrm{mm}^4}}$$

Biegespannungen an der Ober- und Unterseite:

$$\sigma_{b_o} = \frac{M_b}{I_{y_{ges}}} \cdot e_o = \frac{67.500.000\,\mathrm{Nmm}}{465.715.312{,}5\,\mathrm{mm}^4} \cdot 162{,}5\,\mathrm{mm} = \underline{\underline{23{,}55\,\frac{\mathrm{N}}{\mathrm{mm}^2}}}$$

$$\sigma_{b_u} = \frac{M_b}{I_{y_{ges}}} \cdot e_u = \frac{67.500.000\,\mathrm{Nmm}}{465.715.312{,}5\,\mathrm{mm}^4} \cdot 187{,}5\,\mathrm{mm} = \underline{\underline{27{,}18\,\frac{\mathrm{N}}{\mathrm{mm}^2}}}$$

c) Werkstoffwahl bei $S_F = 1{,}5$ gegen Biegung:

$$\sigma = \sigma_{bu} \cdot 1{,}5 = 27{,}18\,\mathrm{N/mm}^2 \cdot 1{,}5 = \underline{\underline{40{,}77\,\mathrm{N/mm}^2}}$$

Gewählt gemäß Tab. 1.5: S185 mit $\sigma_{bF} = 230\,\mathrm{N/mm}^2$. Wird der Querträger wechselnd belastet, dann ist $\sigma_{bW} = 150\,\mathrm{N/mm}^2$ und damit immer noch eine Sicherheit S_{vorh} von 3,68 gegeben.

Aufgabe 2

a) Berechnung des Torsionsmomentes und der Schubspannungen

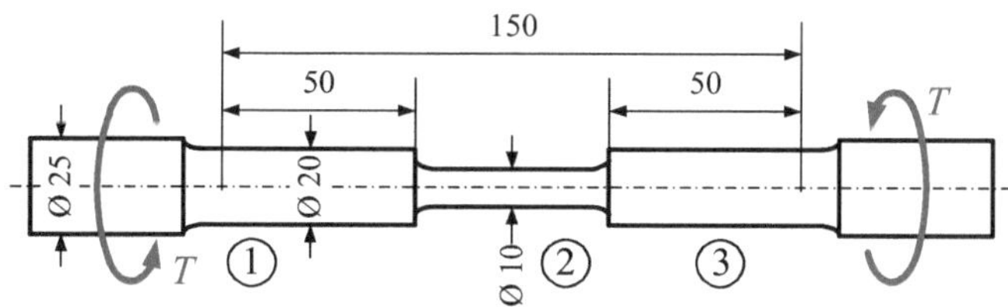

Die Verdrehwinkel φ_i der drei Stablängen l_i müssen addiert werden (in Reihe geschaltet). Jeder Bereich wird durch das Torsionsmoment T beansprucht, jedoch sind die τ_i unterschiedlich. Für die polaren Flächenmomente 2. Grades gilt:

$$I_{p_1} = I_{p_3} = \frac{\pi}{32} D^4 = \frac{\pi}{32} 20^4 \, \text{mm}^4 = \underline{\underline{15.707,96 \, \text{mm}^4}}$$

$$I_{p_2} = \frac{\pi}{32} d^4 = \frac{\pi}{32} 10^4 \, \text{mm}^4 = \underline{\underline{981,75 \, \text{mm}^4}}$$

$$\varphi_1 = \varphi_3 = \frac{T \cdot l_i}{G \cdot I_{p_i}}$$

$$\varphi_2 = \frac{T \cdot l_2}{G \cdot I_{p_2}}$$

$$\varphi_{\text{ges}} = \varphi_1 + \varphi_2 + \varphi_3 = 2° \,\hat{=}\, \underline{\underline{0,0349 \, \text{rad}}}$$

$$\varphi_{\text{ges}} = \frac{T \cdot l_1}{G \cdot I_{p_1}} + \frac{T \cdot l_2}{G \cdot I_{p_2}} + \frac{T \cdot l_3}{G \cdot I_{p_3}} = T \left(\frac{2 \cdot l_1}{G \cdot I_{p_1}} + \frac{l_2}{G \cdot I_{p_2}} \right)$$

$$T = \frac{\varphi_{\text{ges}}}{\left(\frac{2 \cdot l_1}{G \cdot I_{p_1}} + \frac{l_2}{G \cdot I_{p_2}} \right)} = \frac{\varphi_{\text{ges}} \cdot G}{\left(\frac{2 \cdot l_1}{I_{p_1}} + \frac{l_2}{I_{p_2}} \right)}$$

$$T = \frac{0,0349 \cdot 81.000 \, \text{N}}{\left(\frac{2 \cdot 50 \, \text{mm}}{15.707,96 \, \text{mm}^4} + \frac{50 \, \text{mm}}{981,75 \, \text{mm}^4} \right) \text{mm}^2} = \underline{\underline{49.338,81 \, \text{Nmm}}}$$

$$\tau_{t_{1,3}} = \frac{T}{W_{p_1}} = \frac{T}{I_{p_1}} \cdot R = \frac{49.338,81 \, \text{Nmm}}{15.707,96 \, \text{mm}^4} \cdot 10 \, \text{mm} = \underline{\underline{31,41 \, \frac{\text{N}}{\text{mm}^2}}}$$

$$\tau_{t_2} = \frac{T}{W_{p_2}} = \frac{T}{I_{p_2}} \cdot r = \frac{49.338,81 \, \text{Nmm}}{981,75 \, \text{mm}^4} \cdot 5 \, \text{mm} = \underline{\underline{251,28 \, \frac{\text{N}}{\text{mm}^2}}}$$

b) Berechnung des erforderlichen Durchmessers

$$\varphi_2 = \frac{T \cdot l}{G \cdot I_P} \Rightarrow I_P = \frac{T \cdot l}{G \cdot \varphi} \text{ und } I_P = \frac{\pi}{32} d^4$$

$$I_P = \frac{\pi}{32} d^4 = \frac{T \cdot l}{G \cdot \varphi} \Rightarrow d = \sqrt[4]{\frac{32 \cdot T \cdot l}{\pi \cdot G \cdot \varphi}}$$

$$d = \sqrt[4]{\frac{32 \cdot 49.338,81 \, \text{Nmm} \cdot 150 \, \text{mm}}{\pi \cdot 81.000 \, \frac{\text{N}}{\text{mm}^2} \cdot 0,0349}} = \underline{\underline{12,78 \, \text{mm}}}$$

Gewählt $d = 13 \, \text{mm}$

$$\tau_t = \frac{T}{W_p} = \frac{16 \cdot T}{\pi \cdot d^3} = \frac{16 \cdot 49.338,81 \, \text{Nmm}}{\pi \cdot 13^3 \, \text{mm}^3} = \underline{\underline{114,37 \, \frac{\text{N}}{\text{mm}^2}}}$$

Aufgabe 3

a) Belastung der Stütze

$$A = 6 \, \text{m} \cdot 3 \, \text{m} = \underline{\underline{18 \, \text{m}^2}}$$

$$F = A \cdot p = 18 \, \text{m}^2 \cdot 10 \, \frac{\text{kN}}{\text{m}^2} = \underline{\underline{180 \, \text{kN} = 180.000 \, \text{N}}}$$

$$F_{\text{Stütze}} = \frac{F}{2} = \frac{180.000 \, \text{N}}{2} = \underline{\underline{90.000 \, \text{N}}}$$

b) Profilwahl

$$\sigma_K = \frac{F}{A} \sim \frac{E \cdot I_{min}}{A \cdot l_K^2} \Rightarrow I_{min} \sim \frac{F_K \cdot l_K^2}{E}$$

Knickfall 3 mit $l_K = 0{,}7 \cdot l = 0{,}7 \cdot 4{,}5\,\mathrm{m} = \underline{\underline{3{,}15\,\mathrm{m}}}$

$$I_{erf} = \frac{F_{K_{vorh}} \cdot S_K \cdot l_K^2}{\pi^2 \cdot E} = \frac{90.000\,\mathrm{N} \cdot 3 \cdot 3150^2\,\mathrm{mm}^2\,\mathrm{mm}^2}{\pi^2 \cdot 210.000\,\mathrm{N}} = \underline{\underline{1.292.605\,\mathrm{mm}^4}}$$

$$I_{erf} \approx \underline{\underline{130\,\mathrm{cm}^4}}$$

Gemäß Roloff-Matek Tabellenbuch Tab. 1-11: gewählt IPE 200 mit $I = 142\,\mathrm{cm}^4$ oder IPB 100 mit $I = 167\,\mathrm{cm}^4$

c) Art der Beanspruchung

$$\lambda = \frac{l_K}{i_{min}}$$

Für den IPE 200 $\Rightarrow i_{min} = 2{,}24\,\mathrm{cm}$ und den IPB 100 $\Rightarrow i_{min} = 2{,}53\,\mathrm{cm}$

$$\lambda_{IPE\,200} = \frac{315\,\mathrm{cm}}{2{,}24\,\mathrm{cm}} = \underline{\underline{140{,}625}} \Rightarrow S235 \geq 104 \Rightarrow \text{elastische Knickung}$$

$$\lambda_{IPB\,100} = \frac{315\,\mathrm{cm}}{2{,}53\,\mathrm{cm}} = \underline{\underline{124{,}5}} \Rightarrow S235 \geq 104 \Rightarrow \text{elastische Knickung}$$

Aufgabe 4

Gemäß Tab. 4.1, Ziffer 8:

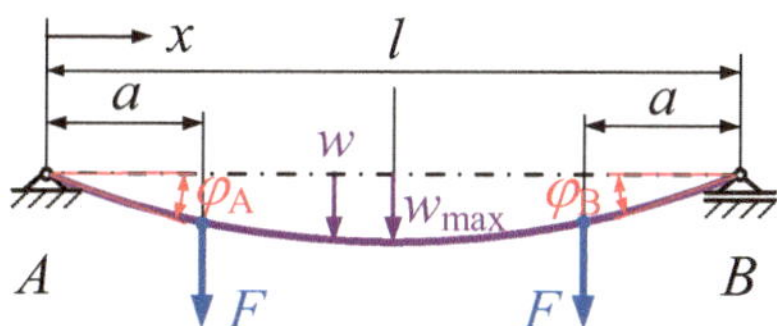

a) Maximale Durchsenkung

$$w_{max} = \frac{F \cdot a}{24 E \cdot I} \left(3l^2 - 4a^2\right)$$

$$w_{max} = \frac{45.000\,\mathrm{N} \cdot 1500\,\mathrm{mm}\,\mathrm{mm}^2}{24 \cdot 210.000\,\mathrm{N} \cdot 465.715.312{,}5\,\mathrm{mm}^4} \left(3 \cdot 4500^2 - 4 \cdot 1500^2\right)\,\mathrm{mm}^2$$

$$w_{max} = \underline{\underline{1{,}488\,\mathrm{mm} \approx 1{,}5\,\mathrm{mm}}}$$

b) Durchsenkung bei F (Stelle $a = 1500\,\mathrm{mm}$)

$$w(a) = \frac{F}{6E \cdot I}\left(3alx - 3ax^2 - x^3\right) = \frac{F}{6E \cdot I}\left(3a^2l - 3a^3 - a^3\right)$$

$$= \frac{F}{6E \cdot I}\left(3a^2l - 4a^3\right)$$

$$w\,(a) = \frac{45.000\,\text{N}\,\text{mm}^2}{6 \cdot 210.000\,\text{N} \cdot 465.715.312,5\,\text{mm}^4}\left(3 \cdot 1500^2 \cdot 4500 - 4 \cdot 1500^3\right)\text{mm}^3$$

$$w\,(a) = \underline{1{,}294\,\text{mm} \approx 1{,}3\,\text{mm}}$$

c) Neigungswinkel in A und bei F

$$\varphi_A = \frac{F \cdot a}{2E \cdot I}\,(l - a) = \frac{45.000\,\text{N} \cdot 1500\,\text{mm}\,\text{mm}^2}{2 \cdot 210.000\,\text{N} \cdot 465.715.312,5\,\text{mm}^4}\,(4500 - 1500)\,\text{mm}$$

$$\varphi_A = \underline{\underline{0{,}001035\,\text{rad} \mathrel{\hat{=}} 0{,}0593° \approx 0{,}06°}}$$

$$\varphi\,(a) = \frac{F \cdot a}{2E \cdot I}\,(l - 2a)$$

$$= \frac{45.000\,\text{N} \cdot 1500\,\text{mm}\,\text{mm}^2}{2 \cdot 210.000\,\text{N} \cdot 465.715.312,5\,\text{mm}^4}\,(4500 - 2 \cdot 1500)\,\text{mm}$$

$$\varphi\,(a) = \underline{\underline{0{,}0005176\,\text{rad} \mathrel{\hat{=}} 0{,}0297°}}$$

8.7.6 Klausur 6

Aufgabe 1

a) Gesamtschwerpunkt S

Aufteilung der Teilflächen für die Ermittlung der Schwerpunktkoordinaten:

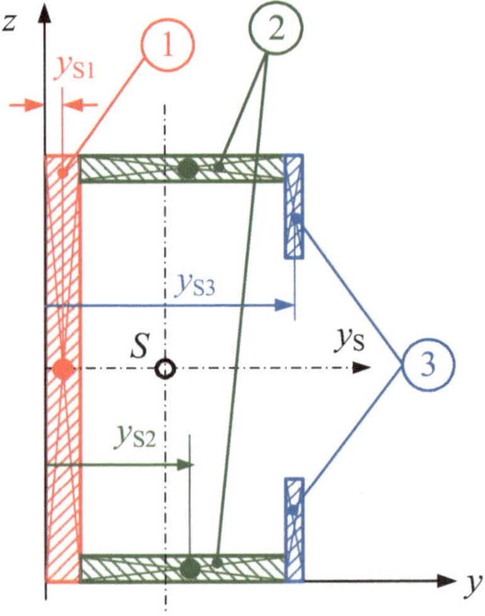

$$y_S = \frac{\sum_{i=1}^{n} y_i \cdot A_i}{A_{ges}} = \frac{\sum_{i=1}^{3} y_i \cdot A_i}{A_{ges}}$$

$$y_S = \frac{10\,\text{mm} \cdot 20 \cdot 250\,\text{mm}^2 + 2 \cdot 80\,\text{mm} \cdot 120 \cdot 15\,\text{mm}^2 + 2 \cdot 145\,\text{mm} \cdot 10 \cdot 60\,\text{mm}^2}{20 \cdot 250\,\text{mm}^2 + 2 \cdot 120 \cdot 15\,\text{mm}^2 + 2 \cdot 10 \cdot 60\,\text{mm}^2}$$

$$y_S = \frac{512.000\,\text{mm}^3}{9800\,\text{mm}^2} = \underline{\underline{52{,}244\,\text{mm}}}$$

$z_S = 125\,\text{mm}$, da Symmetrie

b) Aufteilung der Flächen zur Ermittlung des Gesamtflächenmomentes 2. Grades:

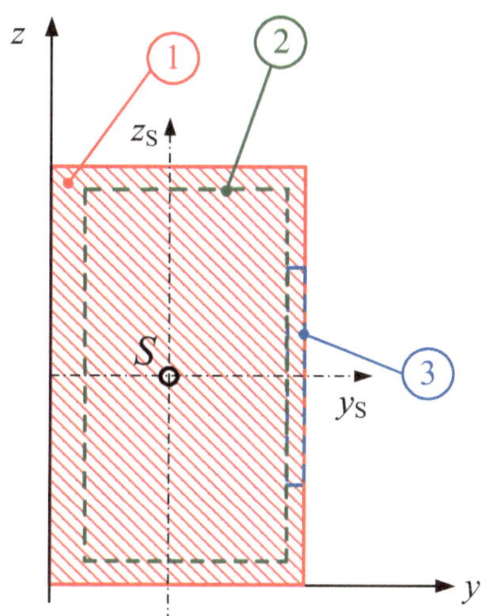

$$I_y = \frac{b_1 \cdot h_1^3}{12} - \frac{b_2 \cdot h_2^3}{12} - \frac{b_3 \cdot h_3^3}{12}$$

$$I_y = \frac{150\,\text{mm} \cdot 250^3\,\text{mm}^3}{12} - \frac{120\,\text{mm} \cdot 220^3\,\text{mm}^3}{12} - \frac{10\,\text{mm} \cdot 130^3\,\text{mm}^3}{12}$$

$$I_y = 195.312.500\,\text{mm}^4 - 106.480.000\,\text{mm}^4 - 1.830.833{,}67\,\text{mm}^4$$

$$I_y = \underline{\underline{87.001.666{,}67\,\text{mm}^4}}$$

c) Ermittlung der auftretenden Spannungen

Infolge der Querkraft F wird das Profil auf Biegung beansprucht. Zusätzlich tritt Torsion auf, da bei diesem U-Profil die Kraft F nicht im Schubmittelpunkt M, sondern im Schwerpunkt S angreift.

Biegung:

$$\sigma_b = \frac{M_b}{W_b} = \frac{M_b}{I_y} \cdot e$$

$$M_b = F \cdot l = 30.000\,\text{N} \cdot 2500\,\text{mm} = \underline{\underline{75.000.000\,\text{Nmm}}}$$

$$\sigma_b = \frac{75.000.000\,\text{Nmm}}{87.001.666{,}67\,\text{mm}^4} \cdot 125\,\text{mm} = \underline{\underline{107{,}76\,\frac{\text{N}}{\text{mm}^2}}}$$

Torsion:

$$\tau_t = \frac{T}{W_t}$$

Torsionsmoment $T = F \cdot y_M = 30.000\,\text{N} \cdot 120\,\text{mm} = 3.600.000\,\text{Nmm} \approx 3{,}6\,\text{kNm}$

Da es sich um ein offenes Profil handelt, muss W_t gemäß Tab. 2.5, Ziffer 9 bestimmt werden:

$$W_t = \frac{\eta}{3 \cdot b_{\max}} \sum_{i=1}^{n} b_i^3 \cdot h_i \quad \text{mit} \quad \eta = 1{,}12 \text{ und Aufteilung der Flächen gemäß a)}$$

$$W_t = \frac{1{,}12}{3 \cdot 20\,\text{mm}} \left(20^3\,\text{mm}^3 \cdot 220\,\text{mm} + 2 \cdot 15^3\,\text{mm}^3 \cdot 120\,\text{mm} + 2 \cdot 10^3\,\text{mm}^3 \cdot 60\,\text{mm}\right)$$

$$W_t = 50.213\,\text{mm}^3$$

$$\tau_t = \frac{3.600.000\,\text{Nmm}}{50.213\,\text{mm}^3} = 71{,}7\,\frac{\text{N}}{\text{mm}^2}$$

Da Biegung und Torsion auftreten, muss aus diesen beiden Spannungen die Vergleichsspannung σ_v ermittelt werden. Mit diesem Wert und der Sicherheit kann dann der Werkstoff gemäß Tab. 1.5 gewählt werden.

$$\sigma_v = \sqrt{\sigma_b^2 + 3\,(\alpha_0 \cdot \tau_t)^2} \quad \text{nach GEH, } \alpha_0 = 1 \text{ gewählt}$$

$$\sigma_v = \sqrt{\left(107.76\,\frac{\text{N}}{\text{mm}^2}\right)^2 + 3\left(1 \cdot 71{,}7\,\frac{\text{N}}{\text{mm}^2}\right)^2} = \sqrt{27.034{,}89\,\frac{\text{N}^2}{\text{mm}^4}}$$

$$\sigma_v = 164{,}42\,\frac{\text{N}}{\text{mm}^2}$$

d) Werkstoffwahl gemäß Tab. 1.5

$$S = \frac{\sigma}{\sigma_{\text{vorh}}} \Rightarrow \sigma_{\text{erf}} = S \cdot \sigma_v = 1{,}5 \cdot 164{,}42\,\frac{\text{N}}{\text{mm}^2} = 246{,}63\,\frac{\text{N}}{\text{mm}^2}$$

Gewählt: E335 mit $\sigma_{bW} = 290\,\text{N/mm}^2$ und $\tau_{tW} = 180\,\text{N/mm}^2$ (Tab. 1.5).
Nachrechnung von α_0

$$\alpha_0 = \frac{\sigma_{bW}}{\sqrt{3} \cdot \tau_{tW}} = \frac{290\,\frac{\text{N}}{\text{mm}^2}}{\sqrt{3} \cdot 180\,\frac{\text{N}}{\text{mm}^2}} = 0{,}93$$

e) Die Verdrillung lässt sich vermeiden, wenn die Kraft F im Schubmittelpunkt M angreift.

Aufgabe 2

a) Ermittlung der Längenänderung
Die Balken sind in Reihe geschaltet.

$$F_1 = F_2 = F$$

$$\Delta l_1 + \Delta l_2 = 0 \Rightarrow \frac{\Delta l_1}{l} + \frac{\Delta l_2}{l} = 0 \Rightarrow \varepsilon_1 + \varepsilon_2 = 0$$

$$\sigma_1 = \frac{F}{A_1} = E(\varepsilon_1 - \alpha \cdot \Delta\vartheta) \;\Rightarrow\; F = A_1 \cdot E(\varepsilon_1 - \alpha \cdot \Delta\vartheta)$$

$$\sigma_2 = \frac{F}{A_2} = E(\varepsilon_2 - \alpha \cdot \Delta\vartheta) \;\Rightarrow\; F = A_2 \cdot E(\varepsilon_2 - \alpha \cdot \Delta\vartheta)$$

$$A_1 \cdot E(\varepsilon_1 - \alpha \cdot \Delta\vartheta) = A_2 \cdot E(\varepsilon_2 - \alpha \cdot \Delta\vartheta)$$

$$\varepsilon_2 = \frac{A_1}{A_2}(\varepsilon_1 - \alpha \cdot \Delta\vartheta) + \alpha \cdot \Delta\vartheta$$

$$\varepsilon_1 + \frac{A_1}{A_2}(\varepsilon_1 - \alpha \cdot \Delta\vartheta) + \alpha \cdot \Delta\vartheta = 0$$

$$\left(\frac{A_1}{A_2} + 1\right)\varepsilon_1 = \left(\frac{A_1}{A_2} - 1\right)\alpha \cdot \Delta\vartheta$$

$$\varepsilon_1 = \frac{A_1 - A_2}{A_1 + A_2}\alpha \cdot \Delta\vartheta \quad A_1 = \varphi\pi\left[(2r)^2 - r^2\right] = 3 \cdot \varphi\pi \cdot r^2 = 3 \cdot \varphi\pi \cdot 5^2\,\text{mm}^2$$

$$= \underline{\underline{235{,}62\,\text{mm}^2}}$$

$$A_2 = \varphi\pi \cdot (2 \cdot r)^2 = \pi \cdot 4 \cdot 5^2\,\text{mm}^2 = \underline{\underline{314{,}16\,\text{mm}^2}}$$

$$\varepsilon_1 = \frac{235{,}62 - 314{,}16}{235{,}62 + 314{,}16}12 \cdot 10^{-6} \cdot 20 = \underline{\underline{-3{,}429 \cdot 10^{-5}}}$$

$$\Delta l_1 = \varepsilon_1 l = -3{,}429 \cdot 10^{-5} \cdot 800\,\text{mm} = \underline{\underline{-2{,}74 \cdot 10^{-2}\,\text{mm}}}$$

b) Ermittlung der Kraft infolge Eigenspannung

$$F = A_1 \cdot E\left(\frac{A_1 - A_2}{A_1 + A_2}\alpha \cdot \Delta\vartheta - \alpha \cdot \Delta\vartheta\right) = -\frac{2A_1 \cdot A_2}{A_1 + A_2}E \cdot \alpha \cdot \Delta\vartheta$$

$$F = -\frac{2(235{,}62 \cdot 314{,}16)}{235{,}62 + 314{,}16}\,\text{mm}^2 \cdot 2{,}1 \cdot 10^5\,\frac{\text{N}}{\text{mm}^2} \cdot 12 \cdot 10^{-6} \cdot 20$$

$$\underline{\underline{F = -13.572\,\text{N}}}$$

c) Knickberechnung

$$I_1 = \frac{\pi}{4}\left[(2r)^4 - r^4\right] = \frac{15\pi(5\,\text{mm})^4}{4} = \underline{\underline{7363{,}1\,\text{mm}^4}}$$

$$I_2 = \frac{\pi(2r)^4}{4} = \frac{16\pi(5\,\text{mm})^4}{4} = \underline{\underline{7854{,}0\,\text{mm}^4}}$$

$$i_1 = \sqrt{\frac{I_1}{A_1}} = \sqrt{\frac{7363{,}1}{235{,}62}}\,\text{mm} = \underline{\underline{5{,}59\,\text{mm}}}$$

$$i_2 = \sqrt{\frac{I_2}{A_2}} = \sqrt{\frac{7854{,}0}{314{,}16}}\,\text{mm} = \frac{2r}{2} = r = \underline{\underline{5\,\text{mm}}}$$

B_1:   Knicklastfall 3; $l_{\text{K}_1} = 0{,}7l$

B_2:   Knicklastfall 2; $l_{\text{K}_2} = l$

$$\lambda_1 = \frac{0,7l}{i_1} = \frac{0,7 \cdot 800}{5,59} = \underline{\underline{100,18}}$$

$$\lambda_2 = \frac{l}{r} = \frac{800}{5} = \underline{\underline{160}}$$

$$F_{\mathrm{Krit}_1} = \frac{\pi^2 \cdot E \cdot A_1}{\lambda_1^2} = \frac{\pi^2 \cdot 2,1 \cdot 10^5 \cdot 235,62}{100,18^2}\,\mathrm{N}$$

$$\underline{\underline{F_{\mathrm{Krit}_1} = 48.659,67\,\mathrm{N}}}$$

$$F_{\mathrm{Krit}_2} = \frac{\pi^2 \cdot E \cdot A_2}{\lambda_2^2} = \frac{\pi^2 \cdot 2,1 \cdot 10^5 \cdot 314,16}{160^2}\,\mathrm{N}$$

$$\underline{\underline{F_{\mathrm{Krit}_2} = 25.435\,\mathrm{N}}}$$

Der Balken 2 wird zuerst knicken.

$$F \leq F_{\mathrm{Krit}_2}$$

$$\frac{2A_1 \cdot A_2 \cdot E \cdot \alpha \cdot \Delta\vartheta}{A_1 + A_2} \leq \frac{\pi^2 \cdot E \cdot A_2}{\lambda_2^2}$$

$$\Delta\vartheta \leq \frac{\pi^2(A_1 + A_2)}{2\alpha \cdot A_1 \cdot \lambda_2^2}$$

$$\underline{\underline{\Delta\vartheta \leq 37,48\,\mathrm{K}}}$$

Bei 57,48 °C wird der Balken 2 knicken.

Aufgabe 3

a) Maximale Torsionsspannung

$$\tau_{\max} = \frac{T}{W_{\mathrm{T}}}$$

$$W_{\mathrm{T}} = 2A_{\mathrm{m}} \cdot t = 2 \cdot \frac{\pi \cdot R^2}{2} t = \pi \cdot R^2 \cdot t = \pi \cdot 50^2\,\mathrm{mm}^2 \cdot 2\,\mathrm{mm}$$

$$W_{\mathrm{T}} = \underline{\underline{15.708\,\mathrm{mm}^3}}$$

$$\tau_{\max} = \frac{500.000\,\mathrm{Nmm}}{15.708\,\mathrm{mm}^3}$$

$$\underline{\underline{\tau_{\max} = 31,83\,\frac{\mathrm{N}}{\mathrm{mm}^2}}}$$

b) Ermittlung der Sicherheit

$$S = \frac{\tau_{\mathrm{Grenz}}}{\tau_{\max}} = \frac{100\,\frac{\mathrm{N}}{\mathrm{mm}^2}}{31,83\,\frac{\mathrm{N}}{\mathrm{mm}^2}}$$

$$\underline{\underline{S = 3,14}}$$

Aufgabe 4

a) Ermittlung der Kraft in B

$$\sum M_\mathrm{A} = 0 = F_\mathrm{G} \cdot 1{,}67\,\mathrm{m} + F_\mathrm{N} \cdot 5\,\mathrm{m} - F_\mathrm{B} \cdot 2{,}5\,\mathrm{m}$$

$$F_\mathrm{B} = \frac{F_\mathrm{G} \cdot 1{,}67\,\mathrm{m} + F_\mathrm{N} \cdot 5\,\mathrm{m}}{2{,}5\,\mathrm{m}} = \frac{30.000\,\mathrm{N} \cdot 1{,}67\,\mathrm{m} + 75.000\,\mathrm{N} \cdot 5\,\mathrm{m}}{2{,}5\,\mathrm{m}}$$

$$F_\mathrm{B} = \underline{\underline{170.040\,\mathrm{N} \approx 170\,\mathrm{kN}}}$$

b) Durchsenkung und Neigung

$$I = \frac{\pi \cdot d^4}{64} = \frac{\pi \cdot 300^4\,\mathrm{mm}^4}{64} = \underline{\underline{397.607.820{,}22\,\mathrm{mm}^4}}$$

Gemäß Tab. 4.1, Ziffer 1:

$$w_\mathrm{B} = \frac{F_\mathrm{B} \cdot l^3}{3E \cdot I} = \frac{170.040\,\mathrm{N} \cdot 2500^3\,\mathrm{mm}^3\,\mathrm{mm}^2}{3 \cdot 210.000\,\mathrm{N} \cdot 397.607.820{,}22\,\mathrm{mm}^4} = \underline{\underline{10{,}606\,\mathrm{mm}}}$$

$$\varphi_\mathrm{B} = \frac{F_\mathrm{B} \cdot l^2}{2E \cdot I} = \frac{170.040\,\mathrm{N} \cdot 2500^2\,\mathrm{mm}^2\,\mathrm{mm}^2}{2 \cdot 210.000\,\mathrm{N} \cdot 397.607.820{,}22\,\mathrm{mm}^4} = \underline{\underline{0{,}00636\,\mathrm{rad} \mathrel{\widehat{=}} 0{,}3646°}}$$

9.1 Verwendete Bezeichnungen

A	Fläche, Bruchdehnung, Querschnitt
B	Breite
a	Nahtdicke
a, b	Konstanten
a, b, c, h, l, s	Abmessungen
C	Celsius
C	Drehfederkonstante, Federkonstante, Integrationskonstante
D, d	Durchmesser
d	Differenzial
E	Elastizitätsmodul
$E \cdot A$	Dehnsteifigkeit
$E \cdot I$	Biegesteifigkeit
e	Abstand, Exzentrizität, Randfaserabstand
F	Kraft
f	Schwingweg
G	Gestalt, Gleit-/Schubmodul
$G \cdot I_p$	Torsions-, Verdrehsteifigkeit
g	Erdbeschleunigung
GEH	Gestaltänderungsenergiehypothese
GFK	Glasfaserverstärkter Kunststoff
GJL	Gusseisen mit Lamellengrafit
GJS	Gusseisen mit Kugelgrafit
H	Höhe, Flächenmoment 1. Grades (statisches Flächenmoment)
I	Flächenmoment 2. Grades (Flächenträgheitsmoment)
i	Trägheitsradius

© Springer Fachmedien Wiesbaden GmbH, ein Teil von Springer Nature 2020

K.-D. Arndt et al., *Klausurentrainer zur Festigkeitslehre für Wirtschaftsingenieure*,

https://doi.org/10.1007/978-3-658-28902-7_9

K	Kelvin
K	Kosten
k	Krümmung
k'	bezogene oder spezifische Kosten
L, l	Länge
M	Material, Moment, Mittelpunktkoordinaten, Schubmittelpunkt
Mg	Magnesium
m	Masse, Poisson'sche Konstante, Steigung
m'	bezogene oder spezifische Masse
N	Lastspiele
N	Newton
NH	Normalspannungshypothese
n	Anzahl, Drehzahl
P	Leistung, Steigung des Gewindes
PP	Polypropylen
PVC	Polyvinylchlorid
p	Druck, Flächenpressung
q	Streckenlast
R, r	Radius
R	Werkstofffestigkeit
Rb	Randbedingung
S	Schwerpunkt, Sicherheitsfaktor, Streckgrenze
s	Abstand, Blechdicke, Wandstärke, Weg
SH	Schubspannungshypothese
SW	Schlüsselweite
T	Temperatur, Torsionsmoment
t	Tonne
Üb	Übergangsbedingung
V	Verteuerung, Volumen
v	Geschwindigkeit
W	Arbeit, Formänderungsarbeit, Widerstandsmoment
w	Koordinate, Durchbiegung, spezifische Formänderungsarbeit
x, y, z	Koordinaten
z	Schenkellänge
α	Korrekturfaktor, Winkel, Längenausdehnungskoeffizient
β	Winkel
γ	Winkel, Winkeländerung, spezifisches Gewicht
Δ, δ	Differenz
ε	Dehnung, Querkürzung
ϑ	Temperatur, thermisch

φ	Anstrengungsverhältnis, Biegewinkel, Neigung, Verdrehwinkel, Winkeländerung
ζ, η	Koordinaten, Korrekturfaktor
λ	Schlankheitsgrad
μ	Querkontraktionszahl (POISSON'sche Konstante), Reibwert
ρ	Dichte, Krümmungsradius
σ	Normalspannung, Spannung
τ	Schubspannung, Tangentialspannung
ω	Winkelgeschwindigkeit

9.2 Indizes

A	Antrieb
A, B, C, D	Eckpunkte, Schnittbezeichnung
Al	Aluminium
a	Abscheren, Ausschlagspannung, außen, axial
B	Bruch
Bl	Blech
b	Biegung
bd	Biegedruckspannung
bz	Biegezugspannung
CFK	Carbonfaserverstärkter Kunststoff
Cu	Kupfer
D	Dauer
DFS	Dauerfestigkeitsschaubild
d	Druck
E	Elastizitätsgrenze
erf	erforderlich
elast	elastisch
F	Fließen, Fließ-/Stauchgrenze, Formänderung
f	Formänderung
Flachst	Flachstahl
G	Gewicht
ges	gesamt
Grenz	Grenzspannung
H	Horizontal, Hülse
h	Hauptachse
I	Doppel-T
i	Zählindex, Index, innere

K	Kern, Knickung, Kolben
L	Winkel
l	Lochleibung
M	Material
m	Mittelspannung, mechanisch, mittlere
max	maximal
mech	mechanisch
min	minimal
N	Normal
n	Nenn, normal
o	Oberspannung
off	offen
P	Proportionalitätsgrenze
p	polar
plast	plastisch
proj	projiziert
q	Quer
R	Reißlänge, Riemenscheibe
r	radial
res	resultierend
S	Sägeblatt, Schraube, Schwerpunkt, Span, Stab, Streckgrenze, Stirnfläche
s	Schub
Sch	schwellend
St	Stahl
T	Traglänge
t	tangential, Torsion, Zeit
ϑ	thermisch
tat	tatsächlich
therm	thermisch
U	Umhüllung
u	Umfang, Unterspannung
v	Vergleichsspannung, Vorspann
vorh	vorhanden
W	Wand, Wasser, wechselnd
x, y, z	Koordinaten
z	Zug
zd	Zug-/Druckspannung
zul	zulässig
Zyl	Zylinder

9.3 Indizes von *R*

e	Streckgrenze
eH	obere Streckgrenze
eL	untere Streckgrenze
$p_{0,2}$	0,2 % Dehngrenze
$p_{0,01}$	0,01 % Stauchgrenze
m	Zugfestigkeit

Literatur

1. Arndt, K.-D., Brüggemann, H., Ihme, J.: Festigkeitslehre für Wirtschaftsingenieure, 4. Aufl. Springer Vieweg, Wiesbaden (2019)
2. Wittel, H., Muhs, D., Jannasch, D., Voßiek, J.: Roloff/Matek Maschinenelemente. Lehrbuch, 22. Aufl. Springer Vieweg, Wiesbaden (2015). Tabellenbuch

© Springer Fachmedien Wiesbaden GmbH, ein Teil von Springer Nature 2020 271
K.-D. Arndt et al., *Klausurentrainer zur Festigkeitslehre für Wirtschaftsingenieure*,
https://doi.org/10.1007/978-3-658-28902-7

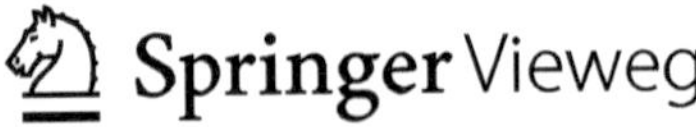

springer-vieweg.de

LEHRBUCH

Klaus-Dieter Arndt
Holger Brüggemann
Joachim Ihme

Festigkeitslehre für Wirtschaftsingenieure

Mit Verständnisfragen, vielen Beispielen
und Aufgaben mit kleinschrittigen Lösungen

4. Auflage

Springer Vieweg

Jetzt im Springer-Shop bestellen:
springer.com/978-3-658-26140-5